农村和城市固体废物资源化：生物炭的制备及应用

谭小飞　张　辰　叶淑静　曾光明　著

科学出版社

北　京

内 容 简 介

生物炭是由生物质在无氧或者缺氧条件下热处理得到的固体碳质材料，已广泛应用于土壤改良、作物增产、土壤修复、水污染治理、固碳等领域。本书首先讲述农村和城市固体废物资源化利用制备生物炭，对生物炭制备方法、改性方法、性质与表征方法进行深入论述。在此基础上，对农村和城市固体废物资源化制备的系列生物炭在环境和能源领域的应用进行综合全面的讨论，包括生物炭在水体污染物去除中的应用、生物炭在水体资源回收中的应用、生物炭在土壤改良和修复中的应用、生物炭在河湖底泥原位修复中的应用、生物炭在固碳减排中的作用和生物炭在能源领域中的应用。

本书适合从事固体废物资源化、环境污染修复、环境地球化学、能源、材料等交叉学科领域的科技工作者，以及相关领域的研究生和高中级本科生参考阅读。

图书在版编目（CIP）数据

农村和城市固体废物资源化：生物炭的制备及应用 / 谭小飞等著. —北京：科学出版社，2022.6

ISBN 978-7-03-072549-3

Ⅰ. ①农… Ⅱ. ①谭… Ⅲ. ①固体废物利用 Ⅳ. ①X705

中国版本图书馆 CIP 数据核字（2022）第 100301 号

责任编辑：李明楠 程雷星 / 责任校对：樊雅琼
责任印制：吴兆东 / 封面设计：图阅盛世

科学出版社 出版
北京东黄城根北街 16 号
邮政编码：100717
http://www.sciencep.com

北京九州迅驰传媒文化有限公司 印刷
科学出版社发行 各地新华书店经销

*

2022 年 6 月第 一 版 开本：720 × 1000 1/16
2023 年 1 月第二次印刷 印张：19
字数：380 000

定价：138.00 元

（如有印装质量问题，我社负责调换）

前　言

生物炭是由生物质在无氧或者缺氧条件下热处理得到的固体碳质材料，已广泛应用于土壤改良、作物增产、土壤修复、水污染治理、固碳等领域。制备生物炭的原料来源丰富且价格低廉，主要包括农村固体废物（秸秆、果壳、粪便、枝叶、锯屑、树皮等）和城市固体废物（生活垃圾、污泥等），将这些固体废物制备成生物炭可有效实现固体废物资源化利用。我国城市垃圾、农村垃圾和农业废物存在产量大、处置难、易产生二次污染等问题。生物炭在实现固体废物有效处置的同时，也可应用到环境和能源领域以实现资源化利用，具有显著的社会效益、环境效益和经济效益。生物炭作为一种碳质材料，能够在环境、气候、能源、农业和经济方面产生综合效益，引起了全世界科学家、政策制定者和公司企业的广泛关注，并且是国内外相关领域的长期研究热点。本书所撰写的内容为农村和城市固体废物资源化制备生物炭及其在环境和能源领域的应用，可为科研人员、企业技术人员等提供相关领域的理论方法和技术参考，并为政府主管部门提供决策支持。

湖南大学环境科学与工程学院曾光明教授课题组长期从事城市农村废物资源化、环境生态修复、河湖污染湿地修复、清洁生产工艺和方法研究，将固体废物作为原材料，研发并制备了一系列功能化生物炭材料，并将其应用于环境和能源领域。依托国家自然科学基金创新群体项目（51521006）、国家重点研发计划（2020YFC1807600）子课题项目、国家自然科学基金联合基金项目（U20A20323）、国家自然科学基金面上项目（52170162）、国家自然科学基金青年科学基金项目（51809089、51809090）、湖南省重点领域研发计划项目（2019NK2062）和湖南省科技创新计划项目（2021RC3049）资助，课题组开展了大量与生物炭相关的研究工作，并取得了一系列研究成果。基于此，本课题组开始了本书的撰写，对相关研究以及国内外研究进展进行了全面总结和讨论。本书首先讲述农村和城市固体废物资源化利用制备生物炭，对生物炭制备方法、生物炭改性方法、生物炭的性质与表征方法进行深入的论述。在此基础上，本书对农村和城市固体废物资源化制备的系列生物炭在环境和能源领域的应用进行综合全面的讨论，包括生物炭在水体污染物去除中的应用、生物炭在水体资源回收中的应用、生物炭在土壤改良和修复中的应用、生物炭在河湖底泥原位修复中的应用、生物炭在固碳减排中的作用和生物炭在能源领域中的应用。本书重点论述农村和城市固体废物资源化利用制备生物炭，并首次全面涉及所制备生物炭在环境和能源领域多方面的综合利用。本书可让读者从“固体废物原材料”“生物炭制备和表征”“环境和能源应用”三个方面，全面深入地获取有关生物炭的信息。

本书是集体劳动和智慧的结晶，全书由谭小飞、张辰、叶淑静、曾光明著，参与课题研究和本书资料搜索与整理的人员还有曾茁桐、张长、王冬波、熊炜平、顾岩岭、张薇、宋彪、陈强、杨海澜、汪文军、杨远远、罗晗倬、田苏红、林清、秦钒治、黄成、赵蕾、向玲等（排名不分先后）。很多其他老师和同学对课题涉及的研究和本书的资料整理也做出了贡献，同时撰写过程中得到了课题组导师、同事和朋友们的大力支持和帮助，在此表示衷心的感谢！

由于作者水平有限，书中难免出现疏漏和不当之处，敬请读者批评指正。

作　者

2022 年 5 月

目　录

第 1 章　农村和城市固体废物资源化制备生物炭

引　言

1993 年 Seifritz[1]提出了将生物质转化为生物炭的设想，随后在 2006 年，Marris[2]对该设想进行了理论研究，其发表的相关论文在学术界引起了广泛关注。随着认知的完善和技术的革新，生物炭技术得到了不断发展。

生物炭是一种碳含量丰富的固体材料，是由生物质原料在限氧条件下热转化所制备出来的。随着研究的深入，越来越多的有机质被应用于生物炭的制备，如常见的草本乔木、作物秸秆、厨余垃圾、动物粪便和剩余污泥等。农村和城市在生产、生活等活动中产生的固体废物具有种类多、难处理的特点，研究表明固体废物可作为制备生物炭的潜在原材料，其合理转化以便再次利用是实现废物资源化的可靠且对环境友好的方法。

生物炭具有丰富的孔隙结构、较大的比表面积、种类丰富又稳定的官能团，因而在土壤改良和修复、水体污染的修复和水体资源的回收以及固碳减排、能源领域等方面有着广泛的应用和卓越的贡献，这主要在于其能影响碳转化、减轻有机物和重金属污染、改变微生物生理活动和分布等[3]。生物炭的理化性质是影响其对污染物修复效果的关键因素，而制备方法和原材料又是影响生物炭自身性质的主要因素，故研究生物炭的制备方法和原料对于探索、改善生物炭性能具有深远意义。

目前生物炭的制备技术有了较为完善的发展，根据其应用场景，不同的方法均可制备出具有良好性能的生物炭。生物炭制备技术不断完善的原因在于，针对不同种类、不同性质的固体废物，以及不同的应用对象、场景和处理目标，需要寻求最佳的制备方法。日趋复杂的多样污染问题对生物炭的性能提出了更高的要求，为了进一步提高生物炭的性能，在生物炭原有制备方法的基础上可采用不同手段对生物炭进行改性，制备出生物炭基复合材料，以满足针对不同污染物的处理和修复效果提升的需求。生物炭的应用除了要考虑其自身的性质和性能外，还需考虑资源转化率，以及制备过程的能源消耗和资金投入，做到真正的资源最大化利用和环境友好。

1.1　农村和城市固体废物概述

近年来，人类在追求经济高速发展的同时忽略了对环境资源的保护，其引发的一系列环境问题不仅打破了大自然原有的平衡，还在一定程度上阻止了经济的进一步发展，故而环境问题一直受到公众的重视。作为“三废”之一的固体废物因其与普通百姓的生活息息相关，其处置现状也一直是热点环境话题。固体废物是指在生产和生活的活动中失去了其原有使用价值或虽未丧失利用价值但被抛弃或者放弃的物质，随着环境科学的发展，一些不符合绿色循环经济原则、不符合法律和行政法规所规定的物品也被纳入固体废物的范畴[4]。固体废物按照产生区域可以划分为农村固体废物和城市固体废物。

1.1.1　农村固体废物

我国是农业大国，农村地区是农林生产活动聚集的地方，在农作物种植、收获和加工过程中均有废物产生，如秸秆、枯树枝、蔬菜叶、果皮等[5]。近年来，随着种植技术、灌溉技术等相关农业技术的普及应用和发展，我国粮食产量稳步上升，2020年的粮食总产量稳步扩大到6.695亿t。粮食总产量增加必定伴随农副产品的数量的增加。其中，秸秆是当前农村地区固体废物的主要组成部分。秸秆中含有丰富的有效肥力元素和大量的有机物，因而秸秆是一种可再加工利用的原材料。一方面，秸秆数量庞大，其产量具有季节性的特点，加之秸秆储存需要一定的场所；另一方面，农村地区居民环保意识缺乏，故而对秸秆进行再利用仍是不小的挑战。

人民日益增长的美好生活需要使得人们在拥有更多的可支配收入的同时也越来越重视生活品质，在吃饱饭的基础上也更加注重饮食的合理搭配和营养均衡。近年来，人们对于肉、蛋、奶类制品的需求不断上升，从而促进了农村养殖业的发展。禽畜饲养过程中剩余的饲料、防虫害药物的包装和禽畜排出的粪便均是农村固体废物组成的一部分。

农膜是农民进行农业生产时必不可少的工具，主要是为了在恶劣的天气条件下保证农作物的产量，满足人们对于反季节果蔬的饮食需求以及名贵花卉盆栽的养护要求。同时因为农膜的使用可以降低除草剂的用量，减少肥料流失并提高作物水分利用效率[6]，所以农膜在农村地区也得以广泛使用。尽管可降解农膜的研发已有不小进展，但由于成本和市场管理的问题，目前农村地区所用的农膜一般为聚乙烯材料，质量参差不齐，易老化、易破损，多为一次性使用后便丢弃[7]，因此农村地区的农膜污染问题也十分严重。此外，化肥、农药使用后剩下的包装也是农村固体废物的主要组成之一。

近年来，国家大力推进“三农”工作，越来越多的乡镇企业进驻农村地区，在给农村地区带来更多就业岗位的同时也对农村地区造成了一定的环境污染。例如，纺织厂丢弃的废纤维、废橡胶、废塑料、废纺纱等固体废物，交通运输过程中会产生轮胎、塑料、陶瓷、边角料等固体废物。因为农村地区地广人稀，地价便宜，我国的垃圾填埋场都会选址在郊区或远离人群集聚区的地方，在运输和填埋过程中由于设备问题和操作失误也会造成一定的污染。此外，农村居民日常生活活动中产生的厨余垃圾、编织品、人畜粪便、废旧用具、废旧电器、纸屑、煤炭渣、建筑材料等也是农村固体废物的来源之一（表 1-1）。

表 1-1　农村固体废物的类别和主要组成物

农村固体废物类别	主要组成物
农村生产固废	秸秆、枯树叶、农膜、禽畜粪便、废纤维、废橡胶、废纺纱、化肥包装袋等
农村生活固废	厨余垃圾、编织品、人畜粪便、废旧用具、废旧电器、纸屑、煤炭渣、建筑材料等

1.1.2　城市固体废物

相对于农村地区来说，城市地区经济发达，工业产业门类繁多，基础设施完善，人口众多且聚集，因而城市固体废物种类多于农村地区。城市固体废物按来源可分为城市生产固废和城市生活固废（表 1-2）。

表 1-2　城市固体废物的类别和主要组成物

城市固体废物类别	主要组成物
城市生产固废	催化剂、沥青、绝缘材料、金属、陶瓷、研磨料、化学药剂、涂料、粉煤灰、炉渣边角料、模具、橡胶、纤维素、石膏、油脂、烟草、纸类等
城市生活固废	厨余垃圾、纸屑、庭院废物、家用电器、建筑材料、剩余污泥、粪便、园林垃圾、金属管道、办公杂物等

城市生产固废的产生与城市工业化水平相关。城市内工业部门种类越多，产生的固体废物种类就越繁杂。工业部门种类按劳动力、资金、技术这三个要素在工业中的密集程度可分为劳动密集型工业、资金密集型工业、技术密集型工业和资源密集型工业。按照工业类型又可做出更细的划分，例如，金属冶炼业会产生

下脚料、尾矿、炉渣等固体废物，服装产业会产生废线头、废纤维织品等固体废物，食品加工业会产生腐烂肉食果蔬、骨架等固体废物。随着科学技术的不断发展，工业部门的结构日趋复杂，工业部门种类划分也日趋详细，生产活动中产生的副产物种类和数量也日趋上升。新型固体废物的出现，给固体废物的处理处置和环境保护带来了一定的压力。

由于城市化进程的不断发展，服务于城市居民生活的各种公共基础设施建设也优于农村地区，如常见的道路、桥梁、河道、隧道、污水处理厂、垃圾处理处置场地以及城市绿化等。城市生活垃圾除了厨余垃圾外，还包括旅游业、服务业、企事业单位、公共区域和各种市政工程建设以及使用过程中丢弃的固体废物，如废纸屑、废塑料、废旧家用电器、废建筑材料和污水处理厂剩余污泥等。

1.1.3 处置现状

1. *农村和城市固体废物处置现状*

在农村地区，秸秆和农村生活垃圾是农村固体废物处理处置的主要部分。近年来，由于农村城镇化进程的推动和经济技术的发展，以及农村产业结构的转变、农村人口的下降和农村能源消费结构的调整，秸秆产量出现季节性、区域性和结构性的特点[8]。在秸秆回收处理过程中，部分农村居民采用焚烧处理或直接丢弃的方法。焚烧过程产生的污染物易造成严重的空气污染[9]。据统计，2017 年我国秸秆理论总量达 10.2 亿 t，其中玉米、小麦和水稻的秸秆量分别占总量的 42.2%、23.5%和 17.6%[10]。全国可收集的秸秆资源总量为 8.4 亿 t，其中秸秆还田、用作畜禽饲料、农家燃料和沼气发酵的原材料、编织品、仿木材料以及造纸原料等，使得秸秆的综合利用率超过 83%，但就其应用的广度和深度方面仍需进一步探究。

然而，畜禽粪便作为农村养殖业的主要副产物，受经济和耕地的限制，不同地区禽畜粪便的承载能力有所不同。例如，耕地资源紧张的人口密集区域对于消纳禽畜粪便的能力十分有限，而人口密集区往往对于肉、蛋、奶类制品的需求很大[11]。将禽畜粪便作为原料制作商品有机肥是养殖业固体废物资源化与综合利用的方法之一。制作商品有机肥，既能促进禽畜粪便中的氮、磷元素循环，又能通过物流运输系统消除禽畜粪便量的区域间差距[12]。

农膜的使用从客观上提高了农作物的产量，也间接提高了农民务农的积极性，从而使得农民的收入得以提升，对于脱贫攻坚具有一定的意义。但是残留农膜会对土壤环境产生危害，农膜残留时间越长，土壤耕作能力就越容易丧失。当前农膜的回收和再处理仍缺少系统的解决办法。平原地区的农膜已逐步推广机械捡拾，但在山区，农膜的回收仍靠人工捡拾。农膜一般为聚乙烯材料，难以生物降解，将其再生为塑料颗粒的制作原料，具有较好的经济效益和环境效益。

农村生活垃圾的种类、产量与当地居民的生活水平相关，其处理近年来逐步受到重视。农村地区相对于城市地区而言，生活垃圾的管理仍处于相对无序的状态。但随着国家加大对农村环境的整治，农村地区生活垃圾的收集和处理状况得到有效改善。农村生活垃圾处理方法与城市生活垃圾处理方法类似，包括好氧堆肥、厌氧消化、焚烧和卫生填埋等。好氧堆肥作为有机固体废物应用最为广泛的处理方法，利用微生物在中高温和其他人为控制条件下将有机固体废物进行分解并产生腐殖质，一般经历潜伏阶段、中温阶段、高温阶段、腐熟阶段四个过程。堆肥化完成后的产品可当作肥料施加于农田。厌氧消化是利用厌氧微生物在厌氧条件下将固体废物中的有机物最终转化为小分子无机物和甲烷气体的过程。关于城市下水道硬化油脂沉积物、剩余污泥和厨余垃圾等固体废物的厌氧消化过程已有大量研究[13-15]。生活垃圾中含有大量有机质，具有一定的热值，故而焚烧是处理生活固体废物以实现高温分解的常见方法。焚烧处理具有减量化和无害化的优点，焚烧过程中释放出来的热量还可用于发电和供暖[16]。但是焚烧处理对设备的要求高，条件控制不当会产生二噁英、硫化氢等有害气体，影响空气质量和危害人体健康。随着人们认知的改变和技术的发展，需要采取一定的技术措施来防止填埋时产生的有害物质进入环境介质造成污染。卫生填埋对填埋场地的土壤土质、水文条件等方面有一定的要求，同时生活垃圾在填埋过程中受微生物活动的影响会产生渗滤液和恶臭气体，这些副产物对环境和人体均会造成不同程度的伤害，因而填埋场的渗滤液收集系统和防渗结构在设计时需要达到一定的规范标准。在耕地资源如此紧张的情况下，填埋场的使用年限和占地面积也是限制该处理技术发展的要素。

工业固体废物产生于工业活动生产中，由于工业化进程的不断发展，工业部门种类越来越多，由此产生的工业固体废物种类繁多、成分复杂，其中还包含着危险固体废物，不对其进行处理将会对环境造成严重污染。工业固体废物的资源化与综合利用是降低工业固体废物的生态环境风险，提高其附加值并实现资源循环利用的方法，已有不少报道在这方面进行了深入的探讨[17, 18]。

2. 常用的生物炭原料

1）厨余垃圾

厨余垃圾是各种动物性、植物性和富含碳水化合物食品的混合物，所占比例分别为 33%、50%和 17%。近年来，不少科学家利用厨余垃圾制作生物炭并探究其应用的可行性。Lykoudi 等[19]以咖啡渣为原料，在 850℃高温下热解合成生物炭，得出咖啡渣生物炭具有较高的比表面积和微孔率，并探究了所得生物炭作为催化剂活化过硫酸盐降解磺胺甲噁唑的性能。Yu 等[20]利用虾壳作为原材料制备生物炭，发现其对三种典型芳香族有机物具有良好的吸附能力，虾壳生物炭的层次化孔结构是其快速吸附的关键，而石墨化结构是实现其高吸附能力的关键。通过处理实际水体的研究证明，虾壳活性炭对制药废水的处理效率高，具有实际应用的可能性。

2）城市剩余污泥

污泥作为污水处理过程中产生的副产物，其组成一般随着污水中含有的污染物和相应处理工艺的不同而有所差异。一般来说，污泥中包含了各类重金属、病原菌和复杂的有机物等。污泥中包含的大量有机物为污泥的资源化利用提供了可能性。刘亚利等[21]利用氨水对以市政污泥为材料制备的污泥基生物炭进行改性处理，探究了最佳的改性条件，并将最优条件下制备的改性污泥基活性炭应用于焦化废水的吸附性能测试中。结果表明，用质量分数为15%的氨水，改性时间达 8h 的条件下制备出的最佳改性污泥基活性炭 pH 为 8，当吸附时间为 80min，投加量为 60g/L 时，对水中挥发酚和氰化物的去除率均达到 65%以上。赵晶晶[22]以城市污泥为原料、以花生壳为增碳剂、以氯化锌为活化剂所制备的活性炭对孔雀绿具有很好的吸附效果。并且实验表明，在活化温度为 600℃，添加 20%的花生壳的制备条件下，测得的污泥基活性炭的重金属潜在浸出生态风险最小。李航等[23]以钛白废酸为活化剂对城市剩余污泥进行活化处理，并在一定条件下制备出污泥基生物炭。在此基础上，使用 H_2O_2 试剂对污泥炭进行改性处理，通过单因素实验得出了最佳改性条件，并将改性后的污泥基生物炭应用于屠宰废水的吸附处理。实验结果显示，在不调节废水 pH 的前提下，1L 废水投加 12g 改性活性炭，振荡时间达 50min 时，屠宰废水中的总磷和化学需氧量（chemical oxygen demand，COD）下降 90%以上。

3）农林废物

农林废物如秸秆、椰子壳、树皮、果皮、竹子等物质均含有大量的有机物，其来源广泛、易于收集，因此这些生物质成为制作生物炭的优良原料。

Jiang 等[24]将柑橘皮作为生物炭制备的原料，并探究不同的挥发性固体含量对生活污水剩余污泥和厨余垃圾共消化的影响。结果表明，柑橘皮生物炭能够有效中和脂肪酸，促进乙酸和丙酸的降解，从而缓解体系酸化。此外，脂肪酸的降解结果也证实了柑橘皮的加入可以通过直接的电子转移加速脂肪酸的合成氧化，从而促进甲烷的生成。罗元等[25]以核桃壳为制备生物炭的原材料，并用氯化镧对其进行改性。通过吸附动力学和吸附等温线实验探究生物炭对磷的吸附特性，并探究最佳的吸附条件。实验表明，生物炭的吸附过程符合 Langmuir 等温吸附模型，且最大吸附量为 12.18mg/g。制约吸附效率的因素有化学吸附和颗粒内扩散过程。

4）禽畜粪便

禽畜粪便由于含有氮、磷等营养元素，较长一段时间是作为植物养分来源而施用于土壤中，但其含有的重金属会影响土壤肥力和地下水水质，因而将其作为制备生物炭的原料，既能实现资源循环利用又能达到修复污染环境的目的。Han 等[26]将猪粪作为原料，用不同的方式进行热解，并将获得的生物炭产品进行改性，用于处理含铀废水，以探究生物炭的吸附效果。结果显示，经过氢氧化钠改性后的生物炭的最大吸附量比未改性前高出约 5 倍。Liu 等[27]以牛粪为原料制备生物炭，对用三种不同的制备方法得到的生物炭进行表征并应用于废水中苯酚的吸附，以探究不同活化方法对生物炭的理化性质、吸附能力和工艺能耗的影响。结果表明，一步水热碳化法制备出的生物炭具有高比表面积、丰富的表面官能团、高碳化度和优异吸附性能的特点，且该方法简便又高效。

农村和城市是人类居住的大环境，也是人类与自然环境交互最频繁的区域，如果农村和城市的环境因为人类的生产生活等活动而遭到不可逆的破坏，人类最终也会失去栖身之所。事实上，农村和城市中有许多“放错位置”的资源，人们应当遵循循环经济原则对农村、城市固体废物中可利用的物质进行再生产、再利用，使得索取和回馈处于平衡状态，做到与自然和谐相处，以实现可持续发展的目标。

1.2 生物炭制备方法

目前，利用城市和农村固体废物制备生物炭的主要方法有热解、微波热解和水热碳化。固体废物热解是在惰性气氛下使固体废物发生热分解生成可冷凝挥发分子（生物质油）、不可冷凝小分子气体和固体产物生物炭的技术，具有全组分利用、原料适应性强和转化效率高等优点。固体废物热解过程的产物分布与热解工艺和条件密切相关，其依据热解工艺可细分为慢速热解、快速热解、微波热解、闪速热解、水热碳化和气化等，见表 1-3。

表 1-3 不同热化学技术和生物炭的产率

热化学技术	温度/℃	停留时间	生物炭产率（质量分数）/%
慢速热解	150～700	min～d	15～89
快速热解	300～1000	s（以秒为单位）	12～37
微波热解	200～600	～30min	25～50
闪速热解	300~1200	＜10 s	27～46
水热碳化	180～300	30min～16h	36～72
气化	700～800	10～20s	5～10

1.2.1 慢速热解

通常，生物质的慢速热解是一个热化学过程，该过程在完全缺氧或氧气供应有限的情况下，生物质会转化为气体、液体生物质油和固体生物炭。生物质的慢速热解是生物炭制备的常用技术，其一般在150～700℃内以低于10℃/min的缓慢加热速率进行，并在长时间内保持设定的热解温度（＞1h）。生物质慢速热解是一个非常复杂的物理化学过程，其热解行为与生物质的特性、热解参数和反应器条件等有关。影响生物质慢速热解的因素很多，基本上可以分为两类：一类与反应条件（如热解温度、加热速率和热解时间）有关；另一类与原材料的性质（如生物质原料的类型、生物质特性和生物质粒径）相关。生物炭的原材料（特别是植物生物质）主要含有半纤维素、纤维素和木质素，这些都会随着温度的升高而逐渐被热解。木质素在碳化期间比半纤维素和纤维素更顽抗。在热解过程中，生物质在低温条件下的质量损失主要是由于水分的蒸发。生物质组分物质的主要分解过程发生在200～500℃，热解通过四步进行：①部分半纤维素的分解；②半纤维素的全部分解和部分纤维素的分解；③纤维素的全部分解和部分木质素的分解；④后续的物质分解和碳化程度的提高。当温度上升至700℃以后，生物炭的质量损失将逐渐变缓。不同生物质通过慢速热解制备的生物炭产率为15%～89%，并随着热解温度的升高而逐渐降低。

热解温度对生物炭的元素组成影响较大。在不同制备条件下，生物炭具有不同的物理化学性质。不同的研究结果表明，生物炭的C元素含量随着热解温度的升高而增大，而N、H和O元素含量逐渐降低[28, 29]。然而，Kim等[30]和Harvey等[31]发现生物炭中的N元素含量随不同原材料的种类而变化，但受到生物炭热解温度的影响较小。随着热解温度升高，C含量的增加、H和O含量的降低导致H/C、O/C和（O＋N）/C摩尔比的降低。由于H元素主要与生物质中的有机物相关，因此H/C比常被用作碳化程度的量度。生物炭的表面亲水性可以通过O/C比来描述，因为它是极性基团含量指示参数[32, 33]。较低的O/C比表明，生物炭的表面更具有芳香性，这主要是由于在较高的温度下碳化程度较高和极性官能团损失。作为极性指标的（O＋N）/C的比降低，反映了随着热解温度的增加极性基团含量减少。

1.2.2 快速热解

慢速热解在缓慢的工艺条件下发生（较低的加热速率和相对较长的停留时间）。相比之下，快速热解涉及非常高的加热速率，停留时间通常以秒为单位。在快速热解过程中，生物质颗粒会经历快速分解，产生热解蒸气和生物炭。热解蒸气中的可冷凝成分被骤冷并收集在下游设施中，这是一种暗褐色液体，称为生物质油，而生物炭是该过程的副产品。更高的热解温度和加热速率降低了生物炭的产量，因为该过程有助于挥发气体的释放。在高加热速率下，生物质原料被快速加热，并且释放的热解蒸气快速地从热解反应器中输送出来。这些热解蒸气在高温区的停留时间较短，因此减少了碳沉积量。例如，随着加热速率从 10℃/min 增加到 50℃/min，红花种子生物炭的产量下降了 3%～8%[34]。通过将升温速率从 10℃/min 提高到 50℃/min，在 400℃的热解温度下杨木生物炭的产率从 34.83%降至 31.95%[35]。Aguado 等[36]观察到加热速率从 5℃/min 提高到 40℃/min 导致焦炭产率从 38.8%降低到 26.4%。Antal 等[37]报道，在高压热解反应器中，生物炭的产率高达 41%～62%。

在快速热解过程中，生物质会很快分解，主要产生蒸汽、气溶胶以及一些碳和气体。使用灰分低的生物质原料可获得高产量的生物质油。快速热解过程生产液体的基本特征是：由于生物质的导热系数通常较低，因此在生物质颗粒反应界面处，非常高的加热速率和非常高的传热速率通常需要精磨的生物质进料（通常小于 3mm）；控制热解反应温度（约 500℃），以使大多数生物质的液体产率最大化；热蒸气停留时间短，通常少于 2s，以最大限度地减少副反应。

在干式进料的基础上，获得的主要产品（生物质油）的产率最高为 75%，获得的副产物（焦炭和气体）可以提供热解过程所需的热量。液体产率取决于生物质的类型、热解温度、热蒸气停留时间、焦炭分离和生物质灰分含量。快速热解过程包括将原料干燥到含水率小于 10%，以最大限度地减少产品液体油中的水，研磨原料以产生足够小的颗粒，以确保快速反应、快速热解、高效地分离固体（碳），以及快速淬火和收集液体产品。

由于从生物质颗粒中释放出挥发物，较高的热解温度有利于增加生物炭的碳含量及其比表面积。例如，随着热解温度从 200℃升高到 700℃，菜籽茎生物炭的比表面积从 $1m^2/g$ 增加到 $45m^2/g$[38]。随着热解温度从 550℃升高到 750℃，松木锯屑热解所产生的生物炭的碳含量从 70.68%增加到 78.75%[39]。加热速率对快速热解过程中生物炭质量的影响更为复杂。Onay[40]的实验证明，与低加热速率相比，以较高加热速率生产的生物炭具有更高的碳含量和比表面积，因为不同的加热速率会导致脱挥发分的差异，从而改变生物炭的结构。Chen 等[35]还发现，提高加热速率和提高生物炭的碳含量的同时其比表面积呈现先升后降的趋势。但是，Mohan 等[41]报道，由于生物炭表面的快速解聚，高加热速率降低了生物炭的比表面积和孔体积。这些研究表明，高加热速率似乎可以改善生物炭的碳含量，但与生物炭的孔结构变化没有线性相关性。

在快速热解过程中，为获得更高的生物质油产量，现研究已经广泛开发了几种热解反应器，包括鼓泡流化床、循环流化床、烧蚀反应器、旋转锥、螺旋钻或螺旋反应器[42]。生物炭需要尽快与热解蒸气分离，以使热解蒸气裂化反应最小化。流化床反应器、旋转锥或烧蚀反应器在热解过程中产生约 15%的副产物碳[43]，而螺旋反应器的生物炭产率可达到约 25%[44]。在工业过程中，生物炭和热解气体通常用作提供过程热的燃料。通过快速热解产生的液体生物质油具有可储存和可运输的显著优势，并且具有提供多种有价值的化学物质的潜力。随着改善生物质油特性研究的迅速发展，特别是针对生物燃料生产的研究，生物质油的潜力越来越得到认可。生物精炼厂为基于快速热解的工艺和产品的优化提供了很大的空间，而这些将需要开发组件工艺以优化集成系统。

1.2.3 微波热解

微波加热已广泛应用于多种食品工业中，包括解冻、灭菌、烹饪、干燥和烘烤。最近，微波加热在环境和化工应用中受到广泛关注。根据材料与微波辐射的相互作用，将材料分为三大类：反射微波的导体、吸收微波以产生热量的吸收体和传输微波的绝缘体。对于微波加热，微波辐射会穿透目标样品，引起分子偶极子重新定向和摩擦，最后导致整个样品体积内部产生热量。另外，微波加热对目标样品具有选择性，因为在热解应用中惰性载气（如 N_2）是微波绝缘体，而金属反应器壁是微波导体，金属反应器壁将微波反射向微波吸收样品。因此与传统加热相比，微波热解能通过更快的传热速度缩短热解加热时间[45]。此外，微波加热可以瞬间打开或关闭以控制加热。

然而，将微波加热用于热解存在一些限制和挑战，如某些材料的微波吸收性能较差，常通过使用高微波功率或添加适量的微波吸收剂（即活性炭、碳化硅等）与目标材料混合来改善微波热解效率[46, 47]。几何形状、微波腔、磁控管频率和附加搅拌器的不均匀微波场，会导致微波加热不均匀[48, 49]（表 1-4）。同样，微波热解的效果受到复杂生物质的不均匀性、载荷几何形状以及介电和热物理性质的影响[50, 51]。此外，不均匀的微波加热会产生许多热点和冷点，其表面温度高于或低于整体温度[52]。微波加热不均匀会严重影响热解过程中农业废物的热裂解，从而影响产品（如气、生物质油、生物炭）的比例及其性能。

表 1-4 微波加热的优点和局限

优点	局限
容积式和选择性加热 通过缩短处理时间和提高能源效率来节省成本 环保（干净、安静）	不良的微波吸收材料需要更高的功率 加热不均匀（热点和冷点的产生）
瞬时开/关控制加热	由于热失控而形成电弧和等离子
	更复杂的反应堆设计

对于农业废物的微波热解，分为三个阶段：自由水分蒸发、初级分解（如脱水、脱甲基和脱羧）以及次级反应（生物质油的再聚合和裂解）[53]。据报道，农业废物的微波热解具有更高的加热速率，可提供更多的增值产品（如富含 H_2 的合成气、富含糠醛的生物质油等），优于传统的热解方法[54]。对于稻草的微波热解，Zhao 等[55]的研究获得了比常规热解更高的合成气量和生物炭产率（25%～50%）。Afolabi 等[56]发现微波热解可以通过致密化提高生物炭的热值和力学性能。各种类型的农业废物，包括松木屑[57]、白桦[58]、硬木[59]、秸秆[60]和稻草[61]，可通过微波热解将其制备成具有良好性能的固体生物炭。

尽管对农业废物的微波热解进行了大量的研究，但在连续模式下的研究和优化仍存在很大差距。对于连续操作，各种物料处理工具（如螺旋钻、皮带或自由流动系统）有助于农业废物的进料和固体生物炭的排出。同时，可以收获生物质油和合成气以产生生物能[62, 63]。当使用较高的农业废物负载时，建议采用具有多个低功率磁控管（1000W）的多模腔体对农业废物进行微波热解[64]。惰性环境对于促进微波热解过程中农业废物的碳化至关重要，可通过使用真空泵、惰性气体（N_2 或 Ar）吹扫系统或自吹扫系统获得。N_2 吹扫系统最为常见，但可能会阻碍热解的进行，并增加工艺和反应器设计的成本。为了实现惰性环境，自吹气方法将合成气截留在反应堆中，而真空泵系统则从反应堆中抽出空气[65]。自吹扫和真空泵方法都是有应用前景且具有成本效益的微波热解技术，可将农业废物转化为增值的生物燃料[66]。

1.2.4　闪速热解

闪速热解被认为是快速热解的一种提升和改进形式。在闪速热解中，通过以大约 1000℃/s 非常高的速率达到所需的温度热解生物质。闪速热解过程中达到的温度在 300～1200℃，并且赋予生物质的热脉冲持续时间非常短，即＜10s[67]。传热和传质过程，以及反应的化学动力学和生物质的相变行为在闪速热解的产物分布中起着至关重要的作用。在高加热速率、高持续温度和短的蒸气停留时间相结合的情况下，能导致液体产率提高，但焦炭产率降低。在工业规模上使用闪速热解的最大挑战是配置用于闪速热解的反应器，其中投入的生物质可以在极高的加热速率下停留很短的时间。生物质油的稳定性和质量是制约闪速热解反应器发展的因素，因为它会受到产品中存在的灰分的强烈影响。不仅如此，生物质油中存在的碳还可以催化液体产品内部的聚合反应，从而导致油的黏度增加[68]。

对于闪速热解过程，主要的产品是生物质油，与快速热解相比，其停留时间短，小于 10s，加热速率也更高。高温（300～1200℃）下生物质的闪速热解的主要途径是解聚和生物质裂解，以产生类似于柴油黏度的生物质油。目前主要的闪速热解包括常见的闪速加氢热解和真空闪速热解（负压去除可冷凝产物）[69]。闪速加氢热解在350～600℃下以10～300℃/s的升温速率运行，在5～20MPa的压力下停留时间＞15s，以除去可冷凝的产物。真空闪速热解在300～600℃的温度下以0.1～1.0℃/s的升温速率运行，在0.01～0.02MPa下，具有0.001～1.0s的低停留时间[70]。

1.2.5 水热碳化

水热碳化（hydrothermal carbonization，HTC）是一种热化学转化技术，由于其能够实现湿生物质热转化而无须预干燥，因此具有一定的应用前景。水热碳化的固体产物称为水热炭，因其能够应用在废水污染修复、土壤修复和固体燃料制备等而受到人们的关注。水热碳化的生产可源自各种农村和城市固体废物，如污水污泥、藻类，以解决实际固体废物堆放问题并产生理想的含碳产物。

农村和城市固体废物被认为是一种丰富的可再生资源，可以利用生物、物理化学和热化学技术将其转化为固体、液体和气体的形式。但是需要克服一些阻碍生物质作为可持续资源的困难，如高水分、低能量、非均质性、低密度以及污染物共存。热解面临的主要障碍是生物质的高水分含量需要很高的热量才能蒸发。与传统的热处理过程相比，水热转化过程具有更高的成本效益，因此受到越来越多的关注。

通常，水热碳化过程发生在相对较低的温度（180～300℃）和自生压力下，该压力通过脱水和脱羧作用降低了原料中氧和氢的含量[71]。这个过程受操作参数控制，如停留时间和温度，这些参数决定了反应的剧烈程度和原料生物质的碳化程度[72]。源自水热碳化工艺的固体残渣（定义为水热炭）具有高疏水性和脆性，因此很容易与液体产品分离。水热炭具有优于原始生物质的性能，其有着更高的质量和能量密度、更好的脱水性以及作为固体燃料的燃烧性能。基于所使用的不同类型的生物质以及制备工艺条件，水热炭已被广泛用于固碳、土壤改良、生物能源生产和废水污染修复[73]。与固体产品不同，液体产品用于生物质油生产时需要通过萃取进行分级分离。此外，研究表明，水热处理产生的液体产品由于其有机物含量高而可生物降解[74]。在进行水热处理以减少其氢和氧含量之后，水热炭是一种高价值的富碳材料[71]。

近年来，无论是在生产功能化碳基材料方面，还是在能源储存和环境保护领域中，水热炭的各种潜在益处和应用都受到了广泛的关注。自2009年以来，与水热炭生产和应用相关的出版物数量迅速增加。水热碳化过程发生在亚临界区域，水的特性在亚临界条件下会发生巨大变化。温度升至374℃以下会降低介电常数，削弱水的氢键并产生高电离常数，从而增强水离解成酸性水合氢离子（H_3O^+）和碱性氢氧根离子（OH^-）的作用[75, 76]。与液态水相比，亚临界水本身可以拥有足够高的H^+浓度，这是不加酸条件下，有机化合物进行酸催化反应的极佳介质[75, 77]。此外，在水热碳化过程中，生物质中包含的水是一种极好的溶剂和反应介质[78]。水热碳化产品主要由三部分组成：固体、水溶液（与水混合的生物质油）和少量气体（主要为CO_2）。这些产品的分布和性能很大程度上受到原料和工艺条件的影响。固体残渣被视为水热碳化的主要产品，由于其高疏水性和均一性，它可以很容易地从悬浮液中分离出来。此外，水热参数可以在水热炭的理化性质方面产生很大的差异。为了充分探索水热炭的性能和潜在应用，有必要了解控制水热碳化的关键工艺参数以及了解水热炭形成过程的机理。

温度是水热碳化过程中的一个关键因素，因为温度是导致亚临界区域发生离子反应的主要决定因素。在临界点以上，超临界水区域的反应机理是从离子反应转变为自由基反应[75]。但是，在以离子为主的水热碳化反应中，温度升高会改变水的黏度，从而更容易渗透到多孔介质中，进一步分解生物质[71, 79]。温度对生物质的水解反应具有决定性的影响，较高的温度可同时导致脱水、脱羧和缩合。与固-固转化不同，在水热反应中，足够停留时间下的持续高温可能会导致溶解，并随后通过聚合转化而形成次级炭，从而主导了水热炭形成机理[80]。温度差异导致的变化也可以通过水热炭产品的元素组成以及表征 H/C 和 O/C 原子比演变的 van Krevelen 图进行证明。Sevilla 和 Fuertes[81]报道水热碳化的温度从 230℃升高到 250℃导致 O/C 和 H/C 原子比降低，这表明升高的温度可以改善烃的缩合度。Parshetti 等[82]使用空棕榈果束作为木质纤维素材料制备水热炭，他们发现，水热炭的 H/C 和 O/C 原子比随温度升高而稳定降低。其他生物质如淀粉的水热碳化也观察到类似的趋势[83, 84]。

停留时间是另一个影响水热炭形成的重要因素，因为较长的停留时间会增加聚合程度。与温度相比，停留时间对固体产物的回收率具有相似但较小的影响。当停留时间短时，固体水合物含量高，并随着停留时间的增加而降低。较长的停留时间导致液相中溶解的碎片发生聚合，从而导致形成具有多芳族结构的二次水热炭[85, 86]。对于木质纤维素材料，二次水热炭的形成在很大程度上取决于停留时间，因为溶解的单体需要大量聚合。未溶解的单体对温度的依赖性更大。Gao 等[87]的研究中发现，在 240℃下将停留时间从 30min 增加到 24h，导致衍生自水葫芦的水热炭上具有不同的表面特性。结果表明，水热碳化的短停留时间将导致水热炭表面出现裂纹和沟槽，直到停留时间超过 6h，才会形成微球，停留时间超过 24h 会导致微球在碳表面上聚集[87]。停留时间通过控制单体的水解和聚合反应来控制原料在一定温度下的分解程度，从而在微球形成后产生不同的水热炭结构。

1.3　生物炭改性方法

基于应用目的，常需要对生物炭的性质进行调节，生物炭改性的常用方法包括物理改性和化学改性。物理改性主要包括蒸汽活化和气体活化。化学改性是使用最广泛的方法，它主要包括酸改性、碱改性、氧化剂改性和催化石墨化。

1.3.1　物理改性

物理活化的过程通常包括两步：首先将生物质材料热解产生生物炭（400～850℃），然后利用 CO_2、蒸汽、空气或其混合物等气体在不同温度下（600～1200℃）将其活化。热解过程中焦油的分解会产生无序的碳，从而堵塞生物炭的孔并降低其比表面积。因此，随后受控的气体活化可以促进所制备的生物炭进行进一步的分解，并获得充分发展的且相互连接的多孔结构。孔隙的产生通常是由于挥发性物质逸出，并且很大程度上取决于活性气体。

与其他活化气体相比，蒸汽和 CO_2 是生物质热解或生物炭物理活化中最常用的气体。在生物质热解中，蒸汽或 CO_2 的存在通过两个分级步骤提高生物质的热转化率：均质和非均质。热解过程中的挥发性有机化合物与蒸汽或 CO_2 之间的均相反应减少了热解过程中形成的焦油量，从而提高了高温下合成气的产量。生物质表面与汽化剂之间的异质反应增加了热解气氛并影响了生物炭表面的化学官能团。此外，该过程可用于从生物质的快速热解中生产出高质量的生物质油[88]。就生物炭的活化而言，可以在热解过程结束时注入蒸汽或 CO_2，也可以对合成的生物炭进行单独的活化。与空气活化不同，蒸汽和碳之间的反应是一个吸热过程，易于控制，更适合于气化：①去除挥发性物质和分解焦油；②形成新的微孔；③现有孔的进一步拓宽，使生物炭的比表面积、微孔表面积和微孔体积显著增加。因此，通常将生物炭施加于过热蒸汽（800～900℃）中 30min 至 3h[89, 90]，实现生物炭活化。碳与蒸汽之间的总体反应包括水的化学吸附、碳的气化、水的转化等。蒸汽活化中孔的形成过程与水煤气变换反应和碳的消耗密切相关[91]。由于热解过程中燃烧不完全，蒸汽活化还可以通过去除残留的产物（如某些酸、醛、酮或生物质的特定成分）来改善生物炭的多孔结构。此外，蒸汽活化还可以降低疏水性并增加生物炭表面的极性。

活化温度（T）、蒸汽与碳的质量比（S/C）和活化时间（t）这三个参数在蒸汽活化中起关键作用。通常由于进一步从表面除去碳原子，孔的体积/半径和表面积随蒸汽温度和处理时间的增加而增加，升高的趋势在高温度下更为明显。也有报道称，高温蒸汽活化主要弥补了低温热解对生物炭孔隙形成及其表面积扩大的不利影响[92]。例如，在较低的温度下，蒸汽活化后的生物炭的比表面积几乎达到其初始值的6倍，而在较高的蒸汽温度下，其比表面积达到原始生物炭的76倍。但是，在某些情况下，也可以观察到生物炭表面积被低温蒸汽激活而减少[91]，多是由于碳孔的坍塌。

尽管较高的蒸汽温度（高达 800℃）大多对生物炭的理化特性显示出积极的结果，但较长的活化时间（45～60min）对蒸汽具有不利的影响。在高温下持续较长的时间（这将允许更快和更多的气化发生）会发生过度活化。在这种情况下，一方面，形成了大量的大孔；另一方面，碳壁开始塌陷。简而言之，微孔被转化为中孔和大孔，并且微孔的体积分数减少了。较长的持续时间还导致生物炭中较低的比表面积和较高的灰分含量。就低温下的蒸汽流动而言，更高的蒸汽流量并未导致孔径分布有明显改善。蒸汽流量的增加在颗粒的外表面上产生更多的水蒸气，从而导致质量损失或产生大孔。原因是碳内部的蒸汽被气化产生的抑制因子（CO 和 H_2）稀释，从而在颗粒的外表面上留下了最高浓度的纯蒸汽，这将导致外部气化，这就是所谓的稀释理论[93, 94]。然而，也有研究证明在较高温度下可观察到中孔体积随蒸汽流量的增加而增加[95]。

气体活化也可以通过生物炭表面和气体之间的反应来增大表面积和孔隙体积。在活化过程中通常使用不同的气体，如 CO_2、N_2、NH_3、O_2 或它们的混合物。CO_2 洁净且易于使用，可以和生物炭上的碳直接反应，是最常用的活化气体。碳化程度受活化温度、时间、气体流速和炉子选择的影响。Zhang 等[96]通过 CO_2 活化，从不同类型的森林和农业废物中制备了不同特性的生物炭，其比表面积在 400～1000m^2/g，微孔体积与总孔体积之比在 0.38～0.66。通常，较高的活化温度可导致较大的比表面积和微孔体积。Guo 等[97]研究了椰子壳基炭的 CO_2 活化作用，并系统地研究了活化温度、时间和流速对比表面积、总体积和微孔体积的影响。结果表明，增加活化温度有助于孔的形成、扩大孔径并增加中孔的产生。此外，增加的活化时间有利于微孔和中孔的产生，但是活化时间过长导致孔的塌陷和恶化。Taer 等[98]研究了橡胶木衍生炭的 CO_2 活化作用，并研究了活性炭材料的电化学和电容性质。结果表明，比表面积（282.21～683.63m^2/g）、电导率（0.0075～0.0687S/cm）和比电容随活化温度（700～1000℃）的增加而增加。由活化温度升高引起的比表面积增加与碳结构中微孔体积的增加直接相关。但是，高于 900℃的较高温度会导致孔变形。

与产生广泛分布的微孔和中孔的蒸汽活化不同，CO_2 活化主要产生微孔。通常，具有宽的孔径分布是优选的，因为中孔和大孔负责有效去除大分子。此外，较大的孔径能作为“通道”，目标分子可通过该通道到达其最终的碳结构内部吸附位点。但是对于小分子的吸附，生物炭中的微孔结构更为重要[99]。Kołtowski 等[99]

比较了使用 CO_2、蒸汽和微波辐射对生物炭的活化作用。他们得出的结论是，尽管蒸汽活化导致生物炭中更大的比表面积，但 CO_2 活化生物炭是降低水中 16 种多环芳烃（PAHs）浓度的最有效的吸附剂，这可能是由于在 CO_2 活化下的生物炭总孔体积中，微孔体积占比较大。

1.3.2 化学改性

在化学活化方法中，常使用酸、碱和氧化处理来活化生物炭，所得生物炭的物理化学性质得到显著的改善。化学催化剂（氧化剂）包括 $ZnCl_2$、H_3PO_4、H_2SO_4、K_2S、KCNS、HNO_3、H_2O_2、$KMnO_4$、$(NH_4)_2S_2O_8$、NaOH、KOH 和 K_2CO_3。通常，化学活化中生物炭制备的最后阶段是洗涤，以去除生物炭上多余的无机组分。

1. 酸改性

酸改性的主要目的是去除杂质，并将酸性官能团引入生物炭的表面。常见的酸包括 HCl、H_2SO_4、HNO_3、H_3PO_4、$H_2C_2O_4$ 和 $C_6H_8O_7$。研究表明，1mol/L HCl 对芦苇衍生生物炭的改性能有效地将灰分含量从 29.5%降低至 11.8%，并为五氯苯酚的吸附提供了更多的疏水吸附位点[100]。使用 HNO_3（2mol/L）改性能在竹类衍生生物炭的表面引入羧基、内酯基、酚基和羰基[101]。酸改性还可以改变生物炭的比表面积，并且比表面积的变化随酸的类型和浓度而变化。例如，经过 1mol/L HCl 处理后，芦苇生物炭的表面积从 $58.75m^2/g$ 增加到 $88.35m^2/g$[100]。H_3PO_4 改性略微降低稻草衍生的生物炭的比表面积（从 $522.5m^2/g$ 到 $517.1m^2/g$）和总孔体积（从 1.2mL/g 到 0.65mL/g）[102]。H_3PO_4 浓度对生物炭的吸附能力有明显的影响。

$H_2C_2O_4$ 和 $C_6H_8O_7$ 等弱酸也可通过酯化作用将羧基引入生物炭表面。研究表明，利用 $H_2C_2O_4$ 和 $C_6H_8O_7$ 进行改性，虽然丰富了生物炭表面的含氧官能团，但它们分别将生物炭的比表面积从 $1.57m^2/g$ 降低至 $0.69m^2/g$ 和 $1.21m^2/g$[100]。相比之下，将 30% H_2SO_4 和 $H_2C_2O_4$ 混合使用可将生物炭的表面积从 $2.31m^2/g$ 显著提高到 $571.00m^2/g$[103]。这种差异可以归因于酸的腐蚀能力的差异。

2. 碱改性

碱改性的主要目的是增加比表面积和含氧官能团。常见的碱性试剂包括 KOH 和 NaOH。研究证明 KOH 改性增加了生物炭的比表面积（从 $14.4m^2/g$ 增至 $49.1m^2/g$）和含氧官能团，从而提高了对 As（V）的去除[104]。然而，Sun 等[105]报道 KOH 改性减少了通过水热碳化制备的小麦秸秆生物炭的比表面积（从 $4.4m^2/g$ 降至 $0.69m^2/g$）。因此，碱改性对生物炭比表面积的影响也受到生物炭原料类型和制备方法的影响。与 KOH 相比，NaOH 的腐蚀性较小，更经济。NaOH 改性显著增加了椰子衍生生物炭的比表面积，可达到2885m^2/g，明显高于KOH改性（1940m^2/g）[106]。Feng等[107]应用碱来修饰由各种原料和温度制备的生物炭，他们发现碱修饰可以提高生物炭对菲的吸附能力。然而，Fan等[108]表明NaOH改性对竹屑衍生生物炭的比表面积没有明显影响。除了不同类型的碱外，碱与生物炭之间的比例也会显著影响生物炭的性能。Shen和Zhang[109]报道，生物炭的性质明显受到KOH和生物炭的质量比的影响，当其质量比为3时，可获得性能最优的生物炭。总之，碱改性对比表面积的影响取决于原料、制备方法以及改性参数。

3. 氧化剂改性

使用氧化剂改性可以增加生物炭上含氧官能团的含量。研究表明，由水热碳化制得的花生壳衍生生物炭经过H_2O_2改性能显著增加含氧官能团，特别是羧基，从而增加了对铅（Pb）的吸附能力[110]。Huff和Lee[111]报道，使用H_2O_2改性将源自松木的生物炭的pH从7.16降低至5.66，并增加了含氧官能团。然而，当H_2O_2的浓度（质量分数）超过10%时，与未改性的生物炭相比，改性的生物炭对亚甲基蓝的吸附能力较低，这表明生物炭的吸附能力与改性条件和目标污染物性质有关。与H_2O_2相似，用$KMnO_4$改性也可以增加含氧官能团。另外，$KMnO_4$的改性可以使生物炭的比表面积从101m^2/g增加到205m^2/g。$KMnO_4$改性提高了山核桃木衍生生物炭对Pb（Ⅱ）、Cu（Ⅱ）和Cd（Ⅱ）的吸附能力[112]。臭氧也已广泛应用于生物炭的活化，它可有效地在生物炭表面上产生表面氧化物。Gómez-Serrano等[113]报道了在臭氧化过程中，生物炭上形成了大量的酚基、羟基、奎宁基、羧基和醚基。热解和臭氧化的温度都对表面氧化物的类型和数量有重大影响，臭氧在100℃以上会分解，这会降低其与生物炭的反应性。

4. 催化石墨化

生物质的化学改性还包括催化石墨化，一般而言，即使在热解温度高达2500℃时，生物质热解过程中形成的硬碳结构也难以转变为理想的石墨结构[114, 115]。硬碳结构由石墨微晶和无定形碳组成，宏观上没有显示出结晶特性。生物质一般可以形成多孔结构，但化学活化后的生物炭石墨结构并不完美，通常具有较低的电导率，这意味着需要改善其石墨结构以提高应用性能。目前，高温热解和催化石墨化是从生物质中制备具有优异石墨结构的碳材料的主要方法。高温热解方法中通常需要2500℃或更高的温度才能有效提高碳材料的石墨化程度。超高温条件会消耗大量能量，这与“节能减排”和绿色化学原理不符。催化石墨化是指在试剂的激活下，石墨化催化剂降低了从无定形碳到石墨相转变的活化能，从而能在较低的温度（≤1000℃）下获得石墨碳。低温石墨化在很大程度上保留了生物质的原始结构特征，改善了石墨结构，优化了生物质的多孔结构和表面性能。催化石墨化是一个非常复杂的过程，具有物理变化和化学变化。目前，催化石墨化有两种机理[116]：①溶解和再沉淀机理。在石墨化催化剂的作用下，碳原子之间的化学键断裂，然后催化剂连续溶解无定形碳直至饱和。饱和碳的能级较高，因此需要将其转换为低级石墨晶态，从而获得石墨碳材料。②碳化物的转化和分解机理。石墨化催化剂首先与碳元素结合形成碳化物，然后分解形成石墨碳。生物质催化石墨化的机理非常复杂，仍有许多需要探索的地方。到目前为止，最常见的石墨化催化剂是过渡金属元素（如 Fe、Co、Ni）及其氧化物（如 Cr_2O_3、MnO_2）。这些石墨化催化剂有时不仅充当催化剂，还可以作为制孔剂加快孔的形成。

催化石墨化形成的生物炭的结构和性能受生物质前体、石墨化催化剂的种类和浓度、处理方式以及顺序等的影响。Sevilla 等[117]通过硝酸铁或硝酸镍浸渍木屑，并在 900℃和 1000℃下热解制备了石墨化程度较高的碳基材料。Ye 等[118]利用高铁酸钾（K_2FeO_4）提高苎麻纤维衍生生物炭的石墨化，再引入氮元素成功制备了可高效活化过硫酸盐的生物炭基催化剂 PGBF-N（图 1-1）。Liu 等[119]采用硝酸铁作为石墨化催化剂，在 500～1000℃的范围内热解椰子壳，制备出具有三维互连且分层的多孔结构的石墨化碳。他们还发现产物的石墨化程度随温度的升高而增加。Ru 等 [120]在氮气（N_2）下以 10℃/min 的升温速率分别在 700℃、900℃和 1100℃下对微藻进行 6h 的热解。结果发现，在 900℃下的热解产物具有许多微晶石墨域和分层的孔结构。随着热解温度的升高，热解产物的孔结构变得更加发达，特别是中孔结构。热解温度的升高可能导致早期形成的微孔塌陷或将微孔组合成中孔和大孔。所得产物的 X 射线衍射（X-ray diffraction，XRD）图谱和拉曼光谱（Raman spectrum）证实，随着热解温度的升高，产物具有更强的 XRD 峰，表明热解产物中的石墨碳更有序。所制备的产品均显示出分层的孔结构，并且产品的比表面积和孔体积随热解温度的升高而显著增加。热解温度对多孔结构和石墨结构具有重要影响。在一定范围内增加热解温度，会增加生物炭的孔（特别是微孔）的数量和比表面积，这有利于形成良好的多孔结构。随着热解温度的升高，石墨结构将逐渐发展，整个晶体结构趋于有序，导致石墨化程度的提高。Yu 等[121]利用虾壳热解，在不同温度下制备分层级多孔石墨生物炭。热解温度的升高促进了宏观/中观/微孔结构的分层和更多石墨化碳的形成。随着产物石墨化程度的提高，产物中的吡咯氮转化为吡啶氮，可以进一步转化为石墨氮。Thompson 等[114]发现，降低石墨化催化剂铁的浓度，软木屑制备的多孔生物炭的石墨化程度和石墨结构几乎没有波动，而其比表面积逐渐增大。他们认为用作石墨化催化剂的液态碳化铁（Fe_3C）纳米颗粒在蚀刻并流过碳基质时会溶解无定形碳，孔隙结构发生了变化。Fe_3C 纳米粒子随后催化了石墨纳米管的形成。另外，Wu 等[122]将乙酰丙酮铁（Ⅲ）引入脱脂棉中，并通过随后的热解获得了石墨化碳，热解过程中生成的铁纳米颗粒通过溶解和再沉淀机理催化了石墨壳层的形成。Wang 等[123]提出，通过微波辅助热解可从铁/导电聚合物/生物质复合材料中获得石墨碳纳米结构。微波辅助热解后，保留了生物质独特而复杂的形态和微观结构，并同时获得了高孔隙率的石墨化材料。

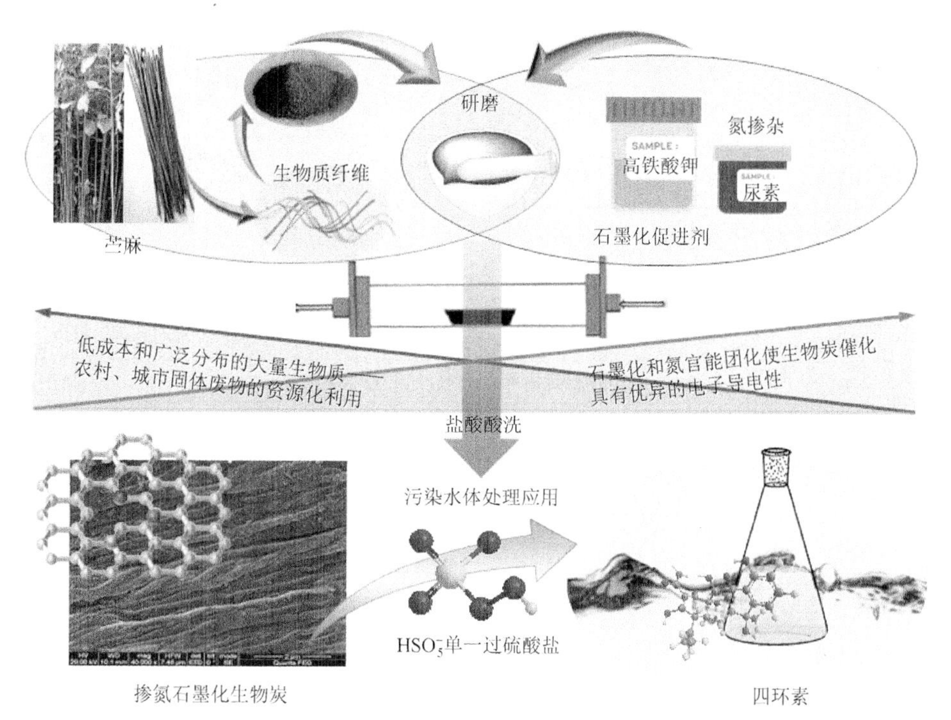

图 1-1　合成 PGBF-N 作为基于生物炭的 TC 降解催化剂的示意图[118]

可以看出，通过催化石墨化从生物质中制备生物炭的研究较少，这也阻碍了该方法对产物结构和性能的分析和推广。制备具有优良石墨结构和多孔结构的生物炭在拓展生物炭应用方面有着巨大潜力。生物炭活化的最新研究如表 1-5 所示，生物炭的原料、结构、性质和合成方法如表 1-6 所示。

表 1-5　生物炭活化的最新研究

原料	热解温度/℃（停留时间）	方法类型	特点/优势	参考文献
樱桃石	400（15min）	NaOH 活化	增强的微孔结构和酸性表面特性	[124]
红麻纤维	1000（—）	HCl 活化	增加了 BET 比表面积和毛孔	[125]
花生壳	300（5h）	H_2O_2 活化	增加了含氧官能团，尤其是羧基	[125]
稻草	350、500 和 700（6h）	HNO_3/H_2SO_4 混合物氧化	增加羧基官能团和硝基	[102]
市政固体废物	500（0.5h）	KOH 活化	增加比表面积、多孔质地和官能团	[107]

续表

原料	热解温度/℃（停留时间）	方法类型	特点/优势	参考文献
豆科灌木	450（4h）	KOH 活化	增加比表面积和总孔隙体积	[126]
鸡粪	450（1h）	HNO_3 活化	增加比表面积和胺官能团	[127]
稻壳	600（0.5h）	氢氟酸生物质预脱灰 + 氨化处理	改进孔隙结构，增强含氮官能团	[128]
红雪松木	750（1h）	HNO_3 活化	比表面积略有减小，表面含氧官能团的覆盖率有所增加	[129]
云杉树	600（快速热解）	KOH 活化	增加微孔、介孔含量	[130]
玉米酒糟粕	—	KOH 活化 + HNO_3 处理	改善表面含氧量和多孔结构	[131]
玉米秸秆	550（—）	CO_2 活化	改善孔隙结构	[132]
杏仁壳和橄榄石	400～650（—）	不同氧浓度的单步活化	微孔体积增大	[133]
仙人掌纤维	600（1h）	N_2 活化 + 还原	更大的外表面以及更多含羧基的层状结构	[134]
棕榈壳	700（2h）	CO_2 活化	增加比表面积和微孔体积	[135]
棉花秸秆	600（快速热解）	CO_2 高温活化	显著增加比表面积和含氮基团	[136]
芒草	500（1h）	蒸汽活化	增加比表面积	[137]

表 1-6　生物炭的原料、结构、性质和合成方法

生物质	活化剂	石墨化剂	石墨结构	参考文献
软木锯末	—	$Fe(NO_3)_3$	纳米管状石墨碳	[114]
椰子壳	—	$Fe(NO_3)_3$	局部互连的石墨纳米结构	[119]
锯末	—	$FeCl_3$	石墨碳的形成	[138]
椰子壳	$ZnCl_2$	$FeCl_3$	多孔石墨烯状纳米片	[139]
竹	K_2FeO_4	K_2FeO_4	高石墨化度	[140]
柳絮	$K_4Fe(CN)_6$	$K_4Fe(CN)_6$	高石墨化度	[141]
一次性筷子	$K_2C_2O_4$	$Fe(NO_3)_3$	高石墨化度	[142]
柚子皮	$ZnCl_2$	$FeCl_3$	互连的石墨化碳纳米片	[143]
椰子壳	K_2CO_3	K_2CO_3	高度石墨化的类石墨烯结构	[144]
辣木茎	$ZnCl_2$	$FeCl_3$	具有良好结晶度的有序结构	[145]

1.4　生物炭基纳米复合材料制备

近年来，已经有大量关于生物炭应用于水体和土壤污染处理的研究[146-151]。生物炭由于其原料广泛性、低成本和有利的物理/化学表面特征，具有吸附污染物的巨大潜力[152]。然而，生物炭对各种污染物的去除能力取决于其物理性质和化学性质，受原料、热解技术和热解条件的影响[152]。原生物炭从水溶液中吸附污染物的能力有限[153]，特别是对于高浓度的污水。此外，原生物炭具有较差的选择性吸附污染物的能力[154]。由于颗粒尺寸小，粉末状生物炭难以从水溶液中分离[155, 156]。为了克服上述这些不利因素，近年来更多研究关注于生物炭纳米复合材料的合成及其去除污染物的能力[157]。生物炭纳米复合材料是指以生物炭作为基质，将不同种类的纳米材料负载到生物炭上，而得到的纳米复合材料已经成为扩展生物炭和纳米技术在环境中应用的重要探索，也是目前研究的热点。

生物炭基纳米复合材料所使用的纳米材料包括三大类（图1-2和图1-3）：纳米金属氧化物/氢氧化物（MnO_x、ZnO、MgO、$Mg(OH)_2$、AlOOH等）、磁性铁氧化物（Fe_3O_4、γ-Fe_2O_3和$CoFe_2O_4$等）和功能纳米材料［碳纳米管（CNTs）、氧化石墨烯（graphene oxide，GO）、水滑石（LDHs）、纳米零价铁（nZVI）和氮化碳（g-C_3N_4）等］。与其他支撑材料相比，使用生物炭作为纳米复合材料生产的基质材料具有多个优点。首先，生物炭生产原料丰富，成本低，主要是从农业生物质和城市固体

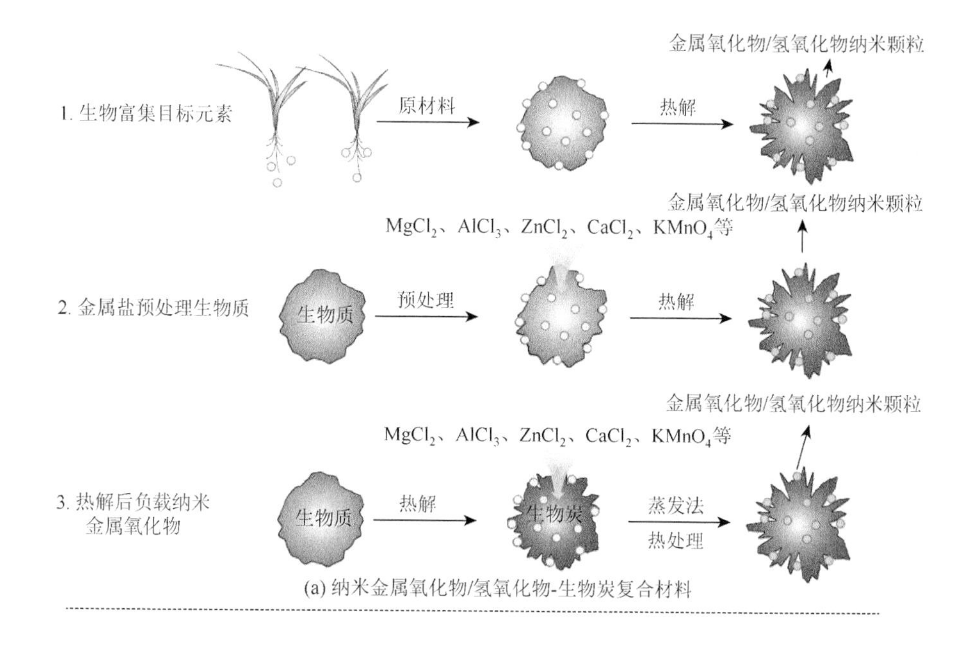

(a) 纳米金属氧化物/氢氧化物-生物炭复合材料

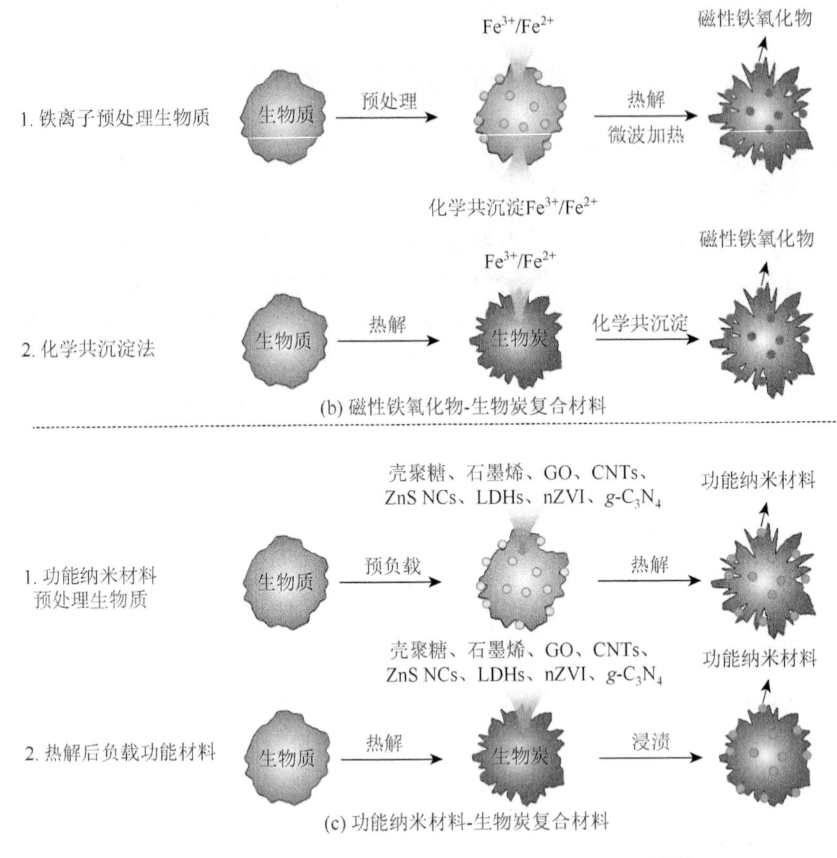

图 1-2　生物炭纳米复合材料的分类与合成方法[157]

废物中获得[158, 159]。其次，生物炭生产需求能量较低，其通常在相对低的温度（<700℃）下产生[160]。此外，生物质的热化学处理具有能量回收潜力，其可以产生额外的伴随的副产物（生物质油燃料和合成气）[159]。因此，通过合成生物炭基纳米材料可以实现四个互补目标：污染物去除、废物管理、碳封存和能源生产[152, 158]。

1.4.1　生物炭负载纳米金属氧化物/氢氧化物

负载纳米金属氧化物/氢氧化物颗粒可用于修饰生物炭表面性质。而生物炭可将纳米金属氧化物/氢氧化物整合到其骨架中，以减少金属颗粒的团聚并增强表面氧化还原活性。制备纳米金属氧化物/氢氧化物-生物炭复合材料的合成方法主要有三大类，包括通过生物富集目标元素后热解，使用金属盐预处理生物质后热解，以及热解后负载纳米金属氧化物（图 1-3）。前两种方法通过在热解之前将目标金属富集到生物质中来实现目标元素的引入。后一种方法试图将纳米金属氧化物/氢

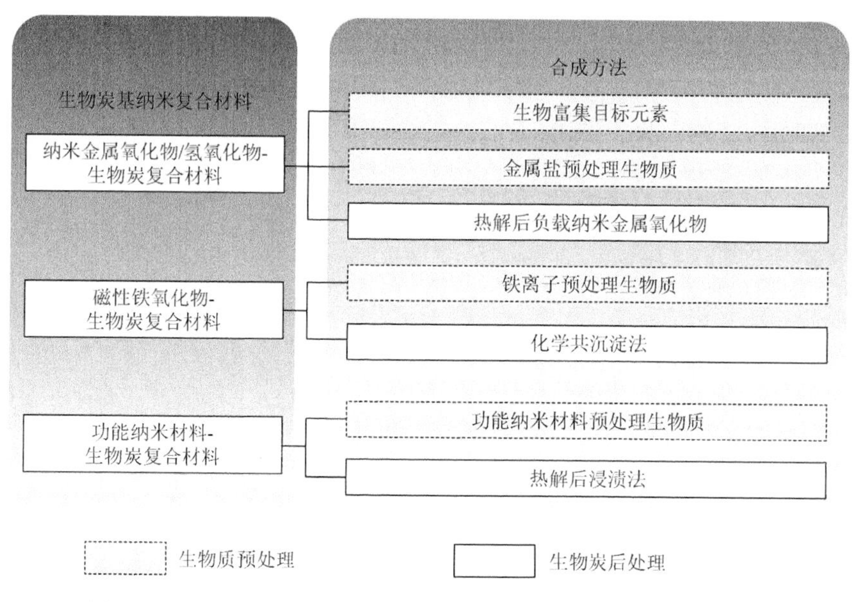

图 1-3　用于制造基于生物炭的纳米复合材料的不同方法的类别[157]

氧化物直接镶嵌在生物质热解后的生物炭中。合成得到的生物炭负载纳米金属氧化物/氢氧化物复合材料结合了生物炭和纳米金属氧化物/氢氧化物各自的优点。生物炭多孔碳基材料可以作为纳米金属氧化物/氢氧化物的基质，减少纳米金属氧化物/氢氧化物的团聚，增加其分散性和稳定性。同时，纳米金属氧化物/氢氧化物较高的活性能够增加生物炭的吸附位点（图 1-4）。

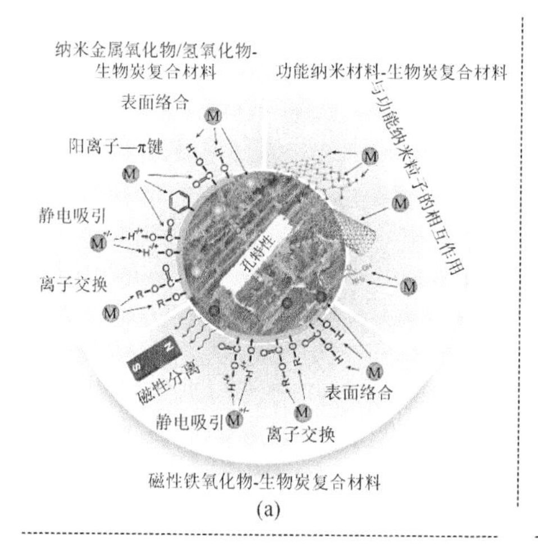

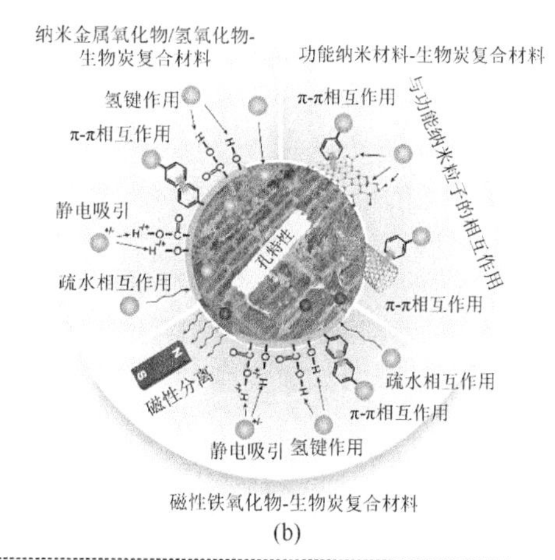

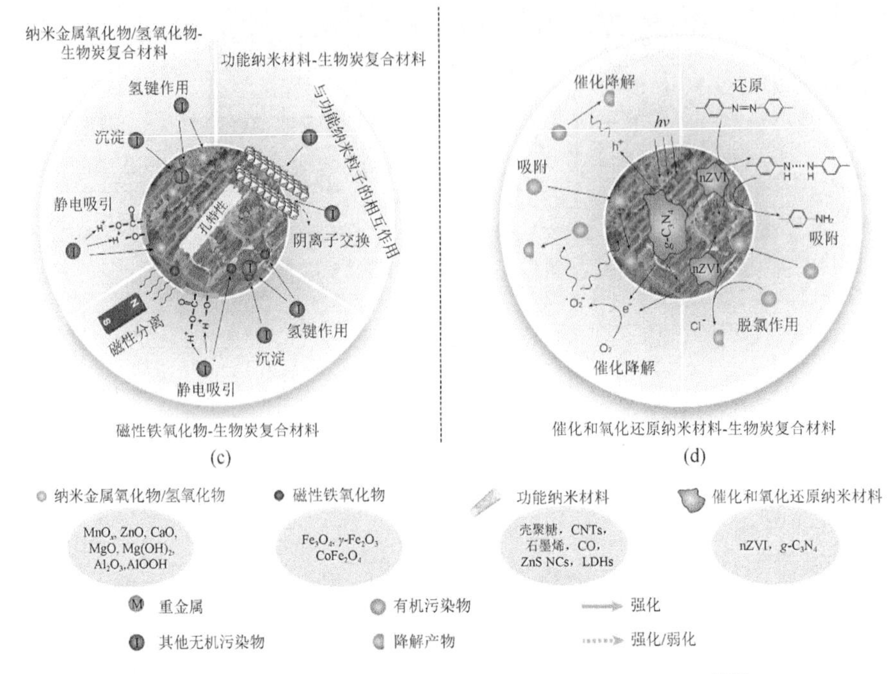

图 1-4　生物炭纳米复合材料对不同污染物的去除机理[157]

1. 生物富集目标元素

目标化学元素可以通过生物方法富集到生物质中，金属元素可以在热处理后变成纳米金属氧化物/氢氧化物。研究表明，通过慢速热解富含 Mg 的番茄组织可以得到 Mg-生物炭复合材料[70]。在基于泥炭的培养基中种植番茄植物，使用含有 25mmol/L Mg 的 Hoagland 溶液每周灌溉两次以富集 Mg。热解后所得 Mg-生物炭复合材料在水溶液中显示出对磷酸盐较好的吸收能力。Mg-生物炭表面的纳米级 $Mg(OH)_2$ 和 MgO 颗粒充当磷酸盐的主要吸附位点。因此，热解富集有 Al、Zn、Ca、Fe 和 Mn 的生物质可以将纳米金属氧化物/氢氧化物引入生物炭中，获得功能性材料的同时，还能解决重金属富集植物的处置问题。此外，超富集植物的应用可以增强目标元素的生物积累量，相关方面需要进一步研究。

2. 金属盐预处理生物质

另一种方法是在热解之前使用化学试剂预处理生物质。通常选择金属盐作为生物质预处理的化学试剂。金属离子可以在生物质浸入金属盐溶液后附着在表面上或进入生物质结构的内部。热解后，金属离子将转化为纳米金属氧化物/氢氧化物，浸渍金属离子的生物质将成为生物炭纳米复合材料[153, 161]。特别地，可以通过热解铁离子处理的生物质来制备磁性生物炭[162]。$AlCl_3$[163]、$CaCl_2$[164, 165]、

$MgCl_2$[165, 166]、$KMnO_4$[167]、$MnCl_2$[168]和 $ZnCl_2$[169]是生物质预处理的常用金属盐，会在生物炭表面形成 Al_2O_3、AlOOH、CaO、MgO、MnO_x和 ZnO 纳米颗粒。例如，多孔 MgO-生物炭纳米复合材料可以通过热解由 $MgCl_2$ 预处理的生物质得到[166]。结果表明，MgO 纳米片均匀分散在生物炭表面，MgO-生物炭纳米复合材料对磷酸盐和硝酸盐的去除率较高。生物炭/AlOOH 纳米复合材料可以通过热解 $AlCl_3$ 预处理生物质获得[163]。在生物炭表面上形成的纳米多晶 AlOOH 薄片显著地增加了吸附重金属、有机污染物的反应位点。$ZnCl_2$ 也被用于制备 ZnO-生物炭纳米复合材料[169]。据报道，$ZnCl_2$ 预处理的甘蔗渣产生的 Zn-生物炭纳米复合材料具有比原始生物炭高得多的比表面积和总孔体积，对 Cr（Ⅵ）的去除效率提高了 1.2～2.0 倍[169]。

3. 热解后负载纳米金属氧化物

金属氧化物纳米颗粒也可以在生物质热解后直接负载到所得到的生物炭上。蒸发法[170]、热处理[171]、常规湿浸渍法[172]、直接水解和化学沉积[173]是在金属盐存在下处理生物炭的常用方法。例如，生物炭可以通过蒸发法利用 $Fe(NO_3)_3$ 处理得到铁氧化物修饰的生物炭，相比于原始生物炭，其具有更大的比表面积[170]。生物炭和 $KMnO_4$ 混合物的热处理可以合成由多孔生物炭和微/纳米 MnO_x 组成的新型复合材料[171]。MnO_x 和含氧官能团形成表面络合物是增加 Cu（Ⅱ）在改性生物炭上的吸附量的关键因素。通过常规湿浸渍方法将无定形水合氧化锰负载在生物炭上有助于提高其对 Pb（Ⅱ）的吸附能力[172]。研究通过铁盐直接水解沉积到山核桃生物炭上，吸附实验结果表明生物炭表面上的氢氧化铁颗粒是吸附固定 As 的主要位点[173]。

1.4.2　生物炭负载磁性铁氧化物

考虑其难以从水溶液中分离，生物炭还可以通过含铁盐预处理生物质或将铁氧化物化学共沉淀到生物炭上的方法转化为磁性材料。通过这些方法，可以在生物炭表面涂覆包括 Fe_3O_4[174]、γ-Fe_2O_3[175]和 $CoFe_2O_4$ 颗粒[156]等纳米磁性氧化铁。通过外部磁场，磁性生物炭可以容易地从溶液中分离，并且引入的含铁组分可以作为活性位点去除污染物，其吸附能力得到增强[155, 162]（图 1-4）。

1. 铁离子预处理生物质

第一种方法是通过浸渍含 Fe（Ⅲ）/Fe（Ⅱ）盐或化学共沉淀的方法预处理生物质，随后在不同条件下热解或微波加热处理。研究通过对 $FeCl_3$ 预处理生物质进行热解，合成了一种磁性生物炭吸附剂，其具有嵌在多孔生物炭基质中的纳米

Fe_2O_3 颗粒[162]。所得复合材料显示较强铁磁性（饱和磁化强度 = 69.2emu/g），并对水溶液中 As（V）有着良好的吸附能力。类似地，Chen 等[155]通过将含铁物质化学共沉淀到橙皮粉末后热解制备磁性生物炭，材料表征证明其中存在磁性氧化铁。研究通过微波加热技术将经过 $FeCl_3$ 浸渍的生物质合成磁性生物炭，其具有较高的比表面积（890m^2/g），能有效去除亚甲基蓝，最大吸附容量达到 265mg/g[176]。磁性生物炭还可以通过铁盐与其他金属盐溶液一起预处理生物质来实现。Reddy 和 Lee[156]利用 $Co(NO_3)_2·6H_2O$ 和 $Fe(NO_3)_3·9H_2O$ 预处理的生物质，经过慢速热解合成了磁性生物炭。结果表明，生物炭表面的钴铁氧体提高了其对 Pb（Ⅱ）和 Cd（Ⅱ）的吸附能力。此外，天然存在的赤铁矿矿物对生物质的处理也可制备磁性生物炭[175]。与原始生物炭相比，赤铁矿改性的生物炭表现出更强的磁性，生物炭表面的 γ-Fe_2O_3 颗粒充当 As 的吸附位点。

2. 化学共沉淀法

另一种用于磁性生物炭复合材料制备的方法是采用化学共沉淀方法，通过将磁性颗粒负载到生物炭上来制备磁性生物炭[177-179]。在该合成过程中，首先通过生物质的热转化制备生物炭，然后将所得的生物炭与含铁盐溶液混合形成悬浮液，再进行碱化处理[179, 180]。研究证明橡树皮和橡木衍生[181]、桉叶残渣衍生生物炭[182, 183]通过铁氧化物的化学共沉淀成功转化为磁性生物炭。Baig 等[174]对比研究了制备磁性生物炭的两种方法（在热解之前含铁物质在生物质上的化学共沉淀和在热解之后氧化铁在生物炭上的化学共沉淀）。结果表明，生物质的化学共沉淀前处理所制备的生物炭具有更优异的物理化学性质（Fe_3O_4 含量、饱和磁化强度和热稳定性），并且其对 As（Ⅲ，V）的吸附效率高于后处理方法所制备的生物炭。

1.4.3　生物炭负载功能纳米材料

在生物炭表面负载功能材料（如壳聚糖、石墨烯、GO、CNTs、ZnS NCs、nZVI、g-C_3N_4）可以结合生物炭基质和功能材料各自的优点（图 1-4）。这些功能材料可以大大改善生物炭的表面官能团、比表面积、孔隙率和热稳定性，这有助于提高去除污染物的性能。特别地，分散在生物炭表面活性催化材料可以使生物炭同时具有对有机污染物的吸附能力和催化降解能力。

1. 功能纳米材料预处理生物质

功能材料在热解前预处理生物质，可以得到基于生物炭的功能复合材料[184]。具体操作包括：将功能材料加入去离子水中制备功能材料悬浮液，使用超声处理获得悬浮液匀浆，然后将生物质浸入悬浮液中，干燥后经热转化制备负载功能纳米材料的生物炭。石墨烯/芘衍生物所处理的生物质，经过热转化后可以合成工程化的石墨烯涂覆的生物炭[185]。结果表明，石墨烯“涂层”可以提高生物炭的热稳定性，石墨烯包覆的生物炭具有更为优异的亚甲基蓝吸附能力。类似地，研究通过热解石墨烯预处理的小麦秸秆合成了石墨烯/生物炭复合材料，结果表明石墨烯主要通过π-π相互作用涂覆在生物炭的表面上，从而使生物炭具有更大的比表面积、更多的官能团和更高的热稳定性，与原始生物炭相比，石墨烯/生物炭复合材料对菲和汞具有更高的去除效率[186]。在慢速热解之前，通过在不同浓度的羧基官能化的碳纳米管溶液中浸涂生物质，可以合成多壁碳纳米管涂覆的生物炭[187, 188]。结果表明，通过添加碳纳米管增强了生物炭的比表面积、孔隙率和热稳定性。

2. *热解后负载功能材料*

在热解之后将功能材料负载到生物炭上也可以获得生物炭基复合材料。水凝胶[189]、Mg/Al LDH[190]、壳聚糖[191, 192]、ZVI [193-196]和 ZnS NCs [197]是常用的功能材料。这些功能材料沉积在生物炭表面上，可以作为吸附污染物的活性位点。所得复合材料具有从功能材料和生物炭继承的优异的功能和性质。然而，涂覆在表面的功能材料可能会导致生物炭孔道的部分堵塞。但功能材料的优越性能可以使其从其他方面弥补这个缺陷。例如，壳聚糖修饰的生物炭通过在生物炭表面上涂覆壳聚糖合成[191]。研究人员发现改性后壳聚糖堵塞部分孔隙，生物炭的比表面积急剧下降，但其表现出壳聚糖的高化学亲和力，从而保持对污染物的高吸附能力。

1.5　小结与展望

热化学过程将农村和城市固体废物转化为生物炭，为废物的环境可持续管理提供了有效方法。为了改善生物炭的物理化学特性以提高其处理效率并实现可持续应用，通常需要根据使用需求选择活化方法。一般情况下，化学活化可以改善生物炭的表面性质，同时提高生物炭的比表面积。以生物炭作为基质，将不同种类的纳米功能材料负载到生物炭上，可以得到不同性质和用途的生物炭基纳米复合材料。活化改性可以提高生物炭对有机污染物和无机污染物的吸附能力，并赋予其优良的催化能力。总而言之，活化改性生物炭在环境可持续性领域具有较大应用潜力。

众所周知，生物质具有来源丰富、结构和性质多样的特点。近年来，如何从广泛的生物质资源中准确而可控地制备生物炭备受关注。目前，似乎没有系统的理论和方法来指导生物炭的精准可控地制备。针对这种情况，提出了以下建议：①合理地选择合适的生物质原料。考虑生物炭的主要结构和性质（即多孔结构、石墨结构、比表面积和杂原子掺杂）取决于生物质前体，有必要利用具有特殊自然结构和组成的生物质来制备具有某种特性的生物炭。为了扩大生产，重要的是系统地总结生物质资源的共性，并尝试归纳生物质种类与其衍生生物炭的结构和性质之间的联系，从而对生物炭的结构和性质进行系统的调控和预测。②制定共同有效的综合战略。现有研究已经广泛地探索了从单一生物质类型制备生物炭的方法，如何调控来自多种生物质来源的生物炭的合成值得关注。③建立生物质原料-制备参数-应用效率演化模型。目前，有必要分析和总结生物质类型，制备工艺条件包括活化过程对生物炭结构和性能的影响。同时，不同参数之间的相互作用机理值得深入探讨，并寻求建立生物炭从原料选取到应用效果之间的关系网，从而从应用场地和目标出发，有针对性的准确实现生物炭材料的大规模制备。

参 考 文 献

[1] Seifritz W. Should we store carbon in charcoal?[J]. International Journal of Hydrogen Energy，1993，18（5）：405-407.

[2] Marris E. Black is the new green[J]. Nature，2006，442（7103）：624-626.

[3] 朱继荣，孙崇玉，于红梅，等. 生物炭对土壤肥力与环境的影响[J]. 广东农业科学，2014，41（3）：65-69，73.

[4] 中华人民共和国第十三届全国人民代表大会常务委员会第十七次会议修订. 中华人民共和国固体废物污染环境防治法[Z].

[5] 闵超，安达，王月，等. 我国农村固体废弃物资源化研究进展[J]. 农业资源与环境学报，2020，37（2）：151-160.

[6] 沈洪光. 地膜覆盖对农作物产量的影响[J]. 农业开发与装备，2020，（7）：75，77.

[7] 尹娴雅，张一梁，杨雨捷，等. 我国农村固体废弃物污染的问题概述[J]. 低碳世界，2019，9（10）：14-16.

[8] 李一，王秋兵. 我国秸秆资源养分还田利用潜力及技术分析[J]. 中国土壤与肥料，2020，（1）：119-126.

[9] 张露，郭晴. 秸秆资源化利用的大气污染物排放机理、时空规律与减排策略研究[J]. 西南大学学报（自然科学版），2020，42（7）：143-153.

[10] 石祖梁. 中国秸秆资源化利用现状及对策建议[J]. 世界环境，2018，（5）：16-18.

[11] 仇焕广，严健标，蔡亚庆，等. 我国专业畜禽养殖的污染排放与治理对策分析——基于五省调查的实证研究[J]. 农业技术经济，2012，（5）：29-35.

[12] 姜茜，王瑞波，孙炜琳. 我国畜禽粪便资源化利用潜力分析及对策研究——基于商品有机肥利用角度[J]. 华中农业大学学报（社会科学版），2018，（4）：30-3，166-167.

[13] Luo J，Huang W，Guo W，et al. Novel strategy to stimulate the food wastes anaerobic fermentation performance by eggshell wastes conditioning and the underlying mechanisms[J]. Chemical Engineering Journal，2020，398：125560.

[14] Hao J，de Los Reyes III F L，He X. Fat，oil，and grease（FOG）deposits yield higher methane than FOG in anaerobic co-digestion with waste activated sludge[J]. Journal of Environmental Management，2020，268：110708.

[15] 戴金金，牛承鑫，潘阳，等. 基于厌氧膜生物反应器的剩余污泥-餐厨垃圾厌氧共消化性能[J]. 环境科学，2020，41（8）：3740-3747.

[16] 刘书宝. 城市固体废弃物处理现状及发展路径研究[J]. 黑龙江科学，2020，11（16）：144-146.

[17] Truong M V，Nguyen L N，Li K，et al. Biomethane production from anaerobic co-digestion and steel-making slag:

A new waste-to-resource pathway[J]. Science of the Total Environment，2020，738：139764.

[18] Gao Y, Li Z, Zhang J, et al. Synergistic use of industrial solid wastes to prepare belite-rich sulphoaluminate cement and its feasibility use in repairing materials[J]. Construction and Building Materials，2020，264：120201.

[19] Lykoudi A，Frontistis Z，Vakros J，et al. Degradation of sulfamethoxazole with persulfate using spent coffee grounds biochar as activator[J]. Journal of Environmental Management，2020，271：111022.

[20] Yu J，Feng H，Tang L，et al. Insight into the key factors in fast adsorption of organic pollutants by hierarchical porous biochar[J]. Journal of Hazardous Materials，2021，403：123610.

[21] 刘亚利，李欣，荆肇乾，等. 低温氨水改性污泥活性炭处理焦化废水的应用[J]. 工业水处理，2019，39（1）：25-28.

[22] 赵晶晶. 污泥活性炭的制备及其应用研究[D]. 广州：华南理工大学，2013.

[23] 李航，张太亮，吕利平，等. 钛白废酸活化制备污泥活性炭的改性及应用[J]. 现代化工，2019，39（4）：131-136.

[24] Jiang Q，Chen Y，Yu S，et al. Effects of citrus peel biochar on anaerobic co-digestion of food waste and sewage sludge and its direct interspecies electron transfer pathway study[J]. Chemical Engineering Journal，2020，398：125643.

[25] 罗元，谢坤，冯弋洋，等. 镧改性核桃壳生物炭制备及吸附水体磷酸盐性能[J]. 化工进展，2021，40（2）：1121-1129.

[26] Han L，Zhang E，Yang Y，et al. Highly efficient U（Ⅵ）removal by chemically modified hydrochar and pyrochar derived from animal manure[J]. Journal of Cleaner Production，2020，264：121542.

[27] Liu Z，Wang Z，Tang S，et al. Fabrication，characterization and sorption properties of activated biochar from livestock manure via three different approaches[J]. Resources，Conservation and Recycling，2021，168：105254.

[28] Ahmad M，Lee S S，Dou X，et al. Effects of pyrolysis temperature on soybean stover-and peanut shell-derived biochar properties and TCE adsorption in water[J]. Bioresource Technology，2012，118：536-544.

[29] Li X，Shen Q，Zhang D，et al. Functional groups determine biochar properties（pH and EC）as studied by two-dimensional ^{13}C NMR correlation spectroscopy[J]. PLoS One，2013，8（6）：e65949.

[30] Kim W K，Shim T，Kim Y S，et al. Characterization of cadmium removal from aqueous solution by biochar produced from a giant Miscanthus at different pyrolytic temperatures[J]. Bioresource Technology，2013，138：266-270.

[31] Harvey O R，Herbert B E，Rhue R D，et al. Metal interactions at the biochar-water interface：Energetics and structure-sorption relationships elucidated by flow adsorption microcalorimetry[J]. Environmental Science & Technology，2011，45（13）：5550-5556.

[32] Chun Y，Sheng G，Chiou C T，et al. Compositions and sorptive properties of crop residue-derived chars[J]. Environmental Science & Technology，2004，38（17）：4649-4655.

[33] Chen X，Chen G，Chen L，et al. Adsorption of copper and zinc by biochars produced from pyrolysis of hardwood and corn straw in aqueous solution[J]. Bioresource Technology，2011，102（19）：8877-8884.

[34] Angın D. Effect of pyrolysis temperature and heating rate on biochar obtained from pyrolysis of safflower seed press cake[J]. Bioresource Technology，2013，128：593-597.

[35] Chen D，Li Y，Cen K，et al. Pyrolysis polygeneration of poplar wood：Effect of heating rate and pyrolysis temperature[J]. Bioresource Technology，2016，218：780-788.

[36] Aguado R，Olazar M，San José M J，et al. Pyrolysis of sawdust in a conical spouted bed reactor Yields and product composition[J]. Industrial & Engineering Chemistry Research，2000，39（6）：1925-1933.

[37] Antal M J，Croiset E，Dai X，et al. High-yield biomass charcoal[J]. Energy & Fuels，1996，10（3）：652-658.

[38] Zhao B，O'connor D，Zhang J，et al. Effect of pyrolysis temperature，heating rate，and residence time on rapeseed stem derived biochar[J]. Journal of Cleaner Production，2018，174：977-987.

[39] Peng F，He P W，Luo Y，et al. Adsorption of phosphate by biomass char deriving from fast pyrolysis of biomass waste[J]. CLEAN：Soil，Air，Water，2012，40（5）：493-498.

[40] Onay O. Influence of pyrolysis temperature and heating rate on the production of bio-oil and char from safflower seed by pyrolysis，using a well-swept fixed-bed reactor[J]. Fuel Processing Technology，2007，88（5）：523-531.

[41] Mohan D，Sarswat A，Ok Y S，et al. Organic and inorganic contaminants removal from water with biochar，a renewable，low cost and sustainable adsorbent：A critical review[J]. Bioresource Technology，2014，160：191-202.

[42] Qureshi K M，Kay Lup A N，Khan S，et al. A technical review on semi-continuous and continuous pyrolysis process of biomass to bio-oil[J]. Journal of Analytical and Applied Pyrolysis，2018，131：52-75.

[43] Bridgwater A V. Review of fast pyrolysis of biomass and product upgrading[J]. Biomass and Bioenergy，2012，38：68-94.

[44] Raclavská H，Corsaro A，Juchelková D，et al. Effect of temperature on the enrichment and volatility of 18 elements during pyrolysis of biomass，coal，and tires[J]. Fuel Processing Technology，2015，131：330-337.

[45] Lam S S，wan Mahari W A，Ok Y S，et al. Microwave vacuum pyrolysis of waste plastic and used cooking oil for simultaneous waste reduction and sustainable energy conversion：Recovery of cleaner liquid fuel and techno-economic analysis[J]. Renewable and Sustainable Energy Reviews，2019，115：109359.

[46] Martín M T，Sanz A B，Nozal L，et al. Microwave-assisted pyrolysis of Mediterranean forest biomass waste：Bioproduct characterization[J]. Journal of Analytical and Applied Pyrolysis，2017，127：278-285.

[47] Tarves P C，Serapiglia M J，Mullen C A，et al. Effects of hot water extraction pretreatment on pyrolysis of shrub willow[J]. Biomass and Bioenergy，2017，107：299-304.

[48] Binner E，Mediero-Munoyerro M，Huddle T，et al. Factors affecting the microwave coking of coals and the implications on microwave cavity design[J]. Fuel Processing Technology，2014，125：8-17.

[49] Chen J，Pitchai K，Birla S，et al. Modeling heat and mass transport during microwave heating of frozen food rotating on a turntable[J]. Food and Bioproducts Processing，2016，99：116-127.

[50] Salvi D，Ortego J，Arauz C，et al. Experimental study of the effect of dielectric and physical properties on temperature distribution in fluids during continuous flow microwave heating[J]. Journal of Food Engineering，2009，93（2）：149-157.

[51] Ciacci T，Galgano A，Di Blasi C. Numerical simulation of the electromagnetic field and the heat and mass transfer processes during microwave-induced pyrolysis of a wood block[J]. Chemical Engineering Science，2010，65（14）：4117-4133.

[52] Zaini M A A，Kamaruddin M J. Critical issues in microwave-assisted activated carbon preparation[J]. Journal of Analytical and Applied Pyrolysis，2013，101：238-241.

[53] Shafaghat H，Lee H W，Tsang Y F，et al. *In-situ* and *ex-situ* catalytic pyrolysis/co-pyrolysis of empty fruit bunches using mesostructured aluminosilicate catalysts[J]. Chemical Engineering Journal，2019，366：330-338.

[54] Liew R K，Chai C，Yek P N Y，et al. Innovative production of highly porous carbon for industrial effluent remediation via microwave vacuum pyrolysis plus sodium-potassium hydroxide mixture activation[J]. Journal of Cleaner Production，2019，208：1436-1445.

[55] Zhao X，Zhang J，Song Z，et al. Microwave pyrolysis of straw bale and energy balance analysis[J]. Journal of Analytical and Applied Pyrolysis，2011，92（1）：43-49.

[56] Afolabi O O D，Sohail M，Thomas C L P. Characterization of solid fuel chars recovered from microwave

hydrothermal carbonization of human biowaste[J]. Energy，2017，134：74-89.

[57] Ren S，Lei H，Wang L，et al. Microwave torrefaction of douglas fir sawdust pellets[J]. Energy & Fuels，2012，26（9）：5936-5943.

[58] Huang Y F，Sung H T，Chiueh P T，et al. Microwave torrefaction of sewage sludge and leucaena[J]. Journal of the Taiwan Institute of Chemical Engineers，2017，70：236-243.

[59] Arshanitsa A，Dizhbite T，Bikovens O，et al. Effects of microwave treatment on the chemical structure of lignocarbohydrate matrix of softwood and hardwood[J]. Energy & Fuels，2016，30（1）：457-464.

[60] Satpathy S K，Tabil L G，Meda V，et al. Torrefaction of wheat and barley straw after microwave heating[J]. Fuel，2014，124：269-278.

[61] Huang Y F，Chen W R，Chiueh P T，et al. Microwave torrefaction of rice straw and pennisetum[J]. Bioresource Technology，2012，123：1-7.

[62] Zhou J，Liu S，Zhou N，et al. Development and application of a continuous fast microwave pyrolysis system for sewage sludge utilization[J]. Bioresource Technology，2018，256：295-301.

[63] Zhao X，Wang M，Liu H，et al. A microwave reactor for characterization of pyrolyzed biomass[J]. Bioresource Technology，2012，104：673-678.

[64] Zhang S，Dong Q，Zhang L，et al. High quality syngas production from microwave pyrolysis of rice husk with char-supported metallic catalysts[J]. Bioresource Technology，2015，191：17-23.

[65] Domínguez A，Fernández Y，Fidalgo B，et al. Bio-syngas production with low concentrations of CO_2 and CH_4 from microwave-induced pyrolysis of wet and dried sewage sludge[J]. Chemosphere，2008，70（3）：397-403.

[66] Kong S H，Lam S S，Yek P N Y，et al. Self-purging microwave pyrolysis：An innovative approach to convert oil palm shell into carbon-rich biochar for methylene blue adsorption[J]. Journal of Chemical Technology & Biotechnology，2019，94（5）：1397-1405.

[67] Demirbas A，Arin G. An overview of biomass pyrolysis[J]. Energy Sources，2002，24（5）：471-482.

[68] Canabarro N，Soares J F，Anchieta C G，et al. Thermochemical processes for biofuels production from biomass[J]. Sustainable Chemical Processes，2013，1（1）：22.

[69] Sri Shalini S，Palanivelu K，Ramachandran A，et al. Biochar from biomass waste as a renewable carbon material for climate change mitigation in reducing greenhouse gas emissions：A review[J]. Biomass Conversion and Biorefinery，2020，11（5）：DOI:10.1007/S13399-020-00604-5.

[70] Tripathi M，Sahu J N，Ganesan P. Effect of process parameters on production of biochar from biomass waste through pyrolysis：A review[J]. Renewable and Sustainable Energy Reviews，2016，55：467-481.

[71] Funke A，Ziegler F. Hydrothermal carbonization of biomass：A summary and discussion of chemical mechanisms for process engineering[J]. Biofuels，Bioproducts and Biorefining，2010，4（2）：160-177.

[72] Xu Q，Qian Q，Quek A，et al. Hydrothermal carbonization of macroalgae and the effects of experimental parameters on the properties of hydrochars[J]. ACS Sustainable Chemistry & Engineering，2013，1（9）：1092-1101.

[73] Saidur R，Abdelaziz E A，Demirbas A，et al. A review on biomass as a fuel for boilers[J]. Renewable and Sustainable Energy Reviews，2011，15（5）：2262-2289.

[74] Passos F，Ferrer I. Influence of hydrothermal pretreatment on microalgal biomass anaerobic digestion and bioenergy production[J]. Water Research，2015，68：364-373.

[75] Savage P E. Organic Chemical Reactions in Supercritical Water[J]. Chemical Reviews，1999，99（2）：603-622.

[76] Marcus Y. On transport properties of hot liquid and supercritical water and their relationship to the hydrogen bonding[J]. Fluid Phase Equilibria，1999，164（1）：131-142.

[77] Ruiz H A，Rodríguez-Jasso R M，Fernandes B D，et al. Hydrothermal processing，as an alternative for upgrading agriculture residues and marine biomass according to the biorefinery concept：A review[J]. Renewable and Sustainable Energy Reviews，2013，21：35-51.

[78] Libra J A，Ro K S，Kammann C，et al. Hydrothermal carbonization of biomass residuals：A comparative review of the chemistry，processes and applications of wet and dry pyrolysis[J]. Biofuels，2011，2（1）：71-106.

[79] Möller M，Nilges P，Harnisch F，et al. Subcritical water as reaction environment：Fundamentals of hydrothermal biomass transformation[J]. ChemSusChem，2011，4（5）：566-579.

[80] Knežević D，van Swaaij W，Kersten S. Hydrothermal conversion of biomass. Ⅱ. conversion of wood，pyrolysis oil，and glucose in hot compressed water[J]. Industrial & Engineering Chemistry Research，2010，49（1）：104-112.

[81] Sevilla M，Fuertes A B. The production of carbon materials by hydrothermal carbonization of cellulose[J]. Carbon，2009，47（9）：2281-2289.

[82] Parshetti G K，Kent Hoekman S，Balasubramanian R. Chemical，structural and combustion characteristics of carbonaceous products obtained by hydrothermal carbonization of palm empty fruit bunches[J]. Bioresource Technology，2013，135：683-689.

[83] Kim D，Lee K，Park K Y. Hydrothermal carbonization of anaerobically digested sludge for solid fuel production and energy recovery[J]. Fuel，2014，130：120-125.

[84] Hwang I H，Aoyama H，Matsuto T，et al. Recovery of solid fuel from municipal solid waste by hydrothermal treatment using subcritical water[J]. Waste Management，2012，32（3）：410-416.

[85] He C，Giannis A，Wang J Y. Conversion of sewage sludge to clean solid fuel using hydrothermal carbonization：Hydrochar fuel characteristics and combustion behavior[J]. Applied Energy，2013，111：257-266.

[86] Kang S，Li X，Fan J，et al. Characterization of hydrochars produced by hydrothermal carbonization of lignin，cellulose，d-xylose，and wood meal[J]. Industrial & Engineering Chemistry Research，2012，51（26）：9023-9031.

[87] Gao Y，Wang X，Wang J，et al. Effect of residence time on chemical and structural properties of hydrochar obtained by hydrothermal carbonization of water hyacinth[J]. Energy，2013，58：376-383.

[88] Lee J，Yang X，Song H，et al. Effects of carbon dioxide on pyrolysis of peat[J]. Energy，2017，120：929-936.

[89] Demiral H，Demiral İ，Karabacakoğlu B，et al. Production of activated carbon from olive bagasse by physical activation[J]. Chemical Engineering Research and Design，2011，89（2）：206-213.

[90] Girgis B S，Soliman A M，Fathy N A. Development of micro-mesoporous carbons from several seed hulls under varying conditions of activation[J]. Microporous and Mesoporous Materials，2011，142（2）：518-525.

[91] Rajapaksha A U，Vithanage M，Ahmad M，et al. Enhanced sulfamethazine removal by steam-activated invasive plant-derived biochar[J]. Journal of Hazardous Materials，2015，290：43-50.

[92] Kołtowski M，Hilber I，Bucheli T D，et al. Effect of steam activated biochar application to industrially contaminated soils on bioavailability of polycyclic aromatic hydrocarbons and ecotoxicity of soils[J]. Science of The Total Environment，2016，566-567：1023-1031.

[93] Martín-Gullón I，Asensio M，Font R，et al. Steam-activated carbons from a bituminous coal in a continuous multistage fluidized bed pilot plant[J]. Carbon，1996，34（12）：1515-1520.

[94] Arriagada R，García R，Molina-Sabio M，et al. Effect of steam activation on the porosity and chemical nature of activated carbons from *Eucalyptus* globulus and peach stones[J]. Microporous Materials，1997，8（3）：123-130.

[95] Rodríguez-Reinoso F，Molina-Sabio M，González M T. The use of steam and CO_2 as activating agents in the preparation of activated carbons[J]. Carbon，1995，33（1）：15-23.

[96] Zhang T，Walawender W P，Fan L T，et al. Preparation of activated carbon from forest and agricultural residues

through CO_2 activation[J]. Chemical Engineering Journal，2004，105（1）：53-59.

[97] Guo S，Peng J，Li W，et al. Effects of CO_2 activation on porous structures of coconut shell-based activated carbons[J]. Applied Surface Science，2009，255（20）：8443-8449.

[98] Taer E，Deraman M，Talib I A，et al. Physical，electrochemical and supercapacitive properties of activated carbon pellets from pre-carbonized rubber wood sawdust by CO_2 activation[J]. Current Applied Physics，2010，10（4）：1071-1075.

[99] Kołtowski M，Hilber I，Bucheli T D，et al. Activated biochars reduce the exposure of polycyclic aromatic hydrocarbons in industrially contaminated soils[J]. Chemical Engineering Journal，2017，310：33-40.

[100] Peng P，Lang Y H，Wang X M. Adsorption behavior and mechanism of pentachlorophenol on reed biochars：pH effect，pyrolysis temperature，hydrochloric acid treatment and isotherms[J]. Ecological Engineering，2016，90：225-233.

[101] Li Y，Shao J，Wang X，et al. Characterization of modified biochars derived from bamboo pyrolysis and their utilization for target component（furfural）adsorption[J]. Energy & Fuels，2014，28（8）：5119-5127.

[102] Taha S M，Amer M E，Elmarsafy A E，et al. Adsorption of 15 different pesticides on untreated and phosphoric acid treated biochar and charcoal from water[J]. Journal of Environmental Chemical Engineering，2014，2（4）：2013-2025.

[103] Vithanage M，Rajapaksha A U，Zhang M，et al. Acid-activated biochar increased sulfamethazine retention in soils[J]. Environmental Science and Pollution Research，2015，22（3）：2175-2186.

[104] Jin H，Capareda S，Chang Z，et al. Biochar pyrolytically produced from municipal solid wastes for aqueous As（V）removal：Adsorption property and its improvement with KOH activation[J]. Bioresource Technology，2014，169：622-629.

[105] Sun K，Tang J，Gong Y，et al. Characterization of potassium hydroxide（KOH）modified hydrochars from different feedstocks for enhanced removal of heavy metals from water[J]. Environmental Science and Pollution Research，2015，22（21）：16640-16651.

[106] Tan I A W，Ahmad A L，Hameed B H. Adsorption of basic dye on high-surface-area activated carbon prepared from coconut husk：Equilibrium，kinetic and thermodynamic studies[J]. Journal of Hazardous Materials，2008，154（1）：337-346.

[107] Feng Z，Ou Y，Zhou M，et al. Functional ectopic neural lobe increases GAP-43 expression via PI3K/AKT pathways to alleviate central diabetes insipidus after pituitary stalk lesion in rats[J]. Neuroscience Letters，2018，673：1-6.

[108] Fan Y，Wang B，Yuan S，et al. Adsorptive removal of chloramphenicol from wastewater by NaOH modified bamboo charcoal[J]. Bioresource Technology，2010，101（19）：7661-7664.

[109] Shen Y，Zhang N. Facile synthesis of porous carbons from silica-rich rice husk char for volatile organic compounds（VOCs）sorption[J]. Bioresource Technology，2019，282：294-300.

[110] Xue Y，Gao B，Yao Y，et al. Hydrogen peroxide modification enhances the ability of biochar（hydrochar）produced from hydrothermal carbonization of peanut hull to remove aqueous heavy metals：Batch and column tests[J]. Chemical Engineering Journal，2012，200-202：673-680.

[111] Huff M D，Lee J W. Biochar-surface oxygenation with hydrogen peroxide[J]. Journal of Environmental Management，2016，165：17-21.

[112] Wang H，Zhang Z，Sun R，et al. HPV infection and anemia status stratify the survival of early T2 laryngeal squamous cell carcinoma[J]. Journal of Voice，2015，29（3）：356-362.

[113] Gómez-Serrano V，Álvarez P M，Jaramillo J，et al. Formation of oxygen complexes by ozonation of carbonaceous materials prepared from cherry stones：I. Thermal effects[J]. Carbon，2002，40（4）：513-522.

[114] Thompson E，Danks A E，Bourgeois L，et al. Iron-catalyzed graphitization of biomass[J]. Green Chemistry，2015，17（1）：551-556.

[115] Thambiliyagodage C J，Ulrich S，Araujo P T，et al. Catalytic graphitization in nanocast carbon monoliths by iron, cobalt and nickel nanoparticles[J]. Carbon，2018，134：452-463.

[116] Fuertes A B，Alvarez S. Graphitic mesoporous carbons synthesised through mesostructured silica templates[J]. Carbon，2004，42（15）：3049-3055.

[117] Sevilla M，Sanchís C，Valdés-Solís T，et al. Synthesis of graphitic carbon nanostructures from sawdust and their application as electrocatalyst supports[J]. The Journal of Physical Chemistry C，2007，111（27）：9749-9756.

[118] Ye S，Zeng G，Tan X，et al. Nitrogen-doped biochar fiber with graphitization from Boehmeria nivea for promoted peroxymonosulfate activation and non-radical degradation pathways with enhancing electron transfer[J]. Applied Catalysis B：Environmental，2020，269：118850.

[119] Liu Q，Gu J，Zhang W，et al. Biomorphic porous graphitic carbon for electromagnetic interference shielding[J]. Journal of Materials Chemistry，2012，22（39）：21183-21188.

[120] Ru H，Bai N，Xiang K，et al. Porous carbons derived from microalgae with enhanced electrochemical performance for lithium-ion batteries[J]. Electrochimica Acta，2016，194：10-16.

[121] Yu J，Tang L，Pang Y，et al. Hierarchical porous biochar from shrimp shell for persulfate activation：A two-electron transfer path and key impact factors[J]. Applied Catalysis B：Environmental，2020，260：118160.

[122] Wu F，Huang R，Mu D，et al. Controlled synthesis of graphitic carbon-encapsulated α-Fe_2O_3 nanocomposite via low-temperature catalytic graphitization of biomass and its lithium storage property[J]. Electrochimica Acta，2016，187：508-516.

[123] Wang C，Ma D，Bao X. Transformation of biomass into porous graphitic carbon nanostructures by microwave irradiation[J]. The Journal of Physical Chemistry C，2008，112（45）：17596-17602.

[124] Fu K，Yue Q，Gao B，et al. Preparation，characterization and application of lignin-based activated carbon from black liquor lignin by steam activation[J]. Chemical Engineering Journal，2013，228：1074-1082.

[125] Chen D，Chen X，Sun J，et al. Pyrolysis polygeneration of pine nut shell：Quality of pyrolysis products and study on the preparation of activated carbon from biochar[J]. Bioresource Technology，2016，216：629-636.

[126] Li Y，Ruan G，Jalilov A S，et al. Biochar as a renewable source for high-performance CO_2 sorbent[J]. Carbon，2016，107：344-351.

[127] Nguyen M V，Lee B K. A novel removal of CO_2 using nitrogen doped biochar beads as a green adsorbent[J]. Process Safety and Environmental Protection，2016，104：490-498.

[128] Zhang X，Zhang S，Yang H，et al. Effects of hydrofluoric acid pre-deashing of rice husk on physicochemical properties and CO_2 adsorption performance of nitrogen-enriched biochar[J]. Energy，2015，91：903-910.

[129] Jiang J，Zhang L，Wang X，et al. Highly ordered macroporous woody biochar with ultra-high carbon content as supercapacitor electrodes[J]. Electrochimica Acta，2013，113：481-489.

[130] Dehkhoda A M，Gyenge E，Ellis N. A novel method to tailor the porous structure of KOH-activated biochar and its application in capacitive deionization and energy storage[J]. Biomass and Bioenergy，2016，87：107-121.

[131] Jin H，Wang X，Gu Z，et al. Carbon materials from high ash biochar for supercapacitor and improvement of capacitance with HNO_3 surface oxidation[J]. Journal of Power Sources，2013，236：285-292.

[132] Wang Z，Wu J，He T，et al. Corn stalks char from fast pyrolysis as precursor material for preparation of activated

carbon in fluidized bed reactor[J]. Bioresource Technology，2014，167：551-554.

[133] Plaza M G，González A S，Pis J J，et al. Production of microporous biochars by single-step oxidation：Effect of activation conditions on CO_2 capture[J]. Applied Energy，2014，114：551-562.

[134] Hadjittofi L，Prodromou M，Pashalidis I. Activated biochar derived from cactus fibres：Preparation，characterization and application on Cu（Ⅱ）removal from aqueous solutions[J]. Bioresource Technology，2014，159：460-464.

[135] Nasri N S，Hamza U D，Ismail S N，et al. Assessment of porous carbons derived from sustainable palm solid waste for carbon dioxide capture[J]. Journal of Cleaner Production，2014，71：148-157.

[136] Zhang X，Zhang S，Yang H，et al. Nitrogen enriched biochar modified by high temperature CO_2—ammonia treatment：Characterization and adsorption of CO_2[J]. Chemical Engineering Journal，2014，257：20-27.

[137] Shim T，Yoo J，Ryu C，et al. Effect of steam activation of biochar produced from a giant Miscanthus on copper sorption and toxicity[J]. Bioresource Technology，2015，197：85-90.

[138] Liu W J，Tian K，He Y R，et al. High-yield harvest of nanofibers/mesoporous carbon composite by pyrolysis of waste biomass and its application for high durability electrochemical energy storage[J]. Environmental Science & Technology，2014，48（23）：13951-13959.

[139] Sun L，Tian C，Li M，et al. From coconut shell to porous graphene-like nanosheets for high-power supercapacitors[J]. Journal of Materials Chemistry A，2013，1（21）：6462-6470.

[140] Gong Y，Li D，Luo C，et al. Highly porous graphitic biomass carbon as advanced electrode materials for supercapacitors[J]. Green Chemistry，2017，19（17）：4132-4140.

[141] Zhang X，Zhang K，Li H，et al. Porous graphitic carbon microtubes derived from willow catkins as a substrate of MnO_2 for supercapacitors[J]. Journal of Power Sources，2017，344：176-184.

[142] Zhang X，Li H，Zhang K，et al. Strategy for preparing porous graphitic carbon for supercapacitor：Balance on porous structure and graphitization degree[J]. Journal of the Electrochemical Society，2018，165（10）：A2084-A2092.

[143] Tian W，Gao Q，Tan Y，et al. Unusual interconnected graphitized carbon nanosheets as the electrode of high-rate ionic liquid-based supercapacitor[J]. Carbon，2017，119：287-295.

[144] Xia J，Zhang N，Chong S，et al. Three-dimensional porous graphene-like sheets synthesized from biocarbon via low-temperature graphitization for a supercapacitor[J]. Green Chemistry，2018，20（3）：694-700.

[145] Cai Y，Luo Y，Dong H，et al. Hierarchically porous carbon nanosheets derived from *Moringa oleifera* stems as electrode material for high-performance electric double-layer capacitors[J]. Journal of Power Sources，2017，353：260-269.

[146] Ahmad M，Rajapaksha A U，Lim J E，et al. Biochar as a sorbent for contaminant management in soil and water：A review[J]. Chemosphere，2014，99：19-33.

[147] Deng R，Huang D，Wan J，et al. Chloro-phosphate impregnated biochar prepared by co-precipitation for the lead，cadmium and copper synergic scavenging from aqueous solution[J]. Bioresource Technology，2019，293：122102.

[148] Liang J，Tang S，Gong J，et al. Responses of enzymatic activity and microbial communities to biochar/compost amendment in sulfamethoxazole polluted wetland soil[J]. Journal of Hazardous Materials，2020，385：121533.

[149] Lu L，Lin Y，Chai Q，et al. Removal of acenaphthene by biochar and raw biomass with coexisting heavy metal and phenanthrene[J]. Colloids and Surfaces A：Physicochemical and Engineering Aspects，2018，558：103-109.

[150] Wu H，Lai C，Zeng G，et al. The interactions of composting and biochar and their implications for soil amendment and pollution remediation：A review[J]. Critical Reviews in Biotechnology，2017，37（6）：754-764.

[151] Zeng G，Wu H，Liang J，et al. Efficiency of biochar and compost（or composting）combined amendments for reducing Cd，Cu，Zn and Pb bioavailability，mobility and ecological risk in wetland soil[J]. RSC Advances，2015，5（44）：34541-34548.

[152] Tan X，Liu Y，Zeng G，et al. Application of biochar for the removal of pollutants from aqueous solutions[J]. Chemosphere，2015，125：70-85.

[153] Yao Y，Gao B，Chen J，et al. Engineered biochar reclaiming phosphate from aqueous solutions：Mechanisms and potential application as a slow-release fertilizer[J]. Environmental Science & Technology，2013，47（15）：8700-8708.

[154] Yang G X，Jiang H. Amino modification of biochar for enhanced adsorption of copper ions from synthetic wastewater[J]. Water Research，2014，48：396-405.

[155] Chen B，Chen Z，Lv S. A novel magnetic biochar efficiently sorbs organic pollutants and phosphate[J]. Bioresource Technology，2011，102（2）：716-723.

[156] Reddy H K D，Lee S M. Magnetic biochar composite：Facile synthesis，characterization，and application for heavy metal removal[J]. Colloids and Surfaces A：Physicochemical and Engineering Aspects，2014，454：96-103.

[157] Tan X，Liu Y，Gu Y，et al. Biochar-based nano-composites for the decontamination of wastewater：A review[J]. Bioresource Technology，2016，212：318-333.

[158] Sohi S P. Carbon storage with benefits[J]. Science，2012，338（6110）：1034-1035.

[159] Joseph S. Biochar for Environmental Management：Science，Technology and Implementation[M]. New York：Routledge，2015.

[160] Meyer S，Glaser B，Quicker P. Technical，Economical，and climate-related aspects of biochar production technologies：A literature review[J]. Environmental Science & Technology，2011，45（22）：9473-9483.

[161] Yao Y，Gao B，Chen J，et al. Engineered carbon（biochar）prepared by direct pyrolysis of Mg-accumulated tomato tissues：Characterization and phosphate removal potential[J]. Bioresource Technology，2013，138：8-13.

[162] Zhang M，Gao B，Varnoosfaderani S，et al. Preparation and characterization of a novel magnetic biochar for arsenic removal[J]. Bioresource Technology，2013，130：457-462.

[163] Zhang M，Gao B. Removal of arsenic，methylene blue，and phosphate by biochar/AlOOH nanocomposite[J]. Chemical Engineering Journal，2013，226：286-292.

[164] Liu S，Tan X，Liu Y，et al. Production of biochars from Ca impregnated ramie biomass（*Boehmeria nivea*（L.）Gaud.）and their phosphate removal potential[J]. RSC Advances，2016，6（7）：5871-5880.

[165] Fang C，Zhang T，Li P，et al. Phosphorus recovery from biogas fermentation liquid by Ca—Mg loaded biochar[J]. Journal of Environmental Sciences，2015，29：106-114.

[166] Zhang M，Gao B，Yao Y，et al. Synthesis of porous MgO-biochar nanocomposites for removal of phosphate and nitrate from aqueous solutions[J]. Chemical Engineering Journal，2012，210：26-32.

[167] Wang H，Gao B，Wang S，et al. Removal of Pb（Ⅱ），Cu（Ⅱ），and Cd（Ⅱ）from aqueous solutions by biochar derived from $KMnO_4$ treated hickory wood[J]. Bioresource Technology，2015，197：356-362.

[168] Wang S，Gao B，Li Y，et al. Manganese oxide-modified biochars：Preparation，characterization，and sorption of arsenate and lead[J]. Bioresource Technology，2015，181：13-17.

[169] Gan C，Liu Y，Tan X，et al. Effect of porous zinc：biochar nanocomposites on Cr（Ⅵ）adsorption from aqueous solution[J]. RSC Advances，2015，5（44）：35107-35115.

[170] Cope C O，Webster D S，Sabatini D A. Arsenate adsorption onto iron oxide amended rice husk char[J]. Science of the Total Environment，2014，488-489：554-561.

[171] Song Z，Lian F，Yu Z，et al. Synthesis and characterization of a novel MnO_x-loaded biochar and its adsorption properties for Cu^{2+} in aqueous solution[J]. Chemical Engineering Journal，2014，242：36-42.

[172] Wang M C，Sheng G D，Qiu Y P. A novel manganese-oxide/biochar composite for efficient removal of lead（Ⅱ）from aqueous solutions[J]. International Journal of Environmental Science and Technology，2015，12（5）：1719-1726.

[173] Hu X，Ding Z，Zimmerman A R，et al. Batch and column sorption of arsenic onto iron-impregnated biochar synthesized through hydrolysis[J]. Water Research，2015，68：206-216.

[174] Baig S A，Zhu J，Muhammad N，et al. Effect of synthesis methods on magnetic Kans grass biochar for enhanced As（Ⅲ，Ⅴ）adsorption from aqueous solutions[J]. Biomass and Bioenergy，2014，71：299-310.

[175] Wang S，Gao B，Zimmerman A R，et al. Removal of arsenic by magnetic biochar prepared from pinewood and natural hematite[J]. Bioresource Technology，2015，175：391-395.

[176] Mubarak N M，Kundu A，Sahu J N，et al. Synthesis of palm oil empty fruit bunch magnetic pyrolytic char impregnating with $FeCl_3$ by microwave heating technique[J]. Biomass and Bioenergy，2014，61：265-275.

[177] Mohan D，Kumar S，Srivastava A. Fluoride removal from ground water using magnetic and nonmagnetic corn stover biochars[J]. Ecological Engineering，2014，73：798-808.

[178] Ren J，Li N，Li L，et al. Granulation and ferric oxides loading enable biochar derived from cotton stalk to remove phosphate from water[J]. Bioresource Technology，2015，178：119-125.

[179] Han Z，Sani B，Mrozik W，et al. Magnetite impregnation effects on the sorbent properties of activated carbons and biochars[J]. Water Research，2015，70：394-403.

[180] Sun P，Hui C，Azim Khan R，et al. Efficient removal of crystal violet using Fe_3O_4-coated biochar：The role of the Fe_3O_4 nanoparticles and modeling study their adsorption behavior[J]. Scientific Reports，2015，5（1）：12638.

[181] Mohan D，Kumar H，Sarswat A，et al. Cadmium and lead remediation using magnetic oak wood and oak bark fast pyrolysis bio-chars[J]. Chemical Engineering Journal，2014，236：513-528.

[182] Wang S，Tang Y，Li K，et al. Combined performance of biochar sorption and magnetic separation processes for treatment of chromium-contained electroplating wastewater[J]. Bioresource Technology，2014，174：67-73.

[183] Wang S，Tang Y，Chen C，et al. Regeneration of magnetic biochar derived from eucalyptus leaf residue for lead（Ⅱ）removal[J]. Bioresource Technology，2015，186：360-364.

[184] Li H，Jiang D，Huang Z，et al. Preparation of silver-nanoparticle-loaded magnetic biochar/poly（dopamine）composite as catalyst for reduction of organic dyes[J]. Journal of Colloid and Interface Science，2019，555：460-469.

[185] Zhang M，Gao B，Yao Y，et al. Synthesis，characterization，and environmental implications of graphene-coated biochar[J]. Science of the Total Environment，2012，435-436：567-572.

[186] Tang J，Lv H，Gong Y，et al. Preparation and characterization of a novel graphene/biochar composite for aqueous phenanthrene and mercury removal[J]. Bioresource Technology，2015，196：355-363.

[187] Inyang M，Gao B，Zimmerman A，et al. Synthesis，characterization，and dye sorption ability of carbon nanotube：biochar nanocomposites[J]. Chemical Engineering Journal，2014，236：39-46.

[188] Inyang M，Gao B，Zimmerman A，et al. Sorption and cosorption of lead and sulfapyridine on carbon nanotube-modified biochars[J]. Environmental Science and Pollution Research，2015，22（3）：1868-1876.

[189] Karakoyun N，Kubilay S，Aktas N，et al. Hydrogel：biochar composites for effective organic contaminant removal from aqueous media[J]. Desalination，2011，280（1）：319-325.

[190] Zhang M，Gao B，Yao Y，et al. Phosphate removal ability of biochar/MgAl-LDH ultra-fine composites prepared

by liquid-phase deposition[J]. Chemosphere，2013，92（8）：1042-1047.

[191] Zhou Y，Gao B，Zimmerman A R，et al. Sorption of heavy metals on chitosan-modified biochars and its biological effects[J]. Chemical Engineering Journal，2013，231：512-518.

[192] Zhang M，Liu Y，Li T，et al. Chitosan modification of magnetic biochar produced from Eichhornia crassipes for enhanced sorption of Cr（Ⅵ）from aqueous solution[J]. RSC Advances，2015，5（58）：46955-46964.

[193] Devi P，Saroha A K. Simultaneous adsorption and dechlorination of pentachlorophenol from effluent by Ni—ZVI magnetic biochar composites synthesized from paper mill sludge[J]. Chemical Engineering Journal，2015，271：195-203.

[194] Zhou Y，Gao B，Zimmerman A R，et al. Biochar-supported zerovalent iron reclaims silver from aqueous solution to form antimicrobial nanocomposite[J]. Chemosphere，2014，117：801-805.

[195] Devi P，Saroha A K. Synthesis of the magnetic biochar composites for use as an adsorbent for the removal of pentachlorophenol from the effluent[J]. Bioresource Technology，2014，169：525-531.

[196] Yan J, Han L, Gao W, et al. Biochar supported nanoscale zerovalent iron composite used as persulfate activator for removing trichloroethylene[J]. Bioresource Technology，2015，175：269-274.

[197] Yan L，Kong L，Qu Z，et al. Magnetic biochar decorated with ZnS nanocrytals for Pb（Ⅱ）removal[J]. ACS Sustainable Chemistry & Engineering，2015，3（1）：125-132.

第 2 章　生物炭的性质与表征方法

引　言

生物炭在环境及能源领域表现出的优良性能与其独特的结构和组成密切相关。生物炭的比表面积和孔径分布很大程度决定了生物炭的吸附性能，生物炭表面含有各种活性组分和丰富的官能团，使其成为众多物理作用和生物及化学反应发生的主要界面。然而，生物炭在制备过程中，其制备方法、碳化温度、升温速率、停留时间、原材料及各种改性工艺对生物炭的微观结构和表面化学性质都有着重要的影响，并最终影响其应用性能。此外，这些制备因素对生物炭在污水废水处理、化学催化、土壤改良、气体吸附和储能等领域都产生重要的影响。因此对生物炭的微观结构和表面化学性质进行深入分析是必不可少的。

近年来，国内外对生物炭的理化性质及各种表征技术的研究已有许多。总体而言，生物炭的结构性质可以利用以下分析技术进行分析。例如，生物炭的微观形貌可采用扫描电子显微镜（SEM）和透射电子显微镜（TEM）进行观测，生物炭的比表面积、孔体积以及孔径大小可用比表面积分析仪（BET）测定，生物炭表面官能团可采用傅里叶变换红外光谱（FTIR）、X 射线光电子能谱（XPS）和固体核磁共振技术（^{13}C-NMR）分析测定，生物炭的晶体结构可使用 X 射线衍射（XRD）技术测定，生物炭的元素组成及成分、热稳定性、酸碱性可分别用元素分析仪、热重分析（TGA）和 pH 计进行分析表征。这些功能表征技术有助于人们分析生物炭的理化性质，建立相应的参数数据库，为实际生产中满足应用需求的优质生物炭的选择和设计提供更全面、更准确、更高效的数据支持与理论依据，使生物炭的性能得以进一步优化，从而实现大规模统一化的生产。

2.1　生物炭的微观形貌与多孔结构

制备生物炭的原材料来源广泛，种类繁多（如厨余垃圾、农林废物、动物粪便和污泥等），且制备工艺多种多样[1-4]。研究发现，生物质原料结构特征是决定生物炭表面形貌特征和内部微观结构特征的基础[5]。如图 2-1 所示，不同生物质原料在惰性气氛下制备生物炭的表观形貌不同，大多能保持生物质固有结构。生物质在低温碳化过程中失去了易挥发性有机组分，而生物质的宏观结构（主体的固态碳架）在很大程度上得以保留。但随着碳化温度的升高，又表现出一些相同的变化趋势[6]，如生物炭表面孔隙逐渐形成，碳层有序性也逐渐增强。目前，常采用扫描电子显微镜（简称扫描电镜，SEM）、透射电子显微镜（TEM）等电子显微镜分析生物炭的内部结构特征和表面形貌。

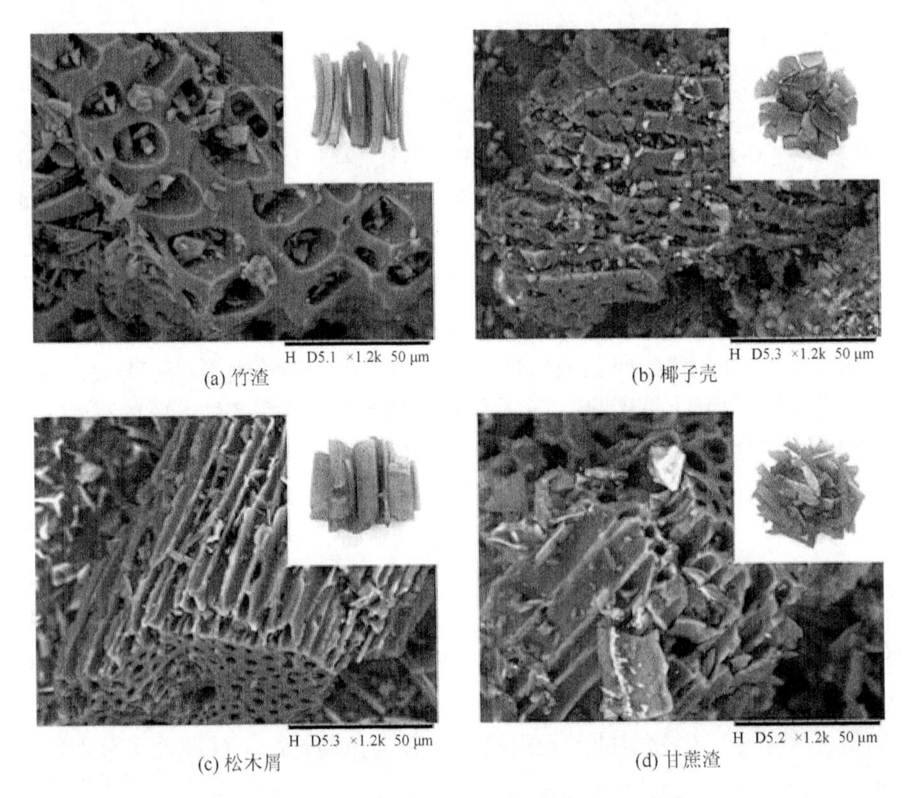

(a) 竹渣　(b) 椰子壳　(c) 松木屑　(d) 甘蔗渣

图 2-1　不同原料制备生物炭扫描电镜图[1-6]

对于生物质原料，其外观颜色以黄色、绿色等浅色为主。随着碳化温度的升高，生物炭的外观颜色逐渐加深，低温时会夹杂着原料本身的颜色和碳化后的黑色。同时生物炭表面会变得更加疏松，孔隙结构也会更加丰富。值得注意的是，300℃是生物质向生物炭转变的温度节点。当热解温度低于 300℃时，热解炭的外观形貌和微观组织结构与生物质原料非常接近；当热解温度升至 400℃时，生物炭的外观颜色、体积形态和内部多孔结构基本形成[7]。Zeng 等[8]用扫描电镜观察了稻壳生物炭的微观结构，如图 2-2（a）～（c）所示，稻壳生物炭表面有明显的多孔结构，表面不规则，且在不同的热解温度下形成的生物炭在结构上具有一定的差异。相比于在 500℃、700℃下制备的稻壳生物炭，在 300℃热解得到的生物炭的表面更加光滑。这表明，生物炭的孔隙形貌会随着碳化温度的升高而变得越发粗糙。苎麻在 300℃以上热解得到的生物炭表面粗糙并含有不同尺寸和形状的孔隙[9]。类似的结果也出现在了团队的研究[10]中，如图 2-2（g）～（j）所示，生物质的碳化程度会随着碳化温度的升高而增加，并且呈现出越来越明显的生物炭外观与结构。正因如此，在较高温度下热解制备的生物炭中存在着潜在的通道结构。此外，Fu 等[11]系统地比较了由食物废物（蛋壳、鱼渣、面包屑、米饭和混合食物废料）制备的水热炭和热解炭的微观形貌。结果表明，在较低的温度（200℃）下，生物炭的表面是较为光滑的。随着温度的进一步上升，升至 300℃时，表面逐渐开始变得粗糙，并伴随着孔隙和裂纹的产生。在较高温度（≥400℃）时，孔隙和裂纹已基本形成。这表明生物炭在较高的热解温度下，由于去除了纤维素、半纤维素等挥发性物质，结构得到了很好的碳化。

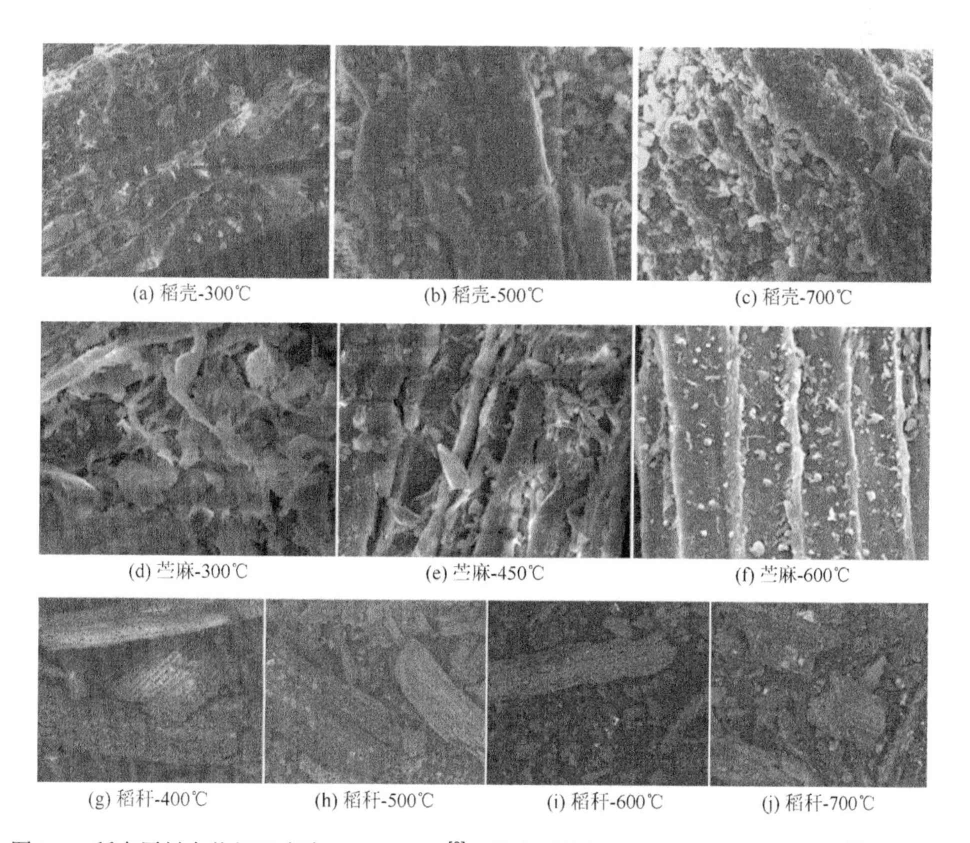

图 2-2 稻壳原料在热解温度为 300～700℃[8]、苎麻原料在热解温度为 300～600℃[9]和稻秆原料在热解温度为 400～700℃[10]制备的生物炭扫描电镜图

从生物炭表面形貌分析可以推断，纤维素在生物炭的热解过程中起主体骨架作用。由于纤维素热解温度较低，可首先形成生物炭的核心，且呈现长条状，而

木质素和木聚糖易于凝聚成球形颗粒。因此，如果在生产中对生物炭的形状有需求，可能需要更多地关注原料中的纤维素含量[12]。

生物质在高温碳化过程中，因生物质原料有机组分的释放以及碳骨架的堆叠，碳化后会形成很多微小的孔隙。因此，生物炭具有低密度性和疏松的多孔结构等特征，在环境修复中不仅可以为污染物的去除提供更多有效的吸附位点，还可改善土壤的通气情况。根据国际纯粹与应用化学联合会（International Union of Pure and Applied Chemistry，IUPAC）的定义，生物炭的孔可分为微孔（＜2nm）、中孔（介孔）（2～50nm）和大孔（＞50nm）[13]。微孔主要是由生物质在高温热解过程中发生碳骨架的断裂收缩和挥发性组分的析出而形成的，而生物质原料的蜂窝状结构得以保留构成了生物炭大孔[14]。需要注意的是，生物炭的总孔体积主要得益于介孔和大孔，微孔对总孔体积的贡献可忽略不计。比表面积指的是单位体积或单位质量材料所具有的总表面积。原材料种类、裂解温度导致生物炭的比表面积有很大差异（表 2-1）[15, 16]，比表面积对生物炭性能的影响不可忽略。拥有较大比表面积的生物炭有利于暴露更多的反应位点用以修饰额外的活性组分，有利于增强其吸附能力和反应活性[17]。

表 2-1　不同生物炭比表面积及孔隙特征

生物质原材料	碳化条件	BET 比表面积/(m^2/g)	微孔体积/(cm^3/g)	总孔容/(cm^3/g)	平均孔径/nm	参考文献
橙皮	热解，200℃	7.75	—	0.0098	—	[18]
橙皮	热解，400℃	34.00	—	0.0099	—	[18]
橙皮	热解，600℃	7.78	—	0.0083	—	[18]
混合食物废料	水热，200℃	5.23	—	0.0900	6.14	[19]
混合食物废料	水热，250℃	7.14	—	0.0500	5.05	[19]
混合食物废料	水热，300℃	5.98	—	0.0090	3.70	[19]
甘蔗渣	热解，450℃	1.98	—	0.0037	6.12	[20]
稻壳	热解，600℃	297.36	—	0.1500	8.96	[21]
稻草	热解，600℃	285.33	—	0.0400	40.00	[22]
杨木	热解，600℃	239.47	—	0.0700	2.07	[21]
桉树叶	热解，200℃	4.33	—	0.0080	7.54	[23]
桉树叶	热解，300℃	5.60	—	0.0090	6.73	[23]
桉树叶	热解，400℃	10.54	—	0.0310	11.69	[23]
桉树叶	热解，500℃	14.01	—	0.0370	10.55	[23]
粪便	热解，500℃	37.60	0.008	0.0280	2.98	[24]

续表

生物质原材料	碳化条件	BET 比表面积/(m^2/g)	微孔体积/(cm^3/g)	总孔容/(cm^3/g)	平均孔径/nm	参考文献
粪便	热解，600℃	42.10	0.010	0.0310	2.95	[24]
粪便	热解，700℃	47.00	0.012	0.0340	2.90	[24]
污泥	热解，500℃	232.90	0.071	0.1150	1.98	[24]
污泥	热解，600℃	300.20	0.107	0.1250	1.67	[24]
污泥	热解，700℃	261.30	0.091	0.1160	1.78	[24]
污泥	水热，350℃	7.95	0.044	—	36.00	[25]

目前，常采用全自动比表面积及孔径分析仪来测定生物炭的 BET 比表面积和孔隙结构。其中 N_2 是应用最广泛的吸附脱附气体。同时，N_2 也适用于生物炭的结构特征表征。然而，在分析生物炭的微孔结构时，N_2 吸附-解吸等温线并不总能提供有关结构特征的精确结果。这是由于 N_2 会在微孔内发生凝结，阻止气体在低温（如−196℃）下发生吸附和交换。CO_2 可以给出更精确的数值，相比于 N_2，CO_2 可以在更高的温度（0℃）下使用[26]。在生物炭材料的 BET 分析中，CO_2 吸附-解吸等温线正在逐步取代 N_2 吸附-解吸等温线。

对于生物炭来说，影响其孔隙度的因素很多（如原材料、反应温度、制备方法）。SEM 分析表明，热解炭比水热炭具有更高的多孔性。其中反应温度是主要影响因素。如图 2-3 所示，提高反应温度有利于增加生物炭的比表面积和孔隙度。较高的温度利于热解过程中挥发分的快速释放，使得内部超压积累，进而导致较小孔隙合并，这一合并过程会形成具有多孔生物炭结构的宽内腔。因此，宏观孔隙率随温度的升高而增加。例如，在 500℃以上制备得到的木炭和木本生物炭的比表面积均比在 450℃左右制备得到的生物炭高[27]。在 Zhao 等[28]的研究中，当热解温度从 200℃增至 700℃时，油菜茎秆生物炭的比表面积从 1.0m^2/g 升到 45.1m^2/g；相应地，微孔隙体积从 0.0032cm^3/g 上升到 0.025cm^3/g。类似的结果还出现在了 Ren 等[29]的研究中，随碳化温度的不断升高（由 400℃提升至 800℃），鱼骨生物炭的比表面积从 0.48m^2/g 显著提升到了 758.44m^2/g。然而，由于各类生物炭原料性质的不同，温度的进一步升高也可能对生物炭的微孔数量和比表面积产生相反的影响，即不利于孔隙度的提升。其主要原因是在高温下，有机化合物的挥发受到抑制，缩合现象占主导地位，导致多孔结构堵塞，从而观察到比表面积的整体下降。例如，以玉米棒为原料生产的生物炭，当温度从 300℃提高到 500℃时，生物炭的比表面积从 61.8m^2/g 升至 212.6m^2/g；当温度继续上升至 600℃时，其比表面积反而降至 192.9m^2/g[30]。

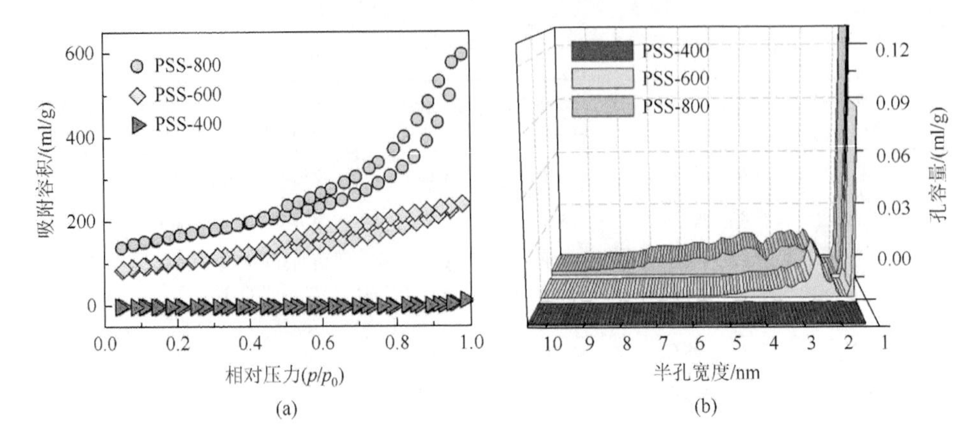

图 2-3　虾壳生物炭的氮气吸附和解吸曲线及孔径分布

2.2　生物炭的表面化学性质分析

生物炭表面是很多物理和化学反应发生的主要界面。一开始，人们只认识到生物炭表面的脂肪性和芳香性的性质。随后，生物炭表面的各种官能团也得到了研究和阐述。而近年来，Fang 等[31]发现生物炭具有与燃烧产生的颗粒物质和空气中的细颗粒相似的表面性质，即持久性自由基的存在，这方面的报道也逐渐成为研究热点。

2.2.1　表面官能团

生物炭的原材料非常广泛，组成成分也不尽相同，原材料的这些有机组分中含有大量的氧，还含有少量的氮、硫等杂原子元素。在热解过程中，这些杂原子会并入生物炭的芳香族结构中，形成含氧、含氮和含硫的官能团。其中，含氧官能团的含量最为丰富。

1. 含氧官能团

生物炭的表面含氧官能团包括羟基（—OH）、羧基（—COOH）、羰基（—CO—）、环氧基（—CH（O）CH—）、酯基（—COO—）、醌基等，这些官能团的结构都是由氧连接在碳原子上形成的。—OH、—COOH、—CO—和醌基是生物炭表面含量较为丰富的官能团[32, 33]。同时，这四种官能团也是生物炭含氧官能团中具有氧化还原活性的官能团[34]。含氧官能团的形成很大程度上取决于热解条件和原材料[35, 36]。研究表明，生物炭官能团的种类受原材料的影响不大，但官能团含量会受到一定的影响。而热解条件同时对官能团种类和数量都有显著影响。在快速热解生成的生物炭中，含氧官能团，特别是—OH 和—COOH 占有数量优势，而慢速热解生成的生物炭中含氧官能团数量较少[37, 38]。

当生物炭作为功能材料时，含氧官能团作为贡献率很大的活性及反应活性位点，会显著提升生物炭的性能[39]。例如，当生物炭作为吸附剂用于去除重金属时，正是因为其表面含氧官能团（主要是—OH 和—COOH）通过氢键和络合作用增强了与金属之间的相互作用[40-44]，吸附能力才得以大幅度提高。生物炭含氧官能团还可以阻止有机污染物的迁移。含氧官能团可以和有机物相互作用，形成稳定的 π 电子，与接触的污染物发生 π-π 电子作用，将污染物牢固地吸附在生物炭上[45]。近年来，高级氧化技术受到广泛关注。生物炭与过硫酸盐[46-49]、过氧化氢[50]和臭氧[51]结合的高级氧化体系被用于降解各种有机污染物。其中，生物炭含氧官能团作为活性位点起到了重要作用[52]。富含电子的含氧官能团（尤其是羰基）可以将电子传递给氧化剂，促进它们的分解产生活性组分，从而降解污染物[49, 53]。并且，表面含氧官能团对改善生物炭的亲水性也有帮助，从而使其在水环境体系中的性能得到更好的发挥[54]。

目前生物炭的应用也遇到一些挑战。一般情况下，直接由生物质热解得到的生物炭表面功能性很弱，含氧官能团含量有限，这极大限制了其作为功能材料的发展[55, 56]。不过，表面官能团的易调控性又给生物炭功能材料的合成带来了新的契机。从已有的研究得知，对生物炭进行化学氧化处理是调控表面含氧官能团最常用的技术手段。其中，H_2O_2、O_3、$KMnO_4$、HNO_3 是最常用的表面氧化剂[57-60]。通过表面氧化处理，可以形成—COOH、酚羟基、内酯等多种类型的含氧官能团。除化学处理外，生物炭在弱氧化气氛下进行低温热处理也是增加其表面含氧官能团的一种有效方法[61]。

2. 含氮官能团

根据杂环种类区分，生物炭表面的含氮官能团主要以五元环、六元环的形式存在。氮与氧原子和碳原子连接，形成单键、多键和链结构。此外，生物炭表面含氮官能团又可分为无机和有机两种类型，其中以有机氮官能团为主。无机氮官能团主要有 NH_4-N、NO_2-N、NO_3-N 等[62]。这些无机氮官能团大部分可以转化为多个含氮杂环。有机氮官能团则包括吡咯氮、吡啶氮、石墨氮、季氮、酰胺氮、氨基等[63, 64]。含氮官能团主要由生物质中的蛋白质通过脱水、脱氢、脱氨等一系列反应产生[65-67]。有机氮的稳定性较高，以季氮最稳定，其次是吡咯氮、吡啶氮[68]。经高温热解后，生物炭的含氮官能团主要有吡咯氮、吡啶氮和季氮[69]。

生物炭含氮官能团的形成受生物质原材料、合成参数（温度、压力、停留时间）等的影响。含氮生物质的热解会导致生物炭中的氮含量较高，但并不是原料中的所有含氮组分通过热解都能形成生物炭中的氮组分。有些氨基酸，如精氨酸，很容易转化为 NH_3 或其他气体[64]。在热解过程中，氮的转化途径不会因生物质的类型各异而有很大变化，大体上是相似的。以稻草生物质原料为例，其中的氨基氮、吡咯氮和其他一些含氮成分优先转化成氨基酸氮等形式。之后，随着热解条件的变化，发生化学键的重排、裂解和再组合，生成碳氮单键、杂环，甚至气体[64]。热解温度通过影响氮组分的含量、氮官能团的形成、表面石墨层状结构，进而对生物炭的含氮官能团产生影响[70]。生物质一般在 N_2 或 CO_2 的气体条件下分解产生生物炭。为了引进含氮官能团，可通过将 NH_3 用作热解气体来实现[71, 72]。在 NH_3 气氛中，制备的生物炭的氮含量远远高于 CO_2 和 N_2 气氛中制备的生物炭。在 400℃以下时，不同的热解气体会导致生物炭不同的氮含量以及具有不同的含氮官能团。相比于在 N_2 条件下，CO_2 作为热解气体会引进更多的无机氮官能团[64]。含氮官能团的种类也受热解压力的影响，较高的压力会导致氮官能团发生聚合和环缩合，增加热解压力可以使含氮组分发展为更稳定的形态。之前的研究表明，高温高压下的聚合缩聚反应促进了吡咯氮结构向吡咯氮和季氮结构的转变[73]。对于停留时间，在不同的热解温度条件下，造成的影响不尽相同。当热解温度较高时，停留时间的延长会增加氮官能团的损失。无机氮官能团的降解温度在 200℃左右，而吡啶氮和吡咯氮在 500℃才开始降解[69]。其他热解参数如加热速率和气流速率也会对生物炭氮组分产生一定的影响[74]。

2.2.2　活性组分

2014 年，Liao 等[75]采用电子顺磁共振（ESR）技术综合研究了生物炭表面的持久性自由基（PFRs）。在玉米秸秆、小麦秸秆和水稻来源的生物炭的表面，他们检测到了丰富的持久性自由基。同时研究结果表明，随着热解温度的升高，以氧为中心的持久性自由基会向以氧和碳为中心的持久性自由基共存的形式转变。

研究表明，碳化过程会产生持久性自由基[76, 77]。生物质中的化合物组分，包括木质素、纤维素和半纤维素，是控制生物炭中持久性自由基生成的主要前体[78, 79]。纤维素和半纤维素通过解聚作用分解成低聚糖。然后，糖苷键断裂形成自由基单体[80]。而结构致密的木质素会经历强烈的分解过程，包括持久性自由基的渐进反应等[81]。在生物炭的热解过程中，自由基是由 α-和 β-烷基芳基醚中 C—C 和 C—O 键的均相裂解而形成的，这个过程需要能量来促成解离并产生相应的自由基[82-85]。最后，生物质经过脱水、脱羧、芳构化和分子内缩合等过程形成了含有持久性自由基的生物炭[86-93]。

在以往的研究论文和综述中，已有关于生物炭热解过程产生的持久性自由基的形成条件和类型的阐述[94]。大量研究使用负载多种卤素或—OH 取代的芳香族化合物和过渡金属氧化物（如 Al_2O_3、Fe_2O_3、Fe_3O_4、CuO、ZnO、MnO 和 NiO）作为模型粒子，以揭示持久性自由基的形成机理和类型[95-101]。简而言之，持久性自由基可能的形成机理取决于生物质中前体有机组分的类型，主要形成过程包括初始光降解/物理吸附，然后通过消除水或氯化氢进行化学吸附，最终将单电子从取代的芳香族化合物转移到过渡金属中心[102, 103]。

自由基的种类往往取决于拥有未配对电子的核心原子，一般包括以碳、氧、氮或金属为中心的自由基[104-107]。这些稳定的反应性自由基包括超氧化物、过氧化氢、邻半醌、对半醌、苯并半醌、苯氧基（如氯苯氧基和 2-氯苯氧基）、邻苯二酚型自由基（如异丙基邻苯二酚和 α-邻苯二酚）和苯基自由基等[108-115]。就稳定性而言，以氧为中心的自由基（如半醌类自由基）在空气中是稳定的[116]，而以碳为中心的自由基（如环戊二烯）在大气中容易被氧化[107, 117]。持久性自由基如环戊二烯基、苯氧基和半醌类自由基是由酚类前体形成的。因此，为了达到环境中的高浓度，持久性自由基必须包含以下特性[118]：第一，持久性自由基应具有对应的分子前体以及拥有有利的形成路径；第二，需要具备稳定的性质，使自由基能够抵抗分解；第三，需要具备低反应性的特征，即抵抗与其他分子或自由基反应的能力。

目前，所有生物炭表面的自由基结构尚不清楚。此外，生物炭表面的自由基可以在水溶液中诱发羟基自由基的产生。不过，PFRs 也被认为是一种新的污染物。生物炭中的 PFRs 可触发土壤生物的神经毒性，并对作物有显著毒性，如抑制作物的萌发和生长[119, 120]。另外，也有众多研究表明，生物炭表面的持久性自由基通过单电子传递过程，可以有效地调控溶解性氧、过氧化氢、过硫酸盐等氧化剂的活化，从而产生活性组分，促进有机污染物的降解[121, 122]。值得注意的是，生物质的类型及其组成，对生物炭中持久性自由基的形成及其活化活性组分降解污染物的过程具有不可忽视的作用，生物质中初始金属和酚类化合物含量的降低，会导致生物炭中 PFRs 含量的急剧下降，且金属含量对 PFRs 形成的影响远大于酚类化合物的含量（图 2-4）[123]。电化学分析表明，高温热解衍生生物炭的电子接

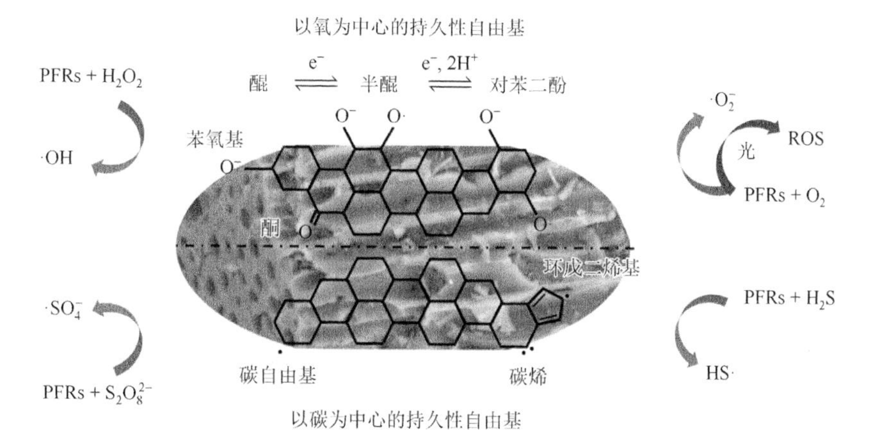

图 2-4　生物炭持久性自由基反应性去除有机污染物

受能力可能来源于生物炭内的自由基[34]。持久性自由基是生物炭表面最重要的反应性位点，其持久性、毒性和对环境的影响需要进一步的研究与验证。

生物炭表面也含有丰富的氧化还原活性基团，如醌、对苯二酚和与缩合芳香族结构相结合的共轭 π 电子系统[124]。这些氧化还原活性分子可以同时作为电子供体和电子受体[34, 125]。例如，生物炭可以作为电子供体将电子传递给溶解氧、过氧化氢、过硫酸盐，产生活性氧组分和硫酸根自由基[126]。生物炭也可以作为“电子穿梭体”，通过接受电子来调节电子转移反应[127]。Der Zee 和 Cervantes[128]定义了这种“电子穿梭体”，他们认为电子穿梭体是一种氧化还原介体，一种可逆的发生氧化还原反应的有机分子，从而可以在多种氧化还原反应中作为一种独特的电子载体，从而发挥作用。生物炭作为电子穿梭体还可以阻止 e^-/h^+对的快速重组。利用这一性质，研究人员对生物炭的制备进行了优化，提高了生物炭降解污染物的效率[129]。

2.3 生物炭的功能表征方法

2.3.1 元素分析仪

生物炭的元素含量常采用元素分析仪进行分析测定。分析过程中，生物炭样品首先需要经过研磨和过筛（目数为 40～60 目）。生物炭中的 C、H、O 元素主要来源于生物炭中的无机组分（如 HCO_3^-、CO_3^{2-}、金属氧化物和氢氧化物）和有机组分（如 C—C、C ═ C、C—H、C—O—H、C ═ O、C—O—C、—COOH 和—C_6H_5）。典型生物炭的 C 含量一般在 45%～60%，H 含量在 2%～5%，O 含量在 10%～20%，这些元素的比例主要取决于生物质原料和热解碳化温度（表 2-2）。研究认为，C 含量和灰分含量与热解温度和原料类型密切相关，而 O 含量和 H 含量对原料类型的依赖性较小。

表 2-2 不同原料生物炭的元素及灰分分析

生物炭	制备条件	元素分析/%					参考文献
		C	H	O	N	灰分	
稻秆生物炭	热解，600℃，4h	62.90	2.80	1.90	0.60	31.80	[130]
松木生物炭	热解，150℃，6h	49.20	6.20	43.60	0.26	1.04	[131]
	热解，250℃，6h	57.70	4.33	36.30	0.28	1.74	[131]
	热解，350℃，6h	65.40	2.57	29.80	0.35	2.26	[131]
	热解，500℃，6h	69.70	2.18	23.80	0.38	4.32	[131]
	热解，700℃，6h	84.90	0.99	9.36	0.00	4.74	[131]
松木生物炭	热解，600℃，4h	52.10	3.10	39.80	0.20	4.80	[132]

续表

生物炭	制备条件	元素分析/%					参考文献
		C	H	O	N	灰分	
麦秆生物炭	热解，600℃，4h	67.70	2.60	2.60	1.10	26.00	[132]
稻壳生物炭	热解，300℃，2h	48.63	3.62	—	0.21	—	[8]
	热解，500℃，2h	49.10	1.45	—	0.19	—	[8]
	热解，700℃，2h	49.91	1.39	—	0.17	—	[8]
甘蔗渣生物炭	热解，600℃，2h	76.45	2.93	18.33	0.79	—	[133]
	水热，200℃，20min	53.32	6.23	39.93	0.44	—	[133]
竹子生物炭	热解，600℃，2h	80.89	2.43	14.87	0.15	—	[133]
	水热，200℃，20min	55.27	6.18	38.27	0.21	—	[133]
虾壳生物炭	热解，400℃，4h	80.51	—	9.38	10.12	—	[134]
	热解，600℃，4h	78.41	—	9.76	10.48	—	[134]
	热解，800℃，4h	84.10	—	6.51	9.39	—	[134]
蚕沙生物炭	热解，200℃，4h	52.58	5.11	38.89	1.24	1.82	[24]
	热解，300℃，4h	66.67	4.55	25.60	2.03	0.90	[24]
	热解，400℃，4h	68.10	3.54	21.15	2.15	4.82	[24]
	热解，500℃，4h	73.95	2.74	17.65	1.72	3.72	[24]
污泥生物炭	水热，350℃，20min	54.20	4.10	34.80	6.90	—	[26]
	热解，400℃，1h	21.90	1.85	—	3.10	64.00	[135]
	热解，500℃，1h	21.24	1.20	—	2.83	69.00	[135]
	热解，600℃，1h	19.88	0.71	—	2.04	74.00	[135]

就生物炭的含碳量而言，由于木本生物质中纤维素和木质素含量较高，半纤维素物质含量较低，在相同的热解条件下，从木材和木本原料中提取的生物炭的含碳量一般高于非木本生物炭[136]。对于植物源生物炭来说，温度升高会使生物质碳化加速；同时，在较高的热解温度下，生物质中的H含量和O含量会因弱氧键的裂解或断裂而降低。因此，生物炭的C含量会随着温度升高而逐渐增加；相反，H含量和O含量随着温度升高而逐渐降低。与热解炭相比，水热炭的O/C和H/C的比值较高，特别是在进一步氧化后，其对水污染物表现出较好的吸附性能[137]。对于污泥源生物炭来说，污泥生物炭中的C含量随着热解温度的升高呈下降的趋势，这主要是由于污泥中的有机质含量在一般情况下都低于植物源生物质中的含量[135, 138]。

除了C、H、O，N、P、Si等元素也是生物炭的重要元素。一般来说，较低的反应温度有利于生物炭的N和P的富集；在高温（500～700℃）条件下，一部分 N 最后以氮氧化物的形式释放到环境中，而另一部分 N 以吡啶氮、吡咯氮以及亚胺氮、氨氮和酰胺氮的形式嵌入生物炭的碳基质中[70, 139]。对于 P 元素，反应温度需达到 700℃才开始挥发，所以 P 一般以 P—C 的形式嵌入生物炭的碳基质中[140]。稻壳、稻草和玉米秸秆生物质富含 Si 且主要以单硅酸和聚合硅酸的形式存在。在碳化过程中，低温热解生物炭的硅被脱水，使得 C 和 Si 的结构更加紧密；中温热解生物炭的硅被聚合；而在高温下，生物炭中的聚合态硅会被部分结晶，硅的溶出量略有下降[141]。

除上述主要元素外，生物炭中还存在其他一些微量元素，如碱土金属（Na、Mg、K、Ca）和重金属（Cr、Zn、Cu、Cd、Ni、Pb 等）。对于污泥生物炭，通常都含有重金属物质。虽然这些元素的含量都不高，但是在为生物炭提供特殊化学性质方面很重要，因此被人为地添加或修饰以实现特定目标。例如，有研究者利用金属盐或金属氧化物改性生物炭，可以改变原生物炭的吸附、催化和磁性等特性[142]。富含 Mg 的番茄组织被转化为具有良好的磷酸盐吸附能力的 Mg 基生物炭，这是由于 P 通过与 Mg 颗粒产生化学反应而沉淀，以及 P 在生物炭表面的 Mg 晶体上形成表面沉积[143]。此外，重金属污染的生物质热解得到的生物炭可以通过自功能化直接用作催化剂[144]。

生物炭的灰分含量通常采用干烧法测定。一般步骤如下：首先需要称取适量的生物炭平铺于坩埚底部；再放入马弗炉中敞口加热，待冷却至室温后称重，减去坩埚质量即为灰分质量。具体按式（2-1）进行计算。

$$W_A = \frac{G_2 - G_1}{G} \times 100\% \tag{2-1}$$

式中，W_A 为样品灰分的质量分数；G 为碳化前生物质的质量；G_1 为空坩埚的质量；G_2 为灰分和坩埚的质量。

O 含量 W_O 采用差量法计算而得：

$$W_O = 100\% - (W_C + W_H + W_N + W_A)\% \tag{2-2}$$

生物炭的灰分通常是指所有有机元素（C、H 和 N）均挥发后的无机组分（如钙、镁和无机碳酸盐）。之前有研究表明，生物炭的灰分含量会随碳化温度升高而增加[145, 146]。例如，在 300℃的热解温度下，松针生物炭的灰分含量为 7.2%；而在 500℃、700℃的热解温度下，松针生物炭的灰分含量分别为 11.77%、18.74%[145]。但也有研究表明，在 500℃和 700℃下制备的热解炭（水稻生物炭、花生生物炭），其灰分含量明显低于其他温度制备的生物炭[147]。由不同原料制备的生物炭的灰分含量水平也有所不同。例如，以大豆、柱花草、污泥为原料制备的生物炭的灰分含量较高，而以玉米、甘蔗渣、花生壳、橙皮等为原料制备的生物炭的灰分含量则较低[19, 146, 148]。此外，大多研究表明，水热炭中的灰分含量水平明显低于热解炭[149, 150]。从上述可知，生物炭的灰分含量受碳化温度、原材料本身性质、制备工艺以及其他各种复杂不可控的客观因素影响。因此，在进行生物炭的灰分含量分析时，需要根据生物质本身性质、制备条件等各环节参数进行具体分析。

2.3.2　热重分析

热重分析（thermogravimetric analysis，TGA）是指在一定的程序控制温度下测量待测样品的质量随温度变化关系的一种热分析技术。在进行 TGA 分析前，生物炭样品首先需要研磨均匀并过筛，筛分粒度为 150～250μm，这样能有效避免内部传质限制；最后称取少量（2～5mg）经研磨的样品于氧化铝坩埚中。需要注意的是，每次称量样品质量需尽量保持一致，以减少在热转换过程中产生的误差。采用热重分析（TGA）技术可研究生物炭的热解行为、组分特性和热稳定性[151]。热重分析通常可以分为静态法和动态法。静态法又分为等温质量变化测定和等压质量变化测定，相比于后者，前者准确度高，但是费时。动态法是指进行热重分析的同时进行微商热重（derivative thermogravimetry，DTG）分析，DTG 分析是热重曲线对时间（或温度）的一阶导数，以表示物质的质量随时间或温度的变化速率。

一般情况下，生物炭的碳化过程可分为三个阶段[152]：第一阶段，水分损失阶段（＜200℃）；第二阶段，主挥发阶段（200～600℃）；第三阶段，持续微挥发阶段（＞600℃）。在第一阶段，样品碳化前通常需要风干或烘干，所以生物炭的质量损失较小，最大热重损失温度在 80℃左右。在第二阶段，由于纤维素、半纤维素热裂解或其他有机物分解的发生而使样品组分快速挥发，通常表现为大量的质量损失。对于植物源生物质而言，纤维素、半纤维素和木质素是其主要组成部分，由于它们的结构不同，在热解过程中表现出不同的行为方式。通常，半纤维素、纤维素和木质素的热分解温度范围分别为 190～320℃、280～400℃和 320～450℃[153]。在第三阶段，热稳定较强的有机物质木质素会发生热解，在此阶段中，生物炭的分解受温度的影响非常小[154]。韦思业[130]研究发现在同一热解温度下，稻秆生物炭、玉米秆生物炭和麦秆生物炭的热损失行为极为相似，与上面的阐述相一致。Peng 等[152]在研究污泥水热碳化过程中发现其热解过程同样也分为三个阶段。A、B、C 三个阶段分别指脱水阶段、挥发燃烧阶段、焦炭燃烧阶段。如图 2-5 所示，A 阶段的变化受碳化温度的影响不大，都是相当平缓的；但热重损失率最大值会随着水热碳化反应温度的升高而逐渐增加，这说明较高的水热反应温度促进了有机物在亚临界水中的分解和再聚合（180-30 指在 180℃和 30min 停留时间下得到的样品，余同）。

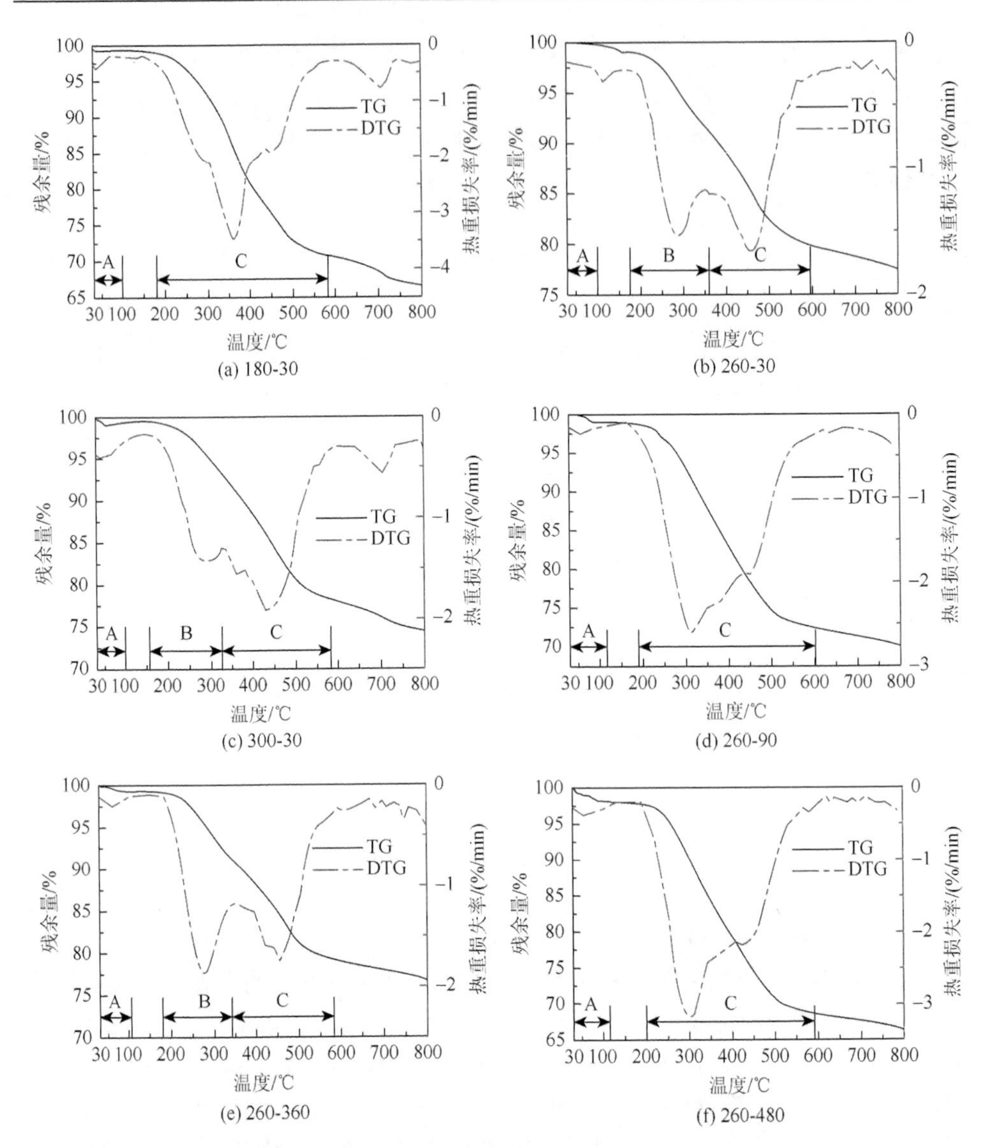

图 2-5　污泥在不同水热碳化温度（180～300℃）及不同停留时间（30～480min）下的 TG-DTG 曲线[152]

生物炭是在去除大部分挥发性成分后形成的。当加热温度为 25～100℃时，所有生物炭的质量下降幅度较小，直到 200℃时才发生相变和分解。而且主要分解一般发生在 200℃以后，后续生物炭的分解受温度的影响较小，最终会趋于稳定，这与之前的研究成果是一致的[154, 155]。此外，有研究报道，在高温环境下，生物炭中的矿物组分会发生晶体化，伴随形成有机质高度芳香化的结构[156]。对部分种类生物炭的 TGA 数据进行分析后，得到表 2-3。

表 2-3　不同原料在不同热解温度下获得的生物炭的热重分析

生物质	热解温度/℃	热重分析温度/℃	水分损失阶段/℃	主挥发阶段/℃	残留量/%	参考文献
玉米芯	600	700	50～150	200～445	—	[30]
玉米秸秆	500	700	50～150	200～500	—	[30]
毛竹	700	700	30～150	150～400	7.43	[157]
稻草	600	800	100～200	200～500	24.00	[158]
松木	200	700	301～385	385～480	2.56	[159]
	250	700	314～391	391～484	3.12	[159]
	300	700	328～402	402～486	3.80	[159]
	330	700	326～381	381～472	3.95	[159]
柳枝	600	700	25～100	400～500	—	[160]
甘蔗渣	500	800	—	＜500	—	[148]
家禽粪便	550	800	—	200～500	—	[161]
污泥	500	900	110～180	200～400	6.60	[162]

2.3.3　傅里叶变换红外光谱

生物炭表面官能团的数量和种类对生物炭有机化学物质和无机化学物质的界面行为至关重要。例如，它为污染物的吸附和催化降解提供了重要的位点，使得生物炭可作为合成各种功能碳材料的基质[163]。表面官能团包括脂肪族、芳香族、含氧官能团（—COOH、—OH、—CO—和—COO—）和含氮官能团[164]。傅里叶变换红外光谱（FTIR）是测定生物炭表面官能团的常用手段，采用溴化钾压片法，在 4000～400cm^{-1} 波长范围内对表面官能团进行定性分析。该方法是基于各个官能团在不同波长处有特征吸收峰，常见特征峰及其对应的官能团如表 2-4 所示。以苎麻基生物炭为例[152]［图 2-6（a）］，其特征吸收峰主要包括位于 3430cm^{-1} 处的—OH 伸缩振动峰，1054cm^{-1} 处的葡萄糖羟基（C—OH）伸缩振动峰，2928cm^{-1}、1400cm^{-1} 处的亚甲基（—CH_2）、甲基（—CH_3）伸缩振动峰。如图 2-6 所示，—CH_2 和—CH_3 的特征峰会随热解温度的升高而降低。在 1734cm^{-1} 和 1270cm^{-1} 处的峰与半纤维素羧酸基 C═O 或酚醛—OH 拉伸有关，而在 450℃和 600℃下制备的苎麻基生物炭与此相应峰几乎消失，表明在高温下生物炭表面极性的降低。随着热解温度的升高，在 1615cm^{-1} 处的 C═C 伸缩振动峰越发明显，且在 780cm^{-1} 处出现一个新峰，对应于芳香环 C—H 的拉伸，与生物炭结构的进一步缩合是一致的。

表 2-4　生物炭常见特征峰及其对应的官能团

官能团类型	吸收波数/cm^{-1}	振动类型	官能团种类
脂肪族	2925～2850	—CH 伸缩	亚甲基
	2936～2916		
	1680～1550	—C＝C 伸展	烯烃（共轭）
	1390～1370	—CH 对称弯曲	甲基
含氧官能团	3500～3300	—OH 伸缩	醇/酚/羧酸（H 键）
	1870～1700	—C═O 伸展	酸酐
	1735～1660	—	醛、酮
	1720～1680	—	羧酸（H 键）
	1680～1600	—	醌
	1410～1260	—OH 面内弯曲	醇类
	1390～1315	—OH 面内弯曲	酚类
	1250～950	C—O/C—O—C 伸展	醚/酯
芳香族	1650～1600	骨架振动	萘环
	1620～1580		芳香环
	770～735	—CH 面外弯曲	邻双取代苯环
	725～680	—CH 面外弯曲	间双取代苯环
含氮官能团	3500～3300	—NH 伸缩	胺类
	1667～1430	环骨架振动	吡啶类
	1650～1590	—NH 面内弯曲	伯胺
	910～665	—CH 面外弯曲	吡啶类
	830～790	—CH 面外 γ 取代	吡啶类

此外，其他研究也发现生物炭表面官能团的强度及种类受碳化温度的影响[165, 166]。例如，与木质原料的红外光谱图相比，在低温（＜200℃）下制备的木质类生物炭与其并没有明显的区别[167]；当碳化温度到达 300℃时，C═C（1615～1612cm^{-1}）和 C ═O（1734～1730cm^{-1}）的振动吸收峰强度显著增强；在 500℃甚至更高温度下，含氧官能团和脂肪族碳在逐渐消失，而芳香化合物的 C—H 和 C ═ C 的振动吸收峰不仅得到保留，还随着温度的升高而逐渐增强，此结果与生物炭的 TGA 分析结果相吻合。研究人员对此进行了相应的分析：在低温下，易分解的官能团并没有被碳化除去；在中温下，生物质中的纤维素和木质素组分开始脱水，此时

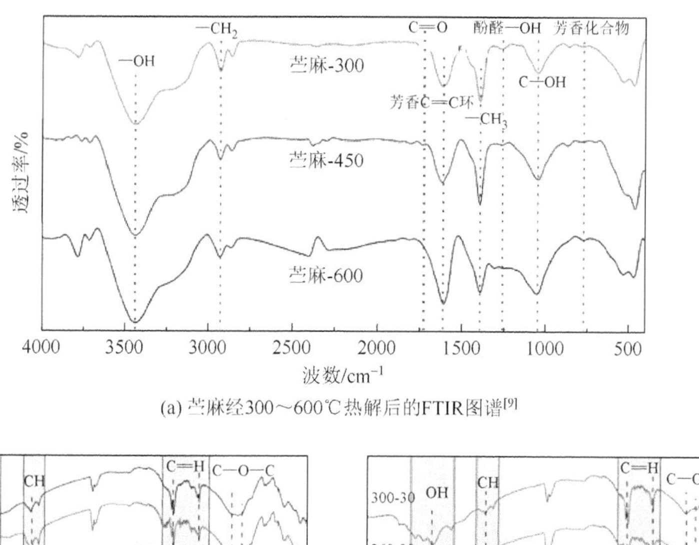

(a) 苎麻经300～600℃热解后的FTIR图谱[9]

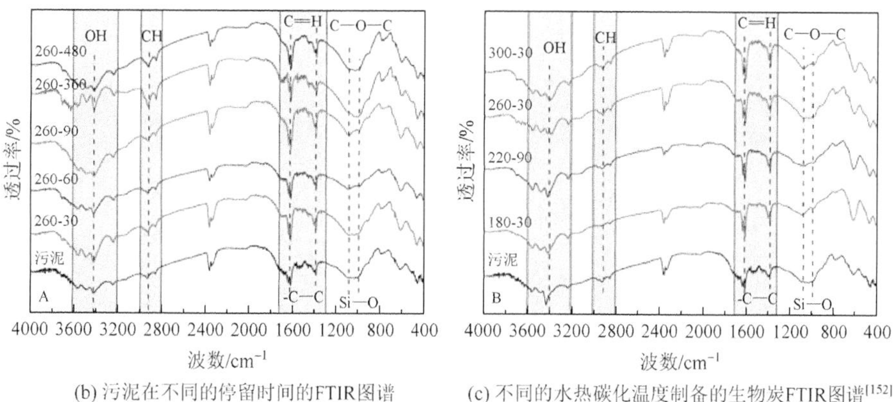

(b) 污泥在不同的停留时间的FTIR图谱　　(c) 不同的水热碳化温度制备的生物炭FTIR图谱[152]

图 2-6　生物炭 FTIR 图谱

酮类、芳香碳以及酯类官能团组分逐渐增加；随着碳化温度的持续上升，生物质中的纤维素和木质素组分的缩合程度也逐渐增强，最终导致含氧官能团逐渐消失。Chen 等[131]在研究中也发现，由高温热解产生的生物炭，其分子极性、表面酸度、表面的芳香结构明显增强，进而提高了对污染物的去除能力。此外，从图 2-6（b）和（c）显示的在不同水热碳化温度和时间下制备的污泥基生物炭的 FTIR 光谱可以看出，不同样品的主要官能团种类几乎保持不变，但—OH 的强度随着温度的升高而逐渐降低，说明了水热碳化工艺污泥的脱水能力。之前也有研究表明，热解炭表面通常以芳香碳为主，由蜂窝状的石墨层组成，而水热炭表面主要由脂肪碳组成，FTIR 的分析结果证实了这一结论[13, 23]。

2.3.4　X 射线光电子能谱

X 射线光电子能谱（XPS）是基于光电效应的电子能谱分析方法的一种，其基本原理是利用 X 射线光子激发出物质表面原子的内层电子，通过对这些电子进行能量分析而获得的一种能谱，现已发展成为元素化学价态分析、化合物结构鉴定、固体材料表面元素定性和半定量分析的重要手段。一般情况下，采用碳的 C 1s 峰对电子结合能进行校正。图 2-7 展示了不同温度下虾壳衍生生物炭 XPS 全谱图、高分辨率图。XPS 宽扫描谱通常显示 C（C 1s）在 285eV 左右和 O（O 1s）在 530eV 附近出现的两个主峰[21]（图 2-7）。此外，利用 C 1s 和 O 1s 的高分辨 XPS 可对生物炭表面的碳形态和氧形态进行半定量测定[18, 134]。

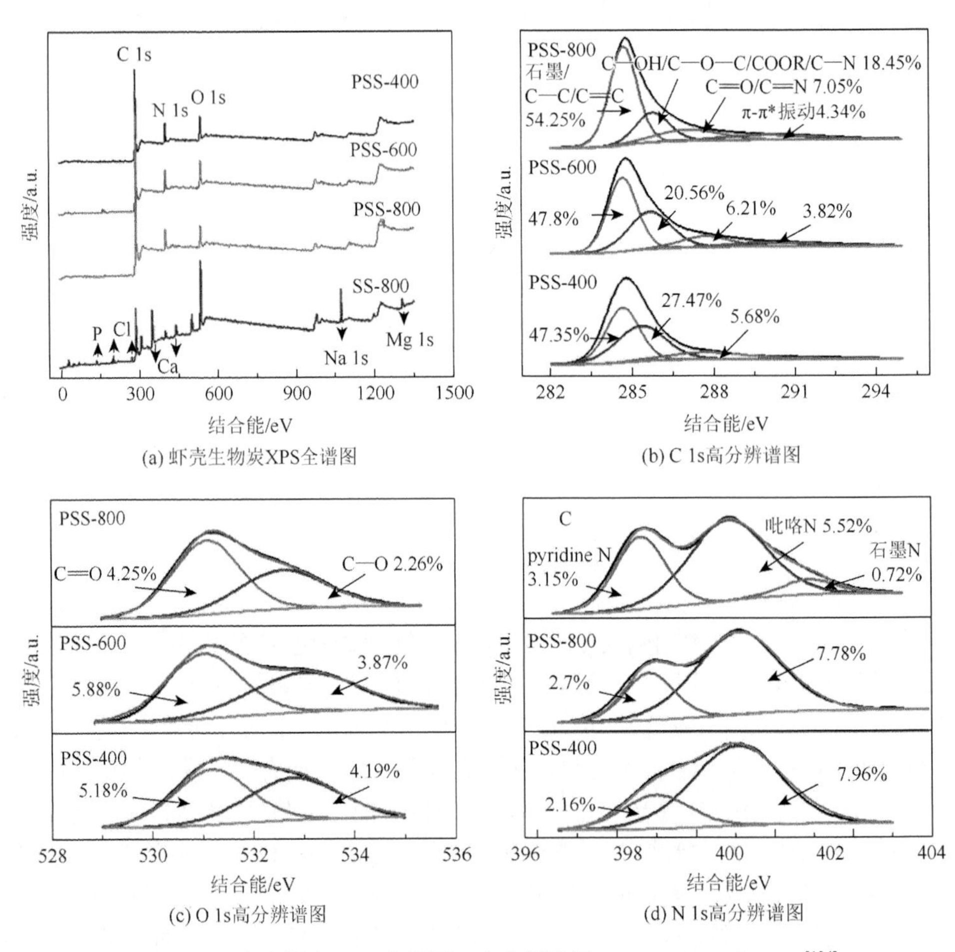

图 2-7　虾壳生物炭 XPS 全谱图、高分辨谱图：C 1s、O 1s 和 N 1s[134]

2.3.5　固体核磁共振技术

固体核磁共振技术（^{13}C-NMR）是一种不依赖峰比值的定量比较技术，可以直接提供有机物质中有关碳骨架的重要信息。随着热解温度的升高，生物炭的骨架结构会从无定形芳香碳逐步转化为共轭的芳香碳，再到石墨型的碳。^{13}C-NMR 谱能显示原料和生物炭样品之间化学结构的详细变化。利用 ^{13}C-NMR 图谱可将碳划分为以下五个区域[168]：羧基碳（165～190ppm，1ppm 表示 10^{-6}）、氧芳香基碳（145～165ppm）、芳香碳（110～145ppm）、烷氧碳（45～110ppm）和烷基碳（0～45ppm）。其中，烷氧碳还可以再细分为双氧碳（100～110ppm）、多羟基碳（60～100ppm）和甲氧基碳（50～60ppm）。研究表明，生物炭的结构特征易受热解温度的影响[168, 169]。在低温（＜200℃）下产生的生物炭以羧基碳和烷氧碳为主，与原材料的 ^{13}C-NMR 图谱相比，没有显著区别；在中温（300～450℃）下产生的生物炭以脂肪碳和芳香碳为主；而在较高的峰值温度（500～600℃）下产生的生物炭则以芳香碳为主。

2.3.6　X 射线衍射分析

X 射线衍射（XRD）分析是利用晶体形成的 X 射线衍射，对材料进行微观相结构表征的一种分析方法。该技术可有效反映生物质在碳化过程中的裂解机理，帮助研究者们较好地了解生物炭结构、矿物组成和晶体组合特征[170]。典型的碳晶体分为石墨化碳（晶体）和非石墨化碳（非晶体）[171]。XRD 的衍射峰形与样品是否是晶体结构有很大关系，对于生物炭来说，窄而锐的尖峰表示石墨化碳，宽的弥散峰则表示非石墨化碳（图 2-8）[167, 171]。XRD 仪的检测机理是将一束单色 X

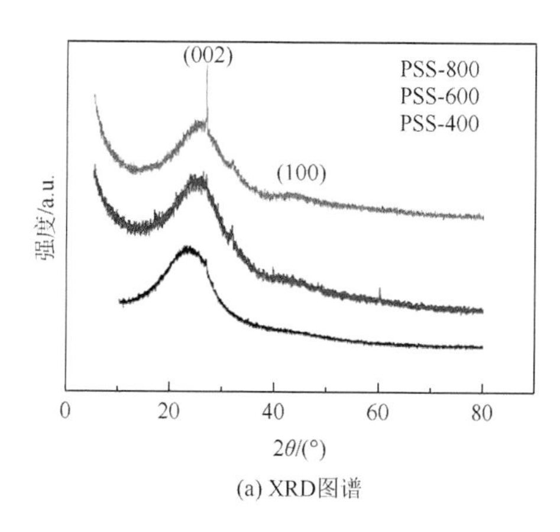

(a) XRD图谱

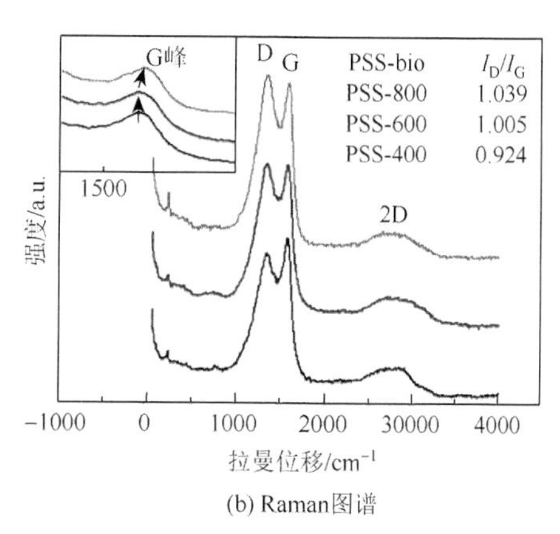

(b) Raman图谱

图 2-8　虾壳衍生生物炭的 XRD 图谱和 Raman 图谱[134]

射线照射到样品上，X 射线因在结晶内遇到规则排列的原子或离子而发生散射，基于晶体结构的周期性，散射的 X 射线可相互干涉而叠加，使得在某些散射方向上相位得到加强，而在某些方向上相互抵消[172]。最后，通过分析衍射图谱，可以获得材料的成分、分子形态或价态等信息。

晶体结构参数一般由 d_{002}、L_a 和 L_c 来表征。其中，d_{002} 指（002）晶面与基准晶面之间的距离，L_a 和 L_c 分别指乱层结构中 a 轴和 c 轴方向层面堆积厚度的平均值。可通过布拉格（Bragg）公式［式（2-3）］求得 d_{002}，由（010）晶面衍射峰的半峰宽求得 L_a，由（002）晶面衍射的半峰宽求得 L_c。分别使用 Bragg 公式［式（2-3）］、Warren 公式［式（2-4）］和 Scherrer 公式［式（2-5）］来计算 d_{002}、L_a 和 L_c。

Bragg 公式：

$$d_{002} = \frac{\lambda}{2\sin\theta} \tag{2-3}$$

Warren 公式：

$$L_a = \frac{k'\lambda}{\beta'\cos\theta} \tag{2-4}$$

Scherrer 公式：

$$L_c = \frac{k\lambda}{\beta\cos\theta} \tag{2-5}$$

式中，β 和 β' 为入射线与 Y' 行列的夹角；θ 为入射线与晶体空间格子之间的夹角；λ 为 X 射线的波长；k 和 k' 为衍射指数。注意，在计算 L_a 时，$k = 2.0$；在计算 L_c 时，$k = 0.9$。

王微[173]以辣木籽壳为原料，在高温下（如 800～1100℃）制备出的生物炭的衍射峰无显著差别，说明同一原材料在高温条件下制备的生物炭具有相似的结构。他们还发现辣木籽壳生物炭在 $2\theta = 24°$、$2\theta = 44°$ 的衍射峰分别是生物炭的（002）晶面、（100）晶面反射的结果，说明经过高温碳化的辣木籽壳具有类石墨结构。此外，他们还发现辣木籽壳生物炭的石墨化程度会受活化剂 KOH 的影响。在 800℃下制得的生物炭经 KOH 处理后其石墨晶相衍射峰强度显著降低[173, 174]。

2.3.7 pH 计分析

一般情况下，生物炭的酸碱度是在室温条件下由 pH 计测定的。生物炭的 pH 通常会受原料及制备方法的影响，所以各类生物炭的 pH 差异较大。据统计，不同生物炭的 pH 介于 4～12。对表 2-5 进行分析可得出，各类型生物炭的 pH 总体表现为：木质生物炭＜粪便基生物炭＜秸秆污泥生物炭。尽管一些由木材原料、草本原料或生物固体制成的生物炭的 pH 可能为中性或微酸性，但大体上看，绝大多数生物炭的 pH 平均值约为 9.15，呈碱性。一方面，生物炭中有无机矿物的存在是其呈碱性的重要原因[175]；另一方面，生物炭表面的—COOH、—OH 对生物炭的 pH 也起到了重要的调节作用。Li 等[138]通过比较国内外研究发现，几乎所有由不同原材料制成的生物炭的 pH 都会随着热解温度的升高而呈现显著的线性增加趋势。这说明相比于原料类型，生物炭的 pH 对碳化热解条件更为敏感。此外，比较在相同碳化温度下由各类原料制备所得生物炭的 pH，可以发现，在相同的碳化温度下，由农业废物制成的生物炭的 pH 最高。

表 2-5　各类生物炭的 pH

生物质类型	原料	热解温度/℃	pH	参考文献
秸秆	玉米秸秆	350～825	6.8～10.7	[176]
	小麦秸秆	300～600	7.9～10.5	[176]
	稻秆	300～700	7.8～11.3	[158, 176]
壳类	棉秆	550～600	10.2～10.5	[176]
	花生壳	350～450	7.9～9.1	[176, 177]
木质	竹子	300～600	7.9～9.2	[133]
	山核桃木	300～600	7.1～8.4	[133]
粪便	猪粪	350～700	8.4～9.5	[175]
	牛粪	350～700	9.2～9.9	[175]
	家禽废物	350～700	8.7～10.3	[175]
污泥	脱水污泥	500	9.4～9.5	[178]

因此，当生物炭应用于农业土壤 pH 的调节时，必须注意其酸碱性。作为土壤改良剂时，并不是所有的生物炭都适用于碱性土壤或酸性土壤，需要建立准确的生物炭 pH 预测关系，为指导原料类型的选择提供更全面的理论支持及科学依据。

2.3.8　Zeta 电位仪分析

Zeta 电位（Zeta potential）又称电动电势（ξ-电位），是对分散系体系颗粒物之间相互吸引或相互排斥力的强度的度量，是表征带电微粒表面电荷与液体分散性极其重要的物理参数。Zeta 电位仪不仅可用于测定颗粒物的 ξ-电位，还可用于测定等电点（zero point charge，pH_{zpc}）。pH_{zpc} 实际是指带电物质表面所带净电荷为零时对应的溶液的 pH。如果阴离子数量多于阳离子数量，物质表面带负电荷；否则，带正电荷。

通常情况下，生物炭表面官能团及其脂肪性/芳香性结构易发生解离或质子化[78]，使得生物炭表面带电。因此可见，生物炭的表面电性受到 pH 的强烈影响。不同制备条件和改性方式下生物炭的等电点也不同（图 2-9）。当 pH 在 4～12 时，生物炭表面常带负电荷；如果在强酸系统中，生物炭表面则可以带正电；pH 的增加会使生物炭表面的电负性增强。此外，由于生物炭的表面电性会影响生物炭颗粒、纳米颗粒和离子的迁移转化，因此，pH 的变化对这些过程也有重要影响[78]。例如，Yu 等[179]为了研究溶液 pH 对虾壳多孔生物炭吸附容量的影响，通过测量虾壳生物炭在不同 pH 条件下的 Zeta 电位，分析得到了其等电点数据。结果显示，虾壳生物炭的 pH_{zpc} 为 3.9，也就是说，当溶液 pH 低于 3.9 时，虾壳生物炭处于正电荷状态，而当溶液 pH 升高时，则处于负电荷状态。因此，在 pH 偏于酸性（$pH<3.9$）时，带正电虾壳生物炭与阳离子物质之间会存在强烈的排斥力，虾壳生物炭对阳离子的吸附速度会明显下降，离子污染物的迁移转化受到显著影响。

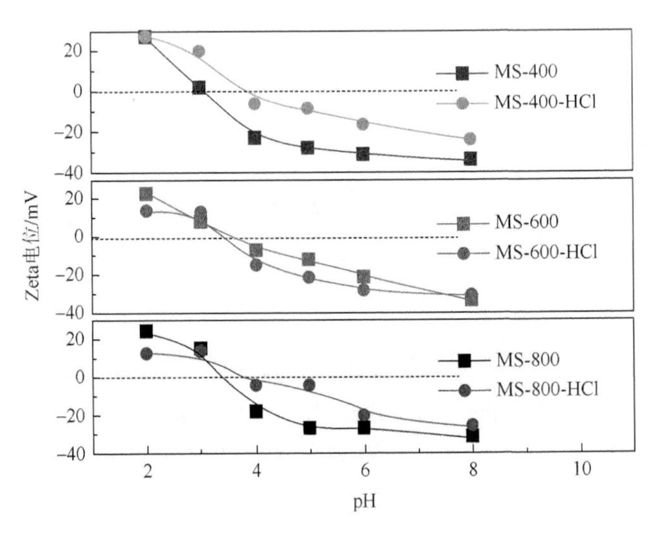

图 2-9 酸处理下不同制备温度生物炭的 Zeta 电位图[165]

2.4 小结与展望

本章主要从微观结构、表面化学性质以及功能表征方法三个方面介绍了生物炭。碳化参数如碳化温度、停留时间、压力、反应物溶剂等对生物炭的形成起重要的作用。生物炭的性质会随制备条件的不同表现各异。就生物炭的微观结构而言，生物炭具有高度芳香化的碳网结构，甚至存在随机堆叠的石墨层结构。生物炭的具体结构会因原材料的不同而有显著差异，且与碳化温度密切相关。但随着碳化温度的升高，其又会表现出一些相同的变化趋势，如外观颜色会越来越深直至呈现黑色，有机成分的挥发产率会越来越低。较高的温度显著地提高了碳含量、比表面积和孔隙体积，灰分含量也有所增加，但同时也降低了生物炭的产量，导致 N、H、O 的含量略有下降。然而，生物炭产量在不同温度下的变化很大程度上受生物质组分的影响。由于 H 对应于与生物质有关的有机物，H/C 的摩尔比可以反映生物炭的碳化程度，且该指数随温度升高呈下降趋势，意味着碳化程度越高，原始有机残留物越少。在水热碳化过程中，水参与反应有助于水热炭中含氧基团的形成。

生物炭表面官能团主要有含氧官能团和含氮官能团。含氧官能团不仅具有氧化还原活性，还可作为催化反应的活性位点，在重金属和有机物吸附过程中也起着非常重要的作用，因此含氧官能团是生物炭的重要功能性官能团。含氮官能团有着多种多样的存在形式，在不同的条件下它们之间还能实现相互转化。生物炭的特殊表面结构为其功能化提供了良好的条件，通过表面官能团调控还可以实现生物炭的特定功能化，从而实现其在未来更广泛的应用。此外，生物炭表面还存在着持久性自由基等氧化还原活性基团，它们对生物炭性能的影响也不容忽视，并日渐成为研究的热点。目前，生物炭的微观结构、官能团种类及含量等理化性质可以采用多种不同的表征方法进行分析，包括 XRD、FTIR、XPS、^{13}C-NMR 等方法。但由于生物炭本身结构和组分的复杂性，常见的表征手段无法准确、高效地实现对生物炭的定量分析，更多更尖端的仪器和方法需要被探索，以进一步分析生物炭的特征。

参 考 文 献

[1] Lin D，Cho Y M，Werner D，et al. Bioturbation delays attenuation of DDT by clean sediment cap but promotes sequestration by thin-layered activated carbon[J]. Environmental Science & Technology，2014，48（2）：1175-1183.

[2] Deng R，Luo H，Huang D，et al. Biochar-mediated Fenton-like reaction for the degradation of sulfamethazine：Role of environmentally persistent free radicals[J]. Chemosphere，2020，255：126975.

[3] Ren X，Wang J，Yu J，et al. Waste valorization：Transforming the fishbone biowaste into biochar as an efficient persulfate catalyst for degradation of organic pollutant[J]. Journal of Cleaner Production，2020，291（3）：125225.

[4] Wu S，He H，Inthapanya X，et al. Role of biochar on composting of organic wastes and remediation of contaminated soils：A review[J]. Environmental Science and Pollution Research，2017，24（20）：16560-16577.

[5] 黄玉威. 生物炭微观解剖结构表征及理化性质研究[D]. 沈阳：沈阳农业大学，2018.

[6] Nguyen B T，Lehmann J，Hockaday W C，et al. Temperature sensitivity of black carbon decomposition and oxidation[J]. Environmental Science & Technology，2010，44（9）：3324-3331.

[7] Liu W J，Li W W，Jiang H，et al. Fates of chemical elements in biomass during its pyrolysis[J]. Chemical Reviews，2017，117（9）：6367-6398.

[8] Zeng Z W，Tian S R，Liu Y G，et al. Comparative study of rice husk biochars for aqueous antibiotics removal[J]. Journal of Chemical Technology and Biotechnology，2018，93（4）：1075-1084.

[9] Zhou L，Liu Y，Liu S，et al. Investigation of the adsorption-reduction mechanisms of hexavalent chromium by ramie biochars of different pyrolytic temperatures[J]. Bioresource Technology，2016，218：351-359.

[10] Zhang W，Tan X，Gu Y，et al. Rice waste biochars produced at different pyrolysis temperatures for arsenic and cadmium abatement and detoxification in sediment[J]. Chemosphere，2020，250：126268.

[11] Fu M M，Mo C H，Li H，et al. Comparison of physicochemical properties of biochars and hydrochars produced from food wastes[J]. Journal of Cleaner Production，2019，236：117637.

[12] Wan J，Liu L，Ayub K S，et al. Characterization and adsorption performance of biochars derived from three key biomass constituents[J]. Fuel，2020，269：117142.

[13] Tan X，Liu Y，Zeng G，et al. Application of biochar for the removal of pollutants from aqueous solutions[J]. Chemosphere，2015，125：70-85.

[14] Wildman J，Derbyshire F. Origins and functions of macroporosity in activated carbons from coal and wood precursors[J]. Fuel，1991，70（5）：655-661.

[15] Liu N，Liu Y，Zeng G，et al. Adsorption of 17beta-estradiol from aqueous solution by raw and direct/pre/post-KOH treated lotus seedpod biochar[J]. Journal of Environmental Science（China），2020，87：10-23.

[16] Tan X，Liu Y，Gu Y，et al. Biochar amendment to lead-contaminated soil：Effects on fluorescein diacetate hydrolytic activity and phytotoxicity to rice[J]. Environmental Toxicology and Chemistry，2015，34（9）：1962-1968.

[17] Liu N，Liu Y，Tan X，et al. Synthesis a graphene-like magnetic biochar by potassium ferrate for 17β-estradiol removal：Effects of Al_2O_3 nanoparticles and microplastics[J]. Science of the Total Environment，2020，715：136723.

[18] Chen B，Chen Z. Sorption of naphthalene and 1-naphthol by biochars of orange peels with different pyrolytic temperatures[J]. Chemosphere，2009，76（1）：127-133.

[19] Saqib N U，Baroutian S，Sarmah A K. Physicochemical，structural and combustion characterization of food waste hydrochar obtained by hydrothermal carbonization[J]. Bioresource Technology，2018，266：357-363.

[20] Gan C，Liu Y，Tan X，et al. Effect of porous zinc：Biochar nanocomposites on Cr（VI）adsorption from aqueous solution[J]. RSC Advances，2015，5（44）：35107-35115.

[21] 张庆法，徐航，任夏瑾，等. 农林废物生物炭/高密度聚乙烯复合材料的制备与性能[J]. 复合材料学报，2021，38（2），398-405.

[22] Huang D，Liu L，Zeng G，et al. The effects of rice straw biochar on indigenous microbial community and enzymes activity in heavy metal-contaminated sediment[J]. Chemosphere，2017，174：545-553.

[23] 李靖. 不同源生物炭的理化性质及其对双酚 A 和磺胺甲噁唑的吸附[D]. 昆明：昆明理工大学，2013.

[24] Zhang Y，Xu X，Cao L，et al. Characterization and quantification of electron donating capacity and its structure dependence in biochar derived from three waste biomasses[J]. Chemosphere，2018，211：1073-1081.

[25] Leng L J，Yuan X Z，Huang H J，et al. Characterization and application of bio-chars from liquefaction of

microalgae，lignocellulosic biomass and sewage sludge[J]. Fuel Processing Technology，2015，129：8-14.

[26] Manya J J. Pyrolysis for biochar purposes：A review to establish current knowledge gaps and research needs[J]. Environmental Science & Technology，2012，46（15）：7939-7954.

[27] Li S M，Barreto V，Li R W，et al. Nitrogen retention of biochar derived from different feedstocks at variable pyrolysis temperatures[J]. Journal of Analytical and Applied Pyrolysis，2018，133：136-146.

[28] Zhao B，O'connor D，Zhang J L，et al. Effect of pyrolysis temperature，heating rate，and residence time on rapeseed stem derived biochar[J]. Journal of Cleaner Production，2018，174：977-987.

[29] Ren X，Wang J，Yu J，et al. Waste valorization：Transforming the fishbone biowaste into biochar as an efficient persulfate catalyst for degradation of organic pollutant[J]. Journal of Cleaner Production，2020，291（3）：125225.

[30] Liu X，Zhang Y，Li Z，et al. Characterization of corncob-derived biochar and pyrolysis kinetics in comparison with corn stalk and sawdust[J]. Bioresource Technology，2014，170：76-82.

[31] Fang G，Gao J，Liu C，et al. Key role of persistent free radicals in hydrogen peroxide activation by biochar：Implications to organic contaminant degradation[J]. Environmental Science & Technology，2014，48（3）：1902-1910.

[32] Mao J D，Johnson R L，Lehmann J，et al. Abundant and stable char residues in soils：Implications for soil fertility and carbon sequestration[J]. Environmental Science & Technology，2012，46（17）：9571-9576.

[33] Singh B，Fang Y，Cowie B C C，et al. NEXAFS and XPS characterisation of carbon functional groups of fresh and aged biochars[J]. Organic Geochemistry，2014，77：1-10.

[34] Klüpfel L，Keiluweit M，Kleber M，et al. Redox properties of plant biomass-derived black carbon（biochar）[J]. Environmental Science & Technology，2014，48（10）：5601-5611.

[35] Kinney T J，Masiello C A，Dugan B，et al. Hydrologic properties of biochars produced at different temperatures[J]. Biomass and Bioenergy，2012，41：34-43.

[36] 高凯芳，简敏菲，余厚平，等. 裂解温度对稻秆与稻壳制备生物炭表面官能团的影响[J]. 环境化学，2016，35（8）：1663-1669.

[37] Brewer C E，Schmidt-Rohr K，Satrio J A，et al. Characterization of biochar from fast pyrolysis and gasification systems[J]. Environmental Progress & Sustainable Energy，2010，28（3），386-396.

[38] Brewer C E，Unger R，Schmidt-Rohr K，et al. Criteria to select biochars for field studies based on biochar chemical properties[J]. Bioenergy Research，2011，4（4）：312-323.

[39] Liu S，Li M，Liu Y，et al. Removal of 17β-estradiol from aqueous solution by graphene oxide supported activated magnetic biochar：Adsorption behavior and mechanism[J]. Journal of the Taiwan Institute of Chemical Engineers，2019，102：330-339.

[40] Li M，Liu Q，Guo L，et al. Cu（Ⅱ）removal from aqueous solution by *Spartina alterniflora* derived biochar[J]. Bioresource Technology，2013，141：83-88.

[41] Xu D，Zhao Y，Sun K，et al. Cadmium adsorption on plant-and manure-derived biochar and biochar-amended sandy soils：Impact of bulk and surface properties[J]. Chemosphere，2014，111：320-326.

[42] Tan X，Liu Y，Gu Y，et al. Immobilization of Cd（Ⅱ）in acid soil amended with different biochars with a long term of incubation[J]. Environmental Science and Pollution Research，2015，22（16）：12597-12604.

[43] Wang R，Huang D，Liu Y，et al. Synergistic removal of copper and tetracycline from aqueous solution by steam-activated bamboo-derived biochar[J]. Journal of Hazardous Materials，2020，384：121470.

[44] Wang R，Huang D，Liu Y，et al. Investigating the adsorption behavior and the relative distribution of Cd^{2+} sorption

mechanisms on biochars by different feedstock[J]. Bioresource Technology，2018，261：265-271.

[45] Huang C，Zhang C，Huang D，et al. Influence of surface functionalities of pyrogenic carbonaceous materials on the generation of reactive species towards organic contaminants：A review[J]. Chemical Engineering Journal，2021，404：127066.

[46] Kim D G，Ko S O. Effects of thermal modification of a biochar on persulfate activation and mechanisms of catalytic degradation of a pharmaceutical[J]. Chemical Engineering Journal，2020，399：125377.

[47] Sun C，Chen T，Huang Q，et al. Activation of persulfate by CO_2-activated biochar for improved phenolic pollutant degradation：Performance and mechanism[J]. Chemical Engineering Journal，2020，380：122519.

[48] Du L，Xu W，Liu S，et al. Activation of persulfate by graphitized biochar for sulfamethoxazole removal：The roles of graphitic carbon structure and carbonyl group[J]. Journal of Colloid and Interface Science，2020，577：419-430.

[49] Qin F，Peng Y，Song G，et al. Degradation of sulfamethazine by biochar-supported bimetallic oxide/persulfate system in natural water：Performance and reaction mechanism[J]. Journal of Hazardous Materials，2020，398：122816.

[50] Kun L，Qi Y，Ya P，et al. Unveiling the mechanism of biochar-activated hydrogen peroxide on the degradation of ciprofloxacin[J]. Chemical Engineering Journal，2019，374：520-530.

[51] Zhang F，Wu K，Zhou H，et al. Ozonation of aqueous phenol catalyzed by biochar produced from sludge obtained in the treatment of coking wastewater[J]. Journal of Environmental Management，2018，224：376-386.

[52] Liu H，Liu Y，Tang L，et al. Egg shell biochar-based green catalysts for the removal of organic pollutants by activating persulfate[J]. Science of the Total Environment，2020，745：141095.

[53] Zou J，Yu J，Tang L，et al. Analysis of reaction pathways and catalytic sites on metal-free porous biochar for persulfate activation process[J]. Chemosphere，2020，261：127747.

[54] He H，Qian T T，Liu W J，et al. Biological and chemical phosphorus solubilization from pyrolytical biochar in aqueous solution[J]. Chemosphere，2014，113（oct.）：175-181.

[55] Mullen C A，Boateng A A，Goldberg N M，et al. Bio-oil and bio-char production from corn cobs and stover by fast pyrolysis[J]. Biomass and Bioenergy，2010，34（1）：67-74.

[56] Liu W，Zeng F，Jiang H，et al. Preparation of high adsorption capacity bio-chars from waste biomass[J]. Bioresource Technology，2011，102（17）：8247-8252.

[57] Anfruns A，Garciasuarez E J，Montesmoran M A，et al. New insights into the influence of activated carbon surface oxygen groups on H_2O_2 decomposition and oxidation of pre-adsorbed volatile organic compounds[J]. Carbon，2014，77：89-98.

[58] Wu L，Sitamraju S，Xiao J，et al. Effect of liquid-phase O_3 oxidation of activated carbon on the adsorption of thiophene[J]. Chemical Engineering Journal，2014，242：211-219.

[59] Sun C，Snape C E，Liu H. Development of low-cost functional adsorbents for control of mercury（Hg）emissions from coal combustion[J]. Energy & Fuels，2013，27（7）：3875-3882.

[60] Gokce Y，Aktas Z. Nitric acid modification of activated carbon produced from waste tea and adsorption of methylene blue and phenol[J]. Applied Surface Science，2014，313：352-359.

[61] Chen Z，Ma L，Li S，et al. Simple approach to carboxyl-rich materials through low-temperature heat treatment of hydrothermal carbon in air[J]. Applied Surface Science，2011，257（20）：8686-8691.

[62] Liu L，Tan Z，Ye Z. Transformation and transport mechanism of nitrogenous compounds in a biochar “preparation—returning to the field” process studied by employing an isotope tracer method[J]. ACS Sustainable Chemistry & Engineering，2018，6（2）：1780-1791.

[63] Chen W，Chen Y，Yang H，et al. Investigation on biomass nitrogen-enriched pyrolysis：Influence of temperature[J]. Bioresource Technology，2018，249：247-253.

[64] Yuan S，Tan Z，Huang Q. Migration and transformation mechanism of nitrogen in the biomass—biochar—plant transport process[J]. Renewable and Sustainable Energy Reviews，2018，85：1-13.

[65] Chen W，Chen Y，Yang H，et al. Co-pyrolysis of lignocellulosic biomass and microalgae：Products characteristics and interaction effect[J]. Bioresource Technology，2017，245：860-868.

[66] Chen W，Yang H，Chen Y，et al. Influence of biochar addition on nitrogen transformation during copyrolysis of algae and lignocellulosic biomass[J]. Environmental Science & Technology，2018，52（16）：9514-9521.

[67] Yu J，Maliutina K，Tahmasebi A. A review on the production of nitrogen-containing compounds from microalgal biomass via pyrolysis[J]. Bioresource Technology，2018，270：689-701.

[68] Tian Y，Zhang J，Zuo W，et al. Nitrogen conversion in relation to NH_3 and HCN during microwave pyrolysis of sewage sludge[J]. Environmental Science & Technology，2013，47（7）：3498-3505.

[69] Chen W，Yang H，Chen Y，et al. Transformation of nitrogen and evolution of n-containing species during algae pyrolysis[J]. Environmental Science & Technology，2017，51（11）：6570-6579.

[70] Leng L，Xu S，Liu R，et al. Nitrogen containing functional groups of biochar：An overview[J]. Bioresource Technology，2020，298：122286.

[71] Mian M M，Liu G，Yousaf B，et al. Simultaneous functionalization and magnetization of biochar via NH_3 ambiance pyrolysis for efficient removal of Cr（Ⅵ）[J]. Chemosphere，2018，208：712-721.

[72] Lian F，Cui G，Liu Z，et al. One-step synthesis of a novel N-doped microporous biochar derived from crop straws with high dye adsorption capacity[J]. Journal of Environmental Management，2016，176：61-68.

[73] Maliutina K，Tahmasebi A，Yu J. The transformation of nitrogen during pressurized entrained-flow pyrolysis of *Chlorella vulgaris*[J]. Bioresource Technology，2018，262：90-97.

[74] Abbas Q，Liu G，Yousaf B，et al. Contrasting effects of operating conditions and biomass particle size on bulk characteristics and surface chemistry of rice husk derived-biochars[J]. Journal of Analytical and Applied Pyrolysis，2018，134：281-292.

[75] Liao S，Pan B，Li H，et al. Detecting free radicals in biochars and determining their ability to inhibit the germination and growth of corn，wheat and rice seedlings[J]. Environmental Science & Technology，2014，48（15）：8581-8587.

[76] Bohm H，Jander H，Tanke D. PAH growth and soot formation in the pyrolysis of acetylene and benzene at high temperatures and pressures：Modeling and experiment[J]. Symposium on Combustion，1998，27（1）：1605-1612.

[77] Qiu N，Li H，Jin Z，et al. Temperature and time effect on the concentrations of free radicals in coal：Evidence from laboratory pyrolysis experiments[J]. International Journal of Coal Geology，2007，69（3）：220-228.

[78] Lian F，Xing B. Black carbon（biochar）in water/soil environments：Molecular structure，sorption，stability，and potential risk[J]. Environmental Science & Technology，2017，51（23）：13517-13532.

[79] Weber K，Quicker P. Properties of biochar[J]. Fuel，2018，217：240-261.

[80] Zhang X，Yang W，Dong C. Levoglucosan formation mechanisms during cellulose pyrolysis[J]. Journal of Analytical and Applied Pyrolysis，2013，104：19-27.

[81] Kibet J，Khachatryan L，Dellinger B. Molecular products and radicals from pyrolysis of lignin[J]. Environmental Science & Technology，2012，46（23）：12994-13001.

[82] Kotake T，Kawamoto H，Saka S. Pyrolysis reactions of coniferyl alcohol as a model of the primary structure formed during lignin pyrolysis[J]. Journal of Analytical and Applied Pyrolysis，2013，104：573-584.

[83] Kotake T，Kawamoto H，Saka S. Mechanisms for the formation of monomers and oligomers during the pyrolysis of a softwood lignin[J]. Journal of Analytical and Applied Pyrolysis，2014，105：309-316.

[84] Kotake T，Kawamoto H，Saka S. Pyrolytic formation of monomers from hardwood lignin as studied from the reactivities of the primary products[J]. Journal of Analytical and Applied Pyrolysis，2015，113：57-64.

[85] Liu C，Hu J，Zhang H，et al. Thermal conversion of lignin to phenols：Relevance between chemical structure and pyrolysis behaviors[J]. Fuel，2016，182：864-870.

[86] Anca-Couce A. Reaction mechanisms and multi-scale modelling of lignocellulosic biomass pyrolysis[J]. Progress in Energy and Combustion Science，2016，53：41-79.

[87] Bridgwater A V. Review of fast pyrolysis of biomass and product upgrading[J]. Biomass and Bioenergy，2012，38：68-94.

[88] Collard F X，Blin J. A review on pyrolysis of biomass constituents：Mechanisms and composition of the products obtained from the conversion of cellulose，hemicelluloses and lignin[J]. Renewable and Sustainable Energy Reviews，2014，38：594-608.

[89] Shen D，Jin W，Hu J，et al. An overview on fast pyrolysis of the main constituents in lignocellulosic biomass to valued-added chemicals：Structures，pathways and interactions[J]. Renewable and Sustainable Energy Reviews，2015，51：761-774.

[90] Stefanidis S D，Kalogiannis K G，Iliopoulou E F，et al. A study of lignocellulosic biomass pyrolysis via the pyrolysis of cellulose，hemicellulose and lignin[J]. Journal of Analytical and Applied Pyrolysis，2014，105：143-150.

[91] Wang S，Dai G，Yang H，et al. Lignocellulosic biomass pyrolysis mechanism：A state-of-the-art review[J]. Progress in Energy and Combustion Science，2017，62：33-86.

[92] Zhao C，Jiang E，Chen A. Volatile production from pyrolysis of cellulose，hemicellulose and lignin[J]. Journal of the Energy Institute，2017，90（6）：902-913.

[93] Chintala R，Subramanian S，Fortuna A M，et al. Chapter 6：Examining Biochar Impacts on Soil Abiotic and Biotic Processes and Exploring the Potential for Pyrosequencing Analysis[M]. Netherlands：Biochar Application，2016：133-1362.

[94] Ruan X，Liu Y，Wang G，et al. Transformation of functional groups and environmentally persistent free radicals in hydrothermal carbonisation of lignin[J]. Bioresource Technology，2018，270：223-229.

[95] Kiruri L W，Khachatryan L，Dellinger B，et al. Effect of copper oxide concentration on the formation and persistency of environmentally persistent free radicals（EPFRs）in particulates[J]. Environmental Science & Technology，2014，48（4）：2212-2217.

[96] Li H，Pan B，Liao S，et al. Formation of environmentally persistent free radicals as the mechanism for reduced catechol degradation on hematite-silica surface under UV irradiation[J]. Environmental Pollution，2014，188：153-158.

[97] Lomnicki S，Truong H，Vejerano E，et al. Copper oxide-based model of persistent free radical formation on combustion-derived particulate matter[J]. Environmental Science & Technology，2008，42（13）：4982-4988.

[98] Patterson M C，Ditusa M F，Mcferrin C A，et al. Formation of environmentally persistent free radicals（EPFRs）on ZnO at room temperature：Implications for the fundamental model of EPFR generation[J]. Chemical Physics Letters，2017，670：5-10.

[99] Vejerano E，Lomnicki S，Dellinger B. Formation and stabilization of combustion-generated environmentally persistent free radicals on an $Fe(III)_2O_3$/silica surface[J]. Environmental Science & Technology，2011，45（2）：

589-594.

[100] Vejerano E, Lomnicki S M, Dellinger B. Formation and stabilization of combustion-generated, environmentally persistent radicals on Ni（Ⅱ）O supported on a silica surface[J]. Environmental Science & Technology, 2012, 46（17）: 9406-9411.

[101] Yang L, Liu G, Zheng M, et al. Highly elevated levels and particle-size distributions of environmentally persistent free radicals in haze-associated atmosphere[J]. Environmental Science & Technology, 2017, 51（14）: 7936-7944.

[102] Dellinger B, Lomnicki S, Khachatryan L, et al. Formation and stabilization of persistent free radicals[J]. Proceedings of the Combustion Institute, 2007, 31（1）: 521-528.

[103] Jia H, Zhao J, Fan X, et al. Photodegradation of phenanthrene on cation-modified clays under visible light[J]. Applied Catalysis B: Environmental, 2012, 123-124: 43-51.

[104] Dela Cruz A L N, Gehling W, Lomnicki S, et al. Detection of environmentally persistent free radicals at a superfund wood treating site[J]. Environmental Science & Technology, 2011, 45（15）: 6356-6365.

[105] Gehling W, Dellinger B. Environmentally persistent free radicals and their lifetimes in $PM_{2.5}$[J]. Environmental Science & Technology, 2013, 47（15）: 8172-8178.

[106] Gehling W, Khachatryan L, Dellinger B. Hydroxyl radical generation from environmentally persistent free radicals（EPFRs）in $PM_{2.5}$[J]. Environmental Science & Technology, 2014, 48（8）: 4266-4272.

[107] Tian L, Koshland C P, Yano J, et al. Carbon-centered free radicals in particulate matter emissions from wood and coal combustion[J]. Energy & Fuels, 2009, 23（5）: 2523-2526.

[108] Cruz A L N D, Cook R L, Lomnicki S M, et al. Effect of low temperature thermal treatment on soils contaminated with pentachlorophenol and environmentally persistent free radicals[J]. Environmental Science & Technology, 2012, 46（11）: 5971-5978.

[109] Dellinger B, Pryor W A, Cueto B, et al. The role of combustion-generated radicals in the toxicity of $PM_{2.5}$[J]. Proceedings of the Combustion Institute, 2000, 28（2）: 2675-2681.

[110] Farquar G R, Alderman S L, Poliakoff E D, et al. X-ray spectroscopic studies of the high temperature reduction of Cu（Ⅱ）O by 2-Chlorophenol on a simulated fly ash surface[J]. Environmental Science & Technology, 2003, 37（5）: 931-935.

[111] Hales B J. Immobilized radicals. I. Principal electron spin resonance parameters of the benzosemiquinone radical[J]. Journal of the American Chemical Society, 1975, 97（21）: 5993-5997.

[112] Khachatryan L, Asatryan R, Dellinger B. An elementary reaction kinetic model of the gas-phase formation of polychlorinated dibenzofurans from chlorinated phenols[J]. The Journal of Physical Chemistry A, 2004, 108（44）: 9567-9572.

[113] Khachatryan L A, Niazyan O M, Mantashyan A A, et al. Experimental determination of the equilibrium constant of the reaction $CH_3 + O_2 \rightleftharpoons CH_3O_2$ during the gas-phase oxidation of methane[J]. International Journal of Chemical Kinetics, 1982, 14（11）: 1231-1241.

[114] Lomnicki S, Dellinger B. A detailed mechanism of the surface-mediated formation of PCDD/F from the Oxidation of 2-Chlorophenol on a CuO/silica surface[J]. The Journal of Physical Chemistry A, 2003, 107（22）: 4387-4395.

[115] Mosallanejad S, Dlugogorski B Z, Kennedy E M, et al. Formation of PCDD/Fs in oxidation of 2-chlorophenol on neat silica surface[J]. Environmental Science & Technology, 2016, 50（3）: 1412-1418.

[116] Khachatryan L, Adounkpe J, Dellinger B. Radicals from the gas-phase pyrolysis of hydroquinone: 2. Identification of alkyl peroxy radicals[J]. Energy & Fuels, 2008, 22（6）: 3810-3813.

[117] Ruan X, Sun Y, Du W, et al. Formation, characteristics, and applications of environmentally persistent free radicals

in biochars：A review[J]. Bioresource Technology，2019，281：457-468.

[118] Mcferrin C A，Hall R W，Dellinger B. *Ab initio* study of the formation and degradation reactions of semiquinone and phenoxyl radicals[J]. Journal of Molecular Structure：THEOCHEM，2008，848（1）：16-23.

[119] Lieke T，Zhang X，Steinberg C E W，et al. Overlooked risks of biochars：Persistent free radicals trigger neurotoxicity in caenorhabditis elegans[J]. Environmental Science & Technology，2018，52（14）：7981-7987.

[120] Odinga E S，Waigi M G，Gudda F O，et al. occurrence，formation，environmental fate and risks of environmentally persistent free radicals in biochars[J]. Environment International，2020，134：105172.

[121] Pan B，Li H，Lang D，et al. Environmentally persistent free radicals：Occurrence，formation mechanisms and implications[J]. Environmental Pollution，2019，248：320-331.

[122] Pi Z，Li X，Wang D，et al. Persulfate activation by oxidation biochar supported magnetite particles for tetracycline removal：Performance and degradation pathway[J]. Journal of Cleaner Production，2019，235：1103-1115.

[123] Huang D，Luo H，Zhang C，et al. Nonnegligible role of biomass types and its compositions on the formation of persistent free radicals in biochar：Insight into the influences on Fenton-like process[J]. Chemical Engineering Journal，2018，361：353-363.

[124] Wang R，Huang D，Liu Y，et al. Recent advances in biochar-based catalysts：Properties，applications and mechanisms for pollution remediation[J]. Chemical Engineering Journal，2019，371：380-403.

[125] Qin Y，Li G，Gao Y，et al. Persistent free radicals in carbon-based materials on transformation of refractory organic contaminants（Rocs）in water：A critical review[J]. Water Research，2018，137：130-143.

[126] Oh S，Seo Y，Ryu K，et al. Redox and catalytic properties of biochar-coated zero-valent iron for the removal of nitro explosives and halogenated phenols[J]. Environmental Science：Processes & Impacts，2017，19（5）：711-719.

[127] Zhang H，Wang Z，Li R，et al. TiO_2 supported on reed straw biochar as an adsorptive and photocatalytic composite for the efficient degradation of sulfamethoxazole in aqueous matrices[J]. Chemosphere，2017，185：351-360.

[128] Der Zee F P V，Cervantes F J. Impact and application of electron shuttles on the redox（bio）transformation of contaminants：A review[J]. Biotechnology Advances，2009，27（3）：256-277.

[129] Liu X，Chen W，Jiang H. Facile synthesis of Ag/Ag_3PO_4/AMB composite with improved photocatalytic performance[J]. Chemical Engineering Journal，2017，308：889-896.

[130] 韦思业. 不同生物质原料和制备温度对生物炭物理化学特征的影响[D]. 广州：中国科学院大学（中国科学院广州地球化学研究所），2017.

[131] Chen Z，Chen B，Chiou C T. Fast and slow rates of naphthalene sorption to biochars produced at different temperatures[J]. Environmental Science & Technology，2012，46（20）：11104-11111.

[132] 柳兰琪. 生物炭的制备、改性及其去除典型有机污染物的应用研究[D]. 合肥：安徽大学，2020.

[133] Sun Y N，Gao B，Yao Y，et al. Effects of feedstock type，production method，and pyrolysis temperature on biochar and hydrochar properties[J]. Chemical Engineering Journal，2014，240：574-578.

[134] Yu J F，Tang L，Pang Y，et al. Hierarchical porous biochar from shrimp shell for persulfate activation：A two-electron transfer path and key impact factors[J]. Applied Catalysis B：Environmental，2020，260：118160.

[135] Jin J，Li Y，Zhang J，et al. Influence of pyrolysis temperature on properties and environmental safety of heavy metals in biochars derived from municipal sewage sludge[J]. Journal of Hazardous Materials，2016，320：417-426.

[136] Sun K，Keiluweit M，Kleber M，et al. Sorption of fluorinated herbicides to plant biomass-derived biochars as a function of molecular structure[J]. Bioresource Technology，2011，102（21）：9897-9903.

[137] Kazemi Shariat Panahi H，Dehhaghi M，Ok Y S，et al. A comprehensive review of engineered biochar：Production，characteristics，and environmental applications[J]. Journal of Cleaner Production，2020，270：122462.

[138] Li S M，Harris S，Anandhi A，et al. Predicting biochar properties and functions based on feedstock and pyrolysis temperature：A review and data syntheses[J]. Journal of Cleaner Production，2019，215：890-902.

[139] Pan X，Gu Z，Chen W，et al. Preparation of biochar and biochar composites and their application in a Fenton-like process for wastewater decontamination：A review[J]. Science of the Total Environment，2021，754：142104.

[140] Wang J L，Wang S Z. Preparation，modification and environmental application of biochar：A review[J]. Journal of Cleaner Production，2019，227：1002-1022.

[141] Xiao X，Chen B，Zhu L. Transformation，morphology，and dissolution of silicon and carbon in rice straw-derived biochars under different pyrolytic temperatures[J]. Environmental Science & Technology，2014，48（6）：3411-3419.

[142] Wang J L，Wang S Z. Activation of persulfate（PS）and peroxymonosulfate（PMS）and application for the degradation of emerging contaminants[J]. Chemical Engineering Journal，2018，334：1502-1517.

[143] Yao Y，Gao B，Chen J，et al. Engineered biochar reclaiming phosphate from aqueous solutions：Mechanisms and potential application as a slow-release fertilizer[J]. Environmental Science & Technology，2013，47（15）：8700-8708.

[144] Liu W J，Jiang H，Yu H Q. Development of biochar-based functional materials：Toward a sustainable platform carbon material[J]. Chemical Reviews，2015，115（22）：12251-12285.

[145] Ahmad M，Lee S S，Rajapaksha A U，et al. Trichloroethylene adsorption by pine needle biochars produced at various pyrolysis temperatures[J]. Bioresource Technology，2013，143：615-622.

[146] Ahmad M，Lee S S，Dou X，et al. Effects of pyrolysis temperature on soybean stover-and peanut shell-derived biochar properties and TCE adsorption in water[J]. Bioresource Technology，2012，118：536-544.

[147] 季雅岚. 不同原料及制备温度生成的生物质炭对海南砖红壤性质及 N_2O 排放影响研究[D]. 海口：海南大学，2017.

[148] Lee Y，Park J，Ryu C，et al. Comparison of biochar properties from biomass residues produced by slow pyrolysis at 500 degrees C[J]. Bioresource Technology，2013，148：196-201.

[149] Bach Q V，Tran K Q，Khalil R A，et al. Comparative assessment of wet torrefaction[J]. Energy & Fuels，2013，27（11）：6743-6753.

[150] Zhang Z K，Zhu Z Y，Shen B X，et al. Insights into biochar and hydrochar production and applications：A review[J]. Energy，2019，171：581-598.

[151] Jindo K，Mizumoto H，Sawada Y，et al. Physical and chemical characterization of biochars derived from different agricultural residues[J]. Biogeosciences，2014，11（23）：6613-6621.

[152] Peng C，Zhai Y，Zhu Y，et al. Production of char from sewage sludge employing hydrothermal carbonization：Char properties，combustion behavior and thermal characteristics[J]. Fuel，2016，176：110-118.

[153] Strezov V，Popovic E，Filkoski R V，et al. Assessment of the thermal processing behavior of tobacco waste[J]. Energy & Fuels，2012，26（9）：5930-5935.

[154] Yao Y，Gao B，Fang J，et al. Characterization and environmental applications of clay-biochar composites[J]. Chemical Engineering Journal，2014，242：136-143.

[155] Zhang M，Gao B，Yao Y，et al. Synthesis，characterization，and environmental implications of graphene-coated biochar[J]. Science of the Total Environment，2012，435-436：567-572.

[156] Al-Wabel M I，Al-Omran A，El-Naggar A H，et al. Pyrolysis temperature induced changes in characteristics and chemical composition of biochar produced from conocarpus wastes[J]. Bioresource Technology，2013，131：374-379.

[157] Chen D，Liu D，Zhang H，et al. Bamboo pyrolysis using TG-FTIR and a lab-scale reactor：Analysis of pyrolysis behavior，product properties，and carbon and energy yields[J]. Fuel，2015，148：79-86.

[158] Zhang C，Lai C，Zeng G，et al. Efficacy of carbonaceous nanocomposites for sorbing ionizable antibiotic sulfamethazine from aqueous solution[J]. Water Research，2016，95：103-112.

[159] Liu Z G，Han G H. Production of solid fuel biochar from waste biomass by low temperature pyrolysis[J]. Fuel，2015，158：159-165.

[160] Wang S，Gao B，Zimmerman A R，et al. Physicochemical and sorptive properties of biochars derived from woody and herbaceous biomass[J]. Chemosphere，2015，134：257-262.

[161] Azargohar R，Nanda S，Kozinski J A，et al. Effects of temperature on the physicochemical characteristics of fast pyrolysis bio-chars derived from Canadian waste biomass[J]. Fuel，2014，125：90-100.

[162] Huang X，Cao J P，Shi P，et al. Influences of pyrolysis conditions in the production and chemical composition of the bio-oils from fast pyrolysis of sewage sludge[J]. Journal of Analytical and Applied Pyrolysis，2014，110：353-362.

[163] Lu L，Yu W，Wang Y，et al. Application of biochar-based materials in environmental remediation：From multi-level structures to specific devices[J]. Biochar，2020，2（1）：1-31.

[164] Li L，Lai C，Huang F，et al. Degradation of naphthalene with magnetic bio-char activate hydrogen peroxide：Synergism of bio-char and Fe-Mn binary oxides[J]. Water Research，2019，160：238-248.

[165] Yu J F，Tang L，Pang Y，et al. Magnetic nitrogen-doped sludge-derived biochar catalysts for persulfate activation：Internal electron transfer mechanism[J]. Chemical Engineering Journal，2019，364：146-159.

[166] 谢伟玲. 不同改性水热炭制备及其对水溶液中 Pb（Ⅱ）吸附行为研究[D]. 哈尔滨：东北农业大学，2019.

[167] Keiluweit M，Nico P S，Johnson M G，et al. Dynamic molecular structure of plant biomass-derived black carbon（biochar）[J]. Environmental Science & Technology，2010，44（4）：1247-1253.

[168] Chen C P，Cheng C H，Huang Y H，et al. Converting leguminous green manure into biochar：Changes in chemical composition and C and N mineralization[J]. Geoderma，2014，232：581-588.

[169] 徐东昱，金洁，颜钰，等. X 射线光电子能谱与 ^{13}C 核磁共振在生物质碳表征中的应用[J]. 光谱学与光谱分析，2014，34（12）：3415-3418.

[170] Yuan J H，Xu R K，Zhang H. The forms of alkalis in the biochar produced from crop residues at different temperatures[J]. Bioresource Technology，2011，102（3）：3488-3497.

[171] Franklin R E. Crystallite growth in graphitizing and non-graphitizing carbons[J]. Proceedings of the Royal Society A Mathematical，1951，209（1097）：196-218.

[172] Yoo S，Kelley S S，Tilotta D C，et al. Structural characterization of loblolly pine derived biochar by X-ray diffraction and electron energy loss spectroscopy[J]. ACS Sustainable Chemistry & Engineering，2018，6（2）：2621-2629.

[173] 王微. 生物质活性炭的制备及性质研究[D]. 太原：山西大学，2019.

[174] Wang P，Tang L，Wei X，et al. Synthesis and application of iron and zinc doped biochar for removal of p-nitrophenol in wastewater and assessment of the influence of co-existed Pb（Ⅱ）[J]. Applied Surface Science，2017，392：391-401.

[175] Cantrell K B，Hunt P G，Uchimiya M，et al. Impact of pyrolysis temperature and manure source on physicochemical characteristics of biochar[J]. Bioresource Technology，2012，107：419-428.

[176] 袁帅，赵立欣，孟海波，等. 生物炭主要类型、理化性质及其研究展望[J]. 植物营养与肥料学报. 2016，22（5）：1402-1417.

[177] 王永芳. 生物碳质填料制备及挂膜性能初步研究[D]. 重庆：重庆大学，2010.

[178] Liu J，Luo K，Li X，et al. The biochar-supported iron-copper bimetallic composite activating oxygen system for simultaneous adsorption and degradation of tetracycline[J]. Chemical Engineering Journal，2020，402：126039.

[179] Yu J，Feng H，Tang L，et al. Insight into the key factors in fast adsorption of organic pollutants by hierarchical porous biochar[J]. Journal of Hazardous Materials，2021，403：123610.

第3章 生物炭在水体污染物去除中的应用

引 言

随着人类活动尤其是工业、农业和畜牧业的推进，工业废水、生活污水、农业污水和其他废物不断进入江河湖海等自然水体，水体受污染程度一旦超过其自净能力，会导致水体的物理、化学、生物等方面性质的改变，从而影响到水的使用价值，危害生态平衡和人类健康。根据污染源的不同，污染水体中污染物的种类和浓度不尽相同。工业废水是水体污染的重要来源之一，主要包括重工业企业排放污水，如造纸、冶金、印染、电镀、制革等工厂废水。农业污水的污染来源主要是不正确使用农药和化肥的农田淋溶造成的剩余有机物，包括含氮、磷、钾等营养元素和农药等。生活污水指的是居民在日常生活中排放的各种污水和垃圾渗滤液，包含排泄有机物、洗涤剂的残留物、内分泌干扰物及人畜肠道病原体等。另外，游轮泄漏等突发事件会造成水体石油污染，油膜覆盖水面使水生生物大量死亡。重金属、有机污染物和氮磷等营养物质是水体中几类重要的污染物，它们不仅导致水质量下降，毒害水生生物，还会通过食物链富集、浓缩危害人体健康。因此，开展水体污染防控与治理是解决目前可利用水资源短缺、水污染事件频繁出现等问题的有效方法。

越来越多的学者探索污染水体的修复，物理、化学、生物等传统方法往往容易受各种各样的人为因素或自然因素的制约而造成不佳的修复效果。由农村与城市固体废物资源化制备的生物炭，具有优异的表面特性和孔隙结构，利用其进行污染修复是一种价格低廉、环境友好型的技术手段。生物炭不仅能通过表面官能团位点、化学极性和较大比表面积实现对污染物的吸附固持，还能发挥优异的光电学特性，作为电子介导体耦合光能、电能或氧化剂实现对污染物的催化氧化还原反应。此外，生物炭具有持水保肥、改善微环境下氧化还原条件的能力，往往表现出促进微生物、动植物生长代谢的激活性作用，将其作为混合填料构筑人工湿地，可有效提高生物滤池处理污染水体的效率。将可再生固体生物质作为原料制备生物炭，一方面，可实现对农村城市固体废物的资源化利用，解决固废大量堆放问题；另一方面，生物炭可通过对污染物的吸附、催化氧化还原和促进生物转化等作用，在污染水体修复方面展现出强大的潜力。

3.1 吸　　附

随着社会经济的快速发展，受污染废水总量及其排放进入水体的含量不断增加，且水中的污染物数量、种类保持稳步增长。中国的工业生产废水和人民生活废水日排放量高达 1.64 亿 m^3，有高达 80%的污废水未经处理肆意排放，严重污染了周围的河流和地下水源。一些有机污染物（如内分泌干扰素、抗生素等）和有害无机物质及病原体会随着废水排放进入自然水体中，高含量的污染物会增加水体致畸和致突变的风险，严重影响人们的健康。另外，在广大农村中，仍然存在深井取用水的方式。深井环境下水流动性差，更可能引起水中重金属、亚硝酸盐等有害物质的积累富集，这种取水方式下的饮用水更容易对周边人群的神经系统、泌尿系统和生殖系统造成不可挽回的伤害。由此可见，面对我国的水体污染现状，污水治理工作任重而道远。

生物炭具有发达的孔隙结构、丰富的表面官能团、较大的比表面积和活性矿物成分等特性，可作为吸附材料去除水溶液中的污染物。相对于活性炭，生物炭可作为一种潜在的低成本、高效吸附剂，其生产成本更低，原料来源（农村与城市固体废物）更广泛，能源需求也更低。由于其存在经济效益和环境效益，利用广泛存在的生物质转换而来，是改进废物管理和环境保护的“双赢”方案（图 3-1）。

生物炭被认为是具有应用前景的环境友好型水污染物处理技术。生物炭对不同污染物的吸附行为机制与生物炭的原材料来源、制备方法和参数、污染物的基本性质等有关。总体来说，生物炭对水体中污染物的具体吸附机理取决于其表面官能团、比表面积、多孔结构和微量组分等各种性质。

3.1.1　生物炭吸附重金属行为与机理

由于不合理的开采和工农业应用中的不断泄漏，水环境中有毒金属污染已经成为危害生态平衡和人类健康的重要问题。对于这一不可被分解的污染物，利用经济高效的吸附剂聚集固定游离金属，降低其移动性是处理金属污染水体最重要的手段。从表 3-1 可以看出，利用不同农村、城市固体废物在不同制备条件下得到的生物炭对重金属污染物有着高低不一的吸附性能，图 3-2 总结了生物炭表面与重金属污染物之间相互作用的各种机制，包括取决于库仑作用力的静电吸引力、取决于阳离子交换量的离子交换、取决于新物质生成能的表面络合和共沉淀。由于生物炭结构和组分的复杂性，生物炭对金属的吸附机制通常不限制于单一作用力，而是涉及多种相互作用力的综合考量。一般情况下，富含脱质子羧基和磺酸基的生物炭表面带负电荷，对金属有很强的亲和力，而生物炭释放的阴离子如碳

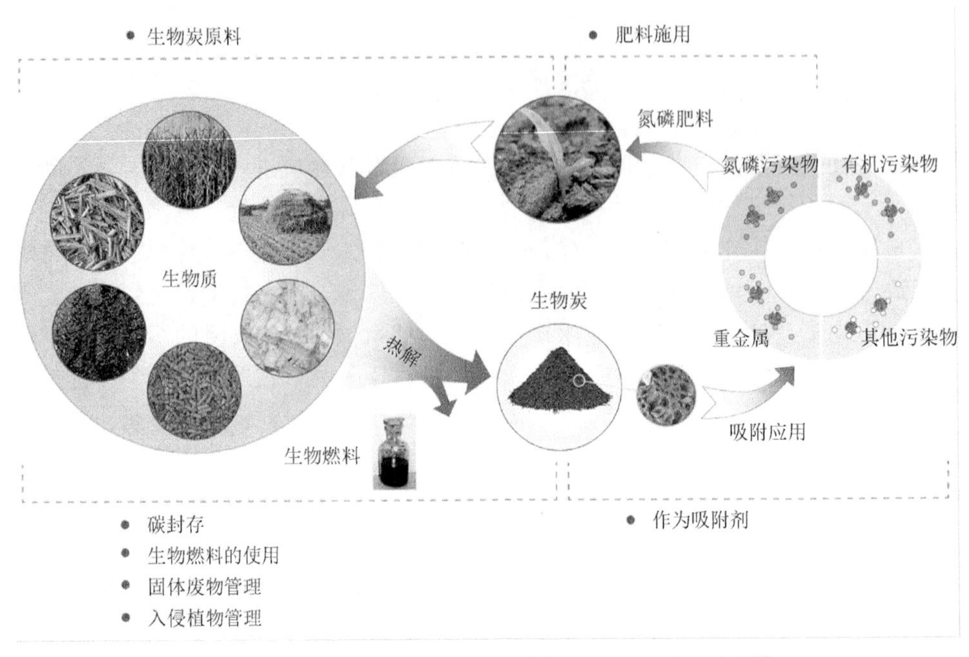

图 3-1　生物炭在固废管理和环境保护上的可循环效益[1]

酸盐、磷酸盐、氢氧化物有助于阳离子金属形成沉淀。灰分含量高的生物炭，会增加溶液的 pH，降低金属的溶解度和移动性，提高其去除率。不同种类的重金属在生物炭上的吸附机理往往不一样，合适的生物炭表面性质和孔隙结构对重金属的吸附有很大的作用。

表 3-1　生物炭对不同重金属的吸附性能

生物质固体废物	热解温度/℃	停留时间	重金属	Q_{max}/(mg/g)	等温线模型	动力学	参考文献
油菜秸秆	400	3.75h	Cu(Ⅱ)	0.59[a]	Langmuir	—	[2]
牲畜粪肥	100	6h	Al	0.24±15.0[a]	Langmuir	—	[3]
	400	6h	Al	0.30±6.2[a]	Langmuir	—	[3]
	700	6h	Al	0.24±4.0[a]	Langmuir	—	[3]
玉米秸秆	600	2h	Cu(Ⅱ)	12.52	Langmuir	PSO[b]	[4]
	600	2h	Zn(Ⅱ)	11.0	Langmuir	PSO[b]	[4]
硬木木屑	450	<5s	Cu(Ⅱ)	6.79	Langmuir	PSO[b]	[4]
	450	<5s	Zn(Ⅱ)	4.54	Langmuir	PSO[b]	[4]
芒草	300	1h	Cd(Ⅱ)	11.40±0.47	Langmuir	PSO[b]	[5]
	400	1h	Cd(Ⅱ)	11.99±1.02	Freundlich	PSO[b]	[5]
	500	1h	Cd(Ⅱ)	13.24±2.44	Freundlich	PSO[b]	[5]
	600	1h	Cd(Ⅱ)	12.96±4.27	Freundlich	PSO[b]	[5]

续表

生物质固体废物	热解温度/℃	停留时间	重金属	Q_{max}/（mg/g）	等温线模型	动力学	参考文献
花生秸秆	400	3.75h	Cu(Ⅱ)	1.40[a]	Langmuir	—	[2]
松针	200	16h	U(Ⅵ)	62.7	Langmuir	PSO[b]	[6]
松木	300	20min	Pb(Ⅱ)	3.89	Langmuir	PSO[b]	[7]
稻壳	300	20min	Pb(Ⅱ)	1.84	Langmuir	PSO[b]	[7]
稻草	100	6h	Al	0.13±16.0[a]	Langmuir	—	[3]
	400	6h	Al	0.40±11.0[a]	Langmuir	—	[3]
	700	6h	Al	0.35±8.2[a]	Langmuir	—	[3]
大豆秸秆	400	3.75h	Cu(Ⅱ)	0.83[a]	Langmuir	—	[2]
互花米草	400	2h	Cu(Ⅱ)	48.49±0.64	Langmuir	PSO	[8]
甜菜渣	300	～2h	Cr(Ⅵ)	123	Langmuir	PSO	[9]
柳枝稷草	300	30min	U(Ⅵ)	2.12	Langmuir	—	[10]

a. mmol/g。

b. 准二级动力学（pseudo-second-order，PSO）。

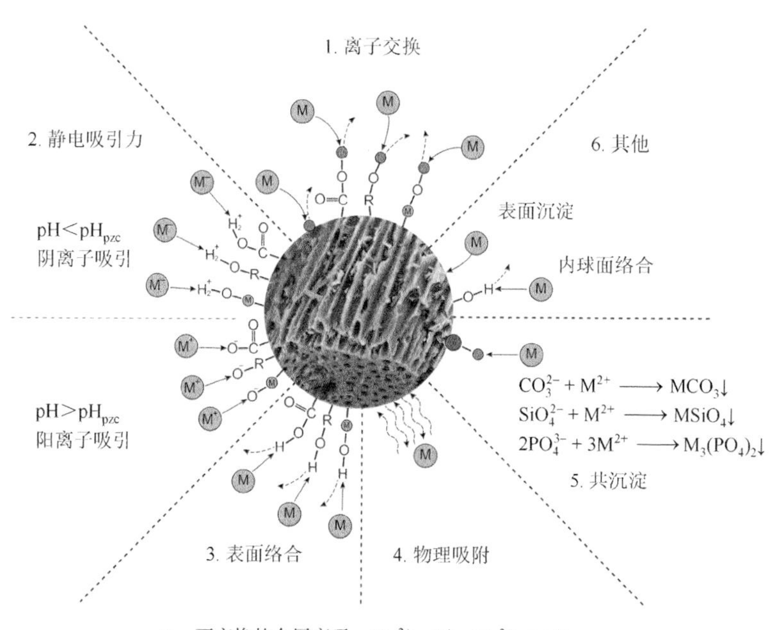

图 3-2　生物炭吸附重金属机理概图[1]

生物炭表面存在丰富的官能团，尤其是含氧基团，如羧基（—COOH）、羟基（—OH），可通过脱质子后的基团与金属离子发生离子交换、静电吸引、表面络合等作用吸附金属离子。实验通常通过生物炭在金属吸附前后官能团的变化，证明吸附剂和吸附质之间主要的相互作用力。Dong 等[9]通过实验证明甜菜衍生生物炭可以有效地去除水中的 Cr(Ⅵ)，表征结果说明静电引力、介电还原反应和表面络合作用共同决定着金属离子的去除情况，主要包括带负电荷的 Cr(Ⅵ)在静电引力驱动下迁移到官能团质子化后带正电荷的生物炭表面；部分 Cr(Ⅵ)在氢离子和生物炭作为电子供体的参与下，被还原为 Cr(Ⅲ)；然后这部分 Cr(Ⅲ)通过络合作用与生物炭表面官能团结合。Lu 等[11]也提出了污泥衍生生物炭在吸附金属 Pb 中官能团的重要作用，包括通过与生物炭上 K(Ⅰ)和 Na(Ⅰ)的原作用位点发生金属交换形成“静电外球面络合”，以及与表面自由羧基和羟基官能团相互作用而形成的“内球面络合”。Xue 等[12]的实验通过氧化改性增加生物炭表面含氧官能团来提高生物炭对重金属的去除率，经 H_2O_2 处理的花生壳水热生物炭含氧官能团含量从 16.4%增加到 22.3%，并且对 Pb 的吸附能力比未处理的生物炭高出 20 倍。

生物炭的孔隙发达程度和比表面积的高低对重金属的吸附也有着不同程度的影响。生物炭由于复杂的孔径分布和深度不一的孔道而具有不同大小的比表面积和孔隙度。提高生物炭表面可及性有利于暴露更多的反应位点或基质，以修饰额外的活性组分，这使得金属很容易被生物炭捕获。然而 Samsuri 等[13]通过实验比较将棕榈油渣和稻壳作为原始生物质在相同条件下制备生物炭的重金属吸附能力，结果表明具有更小比表面积的棕榈油渣生物炭对重金属的吸附量比稻壳生物炭的吸附量更高，这归因于棕榈油渣生物炭具有更高的含氧官能团含量，说明了比表面积对吸附量的贡献比生物炭表面含氧官能团的贡献要小。Ding 等[14]的实验发现，在低温 250℃和 400℃制备的生物炭中，高含量的含氧官能团可能是该生物炭拥有高金属吸附能力的主要原因，而对于高温 500℃和 600℃制备的生物炭，颗粒内扩散可能是金属吸附的主要限制因素。

此外，生物炭中的矿物成分（如矿质元素的碳酸盐、磷酸盐和硅酸盐）在重金属吸附过程中有着关键的作用。研究表明粪便衍生生物炭可以通过暴露的阴离子与金属形成铅-磷酸盐（$Pb_9(PO_4)_6$）和铅-碳酸盐（$Pb_3(CO_3)_2(OH)_2$）表面沉淀，实现对铅的有效吸附去除[15]。矿物成分取决于生物炭前体生物质固体废物的种类，相对于农林业草木本残渣，动物粪便、沉积物和污泥的无机矿物组分更高，富含的 CO_3^{2-} 和 PO_4^{3-} 通过提供额外的吸附位点对金属吸附去除有着重要的作用。Xu 等[16]分别利用稻壳和牛粪在相同条件下制备生物炭，并比较了它们对水溶液中几种重金属的同时去除效果。结果表明富含矿物质的牛粪衍生生物炭表现出对金属 Pb、Cu、Zn 和 Cd 更高的吸附量。此外，生物炭中的硅酸盐粒子通过与金属 Al 的表面共沉淀作用（$KAlSi_3O_8$）实现对 Al 的高效吸附[3]。

3.1.2　生物炭吸附有机物行为与机理

由于工农业的迅猛发展，有机污染物如有机农药、抗生素、塑化剂、染料和多环芳烃等被大量释放到环境中，并在地表水、地下水和沉积物中被检测超标，对人类健康和自然生态系统有潜在且长期的不利威胁。吸附会影响有机污染物在水环境中迁移转化的过程，是一种经济可行的有机污染物去除方法。表 3-2 总结了不同农村和城市固体废物在不同制备条件下得到的生物炭对有机污染物的吸附性能。有机污染物在生物炭的吸附过程中涉及了不同机理的相互作用（图 3-3）。总体上，生物炭的吸附机理包括基于生物炭表面极性的修饰电子给体-受体（EDA）相互作用、氢键作用和非离子型有机物的疏水作用吸附、孔填充，以及离子型有机物的静电吸附。吸附不同性质和结构的有机污染物的具体主导机理也有所不同，且与生物炭的表面性质和孔隙结构密切相关。

表 3-2　生物炭对不同有机污染物的吸附性能

生物质固体废物	热解温度/℃	停留时间	有机污染物	Q_{max}/(mg/g)	等温线模型	动力学	参考文献
桉树木渣	400	30min	亚甲基蓝染料	2.06	Langmuir	PSO[a]	[17]
红麻纤维	1000	—	亚甲基蓝染料	18.18	Langmuir	PSO[a]	[18]
棕榈树皮	400	30min	亚甲基蓝染料	2.66	Langmuir	PSO[a]	[17]
花生壳	300	3h	三氯乙烯	12.12	Langmuir	—	[19]
	700	3h	三氯乙烯	32.02	Langmuir	—	[19]
大豆秸秆	300	3h	三氯乙烯	12.48	Langmuir	—	[19]
	700	3h	三氯乙烯	31.74	Langmuir	—	[19]
花生秸秆	350	4h	甲基紫染料	256.4	Langmuir	—	[20]
稻谷壳	350	4h	甲基紫染料	123.5	Langmuir	—	[20]
大豆秸秆	350	4h	甲基紫染料	178.6	Langmuir	—	[20]
猪粪	400	1h	百草枯农药	14.79	—	PSO[a]	[21]
城市污泥	550	1h	喹诺酮类抗生素	19.80±0.40	Freundlich	—	[22]

a. 准二级动力学（pseudo-second-order，PSO）。

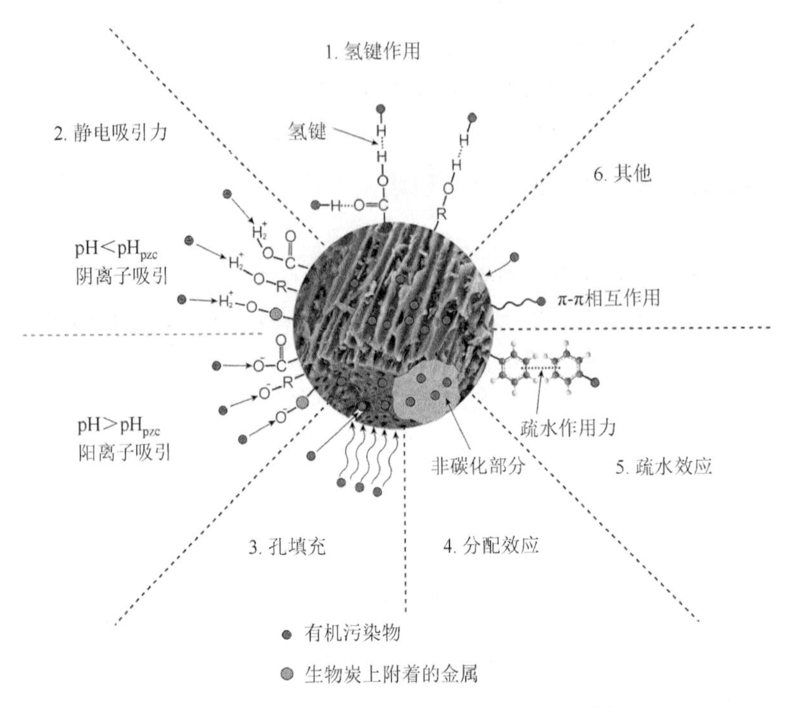

图 3-3　生物炭吸附有机污染物机理概图[1]

由于生物质的复杂性，生物炭组成是多样性的，碳化组分和非碳化组分的共存以及它们不同的特性，使得生物炭各部分对有机污染物具有不同的吸附机制。在特定的 pH 下，生物炭表面官能团和有机污染物分子都可能会发生不同程度的质子化或者去质子化，当其表面电荷相反时，静电作用将作为生物炭吸附有机污染物的最重要的作用力。Xu 等[20]利用 Zeta 电位、红外傅里叶变换光声光谱（FTIR-PAS）、吸附等温线分析等方法分析了乙基紫在生物炭表面的吸附机制，通过特定 pH 下电荷相异证明静电吸引对吸附的贡献。另外，光谱上一些峰的位置和强度在反应前后的变化也说明了染料分子与碳材料上羧基、酚羟基之间的特异性相互作用是染料吸附在生物炭上的主要机制。对于一些有芳香环结构的有机污染物，生物炭的石墨化程度和芳香结构是有机污染物的主要吸附位点。生物炭的芳香环对吸附有机物具有两性特性，能通过 π 电子给体-受体相互作用展现出对有机污染物相当强的吸附能力。Xie 等[23]证明生物炭的石墨化程度与其对磺胺类物质的吸附能力显著相关，实验表明生物炭石墨结构与磺胺类分子之间的 π-π 堆叠相互作用是实现该污染物吸附去除的主要作用力。Zhang 等[24]通过构筑一个石墨烯片覆盖改性的生物炭材料，证明有机污染物芳香分子与生物炭上石墨结构的强烈的 π-π 相互作用，使得吸附作用比原始生物炭增强了超过 20 倍。

另外，与生物炭孔径结构和表面疏水性密切相关的孔填充是生物炭吸附有机污染物的另一个主要机理。研究证明，磁性污泥生物炭的孔径大小与其对四环素的吸附强度密切相关[25]。吸附量与生物炭的表面极性和有机污染物的分子尺寸有关。生物炭吸附剂孔径和吸附物质尺寸之间适宜的倍数（1.7～6倍）（以及有着合适倍数孔径的孔隙在总孔分布中的占比）与吸附强度密切相关[25]。一般情况下，高比表面积和孔隙体积会增强碳材料对有机污染物的吸附能力，因为其具有突出的孔隙填充作用[26]。分子间的氢键作用力出现在生物炭以氢为末端原子的官能团和有机污染物的含氢结构中。有机污染物大多具有疏水性，其与生物炭之间的疏水性相互作用与生物炭表面的粗糙度密切相关。Sun 等[27]研究了灰分对生物炭结构、性质和性能的影响，结果表明在清灰处理后生物炭具有更多的疏水区域和更少的极性官能团，利于有机质疏水吸附位点的增加，提高了生物炭对菲的吸附。化学修饰常常可以扩大生物炭的比表面积并且改变其表面化学性质[28]。因此，KOH 活化的木屑焦炭由于比表面积和孔体积的增加而提高了对四环素的吸附[29]。Tang 等[25]从具有特定成分的城市污泥入手，通过酸改性、碱改性显著增加生物炭的比表面积和孔隙率，并增加含氧官能团。结果表明酸碱协同改性方法和在 800 ℃煅烧下获得的适当的孔径分布，使得磁性生物炭可以通过 π-π 堆叠作用和孔隙填充效应去除溶液中的抗生素。生物炭对有机污染物的吸附通常都是由几种作用力共同决定的结果。Zhang 等[30]通过实验证明，猪粪衍生生物炭对甲萘酰基和莠去津的吸附可以通过疏水效应、孔填充和 π 电子给体-受体相互作用几个过程来共同解释。高温热解有助于生物炭获得较高的芳香性、疏水性和比表面积，促进疏水性有机污染物通过 π-π 堆叠、疏水作用力吸附，而较低温度下制备的生物炭上丰富的表面官能团则在可电离化合物和带电荷有机物的吸附中起着重要作用。

要去除多种性质的污染物，可能需要对生物炭进行改性，使其具有多种表面功能，或者需要添加具有不同特性的生物炭混合物。例如，气化、酸碱和氧化改性能够极大地改进生物炭的孔隙结构，引入或增加额外数量和种类的官能团，影响表面疏水性和极性。负载其他活性组分可以进一步扩大比表面积，增大活性位点的暴露，额外增加对污染物的特异性结合位点。通过分析不同污染物在生物炭上的结合位点，可有针对性地定向改进生物炭的结构和性质，使其吸附性能最大化。

3.1.3　影响生物炭吸附性能的因素

生物炭进入环境后，它和水中污染物的相互作用和吸附行为与生物炭表面性质、污染靶目标物和周围水环境因素密切相关。因此，针对某一特定性质的污染物或是在某特定环境下的水污染处理，要选取合适的生物质原料和制备方式以实现生物炭吸附污染物性能的最优化，这是一个可持续的统筹兼顾的方法。本节通过对影响生物炭吸附去除水中污染物的因素（生物炭的性质和污染水体水溶液基本性质）进行论述，以期为未来处理污染水体的新型可持续环保生物炭吸附剂的制备和应用提供理论支撑和技术支持。

1. 生物炭性质

生物炭的性质受到原料选取和制备条件（包括热转化方式、制备温度和热处理时间）的影响，这些因素能通过改变吸附剂性质显著影响生物炭对各种污染物的吸附效率。农作物草木本生物质以木质纤维素为主，制备得到的生物炭结构较为有序，孔隙度较大，而畜牧业中的动物粪便和城市污泥成分复杂，所制备的生物炭矿物质组分、灰分较多。在相同的热解条件下，生物炭对污染物的吸附能力随生物质原料类型（天然成分和固有结构）的不同而不同，这主要是由于各种原料的不同组成，如木质素、纤维素、半纤维素和无机盐的含量决定了生物炭的性质。生物炭在热解过程中往往会保持原料的本质结构，生物炭中的孔隙度或孔径分布取决于生物质的固有结构。例如，相比于硬木衍生的生物炭，软木衍生的生物炭具有更多的孔隙和更高的比表面积，因为较低密度的软木成分更容易热分解[31]。Xu 等[20]探究了四种作物残渣衍生的生物炭对甲基紫的吸附，其吸附能力依次为：油菜秸秆炭＞花生秸秆炭＞大豆秸秆炭＞稻壳炭，这与生物炭表面所带负电荷量的顺序基本一致，间接说明了它们吸附甲基紫的主要机制是静电作用吸引力。一般情况下，由多种矿物成分的生物质制备得到的生物炭要具有比农作物衍生生物炭更高的金属吸附能力，因为矿物成分能通过共沉淀和库仑引力提供更多的活性位点。木质素是由苯丙烷单元通过醚键和碳碳键相互连接而形成的具有三维网状结构的芳香性高聚物生物高分子，在高温热解下木质素更易于转化为石墨化程度更高的芳香环结构。因此，利用木质素含量较高的生物质热解制备的生物炭吸附污染物主要依靠碳基的 π-π 堆叠相互作用。纤维素大分子的基环是 D-葡萄糖以 β-1, 4 糖苷键组成的大分子多糖，其热解产物更容易悬挂上更多的含氧官能团，因此利用纤维素含量较高的生物质热解制备的生物炭在吸附污染物时主要依靠碳边缘悬挂的官能团。疏水性也受到原料表面官能团的影响。与木材衍生的生物炭相比，由非木材原料如草、污泥和粪肥制备的生物炭芳香族较少但脂肪族较多，灰分含量较高。Mukherjee 等[32]的研究表明，草木生物炭的阳离子交换量（cation exchange capacity，CEC）高于橡木和松木生物炭。

在热解过程中，热解温度、反应停留时间和升温速率等反应条件对生物炭的制备有重要影响。这些操作参数不仅影响生物炭的理化性质，还控制生物炭的产率。大量研究结果表明，相较于生物质原料种类，热解温度对所制备生物炭的结构性质和性能的影响更大[33]，因为该因素不仅影响芳香族缩合，还影响生物炭的结构特征和形态。不同分解温度下有机物的挥发影响生物炭孔结构的形成。在热解温度范围内，由于挥发分的释放以及内部孔隙和通道结构的改变，生物炭的微孔体积和表面积增加。为了暴露更多的气孔和增加表面积，生物炭可以使用酸性/碱性溶液和蒸汽、CO_2/NH_3 等气体来活化扩充孔道。Chen 等[34]比较了不同温度下由松木热解产生的生物炭对芳香族污染物的吸附和分配效应。结果表明，随着热解温度的升高，碳结构发生变化，生物炭对芳香族污染物的吸附机理从以低热解温度下的物理作用力分配效应为主，发展到以高热解温度下的 π-π 作用吸附为主，这是由生物炭中相对碳化馏分和非碳化馏分及其表面积和体积性质决定的。热解温度越高，生物质的有机物碳化越完全，生物炭的碳化程度越高，表面积越大则微孔、纳米孔越多。另外，吸附参数与生物炭芳香度呈线性关系，芳香度随热解温度的升高而增大。研究表明，高热解温度下产生的生物炭中碳化物较多，随着温度的升高，生物炭上的含氧官能团和含氢官能团被不断地去除，其疏水性逐步增加，从而提高了对疏水性三氯乙烯（TCE）的吸附[35]。Kim 等[5]报道了热解温度对生物炭元素组成、孔结构和形态特性有显著影响。因此，在大于 500℃的热解温度下，生物炭的 pH 和孔隙体积显著增大，使得生物炭对 Cd 的吸附去除随热解温度的升高而增大。但是 Shen 等[36]对 Cr（Ⅵ）吸附的研究得到了不一样的结论，他们指出，椰壳生物炭对 Cr（Ⅵ）的去除更依赖于通过电子介导还原 Cr（Ⅵ）为 Cr（Ⅲ），再通过去质子的官能团实现对阳离子 Cr（Ⅲ）的吸附去除，这与生物炭中含氧官能团的种类和数量密切相关，与生物炭比表面积关系不大，所以即使热解温度升高提高了生物炭的表面积和孔隙度，但生物炭的含氧基团的减少导致了吸附量的下降。

热转化方式、生物炭热处理过程也会通过改变生物炭的表面性质和孔结构影响其吸附性能。一般情况下，相比于缺氧热解处理，同一种生物质通过水热制备方法所得到的生物炭，其表面会产生更多的含氧基团[37]。Kumar 等[10]的实验有着相似的结论，在去除污染水体中的金属铜方面，水热碳化产生的生物炭比热解所得的生物炭表现出更优异的吸附性。热解过程中，生物质碳化程度较水热炭更高，因此生物炭表面的含氧基团较少，但热解处理能获得更高石墨化结构的生物炭，在与有机污染物的 π-π 堆叠相互作用中起着决定性的作用。气化生物炭比热解生物炭能更有效地吸附固持阿特拉津、三（3-氯-2-丙基）磷酸盐（TCPP）、苯并三唑等有机污染物，因为气化方法制备的生物炭具有更高的比表面积和更丰富的孔隙结构[38]。

2. *污染水体性质*

水溶液 pH 是影响污染物在生物炭上吸附行为的最重要因素之一。pH 对吸附能力的改变受生物炭类型和目标污染物性质的影响，因为水体 pH 不仅会影响吸附剂表面的电负性，还会影响吸附质在溶液中的电离程度和存在形态。

生物炭表面的多种官能团［如羧基（—COOH）、羟基（—OH）和磺基（—SO_3H）］的荷电行为随 pH 的增加而改变。当溶液 pH＜pH_{zpc}（等电点）时，生物炭表面官能团大多数呈质子化而带正电荷，有利于阴离子污染物的吸附。此外，在低 pH 条件下溶液中存在大量的氢质子（H^+）和质子化的 H_3O^+，与阳离子存在着在生物炭上吸附位点的竞争关系。因此，静电斥力和竞争吸附导致了阳离子在低 pH 下的低吸附量。随着 pH 的增大，由于基团的去质子化和质子对结合位点的竞争减少，更多的有效结合位点被重新暴露用于阳离子吸附[11]。当 pH＞pH_{pzc} 时，生物炭的表面官能团去质子化程度相当高，使得表面带上大量负电荷，此时，阳离子更易于被吸附于生物炭表面。

污染水体中的共存物质（包括无机阴阳离子和有机物）对生物炭的吸附能力有很大的影响。因为在复杂的实际污染水体中，污染物通常在同一环境下共存，并且通过竞争吸附位点等方式相互影响生物炭对污染物的吸附性能。共存物质包括有机物和无机物对生物炭吸附效率的研究，有助于更好地理解生物炭对环境污染物的吸附机理，有利于生物炭处理污染水体，尤其是在真实复杂的水系统中的应用。共存物质的化学结构和物理性质越相似，它们之间越容易因对活性吸附位点的竞争而产生相互抑制。结合位点的重叠导致了类似污染物之间激烈的空间竞争。重金属与有机污染物之间也存在竞争性吸附，极性有机污染物可能通过静电相互作用和氢键吸附在结合位点上，与重金属具有可比性。Kong 等[39]观察到当有机污染物菲（PHE）和金属 Hg（Ⅱ）在水溶液中同时存在时，会发生直接的吸附位点竞争，导致不同种类污染物之间相互抑制吸附量。与有机污染物相比，金属离子通常更容易克服表面结合的外部阻力，形成稳定的络合物。此外，有机污染物与金属离子的含水化合物对吸附位点的直接竞争也不利于孔填充机制发挥作用[40]。在生物炭的石墨结构上，疏水性有机污染物在竞争石墨结构表面吸附位点时，金属离子无法与之匹敌。研究表明，Ag（Ⅰ）或 Cu（Ⅱ）在石墨化程度较高的生物炭上对有机污染物吸附的影响可以忽略，因为有机污染物在石墨表面上的吸附依赖于高度疏水性，而高温制备的生物炭几乎没有与金属结合的官能团[41]。

被吸附到生物炭表面的污染物能够改变生物炭的表面性质和吸附活性位点，从而影响对其他污染物的吸附。研究发现 Ag（“软金属”）与木材生物炭结合可以有效降低高密度水化壳的尺寸，并有助于降低吸附位点的亲水性，利于木材生物炭进一步实现对有机污染物的吸附[41]。Cd（Ⅱ）通常与生物炭的富电子位点结合，这与表现为电子受体的邻苯二甲酸二丁酯（DBP）相似。从逻辑上讲，可以预见它们的吸附会发生相互抑制的竞争。但实验数据显示，被吸附在生物炭表面的金属离子通过缓解与水分子的竞争增强吸附位点的疏水，从而通过疏水作用力增加了 DBP 吸附[40]。此外，一方面，在同一体系中，Cd（Ⅱ）与富含电子的菲通过形成“阳离子-π 结合物”相互促进对方在碳材料表面上的吸附；另一方面，“硬金属”［如 Cu（Ⅱ）］在生物炭上的附着会导致金属络合物周围局部的水化壳层的产生，对有机污染物的吸附产生抑制作用，特别是当金属离子水化壳尺寸与生物炭微孔相当时，由于对碳孔的空间热力学约束，抑制作用最为明显[42]。Jia 等[43]探讨了玉米秸秆生物炭吸附土霉素（OTC）的能力对不同种类金属的响应，结果表明，各种金属对生物炭吸附土霉素有着不一样的影响：Cd（Ⅱ）对 OTC 吸附无显著影响，Pb（Ⅱ）轻微抑制吸附，Zn（Ⅱ）轻微促进吸附，而 Cu（Ⅱ）在所有测定条件下均能促进 OTC 的吸附。

研究表明，在菲存在的情况下，生物炭对邻苯二甲酸二丁酯的吸附能力增强。除了两种污染物在生物炭上有着不同的吸附位点（菲为 π 电子供体，DBP 为 π 电子受体）以外，两者之间的协同吸附作用归因于“生物炭-PHE-DBP”复合物的构建，吸附在结合位点上的一种污染物通过改善生物炭的表面特性，使其仍对其他污染物具备或者额外增加吸附位点[40]。有机污染物的滞留不仅堵塞了微孔，还增强了结合位点表面的疏水性。与微孔膨胀相关的孔隙填充机制将进一步改变孔隙体积。这些表面特性的变化会对污染物的吸附产生促进或抑制的影响，这取决于共存污染物的特性。

除此之外，生物炭的添加量和吸附过程的温度能分别通过提供的吸附位点数量和传质扩散速率影响生物炭在污染水体中对污染物的吸附行为。生物炭对污染物的吸附通常是自发的和吸热的，生物炭添加量的增加和溶液升温有利于提高生物炭对污染物的吸附性能，但随之而来的是处理成本和操作难度的升高。因此，开发在常温下经济可行的高效可持续生物炭对污染物的吸附去除的可行性是至关重要的。

3.1.4　生物炭循环利用及其性能稳定性

1. 可循环利用性

生物炭作为最有潜力的吸附剂，需要考察其脱附和再生性能，从而确定生物炭的可重复使用性和经济可行性。在一定条件下生物炭的吸附位点被占满时，其对污染物的吸附解吸进入平衡阶段，为了实现生物炭的循环利用，需要通过不同手段促使吸附位点上的物质被解吸，以恢复吸附位点的可利用性。实验室条件下常常使用酸碱溶液通过离子交换、孔隙清除等方式来实现饱和生物炭上金属和有机污染物的解吸。另外，有机溶剂如醇也能通过相似相溶原理，热处理能通过有机质挥发和官能团恢复等机理实现有机质吸附饱和生物炭的再生。Zhang 等[6]报道，使用 0.05mol/L HCl 能实现饱和生物炭上 U（Ⅵ）的有效解吸。实验证明了通过 4 次吸附解吸循环后生物炭吸附容量、去除率和解吸率分别为 45.41mg/g、88.37%和 87.41%，均保持在原始值（第一次循环）的 90%左右，说明了 HCl 溶液可以有效实现生物炭再生。

另一项研究使用乙醇解吸负荷染料的生物炭，结果表明，食品垃圾衍生生物炭可以重复多次使用，解吸率高达98%以上，5次循环使用后对染料的吸附量几乎没有损失[44]。除了化学再生法和加热再生法外，生物再生法具有成本低、综合效率稳定的特点，主要用于污水处理，一般是利用经过驯化培养的菌种将吸附在生物炭上的有机污染物分解矿化，使得生物炭再生的过程。高级氧化再生法包括光催化、臭氧、湿式氧化再生等，通过在饱和生物炭溶液中加入高效催化剂或氧化剂，以它们作为降解中心，在生物炭表面吸附物质与溶液中污染物质出现的浓度差使得解吸不断进行。然而，用于生物炭生产的废物生物质来源广泛，这可能使回收过程在经济上不太必要。因此，在未来的吸附工艺中，需要对脱附再生工艺的经济可行性进行评估。此外，再生生物炭的使用周期也有限。经过多次吸附解吸循环，吸附能力较低的废生物炭由于其具有潜在的毒性，也需要谨慎处理。

2. 生物炭稳定性（老化）对吸附效果的影响

生物、化学和物理（冻融、干湿循环）风化可以在不同程度上改变生物炭的理化性质[45]。生物炭表面性质的变化、孔道堵塞和颗粒破碎化等会显著影响其吸附污染物的性能。生物炭在较酸性环境下的老化会减小花生壳生物炭的比表面积，但其O/C比值和邻苯二甲酸盐的吸附能力增加[46]。研究通过添加过氧化氢（H_2O_2）模拟生物炭老化的过程，结果证明生物炭的氧化过程有利于去除因生物质热解而在碳表面残留的有机物，从而降低了生物炭上Cu结合位点的丰度。但对于通过表面交换实现吸附的Cd来说，氧化作用可以通过在生物炭上产生新的含氧官能团和改变材料的孔隙率来增强对Cd的吸附量[47]。Wang等[48]将污泥生物炭暴露在4℃、25℃和45℃的空气中30～120d，模拟老化过程。结果表明，在老化过程中，生物炭表面的酸度、阳离子交换容量和羧基均有所增加，而碱度和Fe（Ⅲ）含量均有所下降，表明生物炭发生了氧化，并且老化过程对Cr（Ⅵ）的吸附影响较大，因为氧化过程消耗了生物炭上原有的还原剂，抑制了金属Cr（Ⅵ）的还原固定。Fristak等[47]通过实验指出，与生物炭表面交换活性位点通过离子交换结合的金属吸附受碳老化的影响很大，而与生物炭上有机质和硫化物绑定相关联的金属吸附则基本上不受老化程度的影响。老化对生物炭吸附性能的影响取决于老化过程对生物炭性质的改变和相关靶污染物在生物炭上的吸附位点的关系。

3.2 催化氧化还原

吸附过程不能消除污染物，只是将污染物从一种介质转移到另一种介质。当生物炭基材料作为催化剂时，污染物可以被矿化或还原为毒性更低、降解性更好的副产物。因此，生物炭作为催化剂的应用越来越受到人们的关注。生物炭具有丰富的表面结构和可调控的物理化学性质，对光、声、电有着强烈的响应，使其在催化工程中的利用得以提升。生物质热解后在生物炭上产生的固有功能化位点和矿物杂质赋予生物炭独特的电化学性质，丰富的孔隙和优越的比表面积赋予生物炭可兼容性和可修饰平台，是构筑异质结和光敏、电敏等复合催化剂的有潜力的支撑材料。生物炭的电子传导性是影响其催化性能的重要性质，具有优异电子传导能力的生物炭与光能、电能和化学氧化试剂耦合产生协同效应，在催化降解污染物方面有着优秀的表现。

生物炭催化性能的强弱依赖于那些电子分布不均、电子簇集中区域或者是电子能实现有效移动的部分，功能性触发位点（如醌基、酮羰基、缺陷、原子空位、杂元素）和矿物质组分，往往有着不饱和电子对、离域电子或是给出电子的趋势，能导致材料表面出现不均匀的电子云分布，电势差的形成也就触发了生物炭上的电子转移和氧化还原反应。生物炭表面官能团（如活性醛、酮、酯类官能团）和聚缩聚芳香族结构具有氧化还原活性，对吸附物的氧化还原具有重要作用[49]。研究发现，从家禽粪便和剩余污泥残渣固体中提取的两种生物炭可以促进二硝基除草剂被二硫苏糖醇还原去除，生物炭中类石墨烯部分（碳矩阵基板）、表面官能团和氧化还原活性金属，是与生物炭介导的反应有关的活性位点[50]。生物炭中稳定的六元碳环结构则是电子得以实现顺畅转移的保障，是生物炭电导率高低的重要影响因素。然而，由于制备生物炭的生物质往往是“硬碳”前体，成分复杂且无法实现碳结构规则化，生物炭以无定形 sp^3 杂化碳为主，电子不能有效实现定向转移，催化性能较低。因此，生物炭的石墨化、金属浸渍、原子掺杂、气体活化或离子液体接枝等手段被广泛应用于提升生物炭的催化性能[51]。在外加能量的辅助下，由生物炭材料上活性位点激发产生的持久性自由基、（二次）活性氧化还原物种和电荷转移等是生物炭作为催化剂处理污染水体的主要途径。生物炭尤其是无外源金属生物炭，有望成为一种有前景的可替代贵金属和纳米材料的催化剂，并应用于多种修复技术中。

3.2.1　过氧化物氧化处理污染水体

过氧化物异质催化是应用广泛的污染水体处理方法，利用催化剂活化具有氧化能力的过氧化物（包括过硫酸盐、过氧化氢、臭氧等）实现对目标污染物的降解去除。其中，过硫酸盐是最有效、最常用的氧化剂，应用于原位化学氧化（ISCO）处理污染废水，尤其是地下水含水层的处理（图 3-4）。在氧化剂、生物炭和污染物的三元体系中，发生催化氧化还原反应的本质是电子的获得和失去。其中，由于其标准还原电位较高，氧化剂通常作为电子供体被激活，生物炭则作为电子传递者或电子给体，目标污染物则作为自由基靶体或电子给体。生物炭对氧化剂的活化本质是促进过氧化物分子中 O—O 键延长甚至断裂，形成自由基或非自由基活性复合物。因此，生物炭提供电子和转移电子的能力是影响其催化性能的两个重要方面。生物炭活化氧化剂实现污染物的去除主要包括自由基路径和非自由基降解路径。氧化剂从生物炭一些富含电子的含氧官能团上获得电子，从而被激活产生活性自由基（羟基自由基、硫酸根自由基、超氧化物自由基），利用自由基攻击污染物使污染物质被氧化、分解的过程为自由基路径。非自由基降解路径包括两方面：一是氧化剂被激活后产生了非自由基活性物种（如单线态氧）；二是在生物炭介导电子传递的作用下，附着在生物炭上的亚稳态氧化剂直接从污染物中夺取电子，使得污染物失去电子从而被氧化降解的电子直接转移。在多数情况下，因为生物炭有着丰富而不同的催化位点，这两种降解路径在生物炭活化氧化剂的体系中是共存且相辅相成的，主要机理和主导降解途径取决于影响生物炭电子云分布的特性，如官能团类型、缺陷种类和程度、石墨化程度等。一般来说，自由基路径对有机质的矿化效果更好，对污染物的降解效率更高，对大多数污染物的处理具有普适性，但非自由基降解路径对各种无机离子和天然有机物的干扰有较强的抵抗能力，避免自由基链式反应和自我淬灭，具有一定的选择性。因此，针对不同的污染水体基质和处理目标，自由基路径与非自由基降解路径的合理调节及其协同效应在提高其催化性能的实际应用方面值得关注。

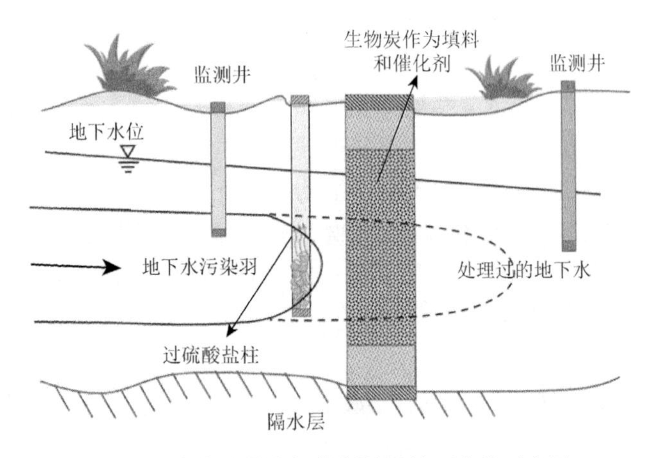

图 3-4　生物炭耦合氧化剂处理地下水体示意图

1. 原子杂化位点

催化过程的触发需要高度集中的电子簇密度。原子掺杂位点是提升生物炭催化性能的重要部位。杂原子掺杂可以在特定的电子环境下诱导电子重构，是形成氧化剂激发态和生成反应物种的理论上的可行途径。一般情况下，当杂原子被引入碳矩阵时，电荷极化会由于原子间电负性的差异而导致电子分布不平衡，电子向电负性较大的原子偏移，形成电子聚集的富电子区域和理论上带正电荷的缺电子区域。其中，富电子区域可以作为催化反应的供电子位点，而缺电子区域倾向于作为吸附带着负电荷的氧化剂分子（过硫酸盐分子）的吸附位点，并通过电子重排激活过氧化物分子。杂原子掺杂可以通过直接合成和后修饰处理来实现。直接合成是指掺杂与碳骨架形成同时发生，掺杂源要么存在于生物质中，要么提前与生物质混合，或者将生物质与含该杂原子的气体（如 N_2 和 NH_3）混合热解制备生物炭，更有利于在碳晶格中形成较为均匀的掺杂[52]。而杂原子掺杂后修饰处理是在碳骨架形成之后进行二度修饰，它更倾向于在较低石墨化生物炭上产生边缘缺陷[51]。对于电子转移能力较弱的以无定形碳为主的生物炭，杂原子掺杂主要能够提高其电子转移速率、引入并调节特定的官能团、增加孔隙率。掺杂原子的电负性和原子大小、在碳材料上的掺杂水平和特定的键构型是影响杂原子掺杂生物炭催化性能的关键因素。过量掺杂可能会因空间位阻占据有效的催化位点而影响催化活性。

因为具有强电负性（$X_N = 3.04$）以及未配对电子，氮原子的掺杂是增强催化剂反应性最容易且最有前景的方法之一，氮作为杂原子掺杂生物炭有着以下几个优点：①提高邻近碳原子的电子密度；②通过与 sp^2 杂化碳共轭增强 π 电子流动[53]；③产生更多的含氮官能团和缺陷；④增加生物炭的表面极性，以便与极性污染物或氧化剂相互吸引并增加接触的概率；⑤氮原子与碳原子半径相近，氮原子可以纳入石墨烯晶格中。石墨化氮、吡啶氮、吡咯氮和官能团氮（氮氧基和氨基）是氮掺杂在生物炭中的四种典型的存在形式，它们依赖于氮的前体和制备方法。石墨化氮相当于是与六元碳环结构中某一个碳原子置换的结果，其键长最短，最容易从近邻碳原子上吸引电子，打破电子平衡而触发氧化还原反应，石墨化氮含量高的碳材料具有较优异的催化潜能。带有孤对电子的吡啶氮和吡咯氮在过硫酸盐体系中，可作为路易斯（Lewis）碱基位点加速氧化还原过程[54]。Chen 和 Carroll[55]的实验说明尽管氨基（$—NH_2$）的催化活性较弱，但它可以作为电子供体，随着协同增强的吸附能力，提高生物炭的电子丰度。而氮氧基（$—NO_x$）作为一个强拉电子基团，对生物炭的催化反应几乎无贡献作用，甚至可能会作为自由基、活性物种的清除基团，抑制污染物的氧化降解。Zhu 等[56]利用硝酸铵溶液对芦苇生物质进行预处理，再在氮气中进行热解，在不同温度下得到了一系列氮掺杂芦苇衍生生物炭，结果证明掺氮生物炭比原始生物炭具有更强的催化染料降解的能力，并且制备温度越高，催化性能越强，900℃下制备的生物炭（N-BC900，N：1.76%）虽然氮掺杂含量不如 800℃制备的生物炭（N-BC800，N：3.21%），但 N-BC900 对污染物的降解速率远高于 N-BC800。有机物在 N-BC900 上的吸附是决定整个反应速率的关键步骤。一系列表征分析说明，高温热解使得更多的掺杂氮小分子挥发损失，使生物炭具有更丰富的孔隙度，引入的氮官能团（如$—NH_2$）可作为吸附位点与有机物的官能团（如—OH）通过氢键绑定结合。此外，热解过程中可能会产生还原剂——氨增加生物炭的还原度，进一步改善芳烃与生物炭的加成反应。也有研究表明，石墨化氮比非晶态氮能量更低，性质更稳定，可以通过升高热解温度增强石墨化氮的含量。

硫（$X_S = 2.58$）作为一种与碳（$X_C = 2.55$）拥有类似的电负性的原子，是另一种被广泛研究的掺杂杂原子。生物炭上硫元素掺杂的主要构型为硫化物、氧硫化物、噻吩、磺酸化物等，其中制备温度和掺杂方法是关键。硫原子具有更大的原子共价半径，其掺杂可以改变相邻碳原子的键长，产生结构缺陷，从而产生更多的边缘活性位点，提高催化性能。另外，具有孤对电子的硫作为 Lewis 碱位点，其主要的构型噻吩硫（C—S—C）可赋予相邻的碳原子高自旋密度，并作为桥梁，将电子转移到亲电性过硫酸盐，以激发其产生自由基[50]。密度泛函理论（DFT）计算表明硫元素的掺杂能减少电子移动所需的活化能，有利于催化氧化还原反应的发生[57]。在碳材料表面掺杂磺酸官能团（—SO_3H），通过氢键相互作用增强了对 H_2O_2 的吸附，进一步加速了 H_2O_2 的活化，以形成更多的羟基自由基。Petit 等[58]报道，含硫基团赋予生物炭良好的亲水表面，有助于硫掺杂碳进一步提高对砷化三氢的吸附能力，提升三价砷被氧化为五价砷的可能性，以降低其生态毒性。一般来说，较高的热解温度可以将较多的氧化硫物种（C—SO_x—C）转化为噻吩硫基（C—S—C），但也容易破坏 C—S 键，导致硫元素损耗。当热解温度从 600℃升高到 800℃时，所掺杂的噻吩硫基与磺酸官能团的比值明显增加（从 0.23 提升至 1.63），能显著提高热解炭的催化活性[59]。通过简单的硫磺焙烧方法实现了污泥衍生生物炭的硫掺杂，DFT 计算结果阐明了锯齿形边缘的硫元素在活化过硫酸盐上的关键作用，它大大地扰乱了原始生物炭结构中的电子分布，并破坏其化学惰性，与固有的石墨/吡啶氮协同创造了更多的 Lewis 酸和 Lewis 碱活性位点，从而赋予掺硫生物炭更高的化学势[60]。

另一种常见的杂原子种类是电负性比碳原子还低的硼原子（$X_B = 2.04$），与氮掺杂完全不同，它更容易向相邻碳原子提供电子而形成空穴效应，倾向于诱导 p 型掺杂使得局部电子结构重排，不平衡的电子态打破了该区域的化学惰性[61]。与碳原子相比，硼原子的体积相对较小，可通过置换取代杂化形式的碳原子，从而被引入碳晶格中。硼掺杂的置换可以增强碳材料的石墨化，改变半导体行为和电化学性能[50]。对于一些可以给出电子对的 Lewis 碱性污染物分子或离子，碳材料上引入具有丰富的 Lewis 酸位点（—BC_2O 和—BCO_2）的硼元素，更有利于进行污染物吸附和进一步的催化反应[62]。

不同电负性或共价半径的原子掺杂表现出不同的调节性能，不同的杂原子之间可能在促进催化性能方面表现出协同效应。多种杂原子共同掺杂往往能够提供多种活性位点，如氮硼、氮硫、磷硼等二元掺杂或氮磷硫等三元共掺杂。富电子氮和缺电子硼可生成 n-p 异质结进一步破坏共轭碳环的电中性，形成偶极矩结构，促进带空穴效应的硼原子与带负电的过硫酸盐分子化学成键，加速氮原子掺杂位点的电荷转移速率，协同促进催化氧化性能[63]。然而，氮硼共掺杂的协同效应主要受硼元素的掺杂水平和相对位置的控制。研究表明，当两者的掺杂量相似时，硼和氮的中和概率增加，导致催化性能下降[64]。电子簇的高度集中和诱导效应是实现碳材料催化性能的关键。

总的来说，一方面，电负性较高的杂原子可以形成强大的感应吸引力，更容易使电子从邻近的碳原子上调动到掺杂位置，除了使碳原子带上正电荷之外，还能为生物炭带来新的功能化活性位点。另一方面，电负性较低的杂原子可诱导出碳原子较高的供电子能力，从而提高相邻碳原子的非对称自旋密度，增强掺杂碳材料的供电子能力。对于电负性与碳相似的杂原子，电子的供给或抢夺不被认为是主导因素，由原子共价半径较大导致的在碳材料边缘的电子离域或者更高的极化性，被认为是增强催化性能的主要因素。

2. 碳构型组成

碳配置影响碳原子构型，从而改变碳化区域的性质，尤其是电子传导性，在催化中起决定作用。不同杂化构型的碳（sp^2 杂化碳、sp^3 杂化碳）会影响碳材料性质和相关功能位点（缺陷、基团等）的作用，影响材料的表面自由能，从而导致不同的催化机理。石墨化是在利用热激活或辅助以其他活化剂的情况下，将热力学不稳定的碳原子由乱层无序结构转化到有序石墨晶相结构的过程，是实现碳构型从以 sp^3 杂化为主的无序相转化成以 sp^2 杂化为主的有序石墨相的重要手段。一般情况下，与 sp^2 杂化轨道相比，sp^3 杂化中硫轨道电子组成较少，使得其中的电子受原子核的约束较少，呈现出较强的供电子趋势，而 sp^2 杂化构型形成的 π 电子具有比 sp^3 杂化构型的 σ 电子更高的电子迁移率，使 sp^2 杂化碳的电子传导速率高于 sp^3 杂化碳[51]。因此，石墨化程度是影响生物炭电导率的最主要因素，经过热处理的完全或部分石墨化壳层结构往往具备更高的反应活性，sp^2 杂化碳基板可以作为良好的催化位点。Zhu 等[56]发现，在高煅烧温度（900℃）下制备的氮掺杂生物炭具有高度石墨化纳米片，其催化降解性能是低温（400℃）制备生物炭的 39 倍。将热解温度从 400℃提高到 800℃以上后，非晶态的掺氮生物炭转化为以 sp^2 杂化碳为主的 N-BC900，除了催化性能显著提高之外，还观察到激活氧化剂机制从以自由基为主转变为以非自由基为主的降解路径，这可能是由于高温处理后，含氧官能团的损失和石墨化程度的提高，弱化生物炭表面给电子能力的同时提高了碳表面上的电子传输速率。Ye 等[65]利用高铁酸钾激活剂提高生物炭的石墨化程度，900℃下制备的生物炭在酸洗去除多余的铁杂质之后，仍然具有相当高的催化活性。研究还说明了在以无定形碳为主的原始生物炭上掺杂氮元素对催化性能的提升有限，即使 I_D/I_G（拉曼光谱中 D 峰与 G 峰的强度比，D 峰代表的是 C 原子晶格的缺陷，G 峰代表的是 C 原子 sp^2 杂化的面内伸缩振动，D 峰强度越高，C 原子晶体的缺陷较多）反映了大量的边缘缺陷，原始生物炭也无法实现电子的有效定向转移，这意味着只有在有序的碳矩阵边界上构造空位和缺陷，或是掺杂杂原子才能显著提高生物炭的催化性能。

3. 缺陷

具有离域 π 电子云的缺陷已被证明是生物炭上具有独特电子结构的有效活性位点，特别是在以 sp^2 杂化碳为主体的生物炭中。与具有完美六边形结构的碳网络相比，芳香环上的空位点缺陷和边缘缺陷可以打破对称的完整碳环结构的化学惰性，打开其带隙，使更多的电子态出现在费米能级附近，从而作为活性位点激发氧化还原反应。研究指出，具有高氧化还原电位的边缘缺陷有利于激活过一硫酸盐（PMS）形成自由基[66]。多数实验结果和 DFT 计算表明，边缘缺陷更有利于吸附氧化剂分子，并与其共享电子形成激发态的“碳-氧化剂复合物”，从而通过非自由基机制加速催化氧化有机污染物[51]。

与杂原子掺杂类似，表面官能团，特别是含氧基团可以向碳基体提供电子，同样作为富电子位点，不同含氧基团（如酮基、羧基和羟基）悬挂在生物炭的 sp^2 杂化结构或无序结构上对催化性能的贡献是完全不一样的，这与它们对氧化剂分子的吸附能、对氧化剂 O—O 键长的影响有关。

4. 持久性自由基

生物炭含有一些共振并稳定的自由基（半醌类、苯氧类、环戊二烯类），因为这些自由基能在环境介质中长期稳定存在，因此又称持久性自由基（PFRs），是在金属氧化物存在的条件下由对苯二酚类、酚类、儿茶酚类等物质通过热分解而形成的[67]。持久性自由基的种类和浓度能够利用电子顺磁共振（EPR）来进行测定，而电子顺磁共振的波谱参数 g 因子（g-factor）可以用来识别持久性自由基的类型。根据 g 因子的不同，持久性自由基被划分为三类：当 g 值大于 2.0040 时是以氧为中心的持久性自由基，如半醌类自由基；当 g 值小于 2.0030 时则是以碳为中心的持久性自由基，包括芳烃类自由基；当 g 值介于 2.0030 和 2.0040 之间时则有可能是以碳为中心的持久性自由基与一个邻近的氧原子相连接，或者是以碳为中心的持久性自由基与以氧为中心的持久性自由基混合存在[68]。生物炭表面丰富的氧化还原活性分子，如醌、对苯二酚和与缩合芳香族（亚）结构相结合的共轭的电子系统，可以同时作为电子供体和电子受体。生物炭可以作为溶解氧、H_2O_2 和 $S_2O_8^{2-}$ 的电子供体，生成活性氧物种（reactive oxygen species，ROS）。

Chen 等[69]利用化学共沉淀法将氧化铁负载在橙子皮上来制备磁性生物炭。他们发现相较于无磁性的生物炭而言，磁性生物炭对有机污染物以及磷酸盐的吸附更强，之后的研究发现这可能是形成了 PFRs 的原因。在此基础上，Fang 等[70]研究了金属［Fe（Ⅲ）、Cu（Ⅱ）、Ni（Ⅱ）、Zn（Ⅱ）］以及酚类化合物（对苯二酚、儿茶酚、苯酚）对生物炭中持久性自由基形成的影响。研究发现，金属和酚类化合物处理不仅增加了生物炭中 PFRs 的浓度，还改变了所形成的 PFRs 的类型。此外，他们还评估了生物炭活化过硫酸盐降解污染物的能力，结果表明，生物炭可以激活过硫酸盐生成硫酸根自由基（$\cdot SO_4^-$），有效降解多氯联苯（PCBs）。该研究认为生物炭有效降解有机污染物的核心就在于 PFRs 的存在。通常而言，生物炭中的 PFRs 的浓度为 10^{18}～10^{19}spins/g[71, 72]。原料和热解温度也会影响 PFRs 的形成，热解温度的升高可以增大 PFRs 的强度，并且会降低以氧为中心的自由基/以碳为中心的自由基的比率。生物炭通过 PFRs 降解污染物有两个途径：一是在水溶液中，生物炭上的 PFRs 通过直接接触污染物从而实现降解[73]；二是生物炭对氧化剂具有较好的催化活性，通过直接电子转移来活化 H_2O_2、过硫酸盐、O_3 以及 O_2 产生 ROS[74]。Yang 等[73]对生物炭应用于对硝基酚的降解进行了研究，发现 20%对硝基酚的降解主要是由诱导产生的活性氧自由基导致的，而另外 80%对硝基酚的降解主要是通过直接接触碳材料上的 PFRs 引起的。

综合上述对生物炭催化活性位点的分析，合理选取农村和城市固体废物作为生物炭前体是至关重要的。研究发现，生物质中负荷的微量金属（Fe、Cu、Ni 和 Zn）和酚类化合物（如对苯二酚、邻苯二酚、苯酚）不仅增加了生物炭中 PFRs 的浓度，还改变了所形成的 PFRs 的主要种类，通过生物炭电子传递，利用 PFRs 激活过硫酸盐和生物炭表面附着的氧气分别生成硫酸根自由基和超氧自由基，有效降解多氯联苯[75]。另外，根据生物质固有的结构和组分，选取固体废物制备生物炭，能在没有额外再处理或外源掺杂其他活性成分的情况下，提高生物炭的催化性能。污泥中含有各种有机物和无机物（如微生物细胞、生物大分子、金属盐等），是城市污水处理的主要副产物。从环境保护和实际应用的角度出发，利用污泥资源合成污泥基功能材料是理论可行的可持续策略。聚丙烯酰胺和聚合硫酸铁常被作为城市污水处理厂的絮凝剂，它们会随着有机质沉降进入污泥中。Yu 等[76]将剩余污泥脱水处理后作为生物质，因其中的絮凝剂可提供氮源和铁源，只需一步热解即可获得磁性氮掺杂生物炭。他们的研究还证明了较低温（400℃、600℃）制备的生物炭的催化性能更依赖于酸可溶物质，包括溶解性有机物（dissolved organic matter，DOM）和可变价的金属（氧化物和氢氧化物），而在较高温（800℃）下制备的生物炭依靠 sp^2 杂化碳矩阵（包括其上的缺陷、氮功能化位点等）实现催化反应。厨余垃圾中的动物骨骼通常由有机化合物和矿物质组成，骨中的蛋白质和胶原蛋白起着碳前体和氮前体的作用，矿物质可以作为原生模板，丰富的羟基磷灰石和磷酸钙作为磷掺杂的来源。以去脂猪骨为前体制备的生物炭具有层次丰富的孔结构，且微孔、中孔和大孔结构的共存有助于加速催化过程中的电子转移，实现对四环素的完全去除[77]。酮基是猪骨衍生生物炭活化过硫酸盐非自由基路径的主要活性位点，残留的羟基磷灰石和碳矩阵缺陷有助于激活过硫酸盐产生超氧自由基和单线态氧。另一项研究利用富含磷的虾壳作为生物质，因钙盐作为孔隙模板的作用，高温制备的分级多孔生物炭以 sp^2 杂化碳为主，能够以直接电子转移的非自由基路径降解有机污染物[78]。除此之外，农业和食品工业生产的木质纤维素生物质（主要成分是木质素、纤维素和半纤维素）是农村和城市固体废物的主要来源之一。木质纤维素衍生生物炭因其独特的多孔结构和表面化学性质，被广泛用作环境修复的优良吸附剂和催化剂。为了了解生物质来源对催化性能的影响，Shi 等[79]比较了稻草生物炭、鸡粪生物炭和稻壳生物炭活化过二硫酸盐（PDS）对硝基苯酚降解的效率，发现其中纤维素含量较高的稻壳生物炭表现出最佳的催化活性。研究通过对比柑橘皮外果皮（e-TP，富含木质素）和白色软中间层（TP，富含纤维素）衍生生物炭对 PMS 的活化性能，探讨纤维素生物质中不同组分对所制备的生物炭的催化能力的影响。结果表明，富含纤维素的 TP 生物质主要由纳米原纤维或微原纤维组成，从而产生具有片状结构的多孔生物炭。而富含木质素的 e-TP 生物质主要由壁厚且扁平的大型原纤维组成，因此产生的生物炭呈现块状和较低的比表面积。TP 生物质的氧含量较低，但酮基含量更高，在 PMS 活化和苯酚降解方面表现出更为出色的能力，表明了木质纤维素生物质中的纤维素比木质素的比例更高，有利于增强生物炭的催化性能[80]。深入了解生物质中木质纤维素成分和产生的生物炭的催化活性之间的联系有助于降低生物炭的成本，能够更具针对性地制备合适的生物炭催化剂。

为了提高生物炭材料的催化性能，可变价金属在生物炭上的负载和嵌入已被广泛作为活化氧化剂降解有机化合物（表 3-3）。生物炭基催化剂已被应用于去除氧化还原敏感污染物。涂覆 Fe^0 改性生物炭能够从污水中去除硝基爆炸物，超过90%的 2, 4, 6-三硝基甲苯被涂覆 Fe^0 改性生物炭还原。与 Fe^0 纳米颗粒的直接还原相比，Fe^0 改性生物炭对污染物的还原转换明显加快，这是因为生物炭的含氧官能团参与了吸附靶污染物，增强了与 Fe^0 之间的电子转移[81]。图 3-5 总结了生物炭/金属复合催化剂活化氧化剂的机理，活性自由基的产生和氧化剂激发态的形成大多归因于过渡金属元素价态的变化，生物炭则负责实现激发电子的有效转移，增大电子利用率。生物炭由于具有发达的孔隙结构、巨大的表面积和成本优势，已被用作稳定纳米金属颗粒和提高其催化性能的载体材料，以解决金属颗粒高表面能和强磁性相互作用，易于聚集形成微尺度粒子，导致反应活性降低等问题。另外，生物炭能够有效提高有机污染物的吸附表面积，增加氧化剂、污染物和活性金属颗粒的接触概率。在生物炭活化体系下，由于其中官能团和活性组分的电子转移中介特性，可变价金属发生氧化还原作用，实现电子转移，可有效活化氧化剂以生成自由基：①生物炭的含氧官能团参与了过硫酸盐（PS）的活化和自由基的产生；②金属纳米颗粒通过将一个电子从低价金属转移到PS上而活化PS；③在生物炭中通过呐夸重排生成相应的酮基或醌基，从而进一步活化 PS[82]。Fu 等[83]通过金属盐浸渍还原的方法在生物炭上均匀沉积了 Cu 纳米颗粒，研究说明四环素的降解归因于生物炭和 Cu（Ⅱ）/Cu（Ⅰ）氧化还原体系中电子的转移过程。本书利用高铁酸钾作为改性剂，通过一步合成法同时实现生物炭上铁颗粒的掺杂和多孔石墨碳结构的形成，提高生物炭转移电子的能力，从而通过石墨化结构介导的电子转移（从有机污染物直接转移到过硫酸盐分子）实现非自由基降解路径[84]。除了加速自由基的形成之外，非自由基路径对降解有机污染物的贡献随着石墨化程度的提高而增加[65]。

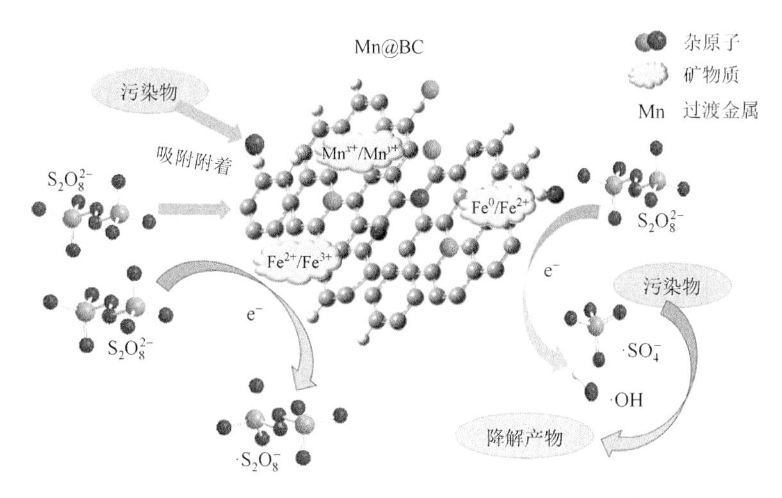

图 3-5 生物炭/金属复合催化剂活化氧化剂的机理[84]

表 3-3 过渡金属改性生物炭活化过氧化物氧化降解污染物

生物炭（BC）基催化剂	添加量/（g/L）	氧化剂；剂量	污染物初始浓度	催化降解性能	降解路径	参考文献
nZVI/BC	4.5	PDS；4.5mmol/L	三氯乙烯 0.15mmol/L	5min 降解率 99.4%	$\cdot SO_4^-$	[85]
nZVI/BC	0.4	PDS；5.0mmol/L	壬基苯酚 20mg/L	120min 降解率 96.2%，矿化率 73.4%	$\cdot SO_4^-$ 和 $\cdot OH$	[85]
nZVI/BC	1.2	H_2O_2；20mmol/L	磺胺二甲嘧啶 10mg/L	降解率 74.04%	$\cdot OH$	[86]
Fe_3O_4/BC	1.0	PDS；8.0mmol/L	1, 4 二氧己环 20μmol/L	120min 降解率 98.0%	酸性中性：$\cdot SO_4^-$ 碱性：$\cdot SO_4^-$ 和 $\cdot OH$	[87]
Fe_3O_4/BC	1.0	PDS；1.85mmol/L	酸性橙 60mmol/L	120min 降解率 98.1%	$\cdot SO_4^-$ 和 $\cdot OH$	[88]

续表

生物炭（BC）基催化剂	添加量/（g/L）	氧化剂；剂量	污染物初始浓度	催化降解性能	降解路径	参考文献
Fe_3O_4/BC	1.0	H_2O_2；1.0mol/L	亚甲基蓝 100mg/L	12min 降解率 98.0%	·OH	[89]
Fe-BC	4.0	H_2O_2；16mmol/L	酸性红 50mg/L	降解率 99.1% 矿化率 86.7%	·OH	[90]
Fe-BC	0.5	H_2O_2；0.075g/L	有机橙 100mg/L	120min 降解率 99.1%	·OH 和·OOH	[91]
Cu（NP）-BC	0.5	H_2O_2；20mmol/L	四环素 100mg/L	6h 降解率 97.8%	·OH	[83]
Co_3O_4/BC	0.2	PMS；0.5mmol/L	氧氟沙星 50μmol/L	10min 降解率大于 90%	$·SO_4^-$ 和·OH	[92]
$MnFe_2O_4$/BC	0.5	PMS；0.5g/L	橙黄Ⅱ溶液 20mg/L	6min 降解率 93%	$·SO_4^-$ 和·OH；$^1O_2$ 和电子架桥直接转移	[93]
TiO_2/Fe/Fe_3C-BC	1.0	H_2O_2；0.57mmol/L	亚甲基蓝 200mg/L	300min 降解率 97.5%	·OH 和 $·O_2^-$	[94]
Fe@NCNT-BC	1.0	PDS；5.0mmol/L	罗丹明 B 20mg/L	10min 降解率 100%	$^1O_2$ 主导；自由基参与降解	[95]
Fe/N-BC	0.1	PMS；0.5mmol/L	双酚 A 10mg/L	60min 降解率 97.0%，矿化率 68.9%	中性偏酸性：$·SO_4^-$ 和·OH 碱性：$^1O_2$	[96]
MnO_x-N-BC	0.2	PMS；1.64mmol/L	酸性橙 20mg/L	40min 降解率 100%	电子架桥直接转移为主；$^1O_2$、$·SO_4^-$ 和·OH	[97]
$CoFe_2O_4$@BC	0.45	PDS；1mmol/L 臭氧；0.5L/min	双酚 A 100mg/L	8.0min 降解率 95.8%，矿化率 63.4%	自由基协同表面电子转移	[98]

3.2.2 光催化处理污染水体

光催化利用天然的、安全的、清洁的太阳能，通过光敏半导体催化剂光激发产生电子-空穴对以及随后的自由基链式反应来降解有害的污染物，是一种对环境友好、经济、可持续的方法。但传统的过渡金属掺杂型半导体催化剂制备成本高、不可再生、二次污染风险大，无法实现大规模应用。因此，通过复合额外材料，为光催化纳米粒子提供稳定的支撑平台，提高光催化剂的可恢复性和可见光敏感性的研究越来越受到人们的关注。生物炭由于其独特的表面特性、可调控的官能团、化学稳定性和导电性，可以作为各种催化纳米颗粒的优良载体，合成各种复合物用于光催化处理污染水体。将生物炭作为复合组分引入光催化剂可以带来一些好处：①大比表面积利于纳米颗粒分布，并提供高吸附能力，便于光降解过程；②提供一个有效的电子转移通道和受体，以增强光生电子-空穴对的分离；③扩大光吸收范围。

生物炭发达的孔隙结构可以提供一个良好的平台支持大量的纳米颗粒分布。简单的热化学转化所得到的生物炭，含有大量可用的表面官能团，使其能够与各种光活性成分或半导体材料相互结合。生物炭的引入提高了催化剂的孔隙率、分子量和结合能力。通常，催化纳米颗粒的表面积很小，表面活性高，易于相互团聚和聚集，生物炭作为载体不仅能增加催化剂的比表面积，还能使光敏纳米粒子均匀分散[99]。分散良好的表面纳米粒子可以改善光散射，增加活性位点的数量。此外，生物炭具有大量的芳香结构和不同的亲水性表面官能团、疏水性表面官能团，有利于通过 π-π 堆叠、氢键和静电吸引等作用力对有机污染物进行吸附，提高光敏活性组分和污染物的接触率，通过协同作用提高污染物的降解效率。研究证明，由于 TiO_2 纳米颗粒在生物炭上分散良好、结块少，TiO_2-生物炭复合催化材料具有较高的光催化降解效率[100]。除了 TiO_2 颗粒外，Zhang 和 Lu[101]采用溶胶-凝胶法合成了 TiO_2 膜/生物炭复合材料，其表现出良好的降解性能，其优异的性能主要归功于生物炭对污染物的吸附聚集。另外，有研究通过自组装策略合成了 Ti 元素耦合 N 嵌入鸡毛衍生生物炭（TINBC），复合材料结构显示，生物炭由多层片状氧化石墨烯样的框架组成，均匀地点缀着 TiO_2 纳米颗粒。在可见光下，TINBC 对罗丹明 B 的去除率为 90.91%，矿化率为 56.26%[102]。

生物炭具有半导体特性，当它们通过电子耦合与光敏纳米颗粒结合时，有助于促进电子的有效传递，提高反应活性。生物炭表面的氧化还原活性部分调节了电子在不同反应物之间穿梭的机制，而芳香稠环结构可以促进其电子转移过程[103]。导电生物炭有助于将激发的光生电子全部溢出，并延迟电子与空穴的复合，从而延长载流子的寿命，促进更多光生载流子参与氧化还原反应。Zhang 等[100]比较了纯二氧化钛（TiO_2）和 TiO_2/生物炭复合材料光催化下磺胺甲噁唑（SMX）的降解效率。生物炭可以作为电子穿梭体，阻碍电子-空穴对的复合，将 SMX 的降解效率由 58.47%（TiO_2）提高到 91.27%。研究利用大豆渣作为生物质通过水解和热解两种方法得到生物炭，再采用简单的溶胶-凝胶法，在不添加任何氮源的情况下，将 $LaMnO_3$ 纳米粒子分散在 N 掺杂的多孔生物炭上，制成新型光催化剂[104]。生物炭作为电荷传递者可实现电子和空穴的有效分离，并且提供污染物结合位点，将 $LaMnO_3$ 光敏纳米颗粒上产生的电子转移到结合位点上与目标物反应，显示出对染料的强光降解能力。制备过程中超声波辐射扩大了生物炭孔空间，增强了光的捕获。这种超声晶化辅助的溶胶-凝胶路线允许生物炭和光活性成分的结合，而不需要煅烧或烦琐的功能化改良。另外，生物炭也可以作为电子储存体。不同于电子穿梭过程需要石墨碳环导电域或生物炭稠密的芳香族结构，电子储存依靠生物炭醌部分氧化还原的功能[105]。生物炭的电子储存能力取决于生物质类型和热解条件，中高温合成的生物炭通过接受电子具有较高的电子储存能力。在 TiO_2-生物炭复合光催化材料中，生物炭作为电子储层可以提高 TiO_2 中电荷分离的效率。生物炭稠密的芳香结构能够将电子从光致激活位点转移到诸如有机污染物的受体上。这种电子穿梭可以减少电子-空穴对的快速重组，增强污染物的光降解。如图 3-6 所示，作者通过铁系激活剂高温优化生物炭中的碳构型，增加 sp^2 杂化碳的比例以提高生物炭的芳香性和石墨化程度，MoS_2 纳米片负载在秸秆衍生的生物炭上，观察到复合材料表面石墨化、电导率和光能的增强[99]。Wang 等[106]采用两步水热法将竹渣生物质直接转化为生物炭球，并通过质子化 g-C_3N_4 修饰制备具有独特核壳结构的非金属光催化剂，生物炭球作为储存层和敏化剂，扩大光吸收波长范围。因此，g-C_3N_4 装饰生物炭核壳球体由于其核壳异质结构以及优良的电荷储存能力，能够延长载流子寿命并促进其传输，提高催化剂光降解污染物的能力。

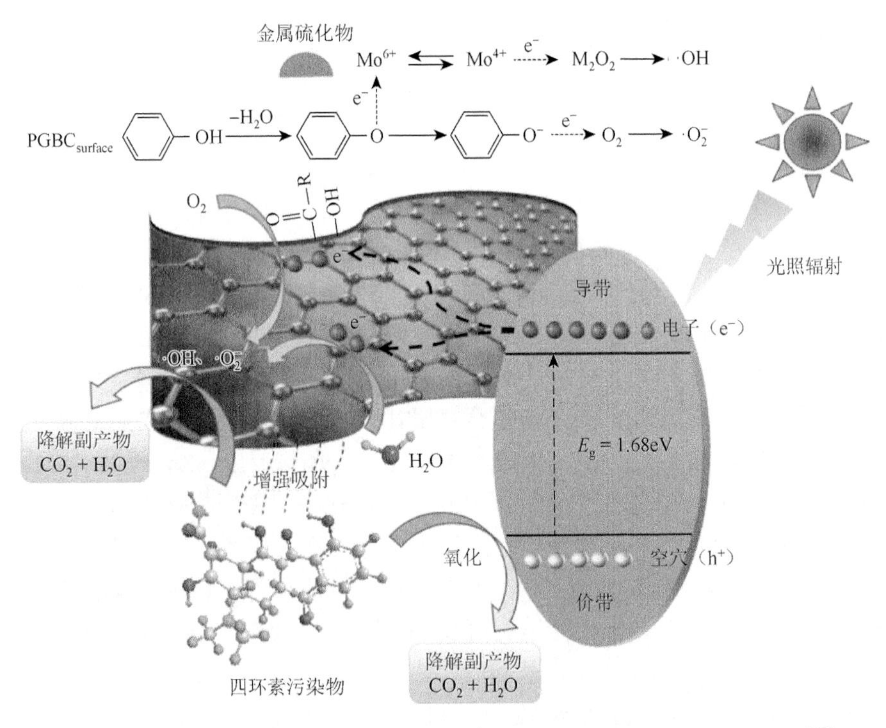

图 3-6　g-MoS_2-石墨化生物炭纳米复合材料降解有机污染物的机制示意图[99]

将半导体光催化剂与生物炭结合可以降低其带隙宽度。复合材料界面碳掺杂可以使复合催化纳米材料的光敏感性（光吸收波长范围）从紫外区转移到可见光区。为了有效地敏化，敏化剂材料的导带位置应高于过渡金属半导体材料的导带位置[107]。研究证明，碳掺杂进入 TiO_2 晶格形成 Ti—O—C 键的能级，可以在 TiO_2 的带隙中形成离域状态，从而抑制载流子复合[108]。Lisowski 等[109]采用超声辅助制备方法成功制备了一系列以软木生物炭（SWP700）为载体的 TiO_2-生物炭（无机-有机杂化材料），在复合光催化剂中通过超声波辅助方法促进生物炭和 TiO_2 之间形成亲密界面接触，优化了光生载流子在生物炭和 TiO_2 界面之间的转移途径，获得独特的电子转移性能。SWP700 表面电荷增加，这可能导致在可见光照射下电子-空穴对形成的基本过程发生改变。此外，在 TiO_2/SWP700 中引入与 Ti（Ⅲ）相对应的局部捕集状态，可以提高生物炭与 TiO_2 之间电子的转移效率，增强光催化氧化还原反应［Ti（Ⅳ）到 Ti（Ⅲ）］[109]。活性原子（如 B、P、N、S 等）的掺杂改变了生物炭上的电子态，使其衍生物更亲电，且拓宽了它们在电、光和化学催化中的应用。非金属元素 N 或 S 掺杂的生物炭基 TiO_2 催化纳米材料，通过形成一个中隙能态，显著地减少了复合材料的带隙，提高了光催化活性[110]。杂原子掺杂的生物炭催化剂也被应用于光催化体系。研究将生物炭暴露在 800℃下的 H_2S 氛围中 3h 得到掺 S 生物炭，光催化实验证明掺 S 生物炭对染料的光降解效率是相同条件下 TiO_2 光催化效率的 30 倍[111]。另外，实验通过氨氧化（NH_3/空气混合物氛围）和氮化（NO 氛围）制备了掺 N 的生物炭。在太阳辐照下，这些 N 掺杂生物炭能实现对亚甲基蓝的完全去除。S 元素和 N 元素的掺入可以减小生物炭的能带间隙，从而实现更大限度地利用太阳能激发电子[111]。Jeon 等[112]采用富氮生物质材料制备了石墨化氮化碳（g-C_3N_4/BC），并在光照条件下实现对有机橙的有效矿化。Tu 等[113]的实验利用柚子皮、硼酸和三聚氰胺研磨混合物作为前体，通过热处理转化成掺杂 B、N 的多孔生物炭（BCN）纳米薄片，展示出显著的光辐射辅助染料脱色性能。紫外-可见漫反射光谱表明，多孔 BCN 纳米薄片的光吸收边缘可以通过改变混合物中柚子皮的比例来调节。Li 等[114]通过水热处理油茶壳制备生物炭，再将油茶壳衍生生物炭混合三聚氰胺煅烧制备 g-C_3N_4/生物炭，并发现复合物能同时还原水中的 Cr（Ⅵ）、吸附去除总 Cr 以及氧化降解 4-氟苯酚、4-氯苯酚和 4-硝基苯酚。

3.2.3 电催化处理污染水体

水体中生物难降解有机污染物的累积，使以微生物修复为主的传统处理方法面临着严峻的考验。电催化处理技术作为处理有毒、难生化降解污染物的有效技术，有着广阔的应用前景。近年来，石墨烯纳米片、碳纳米管、带有序孔的碳阵列等纳米结构碳材料被广泛用作电催化过程中的催化剂载体。与材料价格昂贵的商用电极载体相比，生物炭的原料可以取自农村固废和城市固废，生物质来源廉价而丰富，且制备简便。电催化方面的大量研究证实了生物质衍生炭是有利的电极材料[115, 116]。磺化、金属浸渍、气体活化或离子液体接枝等方式促进了生物炭在工业催化工艺中的应用[117, 118]。

生物炭的孔分布、表面积和表面官能团等表面形貌是其作为电催化剂和吸附剂的关键。研究表明，生物炭固有的功能位点（醌、酚类官能团、缺陷、杂元素掺杂稳定碳等）和矿物组分（二氧化硅、碱基、过渡金属基等）使得生物炭成为一种很有前途的定制异质结/复合材料的前体物质[119-121]。Lu 等[122]总结了生物炭催化应用过程中的电活性基团，主要包括醌、酚类官能团、缩聚芳香族片、氧化还原金属、杂元素掺杂等。生物炭上的 PFRs 向过氧化氢分子进行电子转移，是活化过氧化氢形成羟基自由基的主要贡献者，同时也能活化过硫酸盐以生成硫酸根自由基。生物炭所含的矿物成分对于生物炭诱导的活性氧的产生也有影响，其溶解组分在辐照下可产生单线态氧和超氧化物。Chen 等[123]表示碳基无金属催化剂自身的催化活性有限，往往通过元素掺杂增强其活性。元素掺杂会改变生物炭上近邻碳原子的自旋密度和电荷分布，优化其对中间物的吸附性质，从而产生活性位点。同时碳材料的本征缺陷及元素掺杂导致的缺陷也是碳基无金属催化剂的活性位点。

电催化水处理主要是通过电极和催化材料的作用产生 H_2O_2、羟基自由基（·OH）、超氧自由基（$\cdot O_2^-$）等活性物种来氧化水中的有机物，通常包括直接氧化作用和间接氧化作用。研究指出，电催化降解水体中的磺胺（SA）是直接氧化和间接氧化共同决定的结果，部分 SA 分子在阳极板上通过发生电子传递以产生对硝基磺酰胺[124]。其他 SA 分子则直接被电极板上产生的·OH 自由基氧化成对氨基羟基苯磺酸。电催化体系中持续生成的·OH 继续进攻这两种产物生成小分子酸。常见的电催化体系阳极主要是金属氧化物与碳基无金属催化剂。生物炭的结构特性可用于负载金属催化剂形成复合电极。有研究探索了 TiO_2 与生物炭耦合（TiO_2/BC）电催化氧化法对亚甲基蓝的降解，主要作用为阳极板直接氧化与 TiO_2/BC 的微电极催化氧化，参与降解作用的活性物质有·OH、H_2O_2、$\cdot O_2^-$[125]。Zhang 等[126]采用颗粒电极在三维电化学反应体系（3DERs）中制备了钛-锡-铈/竹生物炭（Ti-Sn-Ce/BC），有效地处理了焦化废水。当最佳电解时间为 150min，电流密度为 30mA/m^2 时，焦化废水化学需氧量（COD）去除率为 92.91%，溶解性有机碳（DOC）去除率为 74.66%。此外，Ce 的加入有助于 Ti-Sn-Ce/BC 电极产生更多的·OH，Ti、Sn 和 Ce 的加入提高了 BC 电极的电氧化、电吸附和电催化性能，提高了 3DERs 对焦化废水的处理效果。

其次，电芬顿技术可通过阴极氧化还原反应选择性生成 H_2O_2 应用于废水处理，继而生物炭表面 PFRs 的形成可活化 H_2O_2 产生·OH[127]。生物炭与水、底物和分子氧相互作用时，H_2O_2 的生成和衰变对氧化还原电位和反应活性有调节作用。

其中，碳基质悬垂键和以碳为中心的自由基位点捕获了扩散的氧，形成自由基产物，最终将电子转移到吸附的氧上，形成并释放 H_2O_2。Gao 等[128]对木质纤维素生物质废料香榧内壳进行碳化/活化，合成的多级孔碳材料在实验条件为 0.6V 和 pH 为 3.0 时 H_2O_2 的产量高达 61.3mg/(L·h)，在电芬顿系统中可有效降解罗丹明 B 和苯酚。Deng 等[129]首次通过热解废木制备了一种生物源多孔碳阴极（WDC），采用 B 掺杂的金刚石（BDD）作为阳极电极，焦磷酸盐（PP）作为电解液，构建了 WDC/BDD/PP 电芬顿体系，在 pH 为 8 的条件下对磺胺噻唑（STZ）进行电芬顿处理。以 WDC/BDD/PP 电芬顿体系降解 STZ，主要有四种活性氧化物质来源途径：①Fe（Ⅱ）-pp 络合物中的·OH；②电芬顿反应中的·OH；③掺杂硼金刚石电极（BDD）表面的·OH；④通过 BDD 活化过硫酸盐产生的 $\cdot SO_4^-$。结果表明，直接电子传递、自由基·OH 和 $\cdot SO_4^-$ 实现了磺胺类抗生素的氧化降解，其中·OH 起着主要作用。

通过氮元素掺杂生物炭，可以破坏惰性碳晶格结构来影响生物炭的电子分布和自旋密度，从而调节生物炭的电子密度。Deng 等[130]合成了一种氮掺杂的芦苇生物炭改良的泡沫镍阴极（B@Ni-F），并将 B@Ni-F 阴极和铁泡沫（Fe-F）催化剂用于电芬顿法降解磺胺二甲基嘧啶（SMR）。低温热解生物炭制备的阴极中富集了丰富的含氧官能团和吡啶氮，具有较高的氧还原反应活性和 H_2O_2 选择性（70.41%）。通过电化学阻抗谱证明，成功制备的 B@Ni-F 电极的电阻由最初泡沫镍电阻的 95.7Ω 下降到 7.18Ω。其 H_2O_2 积累量提高了 14 倍，与常用的碳布电极、石墨板电极相当。SMR 的主要降解途径是 SMR 苯胺残基羟基化，然后经历—S—N—裂解、芳香环断裂等逐步分解为小分子。

3.2.4　影响生物炭催化性能的因素

除了生物炭制备条件对催化位点（包括活性组分、碳矩阵上的空位和边缘缺陷、官能团和杂原子功能化位点）的影响之外，受处理水体的性质和实际操作参数的选取也影响着生物炭催化性能的发挥。一般情况下，能制约溶质传递（污染物、氧化剂与生物炭表面相互作用）和自由基捕获目标物的因素都会在一定程度下影响生物炭催化处理水体中的污染物。

在 3.1 节已经讨论过溶液酸碱度能通过影响生物炭表面电荷和污染物的存在形态改变它们之间的相互作用。研究表明，一方面，在酸性条件下，生物炭基 MoS_2 复合纳米材料对四环素的光催化降解率很低，这可能是静电引力吸附了过量的污染物分子占据了生物炭基催化剂上的活性位点，使光照无法到达催化表面，进一步阻碍电子-空穴对的光激发过程[99, 131]。另一方面，强碱性条件下的静电斥力不仅会影响负电荷污染物接近催化剂表面的传质过程，还会减少到达生物炭表面的氢氧根离子，无法有效捕获光生价带上的自由空穴而导致羟基自由基生成的减少，从而影响生物炭基复合材料的光催化能力。此外，溶液 pH 可能会通过改变活性位点的活性作用影响自由基产生，例如，一般条件下，酸性条件有利于类芬顿反应中羟基自由基的产生。但在掺氮生物炭/ PMS 体系下，碱性环境有利于 HSO_5^- 解离为 SO_5^{2-}，并通过式（3-1）为诱导非自由基路径的单线态氧的演变、进化和产生提供更多机会[65, 132]。另外，对于 PDS 体系，在碳材料的催化激活作用下，碱性条件有助于激发态的 PDS 分子进一步水解［式（3-2)］，产生超氧自由基并通过一系列演变［式（3-5)］产生单线态氧活性物种[56]。溶液酸碱度对不同体系下的生物炭催化性能有着完全不同的影响，这取决于不同形式的能量供给下，生物炭基催化剂表面的活性位点和激活机理。

$$HSO_5^- + SO_5^{2-} \longrightarrow HSO_4^- + SO_4^{2-} + {}^1O_2 \tag{3-1}$$

$$3S_2O_8^{2-} + 4OH^- \longrightarrow 2O_2^- + 6SO_4^{2-} + 4H^+ \tag{3-2}$$

$$O_2^- + H_2O \longrightarrow \cdot HOO + OH^- \tag{3-3}$$

$$O_2^- + \cdot HOO \longrightarrow HOO^- + {}^1O_2 \tag{3-4}$$

$$\cdot HOO + \cdot HOO \longrightarrow H_2O_2 + {}^1O_2 \tag{3-5}$$

自然水体中组分复杂，存在着大量可能对催化处理污染水体效率产生影响的离子，包括有着潜在活性的矿物质阳离子和作为自由基捕获剂的无机阴离子。在自然水体中，由于地质原因，从底泥中溶出的可变价金属阳离子 Fe、Mn 等可作为活性成分，通过元素变价自我循环协同生物炭催化处理污染水体。但阳离子也可能会通过静电引力、离子交换或金属沉积等方式占据生物炭上的活性位点，从而降低生物炭的催化性能。阴离子主要包括 Cl^-、SO_4^{2-}、CO_3^{2-}、HCO_3^-、NO_3^-、$H_2PO_4^-$ 等，它们除了能通过静电吸引和共沉淀影响富电子目标污染物与生物炭的接触之外，Cl^-、CO_3^{2-}、HCO_3^- 和 $H_2PO_4^-$ 常常被认为是自由基的捕获剂[99, 133]，它们能快速捕捉生物炭表面激活产生的自由基，通过一系列自由基链式反应消耗自由基，或者逐渐释放能量产生氧化还原电势较低的活性物质。若是最终生成的活性物质仍然具有比靶污染物更高的氧化还原电势，那么对生物炭催化处理污染水体效率的影响较小；若最终生成的活性物质氧化还原能力过小，则阴离子的存在会通过对活性自由基的消耗显著降低处理效率。因此，具有自由基捕获能力的阴离子对生物炭催化处理污染水体的影响，取决于链式反应生成的最终的活性物质与目标靶污染物的氧化还原电势的高低。另外，有研究报道在 10mmol/L NaCl 电解液中，生物炭基 MoS_2 复合纳米材料对四环素的光催化效率稍有增强，这可能是光诱导产生空穴和氯离子之间的电荷复合导致电子-空穴对更有效的分离，更多的光生电子参与自由基的生成[99, 134]。在掺氮生物炭/PMS 体系下，HCO_3^- 显著促进了 PMS 分解和对四环素的氧化降解，这可能归因于 HCO_3^- 可作为酸碱缓冲液，使得整个体系在反应全过程保持碱性，以促进 HSO_5^- 解离和氧化活性物种的产生[65]。另一项研究也报道了类似的结论，他们发现在碳材料和 PMS 耦合体系下，碳酸氢盐经历自由基链式反应生成的碳酸盐自由基可参与额外的 $HO_2\cdot$ 和 $^1O_2$ 的进化和演变［式（3-6）～式（3-10）］[135]：

$$HSO_5^- + H_2O \longrightarrow H_2O_2 + HSO_4^- \tag{3-6}$$

$$SO_5^{2-} + H_2O \longrightarrow H_2O_2 + SO_4^{2-} \tag{3-7}$$

$$H_2O_2 + CO_3^- \longrightarrow HCO_3^- + HO_2 \cdot \tag{3-8}$$

$$H_2O_2 + \cdot OH \longrightarrow H_2O + HO_2 \cdot \tag{3-9}$$

$$HO_2 \cdot + HO_2 \cdot \longrightarrow H_2O_2 + {}^1O_2 \tag{3-10}$$

电催化处理污染水体的效率与电极和污染物的性质以及电催化环境条件密切相关。首先，电催化体系中电极的表面微观结构和状态被认为是改变电催化能力的主要因素之一。Cao 等[136]研究了以富含 Fe 的植物为原料制备的生物炭的催化活性，结果表明生物炭基电催化剂的催化活性受到金属掺杂量的影响。通过植物根系热解制得不同 Fe 含量的 Fe-生物炭（Fe-BC）。其中，Fe（Ⅲ）浓度为 8mg/L 的生物炭（8-Fe-BC）比表面积（specific surface area，SSA）最小（$13.54m^2/g$），Fe 含量最高（27.9mg/g）。利用循环伏安法测定了 Fe-BC 在 H_2O_2 电催化还原中的催化活性，8-Fe-BC 的还原电流最大（$1.82mA/cm^2$），表明其潜在催化活性最高。此外，在 Nieva 等[137]的研究中，生物炭基电催化剂的活性受到生物炭表面性质及缺陷的影响。研究将未处理纤维素（BMC）和酸处理纤维素（BTC）在 350℃快速热解产生的生物炭作为 Cu-Ru@Pt 核壳纳米颗粒（2.9～3.5nm）的载体，在酸性介质中对甲醇进行电氧化。结果表明，负载在 BTC 生物炭所组成的纳米催化剂具有较高的电活性表面积（$38m^2/g$），在甲醇电氧化反应中表现优异，在电压为 0.5V 时转化数值为 0.151。据活性差异的原因分析，比表面积高的碳载体其表面往往伴随着大量的缺陷，核壳纳米颗粒在生物炭载体上的分布更均匀，进而 Cu-Ru@Pt 核壳纳米颗粒负载 BTC 生物炭有增强的电催化活性和较低的启动电位。不同的碳化温度也会影响生物炭的内部结构，从而影响其在电催化净化污染水体中的应用。有研究表示，在 400℃下获得的生物炭诱导了基于 PFRs 的氧化路径，而热解温度相对较高时（700～900℃）形成的生物炭，通过石墨缺陷区域诱导以单线态氧化为主的非自由基路径。此外，Sun 等[138]以纤维素为原料，在 400～700℃的不同碳化温度下制备了一系列生物炭，并在熔融盐（$ZnCl_2$）的活化下构建了多孔层次化结构，研究了活性多孔生物炭（ZnBC）作为碳催化剂促进电芬顿氧化降解有机污染物。结果表明，高温碳化生物炭由于丰富的缺陷提高了电子氧气还原反应的活性，而温和碳化处理调节含氧官能团的种类和分布，通过选择性电子氧气还原途径增加生产 H_2O_2。此外，Fe（Ⅱ）的加入可诱导电芬顿系统在电位为–0.25V（*vs* RHE）和 pH 为 3 的条件下快速降解各种有机污染物。在该研究中，体系对不同污染物的电芬顿处理效果不一，反应 90min 后，苯酚和氯酚污染物的 TOC 去除率分别为 59.2%和 80.3%，高于磺胺甲噁唑（37.3%）和金橙 G（23.8%）。结果表明，在电芬顿体系中，酚类污染物更容易矿化，而抗生素和染料类污染物的矿化需要较长的运行周期。可见生物炭应用于电催化净化水体的效果与污染物的种类密切相关。

电催化环境最主要的因素是电解质溶液。电解质对电催化降解效率的影响取决于其中所含的离子是否参与反应形成额外的氧化性物质而促进降解，或者是否会消耗体系中的氧化活性物质而抑制降解。常用的电解质包括 NaCl、Na_2SO_4、$NaNO_3$ 和 $NaHCO_3$。其中最常见的是 NaCl 和 Na_2SO_4，它们能产生高效的自由基，如 Cl·、ClO_x·、SO_4^-等，有利于有机污染物的降解[139]。氯酸盐电解质能在体系中间接形成含氯的活性基团促进污染物降解，但高浓度氯易形成氯气导致阳极效率降低，同时存在着生成有毒有害物质的风险。硫酸盐电解质生成活性基团间接促进污染物的降解效果显著。碳酸盐电解质可能会消除·OH，从而导致污染物电催化去除效果降低。Deng 等[130]探究了电解质溶液对于生物炭改性泡沫镍阴极（B@Ni-F）和铁泡沫（Fe-F）催化剂用于电芬顿法降解磺胺二甲基嘧啶（SMR）的影响。通过四聚磷酸盐（4-TPP）、三聚磷酸盐（3-TPP）、焦磷酸盐（PP）和 Na_3PO_4 等双功能聚磷酸盐电解质与电芬顿中传统 Na_2SO_4 电解质进行比较，在聚磷酸盐基电解质的存在下，SMR 的降解增强，并且活性的提高与 O_2 在 Fe-聚磷酸盐配体复合物存在下被激活生成大量·OH 有关。Fe（Ⅱ）-3-TPP 配合物与 Fe（Ⅱ）-PP、Fe（Ⅱ）-PO_4 配合物相比，具有较高的氧化能力。在另一项 Deng 等[129]的研究中也得到了类似的结果，与传统电解液相比，PP 降低了溶液中 H_2O_2 的分解速率，导致 H_2O_2 的积累更高。在溶液中形成的 Fe（Ⅱ）-PP 络合物能活化氧生成·OH。PP 电解液允许在 pH 为 8 的条件下工作，因此，合适的电解质应用还能缓解 pH 对于电催化水处理的限制。

3.2.5　生物炭催化处理污染水体的循环利用性及其性能稳定性

生物炭的催化性能大多依靠其活性成分和位点上的电子转移能力和氧化还原反应，活性成分的损耗和活性位点上的不可逆氧化会严重影响生物炭的可循环利用性。催化性能的稳定性与不同的激活体系有关，光催化体系下，吸收利用光子的反应位点常常是额外的半导体材料，生物炭在其中的主要作用是增强溶质传递和促进光敏材料光生电子的转移和储存。通过对比光催化降解反应前后生物炭基光催化剂的 X 射线衍射谱，证明复合材料的晶体结构基本没有变化，说明在光催化过程中半导体的结晶度和生物炭石墨化程度没有变化，经过三次循环利用的生

物炭基 MoS_2 复合纳米材料仍对溶液中四环素的去除能力保持着原始处理效率的 90%，具有较高的稳定性[140]。而对于氧化剂催化体系，生物炭表面钝化（包括活性部位的不可逆转化和活性物质诱导的表面氧化）和有机物的表面覆盖，使得生物炭基材料的循环使用能力显著下降。研究报道称，400℃下制备的磁性污泥衍生生物炭的可重复使用性非常差，用乙醇和超纯水冲洗使用过的生物炭经干燥后，在第二次循环使用时对有机污染物的去除率仅为 30%，这可能是由于使用时铁氧化物的严重损失[76]。将碳化温度升高至 800℃以优化碳构型，当生物炭催化性能更依赖于碳矩阵及相关基团时，生物炭的可重复使用性有所提高，抗阻性不仅来自于部分活性组分被石墨碳以“核壳”的形态包封起来，还来自于良好的芳香性和硅组分的保护。但因为降解过程中氧化活性物质对碳基板的攻击，800℃下制备的磁性污泥衍生生物炭在第四次循环使用时，对有机污染物的降解效率已经小于 60%[76]。另一项研究表明，当非自由基路径，尤其是由生物炭介导的电子直接传递路径（电子从污染物转移到氧化剂分子）占主导地位时，能减少氧化活性物质降解路径在污染物去除中的占比，以期最大限度地减少额外的活性物质对生物炭表面的钝化[65]。在掺氮碳材料中，氮构型在激活氧化剂反应后的重新配置说明了主要的氧化剂活化机制包括不可逆转换的石墨氮向吡啶氮和吡咯氮转化，这也是碳材料重复性差的原因之一。可通过优化操作条件，降低氧化剂用量，抑制氮键构型的转化，提高其性能稳定性[53, 141]。此外，考虑较高温度的热处理有利于石墨化氮的形成转化，并去除吸附的中间体，对钝化后的掺氮碳材料采用热处理以恢复其催化活性，可实现更高的重复利用性。Ding 等[142]研究发现氧化剂分段加入可以有效增强污染物的去除效果，避免不必要的氧化剂消耗和碳材料活性位点的钝化。他们将碳材料作为阳极耦合电催化和 PMS 活化实现对吸附到电极表面苯酚的矿化去除，即使经历了 10 次的循环利用实验，再生的碳材料催化苯酚去除率仍保留了初始效果的 60%以上。

生物炭在电催化去除污染水体中的应用中，还需考虑其作为电催化剂的稳定性能。Wan 等[143]从纤维素中提取了分级孔 Fe/生物炭（Fe/CBC），并利用外部有机电子穿梭体（如抗坏血酸、草酸、酒石酸和对苯二酚）向 Fe/CBC 引入更多电活性官能团（如 C—O 和 C ═ O）。在 PMS 催化降解双酚 A 活化体系中，由于其固有的层次孔结构、发达的碳 π—电子网络和调节的电子穿梭等协同作用，铁浸出量从 2.44mg/L 降至 0.578mg/L。Thiruppathi 等[144]开发了新型生物炭负载的钨酸铜纳米复合材料（Bio-$CuWO_4$NCs），并将其作为光催化剂和甲醇氧化的电催化剂用于环丙沙星药物降解，紫外-可见光谱结果表明，在可见光照射 90min 后，Bio-$CuWO_4$NCs 可降解 97%的环丙沙星，并且具有良好的重复性和稳定性。在电催化体系中生物炭的应用，同样具有较好的稳定性和再生性。在 Sun 等[138]构建的电芬顿去除有机污染物体系中，ZnBC-550 阴极连续工作 8h，电流响应曲线无电流衰减现象，稳定性好。电芬顿降解苯酚的可重复使用性评估结果显示，ZnBC-550

阴极在连续 10 次运行后苯酚去除率下降至 81%，在高级氧化环境下工作具有令人满意的稳定性。此外，该电极通过酸洗去除含铁污泥可有效再生。生物炭基电极在氧化还原反应中活化能力的增加和催化剂可回收性的提高进一步确定了其环境可持续性。

阳极电催化氧化是解决水体中有机污染物污染问题的一种高效方法。类比已有的活性材料负载石墨烯在电催化中的应用，生物炭一方面具有稳定的结构，另一方面具有丰富活性位点，能起到催化作用，因此也具有应用于电催化去除水体中污染物的潜能，但仍需大量的实验基础加以验证，并对其在电催化去除水体污染物的作用进一步深入研究。

3.3　生物滤池处理污染水体

生物滤池是一个综合的生态系统，它整合了颗粒介质、微生物和植物的多重协同作用，利用物种共生、结构与功能协调原则对污染水体的深度净化有着可持续的处理效果。如图 3-7 所示，生物炭作为一种含碳多孔材料，除了廉价易得的经济可行性以外，它不仅能在复杂的水环境下同时去除大量广泛的污染物，还能协调生态系统中的微生物和动植物，达到景观美化的效果，是生物滤池中填料的优选方案，它的使用比其他填料介质的使用更具可持续性。

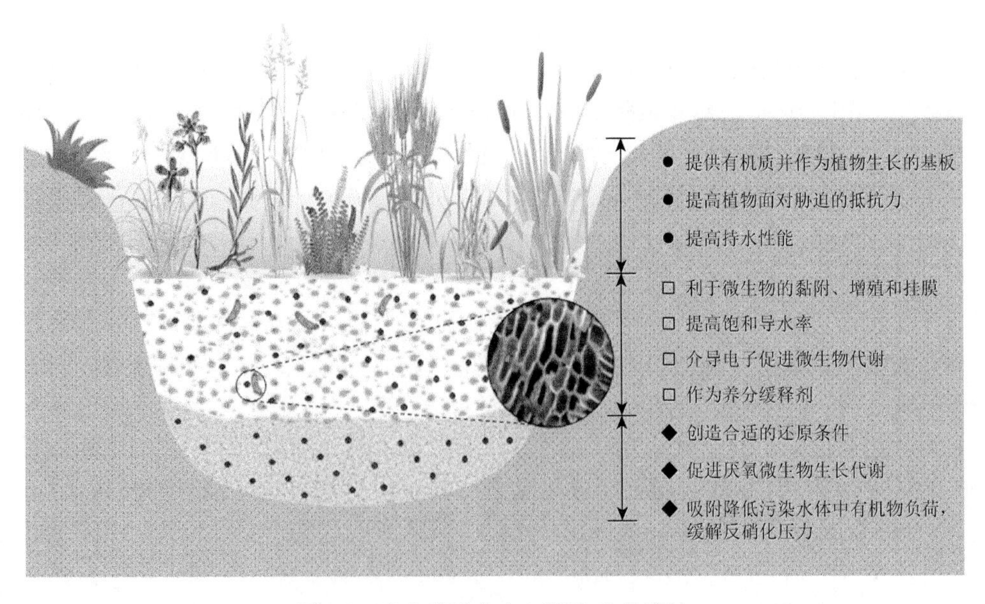

图 3-7　生物炭改良人工湿地/生物滤池

水力传导性和储存水量是生物滤池中重要的两个参数，填料既要确保对污染水体的处理效率以减少污染水体的累积，又要保证污染水体在整个体系中有足够的水力停留时间（HRT）以充分实现污染物的去除。生物炭具有巨大的内部孔隙结构和丰富的孔尺寸分布，并且可以同时提供这两种优势。研究表明，生物炭的施用显著地改善了土壤的保水性能，提高了土壤的水导率。因此在有足够的粒度分布的情况下，生物炭作为填料不仅可以提高其储存量，还可以提高其水力传导性[145]。随着多孔介质疏水性的增加，饱和水导率会降低[146]。所添加的生物炭与土壤（或砂砾填料）之间的颗粒大小差异和生物炭的疏水性是影响整个体系饱和水导率的主要因素，因此生物炭作为生物滤池填料的选取应该注重颗粒尺寸和疏水性这两方面，以确保雨水处理装置能保持较高的水力传导性，并不易造成堵塞[147]。生物滤池中长期浸水带的创建是至关重要的，它能通过延长水力停留时间创造浸水带的缺氧条件，以降低周围环境的还原电位，有利于氧化还原处理一些污染物，尤其是硝酸盐的反硝化去除。生物炭内部深邃的孔道可以增加水的储存，延长水力停留时间并隔离创建一个合适的还原区域。孔隙水附着在生物炭的内部孔隙上，并处于一个缺氧的周边环境，有利于发生还原反应以去除污染水体中对还原条件敏感的污染物。

3.3.1 生物炭与滤池中主要生物要素联合作用机制

生物炭的碳库相对稳定且具有表面积大、孔隙率高的特点，是微生物有利的栖息场所，生物炭含有羧基、氨基、酰胺类等基团，有助于微生物的黏附、增殖和挂膜过程。游离微生物往往会定殖于生物炭孔内，以避免周边环境水力变化扰动所带来的物理损害，并逐渐累积形成生物膜。生物炭的孔结构，特别是微孔结构，可以保护微生物不受食草动物或其他竞争对手的侵害[148]。另外，生物炭对大多数有害物质的吸附固定作用有效降低了其生物可及性，减小了微生物所面对的化学毒害性。研究利用生物炭的基质潜力固定特定降解菌，通过生物炭对有机污染物的吸附力集中污染物，提高污染物被特定微生物捕获的概率，被固定的微生物通过同化和异化过程将有机污染物作为碳源实现降解。矿物质含量较高的生物炭在系统运行过程中还能够缓慢向微生物提供其生长必需的钾、钙、钠等微量元素，以刺激微生物生长代谢[149]。王韦胜[150]利用农业废物果壳和铁盐制备磁性铁氧体生物炭作为填料，他们的实验发现弱磁场能够促进微生物的代谢活性，提高聚磷菌等微生物生长繁殖的速率和代谢活化水平。弱磁场的存在还能提高生物炭对微生物的亲和性，从而更利于其黏附和增长，形成更多的生物膜。Hua 等[149]发现生物炭可以通过截留将生物膜周围的营养物质保留到较高水平，一方面防止营养物质的进一步流失，另一方面，可作为营养缓释剂，保留在其上的营养物质随处理进程缓慢释放，被微生物同化利用，为微生物的持续代谢降解提供能量（碳源和氮源）。生物炭还可以调控微生物的电子移动（为微生物提供电子或接受微生物的多余电子），通过氧化还原循环促进微生物降解污染物。因此，可以添加生物炭作为电子介导体促进微生物代谢[151]。

生物滤池中的植物除了具有美学价值以外，还能通过根系的同化和异化实现对污染物的去除，同化作用主要是指植物根系吸收摄取的污染物通过蒸腾作用被转移储存在植物地上部分甚至通过叶片挥发扩散到空气中；异化作用是指根系通过释放分泌物（包括酶、有机酸和生物表面活性剂等）实现对有机物的乳化降解和对无机物的络合沉淀[152]。生物炭可以减轻非生物胁迫，通过提高填料介质的保水能力，来帮助植物在生物胁迫、干燥缺水或水力条件波动下存活[153]。植物的根系是微生物附着的绝佳位置，根系分泌物为微生物生长提供养分。反过来，有益微生物团的代谢活动提高了矿物质营养和植物激素含量，生物炭还可以进一步刺激根基微生物释放植物生长激素，促进植物在混合了生物炭的填料基质中生长。生物炭除了可以克服其他填料如堆肥产品带来的高含量溶解性有机物（DOM）浸出等问题之外，它还可以支持植物在砂质介质中生长，另外，由于生物炭体积密度低，还能用作漂浮于水面上的介质填料作为覆盖水面上的植物支撑板[154]。

3.3.2　生物炭改良生物滤池处理水体中污染物

在生物滤池综合体系下，金属污染物的处理机制除了生物炭本身的吸附能力和作为填料介质的滞留过滤作用外，还包括在生物炭刺激下，充分放大的微生物代谢转化、植物吸收蒸腾、分泌物络合分解及各类动物的协同作用。

在流动系统中，污染物的去除取决于水流速率，即污染物通过平流的迁移速率和生物炭对污染物的吸收率或吸附动力学。生物炭作为填料应用在生物滤池流动体系中，它的化学性质，如表面积、粒径和中孔隙度在这两方面起着关键的作用。生物炭保水和储水的能力会影响污染水体在系统中的停留时间，可以通过控制生物炭的粒径和内部孔径分布来提高对污染物的去除率。生物炭的添加能够提升酸性填料土的pH，降低填料容重，增大阳离子交换量以提高对污染物质的吸附固持能力。生物炭还可以用于促进微生物、动植物对有机污染物的生物降解，生物和生物炭的协同作用可以有效地提高有机物的去除率。生物炭作为填料可以提高粉质黏土柱对五溴二苯醚的吸附固定，并通过促进原生微生物的多样性、种群质量和生物活性，提高对污染物的降解[155]。Lu 和 Chen[156]构建了以芦苇生长和木屑衍生生物炭改良的微型生物滤池，并在不同的水力负荷率下对污水中双酚 A 进行去除，结果表明具有较高的比表面积和孔体积的生物炭更能促进芦苇生长，与未经生物炭改良的生物滤池相比，生物炭改良体系将双酚 A 的去除率提高了 141 倍，并且实现了更高的大肠杆菌去除率。另一项研究将生物炭作为填料与老化的垃圾混合，研究了生物炭对半好氧老化垃圾生物滤池渗滤液中有机污染物和氮污染物去除的影响。生物炭提高了半好氧系统中的溶解氧浓度，为微生物提供良好的生存条件，通过吸附和刺激生物降解等方式显著提高了渗滤液中大分子有机污染物的去除率[157]。

3.3.3 生物炭改良生物滤池处理水体中营养物质

生物滤池综合生态系统对污染水体中营养物质的消除常常通过非生物作用和生物作用共同实现。非生物作用包括硝酸盐、亚硝酸盐、铵化合物和磷酸盐在填料介质上的吸附截留以及磷酸盐的沉淀，生物作用则包括营养物质被微生物和动植物同化代谢，以及反硝化微生物对含氮化合物的反硝化作用。生物炭对营养物质的吸附通常依赖于矿物质成分、表面电荷情况和阳离子交换量，具体机理在第4章进行详细讨论。生物炭除了减少营养物质的浸出之外，还会通过改变填料介质的基本性质和提供稳定的生长基板，为微生物和植物的新陈代谢创造有利的环境。生物炭的添加可以通过改善填料土壤质地、汇集养分、提高保水能力等手段帮助植物在沙土上生长，并且提高植物对生物胁迫的抵抗力。健康的生态系统、丰富的物种多样性有利于实现物质循环和能量流动。此外，含氮化合物的生物转化随水力停留时间和填料水储存量的减少而降低，因此生物炭作为一种有潜力的填料材料，它能通过发达的孔隙结构加强营养物质的附着，并增加污染水体在滤池生态系统中的停留时间和储存量以保证相关微生物和营养物质的充分接触[158]。在氧气充足的滤池填料上部，生物膜以好氧硝化细菌为主，能够有效地将污染溶液中的氨氮转化为亚硝酸盐或硝酸盐。定殖于生物炭上的（亚）硝化菌都是自养菌，同时能利用水中有机物污染作为碳源，通过与铵态氮的氧化还原反应获取自身发展的能量。在滤池的填料底部长期浸水带，生物炭的保水储水性扩大了缺氧甚至厌氧的环境范围，促进反硝化菌将产生的硝酸盐还原成氮气，实现微生物和动植物对营养物质的同化和反硝化去除。在生物滤池渗透带的硬木片衍生生物炭具备电子储存能力，单位质量生物炭储存电子可达0.87mmol（e）/g，能作为活跃的电子受体促进乙酸盐氧化，同时作为电子供体利于硝酸盐的还原[151]。

在自然条件下，生物滤池通常会经历干湿、冻融条件等气候变化，Tan等[159]发现由湿润到干燥的变化能限制反硝化作用并引起硝酸盐的释放，生物炭能够提高滤池填料保水能力，从而在一定程度上缓解干燥对植物或微生物群落带来的负面影响，帮助这些植物或微生物群落在不利条件下实现对营养物质的去除[160]。同时，填料保水能力的增加延长了水力停留时间，有助于滤池底部淹水区域的增加和维持此区域的缺氧条件，这有利于各种负责反硝化的微生物的新陈代谢，进一步提高养分的吸收去除，尤其是含氮化合物的反硝化去除[31]。此外，生物炭对营养物质的非生物去除可以降低污染水体中有机物负荷，使浸出液中所需的反硝化的有机负荷最小化，得以逐步实现对营养物质的最大化去除[161]。生物炭常常通过金属盐浸渍和酸碱溶液活化等方法增强对污染水体中氮、磷的吸附和对微生物以及动植物生长代谢的促进作用。对生物滤池处理实际生活污水的试验研究发现，由农业废物果壳制备的磁性生物炭作为添加填料的生物滤池不但对 COD 和氮磷的去除有着更好的效果，而且其抗冲击负荷能力也显著优于普通生物滤池。以磁性生物炭作为滤池填料，其表面挂膜速率高于未改良生物炭，磁性生物炭填料表面生物膜中细菌类微生物与原生动物数量明显多于普通生物炭。此外还对生物膜上脱氢酶的活性进行了监测分析，证明了生物炭上的铁氧体可提高微生物的代谢活性，加快对微生物的代谢速率[150]。

3.3.4 生物炭改良生物滤池处理污染水体的影响因素

生物滤池的运行条件和进水质量对其最终的污染水体处理效率有着较大的影响。实现生物炭吸附截留协同微生物生长代谢是有效处理污染水体的前提，因此，进水有机负荷、进水 pH、溶解氧（dissolved oxygen，DO）浓度、填料填充率和水力停留时间（HRT）是影响生物滤池处理效率的主要因素。

有机污染物的去除效率显著受污染水体质量的影响，主要包括 DOC、pH 和 DO 含量。微生物的生长繁殖需要一个营养均衡的环境，污染水体中 DOC 的存在可以作为营养物质的主要来源刺激生物滤池中微生物的新陈代谢和多样性，从而促进污染物的生物降解[162]。但在处理一些高有机质含量的水体中，高分子量的有机碳不仅会堵塞生物炭的微孔和纳米孔，还可能通过疏水作用、络合等方式结合污染物提高污染物迁移性，或者直接与污染物竞争吸附位点或生物降解途径[38]。污染水体的酸碱度可以改变生物炭和生物膜表面的荷电情况，以影响挂膜时间和质量（包括微生物量和群落组成）。pH 还会改变有机物、污染物的离子化状态和微生物代谢酶活性，进一步影响生物滤池的处理效率。DO 是影响微生物代谢的重要因素，它可以通过驯化不同种类的微生物，改变细菌群落结构的生物降解作用影响污染物质的去除[163]。一方面，生物炭能有效增加填料总孔隙率，具有一定的携带并传输氧分子的作用[164]，使填料上部保持良好的好氧环境，实现污染物降解且不易产生臭气。另一方面，生物炭优异的保水能力使得滞水带扩大，水力停留时间延长，有助于该区域缺氧环境的保持以培养反硝化厌氧菌，并创造还原环境以去除还原敏感性污染物[165]。

生物滤池运行条件的设计需要从处理效率和经济成本两方面考虑。填料的填充率会显著影响污染水体在滤池中的流动状态、DO 分布，以及生物膜量。一般情况下，填充料越高，生物膜量越大，则对污染水体的处理效率越高，但成本支出也会越高[150]。生物炭作为一种经济环保的可持续性材料，添加到填料中有助于同时提高储水量和水力传导性，合理分配滤池中好氧区域和厌氧区域以及相关的微生物群落，以及提高传质效率，实现对目标物质的去除。水力停留时间决定着污染水体中处理目标污染物与生物炭和微生物的接触时间，延长停留时间能减少出水中的污染物含量，但过长的水力停留时间会带来生物滤池处理速度慢、出水水量低、污泥老化严重等问题。生物炭丰富的内部孔隙结构能保持较高的水力传导性，田婧和刘丹[166]的实验证明添加生物炭能增加填料土有效水含量，饱和导水率整体增大了 1.5 倍，同时从水质、水量两个方面改善生物滤池对污染水体中目标污染物的去除。

3.4　小结与展望

因农村和城市固体废物含有丰富的有机碳和特殊的活性组分，如氮、磷或者金属元素。根据需要合理选取农村和城市固体废物作为原料生物质制备的生物炭，具有发达的孔隙结构、丰富的表面官能团、可调的碳构型和合理的组成成分，可以通过吸附、催化氧化还原或者耦合生物滤池等方法去除水体中的污染物，是一种经济高效、绿色环保的可持续型修复污染水体的技术，不仅实现了对水体中污染物的有效去除，还能解决农村和城市固体废物的堆放处置问题，达到了固体废物资源化的目的。但是利用生物炭处理实际污染水体，尤其是在自然环境下去除实际废水中污染物的效率，往往受诸多方面的联合制约，为了更好地发挥固体废物衍生生物炭的性能和优势，规避其可能的危害风险，许多方面有待进一步研究：①生物质的选取、制备方法和制备参数的选择可根据具体的靶污染物、应用方式和预期的生物炭活性位点进行，以获得品质优良、特异活性位点居多的优质生物炭材料。②以肥料（如畜禽粪便、厨余垃圾等）为原料的生物炭比以木质为原料的生物炭含有更高浓度的营养物质，这可能影响生物炭在水中去除或释放营养素的能力，其使用需要谨慎评估。由于原料类型和热解温度的不同，生物炭中含有酚类和生物质油等有机化合物，这些有机化合物可能会进入渗透水中，此类农村和城市固体废物的选用需要谨慎，或者联合额外的处理技术对生物质进行预处理，以期减少有害物质的释放。③由于生物炭的风化和老化，在污染水体处理系统中生物炭能否长期保持去除能力尚不清楚。老化过程在自然条件下比在实验室研究中使用的要复杂得多。动态条件，如干湿循环、气候条件以及物理、化学和微生物风化过程对生物炭特性的影响需要在未来的研究中被考量。④污染水体水文波动、有机物负荷变化、自然季节转换等不可预知事件的变化对生物炭处理体系的冲击程度需要在未来的研究中得到充分的验证，以规避突发性事件带来的二次污染风险。

参 考 文 献

[1] Tan X，Liu Y，Zeng G，et al. Application of biochar for the removal of pollutants from aqueous solutions[J]. Chemosphere，2015，125：70-85.

[2] Tong X J，Li J Y，Yuan J H，et al. Adsorption of Cu（Ⅱ）by biochars generated from three crop straws[J]. Chemical Engineering Journal，2011，172（2）：828-834.

[3] Qian L，Chen B. Dual role of biochars as adsorbents for aluminum：The effects of oxygen-containing organic components and the scattering of silicate particles[J]. Environmental Science & Technology，2013，47（15）：8759-8768.

[4] Chen X，Chen G，Chen L，et al. Adsorption of copper and zinc by biochars produced from pyrolysis of hardwood and corn straw in aqueous solution[J]. Bioresource Technology，2011，102（19）：8877-8884.

[5] Kim W K，Shim T，Kim Y S，et al. Characterization of cadmium removal from aqueous solution by biochar produced from a giant *Miscanthus* at different pyrolytic temperatures[J]. Bioresource Technology，2013，138：266-270.

[6] Zhang Z B，Cao X H，Liang P，et al. Adsorption of uranium from aqueous solution using biochar produced by hydrothermal carbonization[J]. Journal of Radioanalytical and Nuclear Chemistry，2013，295（2）：1201-1208.

[7] Liu Z，Zhang F S. Removal of lead from water using biochars prepared from hydrothermal liquefaction of biomass[J]. Journal of Hazardous Materials，2009，167（1）：933-939.

[8] Li M，Liu Q，Guo L，et al. Cu（Ⅱ）removal from aqueous solution by *Spartina alterniflora* derived biochar[J]. Bioresource Technology，2013，141：83-88.

[9] Dong X，Ma L Q，Li Y. Characteristics and mechanisms of hexavalent chromium removal by biochar from sugar beet tailing[J]. Journal of Hazardous Materials，2011，190（1）：909-915.

[10] Kumar S，Loganathan V A，Gupta R B，et al. An assessment of U（Ⅵ）removal from groundwater using biochar produced from hydrothermal carbonization[J]. Journal of Environmental Management，2011，92（10）：2504-2512.

[11] Lu H，Zhang W，Yang Y，et al. Relative distribution of Pb^{2+} sorption mechanisms by sludge-derived biochar[J]. Water Research，2012，46（3）：854-862.

[12] Xue Y W，Gao B，Yao Y，et al. Hydrogen peroxide modification enhances the ability of biochar（hydrochar）produced from hydrothermal carbonization of peanut hull to remove aqueous heavy metals：Batch and column tests[J]. Chemical Engineering Journal，2012，200：673-680.

[13] Samsuri A W，Sadegh-Zadeh F，Seh-Bardan B J. Characterization of biochars produced from oil palm and rice husks and their adsorption capacities for heavy metals[J]. International Journal of Environmental Science and Technology，2014，11（4）：967-976.

[14] Ding W，Dong X，Ime I M，et al. Pyrolytic temperatures impact lead sorption mechanisms by bagasse biochars[J]. Chemosphere，2014，105：68-74.

[15] Cao X，Ma L，Gao B，et al. Dairy-manure derived biochar effectively sorbs lead and atrazine[J]. Environmental Science & Technology，2009，43（9）：3285-3291.

[16] Xu X Y，Cao X D，Zhao L. Comparison of rice husk-and dairy manure-derived biochars for simultaneously removing heavy metals from aqueous solutions：Role of mineral components in biochars[J]. Chemosphere，2013，

92（8）：955-961.

[17] Sun L，Wan S，Luo W. Biochars prepared from anaerobic digestion residue，palm bark，and eucalyptus for adsorption of cationic methylene blue dye：Characterization，equilibrium，and kinetic studies[J]. Bioresource Technology，2013，140：406-413.

[18] Mahmoud D K，Salleh M A M，Karim W A W A，et al. Batch adsorption of basic dye using acid treated kenaf fibre char：equilibrium，kinetic and thermodynamic studies[J]. Chemical Engineering Journal，2012，181：449-457.

[19] Ahmad M，Lee S S，Dou X，et al. Effects of pyrolysis temperature on soybean stover-and peanut shell-derived biochar properties and TCE adsorption in water[J]. Bioresource Technology，2012，118：536-544.

[20] Xu R K，Xiao S C，Yuan J H，et al. Adsorption of methyl violet from aqueous solutions by the biochars derived from crop residues[J]. Bioresource Technology，2011，102（22）：10293-10298.

[21] Tsai W T，Chen H R. Adsorption kinetics of herbicide paraquat in aqueous solution onto a low-cost adsorbent，swine-manure-derived biochar[J]. International Journal of Environmental Science and Technology，2013，10（6）：1349-1356.

[22] Yao H，Lu J，Wu J，et al. Adsorption of fluoroquinolone antibiotics by wastewater sludge biochar：Role of the sludge source[J]. Water，Air，& Soil Pollution，2013，224（1）：1-9.

[23] Xie M，Chen W，Xu Z，et al. Adsorption of sulfonamides to demineralized pine wood biochars prepared under different thermochemical conditions[J]. Environmental Pollution，2014，186：187-194.

[24] Zhang M，Gao B，Yao Y，et al. Synthesis，characterization，and environmental implications of graphene-coated biochar[J]. Science of the Total Environment，2012，435-436：567-572.

[25] Tang L，Yu J F，Pang Y，et al. Sustainable efficient adsorbent：Alkali-acid modified magnetic biochar derived from sewage sludge for aqueous organic contaminant removal[J]. Chemical Engineering Journal，2018，336：160-169.

[26] Zhu X D，Liu Y C，Zhou C，et al. A novel porous carbon derived from hydrothermal carbon for efficient adsorption of tetracycline[J]. Carbon，2014，77：627-636.

[27] Sun K，Kang M，Zhang Z，et al. Impact of deashing treatment on biochar structural properties and potential sorption mechanisms of phenanthrene[J]. Environmental Science & Technology，2013，47（20）：11473-11481.

[28] Rajapaksha A U，Chen S S，Tsang D C，et al. Engineered/designer biochar for contaminant removal/immobilization from soil and water：Potential and implication of biochar modification[J]. Chemosphere，2016，148：276-291.

[29] Chen S Q，Chen Y L，Jiang H. Slow pyrolysis magnetization of hydrochar for effective and highly stable removal of tetracycline from aqueous solution[J]. Industrial & Engineering Chemistry Research，2017，56（11）：3059-3066.

[30] Zhang P，Sun H，Yu L，et al. Adsorption and catalytic hydrolysis of carbaryl and atrazine on pig manure-derived biochars：impact of structural properties of biochars[J]. Journal of Hazardous Materials，2013，244-245：217-224.

[31] Mohanty S K，Valenca R，Berger A W，et al. Plenty of room for carbon on the ground：Potential applications of biochar for stormwater treatment[J]. Science of the Total Environment，2018，625：1644-1658.

[32] Mukherjee A，Zimmerman A R，Harris W. Surface chemistry variations among a series of laboratory-produced biochars[J]. Geoderma，2011，163（3-4）：247-255.

[33] Chen Z M，Chen B L，Zhou D D，et al. Bisolute sorption and thermodynamic behavior of organic pollutants to biomass-derived biochars at two pyrolytic temperatures[J]. Environmental Science & Technology，2012，46（22）：12476-12483.

[34] Chen B，Zhou D，Zhu L. Transitional adsorption and partition of nonpolar and polar aromatic contaminants by biochars of pine needles with different pyrolytic temperatures[J]. Environmental Science & Technology，2008，42（14）：5137-5143.

[35] Ahmad M，Lee S S，Rajapaksha A U，et al. Trichloroethylene adsorption by pine needle biochars produced at various pyrolysis temperatures[J]. Bioresource Technology，2013，143：615-622.

[36] Shen Y S，Wang S L，Tzou Y M，et al. Removal of hexavalent Cr by coconut coir and derived chars-The effect of surface functionality[J]. Bioresource Technology，2012，104：165-172.

[37] Liu Z G，Zhang F S，Wu J Z. Characterization and application of chars produced from pinewood pyrolysis and hydrothermal treatment[J]. Fuel，2010，89（2）：510-514.

[38] Ulrich B A，Im E A，Werner D，et al. Biochar and activated carbon for enhanced trace organic contaminant retention in stormwater infiltration systems[J]. Environmental Science & Technology，2015，49（10）：6222-6230.

[39] Kong H，He J，Gao Y，et al. Cosorption of phenanthrene and mercury（Ⅱ）from aqueous solution by soybean stalk-based biochar[J]. Journal of Agricultural and Food Chemistry，2011，59（22）：12116-12123.

[40] Jin J，Sun K，Wu F，et al. Single-solute and bi-solute sorption of phenanthrene and dibutyl phthalate by plant-and manure-derived biochars[J]. Science of the Total Environment，2014，473-474：308-316.

[41] Chen J，Zhu D，Sun C. Effect of heavy metals on the sorption of hydrophobic organic compounds to wood charcoal[J]. Environmental Science & Technology，2007，41（7）：2536-2541.

[42] Ohtaki H，Radnai T. Structure and dynamics of hydrated ions[J]. Chemical Reviews，1993，1993：1157-1204.

[43] Jia M，Wang F，Bian Y，et al. Effects of pH and metal ions on oxytetracycline sorption to maize-straw-derived biochar[J]. Bioresource Technology，2013，136：87-93.

[44] Parshetti G K，Chowdhury S，Balasubramanian R. Hydrothermal conversion of urban food waste to chars for removal of textile dyes from contaminated waters[J]. Bioresource Technology，2014，161：310-319.

[45] Hale S E，Hanley K，Lehmann J，et al. Effects of chemical，biological，and physical aging as well as soil addition on the sorption of pyrene to activated carbon and biochar[J]. Environmental Science & Technology，2012，46（4）：2479-2480.

[46] Ghaffar A，Ghosh S，Li F，et al. Effect of biochar aging on surface characteristics and adsorption behavior of dialkyl phthalates[J]. Environmental Pollution，2015，206：502-509.

[47] Fristak V，Friesl-Hanl W，Wawra A，et al. Effect of biochar artificial ageing on Cd and Cu sorption characteristics[J]. Journal of Geochemical Exploration，2015，159：178-184.

[48] Wang H，Feng M，Zhou F，et al. Effects of atmospheric ageing under different temperatures on surface properties of sludge-derived biochar and metal/metalloid stabilization[J]. Chemosphere，2017，184：176-184.

[49] Klupfel L，Keiluweit M，Kleber M，et al. Redox properties of plant biomass-derived black carbon（biochar）[J]. Environmental Science & Technology，2014，48（10）：5601-5611.

[50] Oh S Y，Son J G，Chiu P C. Biochar-mediated reductive transformation of nitro herbicides and explosives[J]. Environmental Toxicology and Chemistry，2013，32（3）：501-508.

[51] Yu J F，Feng H P，Tang L，et al. Metal-free carbon materials for persulfate-based advanced oxidation process：Microstructure，property and tailoring[J]. Progress in Materials Science，2020，111（10）：100654.

[52] Wei D，Liu Y，Wang Y，et al. Synthesis of N-doped graphene by chemical vapor deposition and its electrical properties[J]. Nano Letters，2009，9（5）：1752-1758.

[53] Chen X，Oh W，Hu Z，et al. Enhancing sulfacetamide degradation by peroxymonosulfate activation with N-doped graphene produced through delicately-controlled nitrogen functionalization via tweaking thermal annealing processes[J]. Applied Catalysis B：Environmental，2018，225：243-257.

[54] Sun H Q，Kwan C，Suvorova A，et al. Catalytic oxidation of organic pollutants on pristine and surface nitrogen-modified carbon nanotubes with sulfate radicals[J]. Applied Catalysis B：Environmental，2014，154：

134-141.

[55] Chen H，Carroll K C. Metal-free catalysis of persulfate activation and organic-pollutant degradation by nitrogen-doped graphene and aminated graphene[J]. Environmental Pollution，2016，215：96-102.

[56] Zhu S，Huang X，Ma F，et al. Catalytic removal of aqueous contaminants on N-doped graphitic biochars：Inherent roles of adsorption and nonradical mechanisms[J]. Environmental Science & Technology，2018，52（15）：8649-8658.

[57] Yang Z，Yao Z，Li G F，et al. Sulfur-doped graphene as an efficient metal-free cathode catalyst for oxygen reduction[J]. ACS Nano，2012，6（1）：205-211.

[58] Petit C，Peterson G W，Mahle J，et al. The effect of oxidation on the surface chemistry of sulfur-containing carbons and their arsine adsorption capacity[J]. Carbon，2010，48（6）：1779-1787.

[59] Guo Y P，Zeng Z Q，Li Y L，et al. *In-situ* sulfur-doped carbon as a metal-free catalyst for persulfate activated oxidation of aqueous organics[J]. Catalysis Today，2018，307：12-19.

[60] Wang H，Guo W，Liu B，et al. Sludge-derived biochar as efficient persulfate activators：Sulfurization-induced electronic structure modulation and disparate nonradical mechanisms[J]. Applied Catalysis B：Environmental，2020，279：119361.

[61] Yu S S，Zheng W T. Effect of N/B doping on the electronic and field emission properties for carbon nanotubes，carbon nanocones，and graphene nanoribbons[J]. Nanoscale，2010，2（7）：1069-1082.

[62] Wang Y B，Liu M，Zhao X，et al. Insights into heterogeneous catalysis of peroxymonosulfate activation by boron-doped ordered mesoporous carbon[J]. Carbon，2018，135：238-247.

[63] Duan X G，Indrawirawan S，Sun H Q，et al. Effects of nitrogen-，boron-，and phosphorus-doping or codoping on metal-free graphene catalysis[J]. Catalysis Today，2015，249：184-191.

[64] Zheng Y，Jiao Y，Ge L，et al. Two-step boron and nitrogen doping in graphene for enhanced synergistic catalysis[J]. Angewandte Chemie International Edition，2013，52（11）：3110-3116.

[65] Ye S，Zeng G，Tan X，et al. Nitrogen-doped biochar fiber with graphitization from *Boehmeria nivea* for promoted peroxymonosulfate activation and non-radical degradation pathways with enhancing electron transfer[J]. Applied Catalysis B：Environmental，2020，269：118850.

[66] Duan X G，Sun H Q，Kang J，et al. Insights into heterogeneous catalysis of persulfate activation on dimensional-structured nanocarbons[J]. ACS Catalysis，2015，5（8）：4629-4636.

[67] Lomnicki S，Truong H，Vejerano E，et al. Copper oxide-based model of persistent free radical formation on combustion-derived particulate matter[J]. Environmental Science & Technology，2008，42（13）：4982-4988.

[68] Cruz A L N D，Cook R L，Lomnicki S M，et al. Effect of low temperature thermal treatment on soils contaminated with pentachlorophenol and environmentally persistent free radicals[J]. Environmental Science & Technology，2012，46（11）：5971-5978.

[69] Chen B，Chen Z，Lv S. A novel magnetic biochar efficiently sorbs organic pollutants and phosphate[J]. Bioresource Technology，2011，102（2）：716-723.

[70] Fang G，Liu C，Gao J，et al. Manipulation of persistent free radicals in biochar to activate persulfate for contaminant degradation[J]. Environmental Science & Technology，2015，49（9）：5645-5653.

[71] Fang G，Gao J，Liu C，et al. Key role of persistent free radicals in hydrogen peroxide activation by biochar：implications to organic contaminant degradation[J]. Environmental Science & Technology，2014，48（3）：1902-1910.

[72] Yang J，Pignatello J J，Pan B，et al. Degradation of p-nitrophenol by lignin and cellulose chars：H_2O_2-mediated reaction and direct reaction with the char[J]. Environmental Science & Technology，2017，51（16）：8972-8980.

[73] Yang J，Pan B，Li H，et al. Degradation of p-nitrophenol on biochars：Role of persistent free radicals[J]. Environmental Science & Technology，2016，50（2）：694-700.

[74] Qin Y，Li G，Gao Y，et al. Persistent free radicals in carbon-based materials on transformation of refractory organic contaminants（Rocs）in water：A critical review[J]. Water Research，2018，137：130-143.

[75] Fang G，Liu C，Gao J，et al. Manipulation of persistent free radicals in biochar to activate persulfate for contaminant degradation[J]. Environmental Science & Technology，2015，49（9）：5645-5653.

[76] Yu J，Tang L，Pang Y，et al. Magnetic nitrogen-doped sludge-derived biochar catalysts for persulfate activation：Internal electron transfer mechanism[J]. Chemical Engineering Journal，2019，364：146-159.

[77] Zhou X，Zeng Z，Zeng G，et al. Persulfate activation by swine bone char-derived hierarchical porous carbon：Multiple mechanism system for organic pollutant degradation in aqueous media[J]. Chemical Engineering Journal，2020，383：123091.

[78] Yu J，Tang L，Pang Y，et al. Hierarchical porous biochar from shrimp shell for persulfate activation：A two-electron transfer path and key impact factors[J]. Applied Catalysis B：Environmental，2020，260：118160.

[79] Shi C F，Li Y M，Feng H Y，et al. Removal of p-nitrophenol using persulfate activated by biochars prepared from different biomass materials[J]. Chemical Research in Chinese Universities，2018，34（1）：39-43.

[80] Meng H，Nie C Y，Li W L，et al. Insight into the effect of lignocellulosic biomass source on the performance of biochar as persulfate activator for aqueous organic pollutants remediation：Epicarp and mesocarp of citrus peels as examples[J]. Journal of Hazardous Materials，2020，399：123043.

[81] Oh S Y，Seo Y D，Ryu K S，et al. Redox and catalytic properties of biochar-coated zero-valent iron for the removal of nitro explosives and halogenated phenols[J]. Environmental Science-Processes & Impacts，2017，19（5）：711-719.

[82] Wang R，Huang D，Liu Y，et al. Recent advances in biochar-based catalysts：Properties，applications and mechanisms for pollution remediation[J]. Chemical Engineering Journal，2019，371（1）：380-403.

[83] Fu D，Chen Z，Xia D，et al. A novel solid digestate-derived biochar-Cu NP composite activating H_2O_2 system for simultaneous adsorption and degradation of tetracycline[J]. Environmental Pollution，2017，221：301-310.

[84] Zhang P，Tan X，Liu S，et al. Catalytic degradation of estrogen by persulfate activated with iron-doped graphitic biochar：Process variables effects and matrix effects[J]. Chemical Engineering Journal，2019，378：122141.

[85] Hussain I，Li M Y，Zhang Y Q，et al. Insights into the mechanism of persulfate activation with nZVI/BC nanocomposite for the degradation of nonylphenol[J]. Chemical Engineering Journal，2017，311：163-172.

[86] Deng J M，Dong H R，Zhang C，et al. Nanoscale zero-valent iron/biochar composite as an activator for Fenton-like removal of sulfamethazine[J]. Separation and Purification Technology，2018，202：130-137.

[87] Ouyang D，Yan J，Qian L，et al. Degradation of 1, 4-dioxane by biochar supported nano magnetite particles activating persulfate[J]. Chemosphere，2017，184：609-617.

[88] Wang J，Liao Z，Ifthikar J，et al. One-step preparation and application of magnetic sludge-derived biochar on acid orange 7 removal via both adsorption and persulfate based oxidation[J]. Rsc Advances，2017，7(30)：18696-18706.

[89] Zhang H，Xue G，Chen H，et al. Magnetic biochar catalyst derived from biological sludge and ferric sludge using hydrothermal carbonization：Preparation，characterization and its circulation in Fenton process for dyeing wastewater treatment[J]. Chemosphere Environmental Toxicology & Risk Assessment，2018，191：64-71.

[90] Rubeena K K，Reddy P H P，Laiju A R，et al. Iron impregnated biochars as heterogeneous Fenton catalyst for the degradation of acid red 1 dye[J]. Journal of Environmental Management，2018，226：320-328.

[91] Park J H，Wang J J，Xiao R，et al. Degradation of Orange G by Fenton-like reaction with Fe-impregnated biochar

catalyst[J]. Bioresource Technology，2018，249：368-376.

[92] Chen L W，Yang S J，Zuo X，et al. Biochar modification significantly promotes the activity of Co_3O_4 towards heterogeneous activation of peroxymonosulfate[J]. Chemical Engineering Journal，2018，354：856-865.

[93] Fu H C，Ma S L，Zhao P，et al. Activation of peroxymonosulfate by graphitized hierarchical porous biochar and $MnFe_2O_4$ magnetic nanoarchitecture for organic pollutants degradation：Structure dependence and mechanism[J]. Chemical Engineering Journal，2019，360：157-170.

[94] Mian M M，Liu G J. Sewage sludge-derived TiO_2/Fe/Fe_3C-biochar composite as an efficient heterogeneous catalyst for degradation of methylene blue[J]. Chemosphere，2019，215：101-114.

[95] Zhu K，Bin Q，Shen Y Q，et al. *In-situ* formed N-doped bamboo-like carbon nanotubes encapsulated with Fe nanoparticles supported by biochar as highly efficient catalyst for activation of persulfate（PS）toward degradation of organic pollutants[J]. Chemical Engineering Journal，2020，402：126090.

[96] Xu L，Fu B R，Sun Y，et al. Degradation of organic pollutants by Fe/N co-doped biochar via peroxymonosulfate activation：Synthesis，performance，mechanism and its potential for practical application[J]. Chemical Engineering Journal，2020，400：125870.

[97] Mian M M，Liu G，Fu B，et al. Facile synthesis of sludge-derived MnO_x-N-biochar as an efficient catalyst for peroxymonosulfate activation[J]. Applied Catalysis B：Environmental，2019，255：117765.

[98] Li S，Wu Y，Zheng Y，et al. Free-radical and surface electron transfer dominated bisphenol ：A degradation in system of ozone and peroxydisulfate co-activated by $CoFe_2O_4$-biochar[J]. Applied Surface Science，2020，541（7）：147887.

[99] Ye S，Yan M，Tan X，et al. Facile assembled biochar-based nanocomposite with improved graphitization for efficient photocatalytic activity driven by visible light[J]. Applied Catalysis B：Environmental，2019，250：78-88.

[100] Zhang H Y，Wang Z W，Li R N，et al. TiO_2 supported on reed straw biochar as an adsorptive and photocatalytic composite for the efficient degradation of sulfamethoxazole in aqueous matrices[J]. Chemosphere，2017，185：351-360.

[101] Zhang S C，Lu X J. Treatment of wastewater containing Reactive Brilliant Blue KN-R using TiO_2/BC composite as heterogeneous photocatalyst and adsorbent[J]. Chemosphere，2018，206：777-783.

[102] Huiqin L，Jingtao H，Xin Z，et al. An investigation of the biochar-based visible-light photocatalyst via a self-assembly strategy[J]. Journal of Environmental Management，2018，217：175-182.

[103] Yu L P，Yuan Y，Tang J，et al. Biochar as an electron shuttle for reductive dechlorination of pentachlorophenol by Geobacter sulfurreducens[J]. Scientific Reports，2015，5：16221.

[104] Hu J，Zhang L，Lu B Q，et al. $LaMnO_3$ nanoparticles supported on N doped porous carbon as efficient photocatalyst[J]. Vacuum，2019，159：59-68.

[105] Xu W，Pignatello J J，Mitch W A. Role of black carbon electrical conductivity in mediating hexahydro-1, 3, 5-trinitro-1, 3, 5-triazine（RDX）transformation on carbon surfaces by sulfides[J]. Environmental Science & Technology，2013，47（13）：7129-7136.

[106] Wang T，Liu X Q，Ma C C，et al. A two step hydrothermal process to prepare carbon spheres from bamboo for construction of core-shell non-metallic photocatalysts[J]. New Journal of Chemistry，2018，42（8）：6515-6524.

[107] Qu Y，Duan X. Progress，challenge and perspective of heterogeneous photocatalysts[J]. Chemical Society Reviews，2013，42（7）：2568-2580.

[108] Li Y Z，Hwang D S，Lee N H，et al. Synthesis and characterization of carbon-doped titania as an artificial solar light sensitive photocatalyst[J]. Chemical Physics Letters，2005，404（1-3）：25-29.

[109] Lisowski P，Colmenares J C，Mašek O，et al. Dual functionality of TiO_2/biochar hybrid materials：Photocatalytic phenol degradation in liquid phase and selective oxidation of methanol in gas phase[J]. ACS Sustainable Chemistry & Engineering，2017，5（7）：6274-6287.

[110] Matos J，Hofman M，Pietrzak R. Synergy effect in the photocatalytic degradation of methylene blue on a suspended mixture of TiO_2 and N-containing carbons[J]. Carbon，2013，54：460-471.

[111] Matos J. Eco-friendly heterogeneous photocatalysis on biochar-based materials under solar irradiation[J]. Topics in Catalysis，2016，59（2-4）：394-402.

[112] Jeon P，Lee M E，Baek K. Adsorption and photocatalytic activity of biochar with graphitic carbon nitride（g-C_3N_4）[J]. Journal of the Taiwan Institute of Chemical Engineers，2017，77：244-249.

[113] Tu D，Liao H W，Deng Q L，et al. Renewable biomass derived porous BCN nanosheets and their adsorption and photocatalytic activities for the decontamination of organic pollutants[J]. RSC Advances，2018，8（39）：21905-21914.

[114] Li K X，Huang Z，Zhu S Y，et al. Removal of Cr（Ⅵ）from water by a biochar-coupled g-C_3N_4 nanosheets composite and performance of a recycled photocatalyst in single and combined pollution systems[J]. Applied Catalysis B：Environmental，2019，243：386-396.

[115] Kaur P，Verma G，Sekhon S S. Biomass derived hierarchical porous carbon materials as oxygen reduction reaction electrocatalysts in fuel cells[J]. Progress in Materials Science，2019，102：1-71.

[116] Borghei M，Lehtonen J，Liu L，et al. Advanced biomass-derived electrocatalysts for the oxygen reduction reaction[J]. Advanced Materials，2018，30（24）：e1703691.

[117] Antonietti M，Lopez-Salas N，Primo A. Adjusting the structure and electronic properties of carbons for metal-free carbocatalysis of organic transformations[J]. Advanced Materials，2019，31（13）：e1805719.

[118] Liu W，Jiang H，Yu H. Emerging applications of biochar-based materials for energy storage and conversion[J]. Energy & Environmental Science，2019，12（6）：1751-1779.

[119] Colmenares J C，Varma R S，Lisowski P. Sustainable hybrid photocatalysts：Titania immobilized on carbon materials derived from renewable and biodegradable resources[J]. Green Chemistry，2016，18（21）：5736-5750.

[120] Shi L，Yin Y，Zhang L C，et al. Design and engineering heterojunctions for the photoelectrochemical monitoring of environmental pollutants：A review[J]. Applied Catalysis B：Environmental，2019，248：405-422.

[121] Huang D，Luo H，Zhang C，et al. Nonnegligible role of biomass types and its compositions on the formation of persistent free radicals in biochar：Insight into the influences on Fenton-like process[J]. Chemical Engineering Journal，2019，361：353-363.

[122] Lu L，Yu W，Wang Y，et al. Application of biochar-based materials in environmental remediation：From multi-level structures to specific devices[J]. Biochar，2020，2（1）：1-31.

[123] Chen H，Liang X，Liu Y，et al. Active site engineering in porous electrocatalysts[J]. Advanced Materials，2020：e2002435.

[124] 王慧晴，李燕，司友斌，等. 电催化氧化降解水体中抗生素磺胺[J]. 环境工程学报，2018，12：779-787.

[125] 杨唯艺. 电解-吸附法降解染料废水中毒性污染物的机理及应用研究[D]. 武汉：武汉理工大学，2019.

[126] Zhang T，Liu Y，Yang L，et al. Ti—Sn—Ce/bamboo biochar particle electrodes for enhanced electrocatalytic treatment of coking wastewater in a three-dimensional electrochemical reaction system[J]. Journal of Cleaner Production，2020，258：120273.

[127] Ruan X，Sun Y，Du W，et al. Formation，characteristics，and applications of environmentally persistent free radicals in biochars：A review[J]. Bioresource Technology，2019，281：457-468.

[128] Gao M，Wang W，Zheng Y，et al. Hierarchically porous biochar for supercapacitor and electrochemical H_2O_2 production[J]. Chemical Engineering Journal，2020，402：126171.

[129] Deng F，Olvera-Vargas H，Garcia-Rodriguez O，et al. Waste-wood-derived biochar cathode and its application in electro-Fenton for sulfathiazole treatment at alkaline pH with pyrophosphate electrolyte[J]. Journal of Hazardous Materials，2019，377：249-258.

[130] Deng F，Li S，Zhou M，et al. A biochar modified nickel-foam cathode with iron-foam catalyst in electro-Fenton for sulfamerazine degradation[J]. Applied Catalysis B：Environmental，2019，256：117796.

[131] Chen F，Yang Q，Li X，et al. Hierarchical assembly of graphene-bridged Ag_3PO_4/Ag/$BiVO_4$（040）Z-scheme photocatalyst：An efficient，sustainable and heterogeneous catalyst with enhanced visible-light photoactivity towards tetracycline degradation under visible light irradiation[J]. Applied Catalysis B：Environmental，2017，200：330-342.

[132] Nie M，Zhang W，Yan C，et al. Enhanced removal of organic contaminants in water by the combination of peroxymonosulfate and carbonate[J]. Science of the Total Environment，2019，647：734-743.

[133] Ye S，Cheng M，Zeng G，et al. Insights into catalytic removal and separation of attached metals from natural-aged microplastics by magnetic biochar activating oxidation process[J]. Water Research，2020，179：115876.

[134] Xu L，Yang L，Johansson E M J，et al. Photocatalytic activity and mechanism of bisphenol a removal over TiO_{2-x}/rGO nanocomposite driven by visible light[J]. Chemical Engineering Journal，2018，350：1043-1055.

[135] Qiu X，Yang S，Dzakpasu M，et al. Attenuation of BPA degradation by SO_4^- in a system of peroxymonosulfate coupled with Mn/Fe MOF-templated catalysts and its synergism with Cl^- and bicarbonate[J]. Chemical Engineering Journal，2019，372：605-615.

[136] Cao X，Huang Y，Tang C，et al. Preliminary study on the electrocatalytic performance of an iron biochar catalyst prepared from iron-enriched plants[J]. Journal of Environmental Sciences（China），2020，88：81-89.

[137] Nieva L M L，Sieben J M，Comignani V，et al. Biochar from pyrolysis of cellulose：An alternative catalyst support for the electro-oxidation of methanol[J]. International Journal of Hydrogen Energy，2016，41（25）：10695-10706.

[138] Sun C，Chen T，Huang Q，et al. Biochar cathode：Reinforcing electro-Fenton pathway against four-electron reduction by controlled carbonization and surface chemistry[J]. Science ofthe Total Environment，2021，754：142136.

[139] Chen Z，Liu Y，Wei W，et al. Recent advances in electrocatalysts for halogenated organic pollutant degradation[J]. Environmental Science：Nano，2019，6（8）：2332-2366.

[140] Zeng Z，Ye S，Wu H，et al. Research on the sustainable efficacy of *g*-MoS_2 decorated biochar nanocomposites for removing tetracycline hydrochloride from antibiotic-polluted aqueous solution[J]. Science of the Total Environment，2019，648：206-217.

[141] Oh W D，Lisak G，Webster R D，et al. Insights into the thermolytic transformation of lignocellulosic biomass waste to redox-active carbocatalyst：Durability of surface active sites[J]. Applied Catalysis B：Environmental，2018，233：120-129.

[142] Ding H，Zhu Y，Wu Y，et al. *In Situ* Regeneration of phenol-saturated activated carbon fiber by an electro-peroxymonosulfate process[J]. Environmental Science & Technology，2020，54（17）：10944-10953.

[143] Wan Z，Sun Y，Tsang D C W，et al. Sustainable impact of tartaric acid as electron shuttle on hierarchical iron-incorporated biochar[J]. Chemical Engineering Journal，2020，395：125138.

[144] Thiruppathi M，Leeladevi K，Ramalingan C，et al. Construction of novel biochar supported copper tungstate nanocomposites：A fruitful divergent catalyst for photocatalysis and electrocatalysis[J]. Materials Science in

Semiconductor Processing，2020，106：104766.

[145] Abel S，Peters A，Trinks S，et al. Impact of biochar and hydrochar addition on water retention and water repellency of sandy soil[J]. Geoderma，2013，202：183-191.

[146] Fox D M，Darboux F，Carrega P. Effects of fire-induced water repellency on soil aggregate stability，splash erosion，and saturated hydraulic conductivity for different size fractions[J]. Hydrological Processes，2007，21（17）：2377-2384.

[147] Ahmed M B，Zhou J L，Ngo H H，et al. Progress in the preparation and application of modified biochar for improved contaminant removal from water and wastewater[J]. Bioresource Technology，2016，214：836-851.

[148] Zhang L，Sun X. Changes in physical，chemical，and microbiological properties during the two-stage co-composting of green waste with spent mushroom compost and biochar[J]. Bioresource Technology，2014，171：274-284.

[149] Hua L，Chen Y X，Wu W X. Impacts upon soil quality and plant growth of bamboo charcoal addition to composted sludge[J]. Environmental Technology，2012，33（1）：61-68.

[150] 王韦胜. 磁性生物炭填料 BAF 处理城市生活污水的试验研究[D]. 镇江：江苏大学，2016.

[151] Saquing J M，Yu Y H，Chiu P C. Wood-Derived black carbon（biochar）as a microbial electron donor and acceptor[J]. Environmental Science & Technology Letters，2016，3（2）：62-66.

[152] Ye S，Zeng G，Wu H，et al. Biological technologies for the remediation of co-contaminated soil[J]. Critical Reviews in Biotechnology，2017，37（8）：1062-1076.

[153] Elad Y，Cytryn E，Harel Y M，et al. The biochar effect：Plant resistance to biotic stresses[J]. Phytopathologia Mediterranea，2011，50（3）：335-349.

[154] Cao C T N，Farrell C，Kristiansen P E，et al. Biochar makes green roof substrates lighter and improves water supply to plants[J]. Ecological Engineering，2014，71：368-374.

[155] Yan Y，Ma M，Liu X，et al. Effect of biochar on anaerobic degradation of pentabromodiphenyl ether（BDE-99）by archaea during natural groundwater recharge with treated municipal wastewater[J]. International Biodeterioration & Biodegradation，2017，124：119-127.

[156] Lu L，Chen B. Enhanced bisphenol A removal from stormwater in biochar-amended biofilters：Combined with batch sorption and fixed-bed column studies[J]. Environmental Pollution，2018，243（Pt B）：1539-1549.

[157] Pan X，Chen M，Wang F，et al. Effect of biochar addition on the removal of organic and nitrogen pollutants from leachate treated with a semi-aerobic aged refuse biofilter[J]. Waste management & Research，2020，38（10）：1176-1184.

[158] Bock E，Smith N，Rogers M，et al. Enhanced nitrate and phosphate removal in a denitrifying bioreactor with biochar[J]. Journal of Environmental Quality，2015，44（2）：605-613.

[159] Tan X Z，Shao D G，Liu H H，et al. Effects of alternate wetting and drying irrigation on percolation and nitrogen leaching in paddy fields[J]. Paddy and Water Environment，2013，11（1-4）：381-395.

[160] Omondi M O，Xia X，Nahayo A，et al. Quantification of biochar effects on soil hydrological properties using meta-analysis of literature data[J]. Geoderma，2016，274：28-34.

[161] Erickson A J，Gulliver J S，Arnold W A，et al. Abiotic capture of stormwater nitrates with granular activated carbon[J]. Environmental Engineering Science，2016，33（5）：354-363.

[162] Ulrich B A，Loehnert M，Higgins C P. Improved contaminant removal in vegetated stormwater biofilters amended with biochar[J]. Environmental Science-Water Research & Technology，2017，3（4）：726-734.

[163] 刘巧. 基于微反应器的 CFMBR 处理城市生活污水的试验研究[D]. 镇江：江苏大学，2020.

[164] Ye S，Zeng G，Wu H，et al. The effects of activated biochar addition on remediation efficiency of co-composting with contaminated wetland soil[J]. Resources，Conservation and Recycling，2019，140：278-285.

[165] Chen J H, Liu X Y, Li L Q, et al. Consistent increase in abundance and diversity but variable change in community composition of bacteria in topsoil of rice paddy under short term biochar treatment across three sites from South China[J]. Applied Soil Ecology，2015，91：68-79.

[166] 田婧，刘丹. 生物炭对去除生物滞留池氨氮及雨水持留的影响[J]. 西南交通大学学报，2017，(6)：1201-1207.

第 4 章　生物炭在水体资源回收中的应用

引　言

由于有限的资源储备量和不断增长的资源需求之间的矛盾，各国政府已经意识到节能减排和可持续发展的重要性。近几十年来，水资源的短缺使人类对废水的再利用观念增强，废水资源化因其经济性和生态优势受到世界各国的关注。考虑工业化和城市化对自然生态系统淡水的过度利用，同时为了以可持续的方式应对资源稀缺的挑战，废水再利用不仅可以缓解水资源短缺的现象，还提供了回收包括营养物质、金属、能源等资源的机会，从而在一定程度上减少了资源的开发利用。在考虑实际工程应用中的水资源回收时，应基于现有的且比较成熟的材料和技术来提出经济可行和环境友好的方案。从废水中回收资源的技术和方法必须是环保的、经济可行的，并能有效地回收水、能源和其中各种增值成分。

被回收物质的浓缩和分离效果是评估现有的用于水体资源回收材料及其技术的关键指标。其中，生物炭已在成本、养分保留、污染物捕获能力等方面表现出优势，因而生物炭在水体资源回收中具有巨大潜力。因此，了解生物炭与资源回收之间的关系对于开发基于生物炭的体系在水体资源回收中的应用至关重要。本章全面地评估了生物炭在废水资源回收中的潜力和作用。利用生物炭从废水中回收的物质主要包括组分（营养物质、金属等）、水资源和能源。同时本章对不同物质的回收方法进行了分类，并介绍回收物质的资源化可能性和使用后生物炭的最终处置方法。通过揭示生物炭生产方法与回收再利用物质之间的相互关系，尝试从理论上提供资源回收中生物炭的选择指南，提出未来生物炭在资源回收领域的研究方向。

4.1　可利用生物炭回收的资源

随着人口增长和经济发展，包括水、能源在内的资源消耗持续增加。资源的短缺问题迫使人们开始关注废水中资源回收的可能性和可行性[1, 2]。20 世纪 90 年代，研究人员提出以源头减排系统代替传统的排水系统，该系统可以直接从源头实现不同类型污水的分离[3, 4]。之后，可以通过选择合适的方法对不同类型的污水进行资源回收和再利用。一般来说，生活污水根据来源可以分为三类：褐水、黄水和灰水。褐水主要指从厕所收集的排泄物和冲洗水，它的高固体含量使其适合通过厌氧消化的方式回收能量[5]。尿液是黄水的主要来源，特点是碳含量低，氮和磷的含量高。它主要适用于养分的回收再利用。灰水是指来自于家庭的厨房、洗衣、沐浴和盥洗用水等废水，其也是城市污水的重要组成部分，占总体排水量的一半以上[6]。但在多数城市中，上述三类水是通过管道回收到污水处理厂集中处理处置的，其中产生量最高但是污染物浓度相对较低的灰水会加重市政污水处理厂的污水处理整体负荷。所以从源头对污水进行分类，再进行资源回收和处理是有必要的。

由于生物炭本身优越的吸附性能、低廉的价格和来源丰富的生产原料，生物炭在水处理中的应用优势明显[7-9]。本节通过总结现有研究中生物炭和可回收物质之间的相互关系（图4-1），对资源回收中生物炭的选择进行指导（图4-2）。

4.1.1　溶质组分

1. 营养物质

利用生物炭可以实现回收的营养物质主要包括磷、氮和腐殖酸（humic acid，HA）等。在传统的污水处理中，营养物质作为污染物的一部分，需要通过一定的手段去除。然而，传统方式去除营养物质可能会带来污泥处理处置等问题，间接增加了资源和能源的消耗。同时，资源的短缺，特别是作为不可再生资源的磷的消耗一直是人类所面临的难题[10]。因此，从污水中回收营养物质得到越来越多人的关注。

近年来，源分离技术越来越受到重视。尿液对废水中总氮和总磷的贡献率分别超过了75%和50%。尿液从源头与其他废水分离后，从尿液中回收营养物质是一种经济效益可行的资源回收途径[11]。生物炭因为其具有较高的吸附能力，被广泛应用于废水中过量营养物质的捕获，已成为环境资源回收研究的热点[12]。

1）磷

磷广泛存在于动植物的组织中，是动物构成骨骼、牙齿的必要元素，几乎参与了所有生理上的化学反应；它也是植物生长和发育最重要的常量营养素之一。从农业和城市活动中排出的废水通常富含磷化合物，过量的磷排放是引起淡水水体富营养化的原因。可用于生产和生活的磷主要来自开采的磷酸盐类矿物。由于磷是一种不可再生的资源，同时生物体摄入的磷元素会以可溶解性的磷酸盐排放到环境中，因此从水体中回收磷是很有必要的。目前研究人员已经评估了生物炭回收磷的可行性。相关研究表明，生物炭对磷酸盐的捕获能力通常取决于生物炭本身以及受污染水体的性质[13-15]。

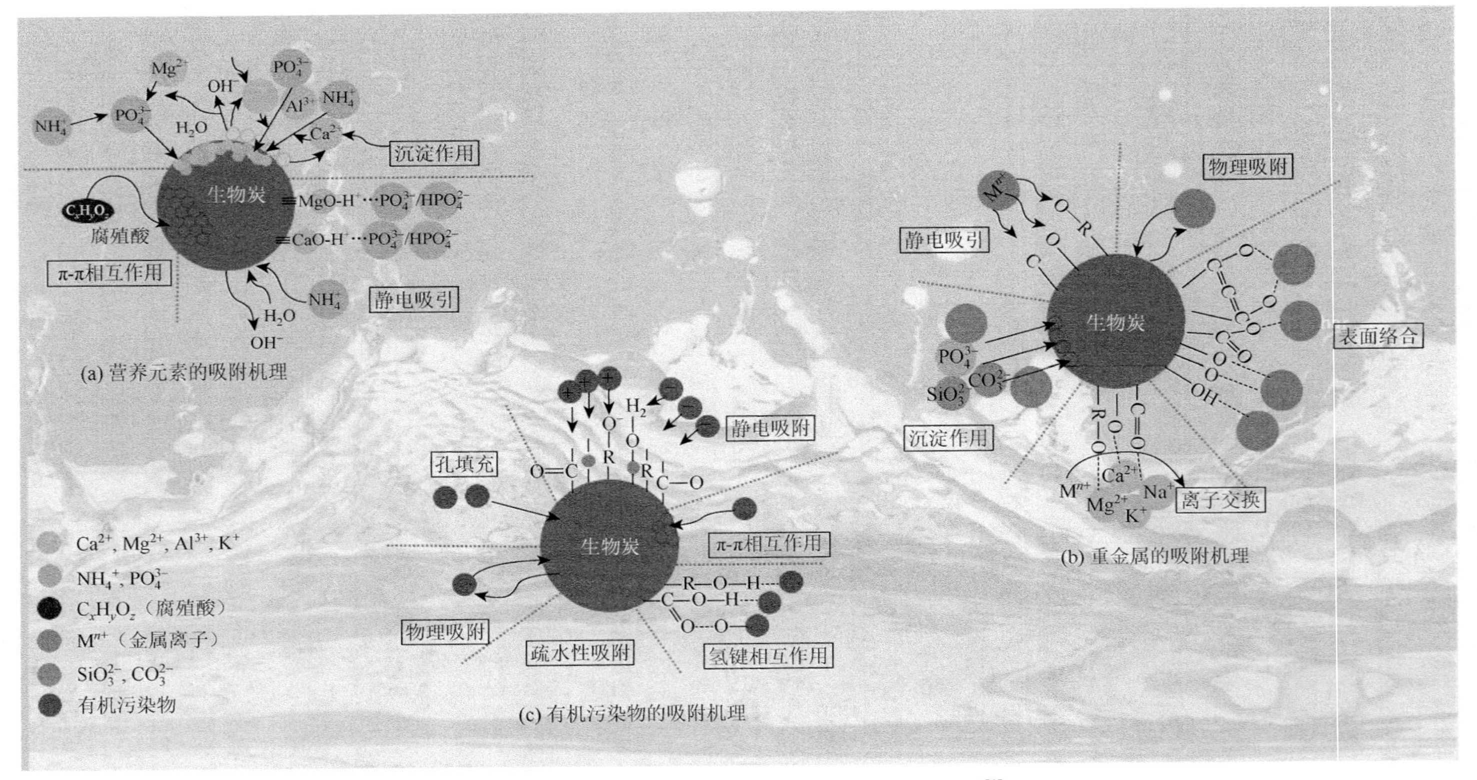

图 4-1　以水资源回收为目标的生物炭作用机制[1]

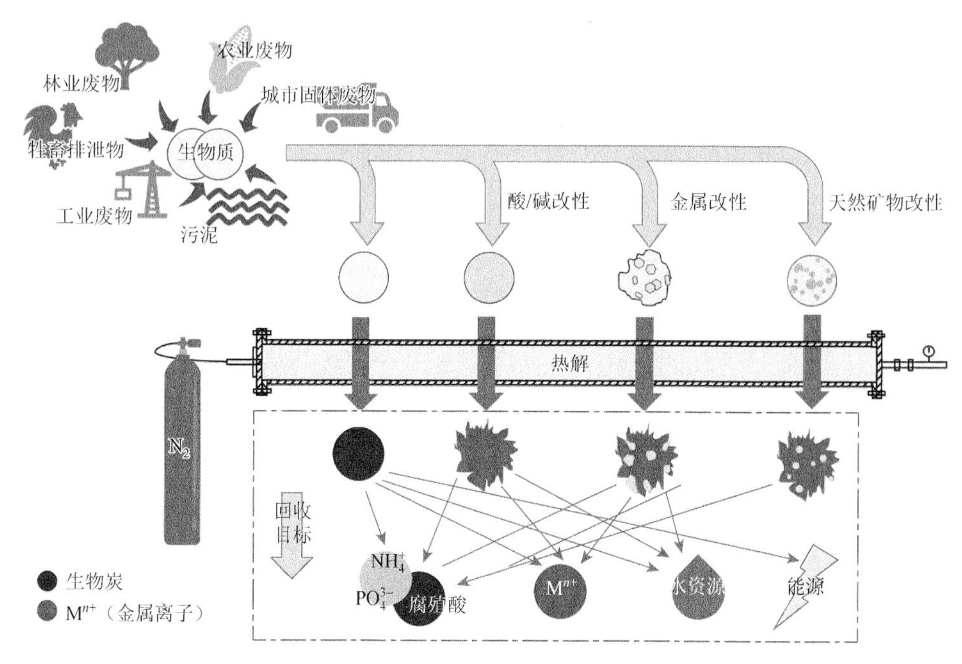

图 4-2　生物炭的生物质原料、改性方法和回收资源[1]

富含铝、钙、镁和铁等金属、金属氧化物或氢氧化物的生物炭在水中回收磷的研究中表现出很好的效果[16, 17]。目前的研究表明，原始生物质或者预碳化的生物炭通过与金属盐溶液混合后热解、与天然矿物质共热解、与层状双金属氧化物（layered double hydroxides，LDHs）进行预装载等方式，均可以制备出具有较好的磷回收效果的金属改性生物炭。

利用金属盐溶液在热解前后进行改性可以制备出金属掺杂的生物炭。在预处理过程中，生物质或原始生物炭可以均匀地分布在改性溶液中，因此可以制备相对均匀的材料。从相关研究结果可以看出，金属掺杂生物炭与原始生物炭相比对磷的捕获量显著提高（表 4-1 和表 4-2）。此外，较低热解温度制备的金属掺杂生物炭表现出良好的回收性能，并且降低了热解温度对生物炭回收磷的影响[18-22]。被回收物质与生物炭之间的相互作用由物理和化学作用力共同决定[21, 23, 24]。

表 4-1　原始生物炭在水资源回收中的应用[1]

原材料	热解温度	停留时间	回收的资源	被处理的水来源	最大的回收量	参考文献
木屑，谷壳	600℃	10h	N	猪粪厌氧消化污水	（44.64±0.602）mg/g，（39.8±0.54）mg/g	[12]

续表

原材料	热解温度	停留时间	回收的资源	被处理的水来源	最大的回收量	参考文献
葡萄藤藤条	400℃ 500℃ 600℃ 700℃	1h	N	合成溶液［含有Ca（Ⅱ）］	16.9mg/g 25.9mg/g 32.0mg/g 37.5mg/g	[21]
酿酒废渣（富含Mg）和污水污泥（富含P）（4∶1%）	400℃ 500℃ 600℃ 700℃	2h	N	氨氮溶液	（31.1±0.2）mg/g （34.1±0.3）mg/g （41.9±0.3）mg/g （34.6±0.2）mg/g	[25]
木头 谷壳	600℃	10h	N	厌氧消化的猪粪液	（44.64±0.602）mg/g （39.8±0.54）mg/g	[12]
木屑 玉米芯 谷壳 锯木	600℃	10h	P	厌氧消化的猪粪液	7.67mg/g 6.43mg/g 5.73mg/g 5.41mg/g	[26]
水葫芦（在合成污水中培育）	（450±5.0）℃	2h	P	KH_2PO_4溶液	31.55mg/g（Fe^{2+}）* 22.03mg/g（Zn^{2+}）* 16.81mg/g（Cu^{2+}）* 12.17mg/g（Mn^{2+}）* 12.15mg/g（对照组）	[27]
真菌生物质	700℃	—	P	磷酸盐溶液	23.9mg/g	[28]
酿酒的谷物废渣和污泥	450℃ 550℃	2h	p	K_2HPO_4溶液（添加丙磺酸）	（0.95±0.18）mg/g （0.95±0.23）mg/g	
小麦壳（购买）	—	—	N，P	尿液	—	[29]
黑松木（产自洛奇波尔）	1000℃	1h	N，P	实际工业废水	1.0mg N/g 和 3.6mg P/g	[30]
可可豆壳或玉米芯	350℃	3.5h	N，P	NH_4NO_3或者K_2HPO_4溶液	（3990±138）mg P/kg 和 （697±23）mg N/kg	[31]
椰子壳，竹子，南方黄松和北方的硬木	—	—	水资源（去除药物）	合成尿液		[32]
木屑	300℃ 500℃ 700℃	6h	水资源（去除双酚A）	雨水径流		[33]
60%的蒙特雷松，20%的桉树，10%的月桂，10%的混合硬木和软木	180～395℃	6h	水资源（去除粪便指示细菌和营养物质）	雨水径流		[34]
木屑（购买）	350℃ 700℃	—	水资源（去除大肠杆菌）	合成雨水		[35]

续表

原材料	热解温度	停留时间	回收的资源	被处理的水来源	最大的回收量	参考文献
污泥等	850℃	2h	水资源（去除磺胺甲噁唑）	地表水、雨水和废水		[36]
废弃画纸	300℃ 450℃ 600℃	2h	金属［Pb（Ⅱ）］	Pb（Ⅱ）溶液	1555mg/g（600℃）	[37]
/（直接购买）	—	—	水资源（去除硝酸盐、金属和微量有机污染物）	城市地表径流		[38]
松木（购买）	—	—	水资源（去除痕量有机物）	合成雨水		[39]
木屑（购买）	—	—	水资源（去除硝酸盐、金属和微量有机污染物）	合成雨水		[40]
（未提及）	—	—	水资源（去除细菌、病原体和大肠杆菌）	合成雨水		[41]
南部黄松木	550℃	—	水资源（去除硝酸盐）	雨水		[42]

*（ ）中的表示水葫芦生长过程中在合成水中添加的金属离子。

表 4-2　改性生物炭在水资源回收中的应用[1]

改性方法	原材料	热解温度	停留时间	回收的资源	被处理的水来源	回收能力	参考
1mol/L H_3PO_4/10% H_2SO_4或者0.1mol/L KOH	林业木材废料	700℃	15h	水资源（去除大肠杆菌）	合成雨水	—	[43]
HNO_3	玉米芯	400℃	1h	N	NH_4Cl溶液	22.6mg/g	[44]
2 mol/L NaOH溶液/1 mol/L HCl溶液	粉煤灰	/（粉煤灰的形成温度大约为1140℃）		P	KH_2PO_4溶液	57.14mg/g	[45]
$MgCl_2$溶液	甘蔗收获残渣	550℃	1h	P	磷酸盐水溶液	121.25mg/g	[46]
$MgCl_2$溶液	玉米芯	300℃ 450℃ 600℃	3h	P	养猪场废水	232mg/g 233mg/g 239mg/g	[20]
$MgCl_2$溶液	毛竹（*Phyllostachys pubescens*）	400℃ 500℃ 600℃	1h	P	磷酸盐水溶液	344mg/g 357mg/g 370mg/g	[19]
20% $MgCl_2$溶液	柏树锯末	600℃	—	P	KH_2PO_4溶液	66.7mg/g	[47]

续表

改性方法	原材料	热解温度	停留时间	回收的资源	被处理的水来源	回收能力	参考
2.0 mol/L $MgCl_2$ 溶液	谷壳	550℃	1h	N，P	养殖废水	（33.16±0.52）mg N/g 和（3.22±0.34）mg TP/g	[48]
2.3 mol/L $MgCl_2$ 溶液	废木材和槐树	600℃	—	N，P	人类尿液	47.5mg N/g 和 116.4mg P/g	[49]
1.25 mol/L $MgCl_2$ 溶液	谷壳	450℃	2h	N，P，HA	合成废水（20mg/L HA，60mg N/L，NH_4Cl 和 60mg P/L KH_2PO_4；pH = 8.0）	58.20 mg N/g 125.36 mg P/g 34.57 mg HA/g	[50]
$MgCl_2$ 溶液	甘蔗作物收获残渣	550℃	1h	N，P，HA	家禽养殖废水	22 mg N /g 398 mg P /g 247 mg HA/g	[51]
$MgCl_2$ 或者 $CaCl_2$ 溶液	玉米芯	300℃ 450℃ 600℃	3h	P	沼气发酵液	294.22mg/g 315.33mg/g 326.63mg/g	[22]
$MgCl_2$ 和 $CaCl_2$ 溶液	花生壳；甘蔗渣	400℃，700℃，850℃	1h	P	焚烧污泥灰酸提取液（pH＜2）	11.80mg/g（700℃）129.79mg/g（700℃）	[52]
$Ca(OH)_2$ 溶液	稻草（粉末状）	600℃ 700℃ 800℃	2h	P	磷酸盐溶液	97.4mg/g 166mg/g 197mg/g	[53]
$AlCl_3$ 溶液	家禽粪便和稻草	350℃ 650℃	—	P	合成的富营养水溶液	701.65mg/g（粉末状生物质）和 356.04mg/g（块状生物质） 758.96mg/g（粉末状生物质）和 468.84mg/g（块状生物质）	[54]
芬顿试剂（110mg Fe（Ⅱ）/g 挥发性固体（挥发性固体）和 88mg H_2O_2/g 挥发性固体）	原污泥	300℃ 500℃ 600℃ 700℃ 800℃	2h	P	KH_2PO_4 溶液（46mg P/L）和包含 1.2 mol/L 的 Cl^-、NO_3^- 和 HCO_3^- 添加到液相的厌氧消化液	1.843mg/g（300℃）	[55]

续表

改性方法	原材料	热解温度	停留时间	回收的资源	被处理的水来源	回收能力	参考
$FeCl_3$溶液	生物质（未提及具体种类），粉煤灰和生物质，煤矸石	500℃	—	P	KH_2PO_4溶液	2.39mg/g 3.08mg/g 3.20mg/g	[16]
0.8 mol/L $FeCl_3$溶液	玉米秸秆	500℃	3h	P	沼液	220mg/g	[47]
0.05～0.5 mol/L $Al_2(SO_4)_3$溶液	（购买）	285℃	—	水资源	实际雨水径流		[56]
$FeCl_3$和$FeSO_4$溶液	花旗松	未提及	—	金属（Pb和Cd）	$Pb(NO_3)_2$或$Cd(NO_3)_2$溶液（pH＝5）	40mg Pb/g或16mg Cd/g	[57]
$FeCl_2$和$FeCl_3$溶液	骆驼骨头	500℃	2h	金属［Pb（Ⅱ），Cd（Ⅱ）和Co（Ⅱ）］	$Pb(NO_3)_2$，$Cd(NO_3)_2$和$Co(NO_3)_2$溶液	344.8 mg Pb/g 322.6 mg Cd/g 294.1 mg Co/g	[58]
0.2 mol/L一水乙酸铜溶液	竹笋壳	500℃	4h	金属［Re（Ⅶ）］	$KReO_4$溶液（pH＝1）	10.2mg/g	[59]
二水乙酸锌溶液（8mmol/L）（1mol/L HNO_3预处理）	竹笋壳	550℃	3h	金属［Re（Ⅶ）］	$KReO_4$溶液（pH＝1）	24.5mg/g	[60]
Mg/Al层状双金属氧化物	甘蔗叶	550℃	1h	P	KH_2PO_4溶液（pH＝3）	81.83mg/g	[23]
Zn/Al层状双金属氧化物	植物茎秆	600℃	1h	P	K_2HPO_4溶液	152.1mg/g	[24]
共热解	厌氧消化污泥和赭石	450℃ 550℃	0.5h	P	K_2HPO_4溶液（添加丙磺酸）	$(1.24\pm2.10)\times10^{-3}$ mg/g，$(1.26\pm4.66)\times10^{-3}$mg/g	[61]
共热解	锯末和白云石	400℃，550℃，750℃，900℃	1h	P，HA	实际废水	207mg P/g和469mg HA/g（900℃）	[62]
共热解	水葫芦和沸石	450℃	2h	P，HA	K_2HPO_4溶液或腐殖酸溶液	11.53mg P/g和8.51mg HA/g	[63]

LDHs结构较为有序、稳定，在水溶液中表现出良好的分散性，同时本身具有较多的活性位点，负载LDHs的生物炭有很好的磷捕获能力[64]。金属离子介导化学键（M—O—P）的形成与生物炭表面官能团的相互作用可以解释生物炭对磷优异的吸附性能[65]。Li等[23]制备了不同比例镁铝层状金属氧化物（Mg/Al-LDHs）改性生物炭，结果表明LDHs改性显著增强了生物炭对磷酸盐的吸附能力。磷酸

根通过与 LDHs 层间 NO_3^- 交换被 Mg/Al-LDHs 改性生物炭捕获。Tan 等[66]通过热解预涂层镁铝层状金属氧化物（Mg/Al-LDHs）的苎麻制备改性生物炭，表征结果发现煅烧后生物炭上负载的 Mg/Al-LDHs 具有塌陷的层结构，没有明显的六边形尺寸，这表明 Mg/Al-LDHs 在热解后会转化为镁/铝氧化物。此外，其他的相互作用还包括带正电荷的金属氧化物和带负电荷的磷酸根离子的静电吸引，以及内表面通过配体交换形成复合物的过程。综上所述，LDHs 负载的生物炭对磷的回收机制包括离子交换、静电吸引和表面复合物形成等过程。

生物质与赭石、白云石等天然矿物质的共热解是生产富含金属（尤其是含有 Ca、Mg 和 Al）生物炭的廉价方法。天然矿物可以直接从矿山废物中获得。制备矿物改性的生物炭过程中，热解条件可以改变矿物的溶解度及其结晶形式。沉淀、静电吸引和 π-π 相互作用是生物炭回收营养物质过程涉及的重要机制[62, 65]。Shepherd 等[61]发现在热解原料中添加天然赭石不仅可以提高磷的回收性能，还可以增加生物炭作为肥料的潜力，使其符合在未来土壤改性和修复中的要求。相对于未改性的污泥生物炭，厌氧消化的污泥与赭石等比例混合作为原料制备的生物炭对磷的最大捕获能力提高了约 30%[61]。Li 等[62]利用木屑和白云石的共热解制备了复合 MgO 和 CaO 的生物炭。实验结果表明，复合 MgO 和 CaO 的生物炭对磷的回收能力可以达到 207mg/g，是未改性生物炭的 7 倍。在生物质与天然矿物质共热解制备的生物炭中，在生物炭表面分散的 Ca 和 Mg 在提供籽晶部位的同时降低了表面能以触发磷沉淀。除了在生物炭颗粒表面形成磷酸盐沉淀物外，还有可能是磷酸盐与某些溶解的 Mg^{2+}和 Ca^{2+}之间相互作用直接沉淀在生物炭表面[62]。在 Mosa 等[63]的研究中，与原始生物炭相比，天然沸石改性生物炭的磷捕获能力虽然略有下降，但改性后的生物炭具有更高的磷释放能力和更强的再生能力，这些特性对于生物炭的可持续利用是有帮助的。因此，利用天然矿物对生物炭进行改性是可行的。

从水中回收磷包含几种主要机制（图 4-1）：强化学键的离子交换或沉淀，以及弱化学键的表面沉积[67]。与其他机制相比，沉淀是生物炭捕获磷的主要机制[27, 68]。磷的吸附主要是受磷酸盐沉淀和静电吸引作用力的控制[62]，例如，具有高含量 Ca 元素的生物炭可以通过 Ca-P 的沉淀降低水溶液中磷的浓度。在 Li 等[62]的研究中，磷酸根离子或其与水解产物的生物炭释放的 Mg^{2+}或 Ca^{2+}共沉淀在生物炭表面上被认为是回收磷的主要机理。在回收磷的传统磷酸盐沉淀方法中，由于反应体系的 pH 高于天然水和降雨的 pH[21]，所以需要额外添加用于调节 pH 的化学试剂。生物炭由于其自身碱性，可以作为 pH 调节剂参与磷回收过程，负载在生物炭中的碱性氧化物（如 MgO、CaO 等）也可以作为 pH 调节剂，通过在材料表面提供较高的 pH（9.5～10），来维持稳定产生磷酸盐沉淀[62]。此外，先前的研究还证明了生物炭表面上的有机官能团可以促进磷的捕获，这是因为磷和生物炭之间存在一定的静电相互作用[65]。Marshall 等[21]的研究结果表明，当热解温度从 400℃升高到 700℃时，生物炭对磷的捕获量从 16.9mg/g 增加到 37.5mg/g。热解温度可通过影响生物炭的微观结构（如孔隙度和官能团含量）来影响吸附磷的能力，一般来说，热解温度与磷回收效率之间的关系不是显著的正相关[47, 65, 69]。目前为止，大部分研究仅仅关注了在特定条件下生物炭回收磷的可行性和潜力，例如，在实验室条件下配制特定浓度的磷酸盐溶液探究生物炭对磷的回收能力。改性生物炭的工程应用潜力需要在实际情况下进行分析和验证。

2）氮

水中氮的主要存在形式是铵态氮和硝态氮。氨氮是水中的营养物质，是另一种导致水体富营养化的耗氧污染物。含氮肥料在提高农作物产量和改善农产品品质量方面起着重要作用，从废水中回收氮能同时解决水污染和资源短缺的问题。活性炭和其他碳材料已经证明了回收氮的能力，生物炭作为更绿色环保的碳基材料近年也被广泛用于水体氮回收[30]。

对水体中广泛存在的氨氮进行去除是一个巨大的挑战。由于 pH 会影响氮在水体中的存在形态和形式，所以 pH 是研究铵态氮去除时首先要考虑的因素。铵态氮会在强碱性废水中转化为氨气，进而导致可回收成分的散失和空气污染[44, 49]。从金属改性生物炭中释放出的金属离子可以提高生物炭对铵态氮的捕获能力，并且所得含氮物倾向于在生物炭表面沉淀。一般来说，金属掺杂的生物炭的氮捕获能力要优于原始生物炭（表 4-1 和表 4-2）[12, 27]。与物理捕获机制（如离子交换和静电吸引）相比，具有新键形成的化学捕获机制可能是去除氮的主要途径[12, 31]。但是，捕获能力不是随着生物炭使用量增加而增加的，因为过量生物炭团聚会屏蔽可用的活性位点[12]。

在实际废水处理中，更多地会考虑氮和磷的同时回收[30, 31, 49]。在 Yu 等[48]的研究中，生物炭介导的藻/细菌吸收系统（biochar-mediated absorption-algal-bacterial system，BMA-ABS）被用于从含有较高浓度氨氮的养殖废水中回收营养物质。生物炭作为酸碱缓冲介质促进了细菌和藻类的生长，同时细菌为藻类提供了植物激素和营养物质等，可以明显促进藻类的生长。生物炭-藻类-细菌的共同作用使营养物质的浓度大大降低。生物炭介导的藻/细菌系统对氮和磷的回收率均超过 95%。与传统的鸟粪石技术相比，生物炭表现出更好的回收效率和能力[29]。在氨氮、磷同时存在的水中，磷的浓度可能是限制氨氮去除的重要因素[68]。Xu 等[49]表明使用氯化镁作为生物炭预处理剂时，生物炭的最大磷吸附容量增加。磷酸铵镁沉淀的形成是同时回收氮和磷的途径。磷酸铵镁的溶解度较低，部分还可能与生物炭结合，因此回收的氮、磷重新释放回水体的可能性很小。

3）腐殖酸类物质

腐殖酸是自然界中广泛存在的一种大分子有机物质，也是天然有机物（natural

organic matter，NOM）的重要组成部分。腐殖酸类物质是水体中溶解性有机物（DOM）的典型组成部分。腐殖酸可以被制成腐殖酸类的肥料，具有改良土壤、促进作物生长、改善农作物质量等功能，所以将其从废水中回收是有意义的[50, 62]。生物炭对腐殖酸的捕获能力取决于其表面电荷，因此溶液 pH 成为重要条件。在 Li 等[62]进行的一项研究中，通过生物质与天然白云石粉末共热解制备了生物炭，生物炭的碳骨架与腐殖酸之间的 π-π 相互作用被认为是回收腐殖酸的主要机制。腐殖酸可以被视为一种营养物质，其再利用的形式一般来说不需要考虑对其进一步分离，所以生物炭和腐殖酸可以作为整体再利用。

2. 金属

生物炭可以应用于来自矿山或工业的废水等重金属污染水体修复中，其从水溶液中回收重金属的能力已被充分证明[70]。Wang 等[71]和 Yang 等[72]总结了生物炭改性方法及其去除重金属的机理。生物炭改性可以增加其表面官能团的数量和种类，或者在碳骨架表面上引入杂原子。回收金属的机理涉及物理吸附、静电相互作用、离子交换、表面络合和沉淀（图 4-1）[37, 70, 73]。Xue 等[74]认为 H_2O_2 改性的生物炭增强的 Pb 捕获能力是因为生物炭改性后羧基表面官能团的增加，在这种情况下离子交换是主要机制。Xu 等[37]发现生物炭的矿物质成分在回收 Pb（Ⅱ）中起着比生物炭的碳骨架更重要的作用。研究表明，与 $CaCO_3$ 相比，$PbCO_3$ 的溶解度较小，含 Ca 生物炭通过沉淀机理控制了 Pb（Ⅱ）的捕获。Hu 等[59]报道形成 $CuReO_4$ 或 $Cu(ReO_4)_2$ 络合物表面的络合反应是铜负载生物炭的对稀土金属 Re 捕获能力相比原始生物炭增加的主要原因。Hu 等[60]制备了超疏水锌改性生物炭，可以通过络合作用回收低浓度稀土 Re，同时在包括 NO_2^-、NO_3^-、SO_4^{2-}、MoO_4^{2-}、$Cr_2O_7^{2-}$ 和 AsO_4^{3-} 在内的共存离子条件下，表现出较高的选择性。Kamran 和 Park[75]利用了生物炭回收 Li，一定的 Ni 掺杂量、大比表面积和活性官能团是改性生物炭可以高容量回收 Li 的原因。

然而，富含重金属的生物炭会被视为一种有害的废物，因为它存在着将捕获的重金属重新释放到环境中产生二次污染的可能性，这对环境安全造成威胁[71]。但生物炭可以从水体中去除重金属并富集在吸附材料中以便回收，如果使用得当，它将成为一种可利用的资源。

4.1.2　水资源

不断增长的水需求和水资源的紧缺引发了工业、农业、生活等方面对再生水等非常规水资源的利用。水作为废水最主要的部分也可以作为被回收资源之一。

基于资源回收的概念，“用过的水”这样的描述可以替代传统上的“废水”[76]。在水资源相对紧张的地区，不同来源污水的混合收集和排放会增加水回用的难度，因为当前处理废水的方法主要是通过消散水体中存在的非水分子使水达到相应的回用标准。所以有必要在排放或再利用前从污水中去除“污染物”。由于生物炭具有从水溶液中去除有机物、重金属甚至病原体的能力（图4-1），其可以用作水回用和资源化的理想材料[70]。

1. 从雨水中回收水资源

一般来说，雨水存在种类丰富但浓度较低的痕量有机物，经处理后可以用作景观用水、灌溉用水或工业冷凝水等[73]。在一些缺水或者干旱地区，处理后的雨水可以作为淡水资源[60]。雨水径流中的颗粒污染物可以通过沉降等物理过程去除[77]。实际雨水中检测到的多种痕量污染物[36, 38-40]，包括内分泌干扰物（endocrine disrupting chemicals，EDC）[78]、抗生素（如磺胺甲噁唑）[36]、双酚A[33]、细菌[78]（尤其是大肠杆菌）、氮和磷[79, 80]等，这些污染物在研究中被证明可以被生物炭去除或截留。一些研究表明，由于在处理过程中添加了生物炭，水体中的多种污染物可以同时被去除[38]。Zhang和Wang[25]、Abit等[81]的研究表明，较高温度下生产的生物炭可以降低细菌的迁移率。非连续性的雨水渗透通过维持了生物滤池中生物炭的干湿循环，补充和暴露了生物炭表面对污染物的附着点。随着吸附位点的耗尽，NOM的存在可能会降低生物炭的细菌去除能力[78]。因此，有必要进一步研究和确定不同老化和矿物质的沉积风化后的生物炭的稳定性和反应性[82]。

在海绵城市建设中，政府通过将雨水生物过滤系统与城市设计和规划相结合，来实现城市雨水回收再利用[78, 83]。不同地区雨水的组成存在差异，所以回用系统的设计要考虑当地的实际情况和需求。生物滤池中常包含生物炭和沙子或土壤的混合体系。在传统的生物滤池中生物炭通常用作吸附剂，并且可以作为雨水渗透系统中的滤池填料以保留污染物[40]。生物炭的存在也可以为微生物的生长提供栖息地，并进一步增强污染物的生物降解[33]。在大多数绿色基础设施的雨水渗透系统（如生态滞留池）中，应将难以截留或者吸附的污染物（或者说是第一个达到突破曲线的污染物）作为监测生物炭体系的可靠性和使用寿命最重要的指标。研究发现，在具有最低生物炭添加量的中试规模生物炭改良生物反应器中，使用寿命比预期更长[38, 84, 85]。同时，在废水处理厂中，如堵塞、微生物生长和定期维护等因素可能是限制生物滤池稳定使用的实际因素[38]。

2. 从尿液或黄水中回收水资源

尿液是黄水的主要成分，且被视为氮和磷的良好来源[49, 86, 87]。与工业废水相比，尿的组成相对简单。尿液作为污水排放大部分氮和磷的来源，其源分离被认为是一种简化营养物回收的有效方法[88]，剩余水溶液也可以自发地用作水资源。痕量污染物可以通过与生物炭之间多种的物理化学相互作用去除，这在上一节中已有很好的讨论。此外，生物炭与其他化学试剂的协同有助于加速痕量污染物的去除过程[89]。但是，生物炭可以吸附尿液中存在的微量污染物，对尿液衍生肥料的再利用形成障碍[89, 90]。生物炭在合成尿液与实际尿液中对污染物去除存在差异，因为尿液的新鲜程度和水解程度不同。一些研究人员[91]提出，生物炭吸收驱动力的强弱顺序为范德瓦耳斯力＞氢键＞静电相互作用。去除机理主要取决于生物炭、污染物的性质和体系的基本参数（pH、温度、原料、制备条件、共存离子、NOM、污染物结构和官能团）[92]。生物炭的改性可以增加其对药物的吸附能力。例如，极性化合物的去除需要官能化的生物炭增加氢键的相互作用。Solanki 和 Boyer[32]证明了生物炭处理后的尿液中残留了高浓度的氮和磷。他们的结果表明，生物炭具有去除药物的能力，同时还能保持剩余溶液中的营养物质浓度，使其用做营养液等产品。其他学者也强调了生物炭去除残留药物的潜力，以及如何通过结合各种生物炭的处理来满足水再利用的要求[92, 93]。

3. 利用生物炭回收水资源的新方法

生物炭的吸热能力使其在光热转化中得到广泛应用，并提升了其在回收水资源过程中的可行性[94]。太阳能驱动的界面蒸发系统是一种绿色的、可持续的技术，可应用于水资源回收中。Xu 等[94]证实了蘑菇生物炭作为产生太阳能蒸汽的低成本材料的能力。Yang 等[95]构建了基于生物炭的界面蒸汽发生器的太阳能吸收器。生物炭的热吸收能力很强，并且发生器在阳光下（即很宽的波长范围内）的光热转换效率超过 80%。Long 等[96]制备了乙醇预处理的胡萝卜衍生生物炭，它具有较高的光吸收和热转化能力，并且微孔通道的存在显示出 2.04kg/（$m^2 \cdot h$）的高蒸发速率。生物炭可以作为太阳能吸收器中的一种新材料，代替等离子金属颗粒和半导体等昂贵的材料。通常，通过碳化的生物炭表面可以获得高的光热转换效率，生物炭的固有结构可以实现大量的水分传输[94, 96]。尽管只有很少文章讨论了生物炭的热吸收率和光热转化能力，但热解过程中保留生物质原料独特的天然结构使得生物炭作为光热转化材料具有潜在优势。

此外，Cuong 等[97]发现稻壳生物炭可作为电容去离子（capacitive de- ionization，CDI）的电极材料，并且其具有较高的无机离子去除能力，表明生物炭有从高盐废水中回收水资源的潜力。尽管与以前的研究相比，由生物炭制备的分级多孔碳的电荷效率和其他性能需要提高[98]，但其仍显示出在废水处理中实现高效电吸附的可能性。

4.1.3　能源

从废水中回收能源的最主要、最直接的方法是通过厌氧消化将污泥中的挥发性固体转化为沼气（图 4-3）。厌氧消化应该经历三个连续的阶段：水解、产酸产氢、产甲烷[5]。生物炭可以增强厌氧消化过程的性能和稳定性，对于厌氧消化系统中生物和热化学转化过程的耦合具有重要意义[99, 100]。Baek 等[101]和 Chen 等[102]还发现了生物炭可以增强挥发性脂肪酸氧化细菌与氢营养型产甲烷菌之间的种间电子转移，这对于甲烷的产生至关重要。

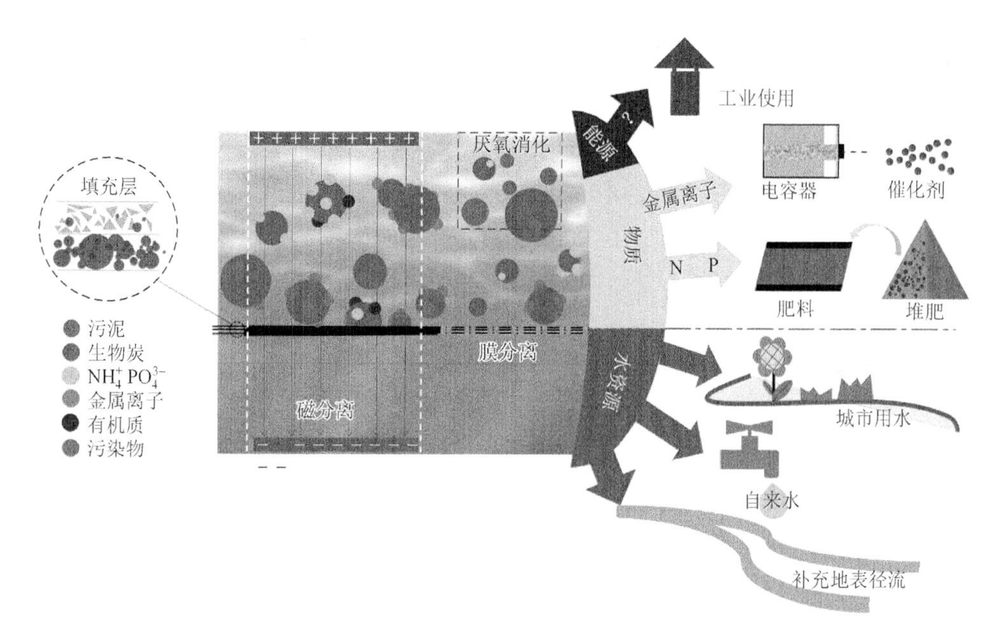

图 4-3　生物炭在水体资源回收中的应用[1]

总体而言，生物炭可通过刺激相关细菌的生长和激活重要的酶活性来提高厌氧消化系统的甲烷产量[103]。水解作为厌氧消化过程的第一阶段，主要指将大分子有机物转化为可溶性物质。Duan 等[104]指出，生物炭可以破坏细胞壁，提高消化污泥的利用率，而且生物炭通过固定降解细菌、增强和激活相关的酶活性在水解阶段显示出积极影响[99]。挥发性脂肪酸（volatile fatty acid，VFA）作为产酸和产乙酸阶段的主要产物，是甲烷的前体物质。添加一定比例的生物炭可导致更高的 VFA 产生，从而增加甲烷的最终产量。生物炭还可以通过调节游离氨（free ammonia，FA）或 VFA 的浓度，增强厌氧消化系统中的缓冲能力，以减轻大量 VFA 积累的毒性作用[105]。一般来说，产甲烷阶段的速度受限是因为溶解有机物水解速度较低。Luo 等[106]发现生物炭的添加缩短了产甲烷前期阶段的时间，并提高了甲烷的生成量。此外，因为生物炭诱导了产甲烷微生物的大量繁殖，添加生物炭后，厌氧消化系统中沼气的质量得到了提升[107]。Pan 等[99]总结了生物炭对厌氧消化各阶段的影响，生物炭主要通过充当发酵细菌和产甲烷菌之间的电子转移的介导物质、微生物菌落的载体和增强 pH 缓冲能力来促进生物产甲烷的过程。目前为止，添加到厌氧消化系统中的绝大部分生物炭是原始生物炭。如上所述，生物炭可以通过促进厌氧消化各个阶段，保持稳定的 pH，为微生物的生长提供适当的环境等，有利于能源生产和回收[103]。

4.2　水处理后资源回收的方法

被回收资源与水体分离的能力和纯度决定了后续的使用价值。具有低溶解度的生物炭在实验室条件下很容易与水溶液分离。在大规模实验和工程中，回收方法的可操作性需要更多的讨论研究，需要对各种回收方法进行评估，以满足回收资源再利用的不同要求。在以下小节中，将讨论几种生物炭回收后资源（如营养物质、金属和水资源回收）分离的方法（图 4-4）。

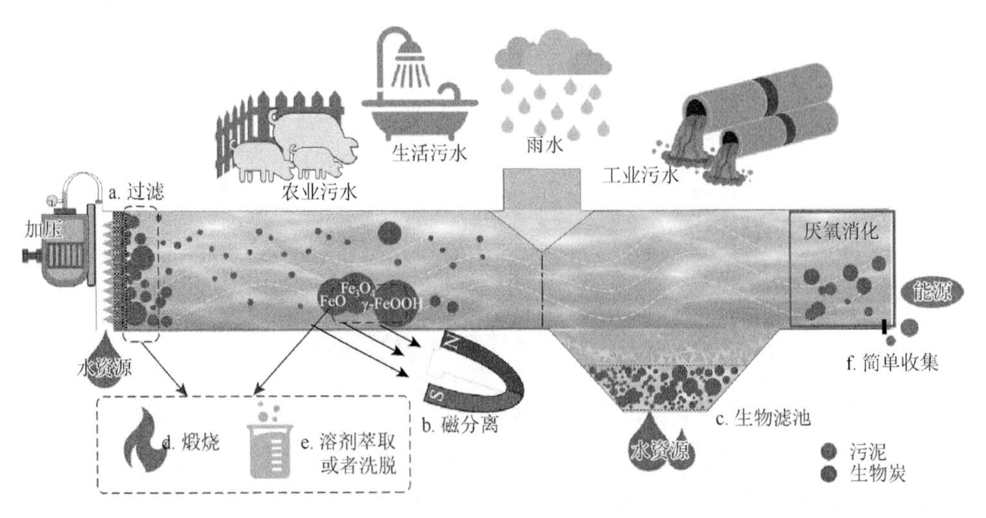

图 4-4　废水来源、有效物质回收和分离方法[1]

4.2.1　磁性分离

一方面，磁性生物炭可以通过含 Fe、Mn 等金属盐试剂（如 $K_2Fe_2O_4$ 和 $FeCl_2$/$FeCl_3$）预处理改性制备得到 [46, 108-110]。另一方面，已经积累了 Fe 元素的原料，如城市污水污泥或植物残体，可直接热解用于制备磁性生物炭[111]。Zhang 等[110]测试了使用 $K_2Fe_2O_4$ 改性生物炭的饱和磁化强度，生物炭使用后该数值从 57.9emu/g 变为 45.2emu/g，在磁分离回收效率上没有明显变化。利用磁场力将捕获了回收资源的生物炭材料和水体进行分离在实验室规模的实验中使用较多，在工业操作上可以通过外加磁场进行回收。

4.2.2　制备成膜或填充材料

生物炭被越来越多地用作混合基质材料中的填充材料，用于水处理和水资源再生[112, 113]。另外，可以通过调控制备条件来选择性生产粒径较大的生物炭，该方法通过改变生物炭的分散度来提高生物炭的循环能力和与水相的分离度。生物炭在生物滤池中的应用是生物炭作为填充材料应用的实例[39]。生物炭和膜生物反应器的结合在后续水处理过程中具有缓解膜污染和延长生命周期的优势[114]。生物炭可以成为水处理过程设施构筑物的一部分，而不是均匀地分散在水中。这种情况下，不需要额外的分离方法。

4.2.3　直接煅烧

煅烧是一种新兴的金属回收方法。在有氧条件下，低于 500℃的温度煅烧生物炭可以在去除其碳骨架的同时保留其他的非挥发性物质[115]。在 Xu 等[37]进行的一项研究中，将具有高含量黏合剂的废纸作为原料制备生物炭用于铅的回收。与以前的研究结果相比，废纸生物炭表现出很好的 Pb 回收效果，最大吸附容量约为 1.5g Pb/g 生物炭。捕获了 Pb 的废纸生物炭在约 350℃的马弗炉中煅烧，这有助于生物炭中的 Pb 转化为高纯度（纯度为燃烧残渣质量分数的 96%以上）、高价值的纳米 PbO，后续可将纳米结构的金属及其氧化物应用于蓄电池生产和其他制造[116]。目前为止，通过煅烧的方法从生物炭中回收金属的相关研究还很少。考虑该方法的简单性和可操作性，煅烧拥有回收各种成分的可能性。但是煅烧过程中产生的废气会被当作新污染源。例如，煅烧所释放的二噁英和多环芳烃可能污染大气环境和损害人类健康，并且煅烧会抵消生物炭在固碳中的优势。

4.2.4　溶剂萃取或洗脱

使用溶剂从生物炭中提取或洗脱回收资源的最初目的是提高生物炭的循环利用率[37]，将回收的资源浓缩在较小体积的溶剂中以备进一步处理和使用。用于洗脱富含营养元素的生物炭的溶剂可用于生产动植物生长养分溶液。Jiang 等[19]研究发现用于回收磷的生物炭通过 3mol/L 的 NaOH 溶液洗脱再生，生物炭在保持一定磷回收率的情况下可循环使用至少五次。稀有金属的洗脱液可通过调节 pH 或添加沉淀剂来回收[59, 117, 118]。Xu 等[49]提出 1mol/L 的 HNO_3 可以从不同的生物炭中 100%回收所捕获的 Pb。Hu 等[59]发现 90%以上被生物炭捕获的 Re（Ⅶ）可以通过 0.1mol/L 的 KOH 溶液洗脱。Kamran 和 Park 等[75]认为 1mol/L HCl 可以从生物炭中回收 98%的 Li。

4.3　水资源回收中被回收资源的再利用

实验室实验和小试或中试规模下的部分研究已经证明了生物炭在废水中回收资源的潜力和优势。分离出的物质被重新利用，从而进入生态系统的物质循环和能量流动中，把对环境的负面影响降至最低。根据目前的研究，回收物质的实际再利用可以归纳为以下几个部分。

4.3.1　生物炭整体或提取液用作肥料

使用捕获营养物质的生物炭来实现恢复低肥力土壤、提高作物产量和土壤耕作可持续性的研究受到越来越多的关注。生物炭的选择必须考虑土壤类型和目标作物[119]。回收养分后的生物炭作为土壤改良剂的可行性可以通过估算土壤孔隙水的水浸出物和植物生长实验来评价[65]。Shepherd 等[61]通过理论计算证实了生物炭释放磷的可能性。施用生物炭可以促进作物生长的原因是土壤 CEC 和有机质的改善，这意味着养分得到保留，淋失减少[120]。研究表明，磷和生物炭碳晶格之间的相互作用不足以阻止磷释放到环境中[61, 121, 122]。这为捕获营养物质的生物炭成为一种绿色、实用的缓释肥料和替代工业肥料提供了可能性[27, 46, 65]。此外，捕获营养物质的生物炭可以减缓磷矿的开采，减少化肥生产以及生产过程向环境排放的污染物。Liu 等[53]认为以 $Ca_5(PO_4)_3(OH)$沉淀回收磷的生物炭可用作高附加值肥料。生物炭能否直接作为磷补充剂取决于磷的种类。由于 Ca-P 的生物利用率远低于 Fe-P 和 Al-P[123, 124]，含有两种形态的磷（HydAp，羟基磷灰石形态；OctaCa，磷酸八钙形态）的生物炭几乎没有额外的附加利用价值。从 Li 等[62]的研究结果可知，仅添加 1%的生物炭，植物的平均生长高度和鲜重就显著增加。Wang 等[55]提出捕获营养元素的生物炭表现出促进种子发芽率和增加草芽长度的能力。Xu 等[49]研究发现施用捕获污水中营养元素的生物炭可以提高植株的株高和生物量。生物炭和无机肥在提高生物产量方面没有显著差异。生物炭可以用作缓释肥或土壤改良剂[47, 63]，初期相对较高的养分释放与植物生长曲线具有较高的匹配度[61]。Yu 等[120]总结了生物炭在不同类型土壤中的补充作用，从水体中富集得到的氮、磷和腐殖酸可以作为重要的养分和植物生长促进剂[50, 51]。在最终产品应用于土壤之前，生物炭还可以加速堆肥过程并提高堆肥质量[17, 119]。然而，根据生物质不同的来源和用途，在工业应用之前需要评估其潜在的毒性[61]。

4.3.2 回收的水资源再利用

不同的用水需求，如城市绿化灌溉、工业冷凝、农业灌溉或饮用水，决定了相应的污水处理条件和过程的复杂性。在所有尺度中，非饮用水再利用（non-potable reuse，NPR）是水再利用中最常见的[87]。只要达到相应的水标准，再生水就可以用于市政、工业和农业活动[43]。在建立长期的监测系统和配合处理方法的情况下，经生物炭处理的污水甚至可以达到地表水排放和饮用水的标准。

4.3.3 用作电极材料或催化剂

一定量的金属可以增强和改进原始碳材料的电化学性能[125, 126]。生物炭经微波或热解等处理后可用作电极填充材料或催化剂载体[127, 128]。在后处理过程中，生物炭和回收金属相辅相成，金属的存在提高了生物炭的催化性能。生物炭在催化中起着多重作用：它不仅提高了焦油在热解过程中的转化率，还将高价金属转化为低价金属，进一步改善了催化性能。负载特定金属的生物炭很有可能取代更昂贵的碳纳米材料，如碳纳米管，用于未来的超级电容器、生物质气化焦油去除和合成气体的调节等领域[71, 129]。

4.3.4 用于其他工业生产

工业二次加工生产的前提是被回收资源直接使用存在安全风险，并且具有潜在地提高产品质量的可能性。例如，在水处理中，由于生物炭与回收资源接触时间或回收效率的限制，生物炭上附着的营养物质的含量尚未达到土壤肥料的标准，这时人工改进和进一步修饰以满足商业要求成为一种很好的策略，这意味着应该考虑工业化生产和改进[123]。完整的产业化配置和后续处理处置流程是必要的。焚烧生物炭发电可能是生物炭在不同利用形式后最简单的处置方法[3]。此外，与原始生物炭相比，燃烧吸附了热值更高的有机物的生物炭是处理危险废物的有效方法[130]。使用过的生物炭也可以作为建筑工程材料。

4.4 在实际应用中存在的问题及未来趋势

资源需求的增长和废水处理技术的发展推动了资源回收的实际应用[87]。本节总结生物炭在水体资源回收中的作用和应用潜力，生物炭的利用可以减少资源回收的成本和能源的消耗，后续的处理处置也促进了物质循环。生物炭用于水体资源回收是可行的，但是现存的一些问题需要进一步讨论和探索。

1. 对生物炭改性方法进一步研究

到目前为止，与用于其他领域（如能量储存）的生物炭相比，用于水体资源回收的生物炭的改性方法相对简单。如果生物炭的改性可以增加回收资源的价值、回收效率、回收容量或者生物炭重复利用的能力，那么可以抵消生物炭改性的成本，用于水体资源回收的生物炭可以尝试更多、更复杂的改性方法。此外，在前面的讨论中，化学试剂尤其是含有金属离子的化学试剂可以在一定程度上增加资源回收的能力。但是，材料稳定性和金属浸出等问题可能会违背清洁生产和绿色生产的原则，对实际应用和后续管理带来压力。生物质原料的选择可以使生物炭达到原位改性和功能化的目的，从而更加体现生物炭在价格和来源方面的优势。此外，垃圾分类回收的具体分类细则可以指导生物炭生产原材料的选择，使生物炭成为农村和城市固体废物资源化的有价值的产品。

2. 从实验室实验、中试规模到基于生物炭的实际工程应用的转换

到目前为止，大多数的研究只在实验室条件下测试和检验生物炭从水中回收资源的潜力和可行性，也有部分研究在小试、中试或者更大的规模下讨论了生物炭资源回收的能力。由于生物炭本身及其在应用过程中存在风险和不确定性，基于生物炭的水处理技术和过程的设计优化在很大程度上需要进一步探索。一方面，应当考虑实验室中用于研究阶段的生物质和工程应用中原材料的原始状态的差异。通常，原材料的初始状态包括种类、形状或粒径、水分含量和纯度等。例如，在收集农业废料如玉米秸秆和稻草的过程中，可能会卷入诸如塑料膜之类的杂质或者惰性物质。混入塑料的情况下，生物炭在生产过程中可能会生成如二噁英的有毒有害气体，从而导致大气污染。而且生物炭原材料与杂质之间的相互作用可能导致产品性能无法控制，或者难以达到预计的效果。在实验室条件下，生物质总是被研磨成较小的粒径并用纯水洗涤多次去除可溶性的杂质，这样的操作会在实际工程应用中造成成本增加。此外，生物炭原材料的形状或粒径会影响热解过程中的传热面积，从而影响生物炭的性质。所以，在实验室条件下和工业生产中制备的生物炭可能存在差异。另一方面，在复杂和变化的实际水体回收中，应预先考虑更多的环境因素。例如，广泛存在的微塑料或纳米塑料颗粒对生物炭回收资源的影响，或者生物炭在尺寸上出现的生物毒性会导致研究人员需要花费大量时间尝试将其优化到工业应用水平[131-134]。总的来说，越来越多的研究正在将生物炭在水体资源的回收从实验室规模带到实际应用中，并且促进了资源紧张的地区对基于生物炭体系的资源回收系统的尝试。

3. 形成区域性的水循环和物质循环

人们逐渐意识到水和能源在水体资源回收方面的相互作用。水循环和物质循环不应仅仅成为水处理过程的目标，更应成为物质循环和能量循环的一个环节。图 4-5 表明，废水的处理和水体资源回收是水循环与物质循环的交集和核心环节。由于经济、政策和其他影响因素的限制，回收的方法和技术首先应适应当地情况、与环境相协调[3]。因此，相关行业的结合将把线性物质流转换成环状物质循环。自然条件中地理因素（如地形、气候和土壤）会影响该地区的生活方式和饮食习惯。为了满足当地的需求和发展，生物质的选择可以与固体废物管理相结合。此外，区域流通意味着生物炭更适合在施用地点附近或生物质原料附近生产[36, 70]。例如，生物炭可用于城市中尿液源分离技术，使用后生物炭的回用方法是将其堆肥形成产品后再回用到当地的草坪或花园[87]，相对较高浓度的氮和磷可以通过回收作为土壤的肥料。

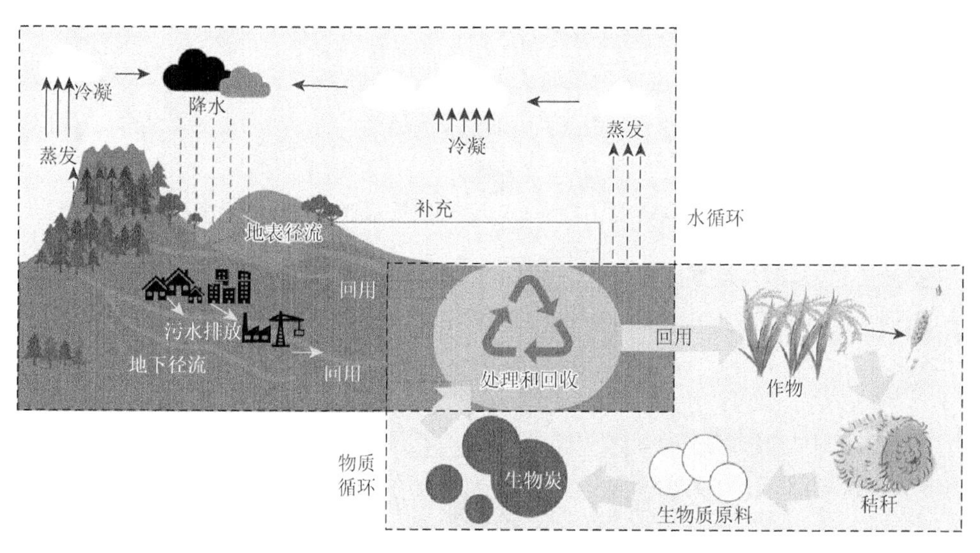

图 4-5　生物炭在物质循环和水循环中的作用[1]

根据不同的用水目的和需求，生物炭与其他技术相结合是有必要的。基于生物炭的资源回收体系应当建立在较为完善的给排水系统、合理的管理设施以及生物炭相对完整和健全的知识体系上。从生物质原料的收集到生物炭制备及相关物质的回收和再应用过程，需要对整个过程进行生命周期评估（life cycle assessment，LCA）[135]。生物炭的应用可以降低整个循环周期的成本，但是在分散管理还是集中处理之间进行选择时，还有更多的考虑因素。

4. 用整体的观念看待资源回收过程

图 4-6 为涉及生物炭的资源回收示意图。使用生物炭从水中回收资源需要一定的投入。相关法律法规和规则的制定与推行在资源回收领域非常重要。相关规定可以促进资源回收的统一性和合理性。同时，自上而下的实施和管理方法可以减少不同部门之间的冲突。应该充分考虑资源回收的适用性和规范性。公众在资源回收规则制定过程中的参与和合作将提高公众对回收产品的信心和接受度[87]。推广成功的案例和良好实践也可以提高人们对回收利用的接受度。适当的政策将鼓励和促进相关教育研究的发展。不能仅仅视资源回收为一种技术，而需要以一种社会、经济、生活的整体方式来看待[3]。此外，如图 4-6 所示的输入部分可看作生物炭资源回收的障碍和限制。为了促进和推广生物炭在资源回收中的应用，国家和政府应在短期内提供一些财政支持。从长远的角度来看，资源回收的整体过程取得积极有利并且有利润的成果是有必要的，这样才能确保整个系统稳定和可持续发展。而生物炭本身价格低廉、原料广泛，通过生物炭处理积极有效地回收资源，为整个系统的经济可行性提供了技术支撑，确保了长期稳定的发展。

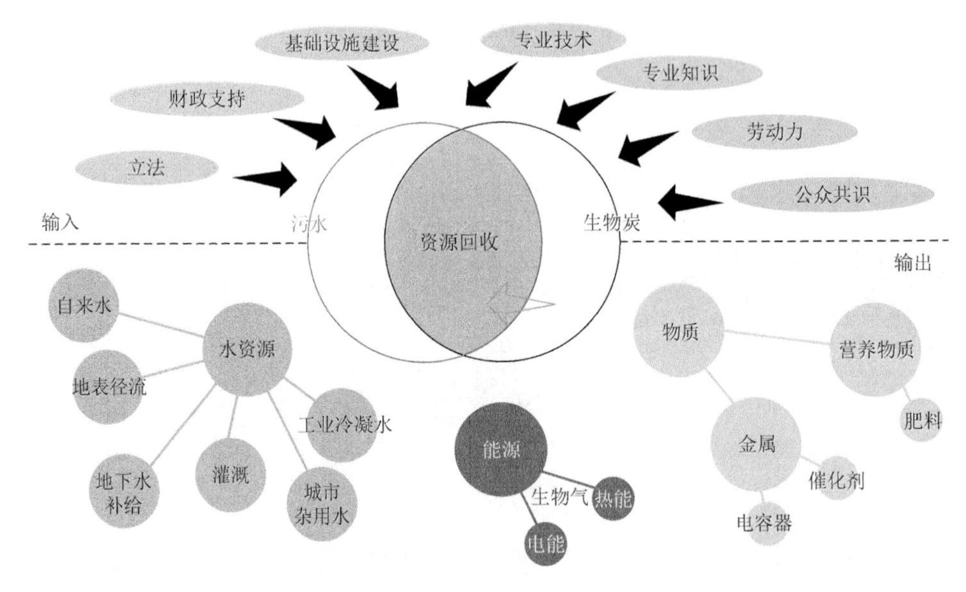

图 4-6　涉及生物炭的资源回收示意图[1]

4.5　小结与展望

本章综述了生物炭在资源回收中的应用现状。生物质炭具有原料广泛、成本低、绿色、可持续、营养保持性好、吸附能力强等优点，使其在资源回收中具有广阔的应用前景。在生物炭与可回收资源（如营养物质、金属、水资源等）之间建立相关性分析，对进一步开发生物炭在资源回收中的应用是至关重要的。本章评价了不同改性方法对生物炭在水体资源回收过程中效率的提升作用，还总结了回收资源的价值和实际再利用的可能性，为今后生物炭资源化回收系统在污水处理和资源回收中的各种应用和发展提供有益的参考。

总体而言，生物炭在水体资源回收应用中表现出优异的潜力。随着水质监测的发展，对基于废水的资源回收系统进行更深入的研究是必要的。经济可行和环境友好的生物炭可以带来更有意义的大规模应用。对于广泛用于水中的材料，使用后的生物炭对环境的长期影响需要更有效和可靠的理论支撑。此外，为了从水中实现稳定和可持续的资源回收，应该将生物炭视为一种技术，作为回收过程的一部分，而不仅是用作资源回收的材料。

参考文献

[1] Yang H，Ye S，Zeng Z，et al. Utilization of biochar for resource recovery from water：A review[J]. Chemical Engineering Journal，2020，397：125502.

[2] Deng R，Huang D，Wan J，et al. Recent advances of biochar materials for typical potentially toxic elements management in aquatic environments：A review[J]. Journal of Cleaner Production，2019，255（6-7）：119523.

[3] Holmgren K，Li H，Verstraete W，et al. State of the art compendium report on resource recovery from water[R]. IWA Resource Recovery Cluster，The International Water Association（IWA），London，UK，2015.

[4] van der Hoek J P，De Fooij H，Struker A. Wastewater as a resource：Strategies to recover resources from Amsterdam's wastewater[J]. Resources Conservation and Recycling，2016，113：53-64.

[5] Song X，Luo W，Hai F I，et al. Resource recovery from wastewater by anaerobic membrane bioreactors：Opportunities and challenges[J]. Bioresource Technology，2018，270：669-677.

[6] Gardner G. Recycling organic waste：from urban pollutant to farm resource[J]. Worldwatch Paper，1997，135（135）：X-59.

[7] 谭小飞，刘云国，曾光明，等. 生物炭材料及其在水体中污染物去除领域的应用[J]. 科学观察，2019，14（6）：44-46.

[8] Ahmad M，Rajapaksha A U，Lim J E，et al. Biochar as a sorbent for contaminant management in soil and water：a review[J]. Chemosphere，2014，99：19-33.

[9] Lehmann J，Rillig M C，Thies J，et al. Biochar effects on soil biota – A review[J]. Soil Biology & Biochemistry，2011，43（9）：1812-1836.

[10] Reijnders L. Phosphorus resources，their depletion and conservation，a review[J]. Resources Conservation and Recycling，2014，93：32-49.

[11] Winker M，Faika D，Gulyas H，et al. A comparison of human pharmaceutical concentrations in raw municipal wastewater and yellowwater[J]. Science of the Total Environment，2008，399（1）：96-104.

[12] Kizito S，Wu S，Kipkemoi Kirui W，et al. Evaluation of slow pyrolyzed wood and rice husks biochar for adsorption of ammonium nitrogen from piggery manure anaerobic digestate slurry[J]. Science of the Total Environment，

2015，505：102-112.

[13] Chen B, Chen Z, Lv S. A novel magnetic biochar efficiently sorbs organic pollutants and phosphate[J]. Bioresource Technology，2011，102（2）：716-723.

[14] Ren J，Li N，Li L，et al. Granulation and ferric oxides loading enable biochar derived from cotton stalk to remove phosphate from water[J]. Bioresource Technology，2015，178：119-125.

[15] Fang L, Huang L, Holm P E, et al. Facile upscaled synthesis of layered iron oxide nanosheets and their application in phosphate removal[J]. Journal of Materials Chemistry A，2015，3（14）：7505-7512.

[16] Qiu B，Duan F. Synthesis of industrial solid wastes/biochar composites and their use for adsorption of phosphate：From surface properties to sorption mechanism[J]. Colloids and Surfaces A，2019，571：86-93.

[17] Ye S，Zeng G，Wu H，et al. The effects of activated biochar addition on remediation efficiency of co-composting with contaminated wetland soil[J]. Resources Conservation and Recycling，2019，140：278-285.

[18] Zhang W，Tan X，Gu Y，et al. Rice waste biochars produced at different pyrolysis temperatures for arsenic and cadmium abatement and detoxification in sediment[J]. Chemosphere，2020，250：126268.

[19] Jiang D，Chu B，Amano Y，et al. Removal and recovery of phosphate from water by Mg-laden biochar：batch and column studies[J]. Colloids and Surfaces A：Physicochemical and Engineering Aspects，2018，558：429-437.

[20] Fang C，Zhang T，Li P，et al. Application of magnesium modified corn biochar for phosphorus removal and recovery from swine wastewater[J]. International Journal of Environmental Research and Public Health，2014，11（9）：9217-9237.

[21] Marshall J A，Morton B J，Muhlack R，et al. Recovery of phosphate from calcium-containing aqueous solution resulting from biochar-induced calcium phosphate precipitation[J]. Journal of Cleaner Production，2017，165：27-35.

[22] Fang C，Zhang T，Li P，et al. Phosphorus recovery from biogas fermentation liquid by Ca-Mg loaded biochar[J]. Journal of Environmental Sciences（China），2015，29：106-114.

[23] Li R, Wang J J, Zhou B, et al. Enhancing phosphate adsorption by Mg/Al layered double hydroxide functionalized biochar with different Mg/Al ratios[J]. Science of the Total Environment，2016，559：121-129.

[24] Liu X，Xu Q，Wang D，et al. Unveiling the mechanisms of how cationic polyacrylamide affects short-chain fatty acids accumulation during long-term anaerobic fermentation of waste activated sludge[J]. Water Research，2019，155：142-151.

[25] Zhang J，Wang Q. Sustainable mechanisms of biochar derived from brewers' spent grain and sewage sludge for ammonia–nitrogen capture[J]. Journal of Cleaner Production，2016，112：3927-3934.

[26] Kizito S，Luo H，Wu S，et al. Phosphate recovery from liquid fraction of anaerobic digestate using four slow pyrolyzed biochars：Dynamics of adsorption，desorption and regeneration[J]. Journal of Environmental Management，2017，201：260-267.

[27] Mosa A，El-Ghamry A，Tolba M. Functionalized biochar derived from heavy metal rich feedstock：Phosphate recovery and reusing the exhausted biochar as an enriched soil amendment[J]. Chemosphere，2018，198：351-363.

[28] Jack J，Huggins T M，Huang Y，et al. Production of magnetic biochar from waste-derived fungal biomass for phosphorus removal and recovery[J]. Journal of Cleaner Production，2019，224：100-106.

[29] De Boer M A，Hammerton M，Slootweg J C. Uptake of pharmaceuticals by sorbent-amended struvite fertilisers recovered from human urine and their bioaccumulation in tomato fruit[J]. Water Research，2018，133：19-26.

[30] Huggins T M，Haeger A，Biffinger J C，et al. Granular biochar compared with activated carbon for wastewater treatment and resource recovery[J]. Water Research，2016，94：225-232.

[31] Hale S E，Alling V，Martinsen V，et al. The sorption and desorption of phosphate-P，ammonium-N and nitrate-N in cacao shell and corn cob biochars[J]. Chemosphere，2013，91（11）：1612-1619.

[32] Solanki A，Boyer T H. Pharmaceutical removal in synthetic human urine using biochar[J]. Environmental Science：Water Research & Technology，2017，3（3）：553-565.

[33] Lu L，Chen B. Enhanced bisphenol A removal from stormwater in biochar-amended biofilters：Combined with batch sorption and fixed-bed column studies[J]. Environmental Pollution，2018，243：1539-1549.

[34] Nabiul Afrooz A R M，Boehm A B. Effects of submerged zone，media aging，and antecedent dry period on the performance of biochar-amended biofilters in removing fecal indicators and nutrients from natural stormwater[J]. Ecological Engineering，2017，102：320-330.

[35] Mohanty S K，Cantrell K B，Nelson K L，et al. Efficacy of biochar to remove Escherichia coli from stormwater under steady and intermittent flow[J]. Water Research，2014，61：288-296.

[36] Shimabuku K K，Kearns J P，Martinez J E，et al. Biochar sorbents for sulfamethoxazole removal from surface water，stormwater，and wastewater effluent[J]. Water Research，2016，96：236-245.

[37] Xu X，Hu X，Ding Z，et al. Waste-art-paper biochar as an effective sorbent for recovery of aqueous Pb（II）into value-added PbO nanoparticles[J]. Chemical Engineering Journal，2017，308：863-871.

[38] Ashoori N，Teixido M，Spahr S，et al. Evaluation of pilot-scale biochar-amended woodchip bioreactors to remove nitrate，metals，and trace organic contaminants from urban stormwater runoff[J]. Water Research，2019，154：1-11.

[39] Ulrich B A，Vignola M，Edgehouse K，et al. Organic carbon amendments for enhanced biological attenuation of trace organic contaminants in biochar-amended stormwater biofilters[J]. Environmental Science & Technology，2017，51（16）：9184-9193.

[40] Ulrich B A，Im E A，Werner D，et al. Biochar and activated carbon for enhanced trace organic contaminant retention in stormwater infiltration systems[J]. Environmental Science & Technology，2015，49（10）：6222-6230.

[41] Afrooz A R M N，Pitol A K，Kitt D，et al. Role of microbial cell properties on bacterial pathogen and coliphage removal in biochar-modified stormwater biofilters[J]. Environmental Science：Water Research & Technology，2018，4（12）：2160-2169.

[42] Tian J，Jin J，Chiu P C，et al. A pilot-scale，bi-layer bioretention system with biochar and zero-valent iron for enhanced nitrate removal from stormwater[J]. Water Research，2019，148：378-387.

[43] Lau A Y，Tsang D C，Graham N J，et al. Surface-modified biochar in a bioretention system for Escherichia coli removal from stormwater[J]. Chemosphere，2017，169：89-98.

[44] Vu T M，Trinh V T，Doan D P，et al. Removing ammonium from water using modified corncob-biochar[J]. Science of the Total Environment，2017，579：612-619.

[45] Pengthamkeerati P，Satapanajaru T，Chularuengoaksorn P. Chemical modification of coal fly ash for the removal of phosphate from aqueous solution[J]. Fuel，2008，87（12）：2469-2476.

[46] Li R，Wang J J，Zhou B，et al. Recovery of phosphate from aqueous solution by magnesium oxide decorated magnetic biochar and its potential as phosphate-based fertilizer substitute[J]. Bioresource Technology，2016，215：209-214.

[47] Haddad K，Jellali S，Jeguirim M，et al. Investigations on phosphorus recovery from aqueous solutions by biochars derived from magnesium-pretreated cypress sawdust[J]. Journal of Environmental Management，2018，216：305-314.

[48] Yu J，Hu H，Wu X，et al. Coupling of biochar-mediated absorption and algal-bacterial system to enhance nutrients

recovery from swine wastewater[J]. Science of the Total Environment，2020，701：134935.

[49] Xu K，Lin F，Dou X，et al. Recovery of ammonium and phosphate from urine as value-added fertilizer using wood waste biochar loaded with magnesium oxides[J]. Journal of Cleaner Production，2018，187：205-214.

[50] Jing H P，Li Y，Wang X，et al. Simultaneous recovery of phosphate，ammonium and humic acid from wastewater using a biochar supported $Mg(OH)_2$/bentonite composite[J]. Environmental Science：Water Research & Technology，2019，5（5）：931-943.

[51] Li R，Wang J J，Zhou B，et al. Simultaneous capture removal of phosphate，ammonium and organic substances by MgO impregnated biochar and its potential use in swine wastewater treatment[J]. Journal of Cleaner Production，2017，147：96-107.

[52] Fang L，Li J S，Donatello S，et al. Use of Mg/Ca modified biochars to take up phosphorus from acid-extract of incinerated sewage sludge ash（ISSA）for fertilizer application[J]. Journal of Cleaner Production，2020，244：118853.

[53] Liu X，Shen F，Smith R L，et al. Black liquor-derived calcium-activated biochar for recovery of phosphate from aqueous solutions[J]. Bioresource Technology，2019，294：122198.

[54] Novais S V，Zenero M D O，Barreto M S C，et al. Phosphorus removal from eutrophic water using modified biochar[J]. Science of the Total Environment，2018，633：825-835.

[55] Wang H，Xiao K，Yang J，et al. Phosphorus recovery from the liquid phase of anaerobic digestate using biochar derived from iron-rich sludge：A potential phosphorus fertilizer[J]. Water Research，2020，174.

[56] Liu Q，Wu L，Gorring M，et al. Aluminum-impregnated biochar for adsorption of arsenic（V）in urban stormwater runoff[J]. Journal of Environmental Engineering，2019，145（4）：1-10.

[57] Karunanayake A G，Todd O A，Crowley M，et al. Lead and cadmium remediation using magnetized and nonmagnetized biochar from Douglas fir[J]. Chemical Engineering Journal，2018，331：480-491.

[58] Alqadami A A，Khan M A，Otero M，et al. A magnetic nanocomposite produced from camel bones for an efficient adsorption of toxic metals from water[J]. Journal of Cleaner Production，2018，178：293-304.

[59] Hu H，Sun L，Jiang B，et al. Low concentration Re（VII）recovery from acidic solution by Cu-biochar composite prepared from bamboo（*Acidosasa longiligula*）shoot shell[J]. Minerals Engineering，2018，124：123-136.

[60] Hu H，Sun L，Wang T，et al. Nano-ZnO functionalized biochar as a superhydrophobic biosorbent for selective recovery of low-concentration Re（Ⅶ）from strong acidic solutions[J]. Minerals Engineering，2019，142.

[61] Shepherd J G，Sohi S P，Heal K V. Optimising the recovery and re-use of phosphorus from wastewater effluent for sustainable fertiliser development[J]. Water Research，2016，94：155-165.

[62] Li R，Wang J J，Zhang Z，et al. Recovery of phosphate and dissolved organic matter from aqueous solution using a novel CaO-MgO hybrid carbon composite and its feasibility in phosphorus recycling[J]. Science of the Total Environment，2018，642：526-536.

[63] Mosa A，El-Ghamry A，Tolba M. Biochar-supported natural zeolite composite for recovery and reuse of aqueous phosphate and humate：Batch sorption–desorption and bioassay investigations[J]. Environmental Technology & Innovation，2020，19.

[64] Song B，Zeng Z，Zeng G，et al. Powerful combination of g-C_3N_4 and LDHs for enhanced photocatalytic performance：A review of strategy，synthesis，and applications[J]. Advances in Colloid and Interface Science，2019，272：101999.

[65] Shepherd J，Joseph S，Sohi S，et al. Biochar and enhanced phosphate capture：Mapping mechanisms to functional properties[J]. Chemosphere，2017，179：57.

[66] Tan X F，Liu Y G，Gu Y L，et al. Biochar pyrolyzed from MgAl-layered double hydroxides pre-coated ramie biomass（*Boehmeria nivea*（L.）Gaud.）：Characterization and application for crystal violet removal[J]. Journal of Environmental Management，2016，184：85-93.

[67] Ye J，Cong X N，Zhang P Y，et al. Interaction between phosphate and acid-activated neutralized red mud during adsorption process[J]. Applied Surface Science，2015，356：128-134.

[68] Bai X，Li Z，Zhang Y，et al. Recovery of ammonium in urine by biochar derived from faecal sludge and its application as soil conditioner[J]. Waste and Biomass Valorization，2017，9（9）：1619-1628.

[69] Yin Q，Zhang B，Wang R，et al. Biochar as an adsorbent for inorganic nitrogen and phosphorus removal from water：A review[J]. Environmental Science and Pollution Research，2017，24（34）：26297-26309.

[70] Gwenzi W，Chaukura N，Noubactep C，et al. Biochar-based water treatment systems as a potential low-cost and sustainable technology for clean water provision[J]. Journal of Environmental Management，2017，197：732-749.

[71] Wang L，Wang Y，Ma F，et al. Mechanisms and reutilization of modified biochar used for removal of heavy metals from wastewater：A review[J]. Science of the Total Environment，2019，668：1298-1309.

[72] Yang X D，Wan Y S，Zheng Y L，et al. Surface functional groups of carbon-based adsorbents and their roles in the removal of heavy metals from aqueous solutions：A critical review[J]. Chemical Engineering Journal，2019，366：608-621.

[73] Mohanty S K，Valenca R，Berger A W，et al. Plenty of room for carbon on the ground：Potential applications of biochar for stormwater treatment[J]. Science of the Total Environment，2018，625：1644-1658.

[74] Xue Y，Gao B，Yao Y，et al. Hydrogen peroxide modification enhances the ability of biochar（hydrochar）produced from hydrothermal carbonization of peanut hull to remove aqueous heavy metals：Batch and column tests[J]. Chemical Engineering Journal，2012，200-202：673-680.

[75] Kamran U，Park S J. Hybrid biochar supported transition metal doped MnO_2 composites：Efficient contenders for lithium adsorption and recovery from aqueous solutions[J]. Desalination，2022，522.

[76] Grant S B，Saphores J D，Feldman D L，et al. Taking the "waste" out of "wastewater" for human water security and ecosystem sustainability[J]. SCIENCE，2012，337（6095）：681-686.

[77] Mohanty S K，Boehm A B. Effect of weathering on mobilization of biochar particles and bacterial removal in a stormwater biofilter[J]. Water Research，2015，85：208-215.

[78] Zhang P，Liu S，Tan X，et al. Microwave-assisted chemical modification method for surface regulation of biochar and its application for estrogen removal[J]. Process Safety and Environmental Protection，2019，128：329-341.

[79] Xiong J，Ren S，He Y，et al. Bioretention cell incorporating Fe-biochar and saturated zones for enhanced stormwater runoff treatment[J]. Chemosphere，2019，237：124424.

[80] Gold A C，Thompson S P，Piehler M F. Nitrogen cycling processes within stormwater control measures：A review and call for research[J]. Water Research，2019，149：578-587.

[81] Abit S M，Bolster C H，Cai P，et al. Influence of feedstock and pyrolysis temperature of biochar amendments on transport of *Escherichia coli* in saturated and unsaturated soil[J]. Environmental Science & Technology，2012，46（15）：8097-8105.

[82] Zhang C，Zeng G M，Huang D L，et al. Biochar for environmental management：Mitigating greenhouse gas emissions，contaminant treatment，and potential negative impacts[J]. Chemical Engineering Journal，2019，373：902-922.

[83] Page D W，Vanderzalm J L，Barry K E，et al. E. coli and turbidity attenuation during urban stormwater recycling via Aquifer Storage and Recovery in a brackish limestone aquifer[J]. Ecological Engineering，2015，84：427-434.

[84] Payne E G I, Fletcher T D, Cook P L M, et al. Processes and Drivers of Nitrogen Removal in Stormwater Biofiltration[J]. Critical Reviews in Environmental Science and Technology, 2014, 44（7）: 796-846.

[85] Flynn K M, Traver R G. Green infrastructure life cycle assessment: A bio-infiltration case study[J]. Ecological Engineering, 2013, 55: 9-22.

[86] Boyer T H, Saetta D. Opportunities for building-scale urine diversion and challenges for implementation[J]. Accounts of Chemical Research, 2019, 52（4）: 886-895.

[87] Diaz-Elsayed N, Rezaei N, Guo T, et al. Wastewater-based resource recovery technologies across scale: A review[J]. Resources Conservation and Recycling, 2019, 145: 94-112.

[88] Nazari S, Zinatizadeh A A, Mirghorayshi M, et al. Waste or gold? Bioelectrochemical resource recovery in source-separated urine[J]. Trends in Biotechnology, 2020, 38（9）: 990-1006.

[89] Sun P, Li Y, Meng T, et al. Removal of sulfonamide antibiotics and human metabolite by biochar and biochar/H_2O_2 in synthetic urine[J]. Water Research, 2018, 147: 91-100.

[90] Lienert J, Burki T, Escher B I. Reducing micropollutants with source control: Substance flow analysis of 212 pharmaceuticals in faeces and urine[J]. Water Science & Technology, 2007, 56（5）: 87-96.

[91] Solanki A, Boyer T H. Physical-chemical interactions between pharmaceuticals and biochar in synthetic and real urine[J]. Chemosphere, 2019, 218: 818-826.

[92] Liu W J, Jiang H, Yu H Q. Development of biochar-based functional materials: Toward a sustainable platform carbon material[J]. Chemical Reviews, 2015, 115（22）: 12251-12285.

[93] Peiris C, Gunatilake S R, Mlsna T E, et al. Biochar based removal of antibiotic sulfonamides and tetracyclines in aquatic environments: A critical review[J]. Bioresource Technology, 2017, 246: 150-159.

[94] Xu N, Hu X, Xu W, et al. Mushrooms as efficient solar steam - generation devices[J]. Advanced Materials, 2017, 29（28）: 1606762.

[95] Yang L, Chen G, Zhang N, et al. Sustainable biochar-based solar absorbers for high-performance solar-driven steam generation and water purification[J]. Acs Sustainable Chemistry & Engineering, 2019, 7（23）: 19311-19320.

[96] Long Y, Huang S, Yi H, et al. Carrot-inspired solar thermal evaporator[J]. Journal of Materials Chemistry A, 2019, 7（47）: 26911-26916.

[97] Cuong D V, Wu P C, Liu N L, et al. Hierarchical porous carbon derived from activated biochar as an eco-friendly electrode for the electrosorption of inorganic ions[J]. Separation and Purification Technology, 2020, 242: 116813.

[98] Tang W, He D, Zhang C, et al. Comparison of Faradaic reactions in capacitive deionization（CDI）and membrane capacitive deionization（MCDI）water treatment processes[J]. Water Research, 2017, 120: 229-237.

[99] Pan J, Ma J, Zhai L, et al. Achievements of biochar application for enhanced anaerobic digestion: A review[J]. Bioresource Technology, 2019, 292: 122058.

[100] Pecchi M, Baratieri M. Coupling anaerobic digestion with gasification, pyrolysis or hydrothermal carbonization: A review[J]. Renewable and Sustainable Energy Reviews, 2019, 105: 462-475.

[101] Baek G, Kim J, Kim J, et al. Role and Potential of Direct Interspecies Electron Transfer in Anaerobic Digestion[J]. Energies, 2018, 11（1）: 107.

[102] Chen S, Rotaru A E, Shrestha P M, et al. Promoting interspecies electron transfer with biochar[J]. Scientific Reports, 2014, 4: 5019.

[103] Qiu L, Deng Y F, Wang F, et al. A review on biochar-mediated anaerobic digestion with enhanced methane recovery[J]. Renewable and Sustainable Energy Reviews, 2019, 115: 109373.

[104] Duan X, Chen Y, Yan Y, et al. New method for algae comprehensive utilization: Algae-derived biochar enhances

algae anaerobic fermentation for short-chain fatty acids production[J]. Bioresource Technology，2019，289：121637.

[105] Giwa A S，Xu H，Chang F，et al. Effect of biochar on reactor performance and methane generation during the anaerobic digestion of food waste treatment at long-run operations[J]. Journal of Environmental Chemical Engineering，2019，7（4）：103067.

[106] Luo C，Lu F，Shao L，et al. Application of eco-compatible biochar in anaerobic digestion to relieve acid stress and promote the selective colonization of functional microbes[J]. Water Research，2015，68：710-718.

[107] Lu F，Luo C H，Shao L M，et al. Biochar alleviates combined stress of ammonium and acids by firstly enriching Methanosaeta and then Methanosarcina[J]. Water Research，2016，90：34-43.

[108] Ye S，Zeng G，Tan X，et al. Nitrogen-doped biochar fiber with graphitization from *Boehmeria nivea* for promoted peroxymonosulfate activation and non-radical degradation pathways with enhancing electron transfer[J]. Applied Catalysis B：Environmental，2020，269：118850.

[109] Yang J，Zhao Y，Ma S，et al. Mercury removal by magnetic biochar derived from simultaneous activation and magnetization of sawdust[J]. Environmental Science & Technology，2016，50（21）：12040-12047.

[110] Zhang P，Tan X，Liu S，et al. Catalytic degradation of estrogen by persulfate activated with iron-doped graphitic biochar：Process variables effects and matrix effects[J]. Chemical Engineering Journal，2019，378：122-141.

[111] Ren X，Zeng G，Tang L，et al. The potential impact on the biodegradation of organic pollutants from composting technology for soil remediation[J]. Waste Management，2018，72：138-149.

[112] Skouteris G，Saroj D，Melidis P，et al. The effect of activated carbon addition on membrane bioreactor processes for wastewater treatment and reclamation—A critical review[J]. Bioresource Technology，2015，185：399-410.

[113] Arrigo R，Jagdale P，Bartoli M，et al. Structure-property relationships in polyethylene-based composites filled with biochar derived from waste coffee grounds[J]. Polymers，2019，11（8）.

[114] Tan X F，Liu Y G，Gu Y L，et al. Biochar-based nano-composites for the decontamination of wastewater：A review[J]. Bioresource Technology，2016，212：318-333.

[115] Yu J，Tang L，Pang Y，et al. Magnetic nitrogen-doped sludge-derived biochar catalysts for persulfate activation：Internal electron transfer mechanism[J]. Chemical Engineering Journal，2019，364：146-159.

[116] Yousefi R，Khorsand Zak A，Jamali-Sheini F，et al. Synthesis and characterization of single crystal PbO nanoparticles in a gelatin medium[J]. Ceramics International，2014，40（8）：11699-11703.

[117] Nebeker N，Hiskey J B. Recovery of rhenium from copper leach solution by ion exchange[J]. Hydrometallurgy，2012，125-126：64-68.

[118] Seo S Y，Choi W S，Yang T J，et al. Recovery of rhenium and molybdenum from a roaster fume scrubbing liquor by adsorption using activated carbon[J]. Hydrometallurgy，2012，129-130：145-150.

[119] El-Naggar A，Lee S S，Rinklebe J，et al. Biochar application to low fertility soils：A review of current status，and future prospects[J]. Geoderma，2019，337：536-554.

[120] Yu H，Zou W，Chen J，et al. Biochar amendment improves crop production in problem soils：A review[J]. Journal of Environmental Management，2019，232：8-21.

[121] Angst T E，Sohi S P. Establishing release dynamics for plant nutrients from biochar[J]. Global Change Biology Bioenergy，2013，5（2）：221-226.

[122] Wang T，Camps-Arbestain M，Hedley M. The fate of phosphorus of ash-rich biochars in a soil-plant system[J]. Plant and Soil，2013，375（1-2）：61-74.

[123] Sun D，Hale L，Kar G，et al. Phosphorus recovery and reuse by pyrolysis：Applications for agriculture and

environment[J]. Chemosphere，2018，194：682-691.

[124] Müller-Stöver D S，Jakobsen I，Grønlund M，et al. Phosphorus bioavailability in ash from straw and sewage sludge processed by low-temperature biomass gasification[J]. Soil Use and Management，2018，34（1）：9-17.

[125] Fu Y，Qin L，Huang D，et al. Chitosan functionalized activated coke for Au nanoparticles anchoring：Green synthesis and catalytic activities in hydrogenation of nitrophenols and azo dyes[J]. Applied Catalysis B：Environmental，2019，255.

[126] Qin L，Zeng Z，Zeng G，et al. Cooperative catalytic performance of bimetallic Ni-Au nanocatalyst for highly efficient hydrogenation of nitroaromatics and corresponding mechanism insight[J]. Applied Catalysis B：Environmental，2019，259：118035.

[127] Wang S，Zhou Y，Gao B，et al. The sorptive and reductive capacities of biochar supported nanoscaled zero-valent iron（nZVI）in relation to its crystallite size[J]. Chemosphere，2017，186：495-500.

[128] Wang Y，Liu Y，Yang K，et al. Numerical study of frost heave behavior in U-elbow of ground heat exchanger[J]. Computers and Geotechnics，2018，99：1-13.

[129] Tang W，Liang J，He D，et al. Various cell architectures of capacitive deionization：Recent advances and future trends[J]. Water Research，2019，150：225-251.

[130] Chen Q，Tan X，Liu Y，et al. Biomass-Derived Porous Graphitic Carbon Materials for Energy and Environmental Applications[J]. Journal of Materials Chemistry A，2020，8（12）：5773-5811.

[131] Song B，Chen M，Ye S，et al. Effects of multi-walled carbon nanotubes on metabolic function of the microbial community in riverine sediment contaminated with phenanthrene[J]. Carbon，2019，144：1-7.

[132] Shen M，Zhang Y，Zhu Y，et al. Recent advances in toxicological research of nanoplastics in the environment：A review[J]. Environmental Pollution，2019，252：511-521.

[133] Tong M，He L，Rong H，et al. Transport behaviors of plastic particles in saturated quartz sand without and with biochar/Fe_3O_4-biochar amendment[J]. Water Research，2019，169：115284.

[134] Ye S，Cheng M，Zeng G，et al. Insights into catalytic removal and separation of attached metals from natural-aged microplastics by magnetic biochar activating oxidation process[J]. Water Research，2020，179：115876.

[135] Diaz-Elsayed N，Rezaei N，Ndiaye A，et al. Trends in the environmental and economic sustainability of wastewater-based resource recovery：A review[J]. Journal of Cleaner Production，2020，265.

第5章　生物炭在土壤改良和修复中的应用

引　言

土壤是生物与环境间进行物质循环和能量交换的活跃场所，是维持生态稳定的生产者、消费者和分解者最重要的生存资源。由于快速工业化、城市化等人为活动的频发，重金属和有机污染物（如农药、多环芳烃、内分泌干扰物、石油及其衍生物）通过大气沉降、废水灌溉、污水偷排等方式进入土壤，并在土壤中累积聚集形成多重污染物共存的复合污染土壤。重金属/准金属或有机污染物进入土壤后，与土壤不同组分发生相互作用，影响土层正常的物理化学性质和土壤生物学特性，对微生物、动植物具有致畸、致癌和致突变性的危害，它们会通过食物链的生物放大效应，破坏土壤生态结构和功能的稳定性，对人类健康和自然生态系统平衡造成巨大威胁。污染土壤的急剧增加，在全球范围内引起了广泛关注，特别是在废渣处置场、特定工业废弃地和农田中发生的土壤污染事件。土壤重金属污染严重威胁着农产品质量和人类健康，然而传统的土壤修复工程如客土、换土和深耕翻土，工程量大、投资消耗高，不适用于大面积土壤修复。电动原位修复方法虽然高效，但需要消耗能源且容易导致土壤酸碱度发生破坏性变化；添加石灰或土壤淋洗等化学修复方法虽然操作简便，但化学剂的添加会破坏土壤生态，且试剂容易随着淋溶进入地下水，污染地下水水质；生物修复方法过于依赖环境条件，周期长且效果不稳定，重度污染下修复生物不易生存，无法有效捕获污染物。因此，有必要选择经济可行、绿色有效的土壤修复技术来缓解土地质量的持续恶化。

生物炭在改善土壤酸碱度和有机碳含量、提高土壤持水能力、降低污染物有效含量、提升农作物产量、抑制有毒有害物质在生物体内吸收积累等方面具有诸多优势。它不仅能作为修复材料，还能作为改良剂施用于污染土壤中，实现控制污染物的同时起到改善土壤微环境、刺激土壤生物活性、保障土壤生态功能的作用。不同的制备及应用条件，如生物质类型、热解温度、升温速率和在土壤中停留时间是决定生物炭修复性能的关键因素。受生物炭 pH、溶解有机碳、灰分含量和土壤性质的影响，生物炭与污染物的相互作用机制主要包括络合、氧化还原、阳离子交换、静电吸引、共沉淀、氢键作用、阳离子-π、疏水性作用力等。最后，本章还阐述了生物炭改良修复土壤的限制和老化过程对生物炭修复性能的影响，为今后确保生物炭的安全生产和可持续利用提供了指导。利用土地上收获的农业废物和垃圾固体废物作为原料制备的生物炭，会用于土壤中实现污染土壤修复和改良，是固废资源化管理和土壤治理方面具有潜在应用价值的技术手段。

5.1　生物炭施用对土壤基本理化性质的影响

5.1.1　土壤质地和团聚体

生物炭的体积密度和粒径通常会小于矿质土，在不发生土壤孔隙被堵塞的情况下，生物炭的添加可降低土壤总体的体积密度，通过改变比表面积、粒径分布、孔隙分布和孔填充等影响土壤质地和结构组成。生物炭的表面系数一般比砂质土粒高，与黏土土粒相当或略高于黏土土粒。如图 5-1 所示，生物炭作为改良剂施用于土壤中会增加土壤表面系数，改善土壤结构和渗透性，影响土壤物理性质。土壤团聚体是一种良好的土壤结构体，具有适当数量和比例的持水孔隙与充气孔隙，为土壤水、气、肥、热的协调创造了优良的条件。团聚体的土壤土质疏松，保肥供肥性能良好，是土壤肥力的标志物之一。孔隙发达的生物炭除了对土壤层水汽传输的调节之外，还能提高土壤微生物活性，增加生物对矿质的分解和多聚糖物质的分泌，因此，生物炭施用不但能够提高土壤的碳库含量，而且可以促进土壤团聚体的稳定性或增加团聚体的数量[1]。另外，生物炭表面官能团可以与矿物质结合，有助于与土粒胶结过程的进行，利于团聚体的形成和提高团聚体稳定性[2]。研究证明，开放体系（混杂空气）下制备的高含氧生物炭的可溶性盐类含量较高，可增加离子强度，提供多价阳离子，诱导带负电荷胶体之间的桥接，从而引起黏土聚集。相比之下，氮气氛围下制备的生物炭中可溶性盐类含量低，有机质化合物富含负电荷，有利于黏土的分散[3]。生物炭中的碳元素和硅元素在其胶体效应影响中起着至关重要的作用，高硅相暴露的生物炭有助于解决黏土的分散和损失问题。在生物炭影响下，土壤物理组成的改变会影响空气和水分的渗透深度及营养物质的生物可利用性，影响根区植物和根际微生物生长，刺激产生根系分泌物为土壤提供有机质，从而进一步改变土壤质地和耕作能力。但 Peng 等[4]通过 11d 的培养实验发现，1%质量比的秸秆衍生生物炭施用到湿润地区老成土中，没有对老成土的土壤团聚体稳定性造成显著影响。由此可知，生物炭施用对土壤团聚体和结构的影响受生物炭性质、施加量和受试土壤的原始基本性质等因素联合制约。

5.1.2　土壤孔隙度和透气性

土壤孔隙指的是粗细土颗粒或团粒集合成的固相骨架内部宽狭和形状不一的无规则空隙，其间充满了共存的水和空气。大小形状不一的土壤孔隙，其透气性

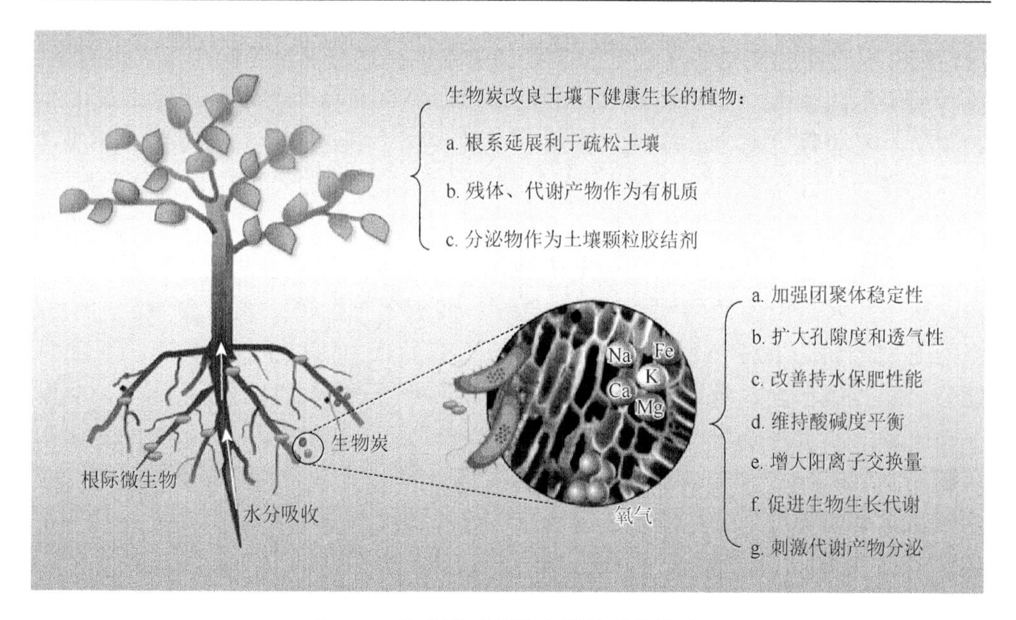

图 5-1　生物炭对污染土壤性质的影响

和渗透率也有所不同。一般情况下，大孔隙能确保土壤透气性，而土壤持水量与孔径大小呈负相关，土壤当量孔径越小，其吸水保水能力越强。生物炭作为多孔材料，常常具有丰富的分级孔结构，同时拥有微孔、介孔和大孔，有利于携带含氧空气的传输，并改善土壤透气性，以解决土壤透气性不佳带来的酸侵蚀、病原体等危害。生物炭对土壤孔隙度的调节作用取决于生物炭、土壤颗粒之间粒径的大小和孔径分布的差异，以及生物炭颗粒的机械强度及其迁移性。对于通气性较差的土壤，添加生物炭有利于提高土壤孔隙度，改善透气性，保证土壤的氧气供应。但是粒径过小的生物炭可能会导致土壤内部孔隙的堵塞，反而降低土壤的透气性。机械强度较低的生物炭，其施用于土壤需考虑长期磨损导致的分解破碎化作用带来的透气性和改善效果的变化。

5.1.3　土壤持水性

土壤水是整个土壤生态系统中最重要的成分之一，它不仅是土壤中动植物生长和生存的物质基础，还是矿质元素、营养成分的载体介质，影响着动植物对矿质元素的吸收和营养物质的生物可及性。生物炭具有较大的比表面积和孔容积，通过改善土壤的团粒结构和降低土壤容重，增加土壤孔隙度和有机质以储存更多水分。添加生物炭显著提高了半干旱地区土壤的田间持水量，缓解了干旱气候对农作物的影响[5]。生物炭对土壤水分的影响与生物炭本身的亲水疏水性和土壤质地密切相关。生物炭的制备温度影响着其疏水性，随着温度升高，生物炭中氧、氢等元素的损失使得生物炭具有较高的疏水性。向土壤中添加疏水性较高的生物炭更容易表现为对水分的疏水作用，从而促使土壤地表径流的发生，加快污染物的移动和营养物质的淋溶。而具有大量含氧官能团的生物炭添加到土壤后，表面官能团会在生物和非生物氧化过程的作用下发生变化，往往是含氧基团种类和含量增多使得生物炭具有一定极性，从而使得生物炭表面具有良好的亲水性，进一步实现对土壤持水性能的改进。一般情况下，在砂质土壤中添加生物炭，有助于提高土壤有效含水量，但在壤土或黏土中使用生物炭改良，反而可能会降低土壤的含水量。此外，生物炭的存在可以改善植物的根系环境，从而提高土壤的保水能力和饱和导水率，促进植物生长和养分吸收[6]。砂土的盆栽实验证明了生物炭显著影响了土质颗粒的聚集分布，提高了大团聚体的比例，在水资源过剩的情况下，生物炭本身也作为一个大团聚体发挥作用，并有助于增加水分过量条件下的曝气。而在极端水分转化的条件下（保持饱和过量水状态30d，然后不再添加水），生物炭内的微孔可能有助于维持植物根系和土壤微生物的可用水分[7]。

5.1.4　土壤酸碱度

土壤酸碱度是衡量土壤质量的一个重要指标，它能影响土壤中的许多化学反应过程，包括氧化还原、沉淀溶解、吸附解吸和一些配位效应等。土壤 pH 还会通过改变营养物质的转化和释放来影响土壤中微生物和动植物的生存和繁衍。另外，酸碱度会改变有害物质的溶解度和迁移性，不仅影响了微生物的生长和分泌物的活性，还对群落的多样性和优势菌种的殖民入侵有一定影响。生物炭由于其矿质组分和大量灰分而呈现出弱碱性。面对酸性土壤带来的根系呼吸受抑制、盐基离子（Na、K、Ca 和 Mg 等）大量流失和土壤金属毒害作用升高等不利影响，弱碱性生物炭的添加能有效提高土壤 pH，改善土壤结构，利于植物根系呼吸和吸收功能发挥，提高营养元素和矿质元素的生物有效性，降低酸性土壤的铝饱和度，影响有害元素的流动性从而抑制其毒害作用。大量研究证明，麦秆、竹材、秸秆等生物炭施加（$20t/hm^2$）于农田间可提升土壤酸碱度，并且由于生物炭的稳固性，施用一年后，改良土壤的 pH 比对照农田高 0.3 个单位，两年后依然保持高出对照实验组 0.26 个单位的 pH[8]。而对于本身 pH 较高的盐碱土，生物炭施用量的提高反而会降低土壤 pH，达到改良盐碱土的作用，缓解土壤盐化和进一步板结。赵宇侠等[9]分析称，富含矿质组分的生物炭中大量的 K（Ⅰ）、Ca（Ⅱ）和 Mg（Ⅱ）的逐步释放可以改善滨海盐碱土中的盐基饱和度，从而达到缓冲调节土壤酸碱度的目的。除土壤原本酸碱度之外，土壤的质地也影响着生物炭对土壤酸碱度的改良作用，一般来说，pH的缓解作用，即生物炭改良对黏土土壤的pH升高作用，比壤土和砂质土的改良效果更明显。

5.1.5 土壤阳离子交换量

土壤阳离子交换量（CEC）代表了土壤胶体吸持和提供可交换养分的能力，是评估土壤持肥能力和缓冲能力的指标。生物炭在制备过程中由于有机质和杂质之间的相互作用产生羧基、羟基等官能团，赋予了生物炭较高的CEC值，加入土壤中能引起CEC的显著变化。生物炭对土壤CEC的贡献取决于生物炭与土壤原始CEC对比和生物炭施用在土壤中的持续时间。影响生物炭CEC的最关键因素是制备温度，高温会造成氧元素的损失，在较低温度下制备的生物炭具有较多的含氧官能团和CEC值。另外，Yuan等[10]发现生物质选取也会影响生物炭的CEC，他们发现非豆科植物秸秆残渣制备的生物炭对土壤 CEC 的提升效果要明显高于豆科植物秸秆衍生的生物炭。生物炭的施用效果与土壤本身CEC高低有关，对低CEC的酸性土壤改良作用非常明显，但对高CEC的石灰性土壤不敏感，高生物炭施加量也不会导致石灰性土壤CEC的显著变化。另外，随着生物炭在土壤中的持续时间延长，在土壤中各组分的相互作用下，团聚体在生物和非生物氧化下表面含氧官能团增多，表面荷电量增大，进而使得土壤整体的CEC得到提高。

5.2 生物炭施用对土壤营养元素的影响

土壤营养元素包括N、P、K、Ca、Mg等元素。在自然土壤中，营养元素的主要来源是土壤矿物质和有机质，其次是通过大气降水、地表径流和地下水等积累。在耕作土壤中，营养元素的来源还包括施肥、灌溉和土壤改良等[11]。

5.2.1 生物炭自身的养分含量

生物炭本身可以作为土壤养分的来源。一方面，生物炭可以通过先回收水体资源中的养分后再作为整体施用到土壤中（详见第4章）；另一方面，可以通过对生物炭制备条件的控制，如原料选择、热解温度、保留时间或者预处理改性等，使生物炭自身可以在热解过程中保留更多养分。

如图5-2所示，生物炭中的养分含量与原材料的类型密切相关[12]。一般来说，利用养分含量较高的有机废物作为原料制备生物炭，生物炭中会保留较高的营养元素含量。例如，以粪便污泥为原料生产生物炭的氮磷含量通常高于以草本和木本生物质为原料生产的生物炭，而生物炭中的碳含量可能会呈现出相反的趋势[13]。在制备条件相同的情况下，猪粪生物炭的氮磷含量会高于木屑生物炭[14]。Luo 等[15]以稻草和猪粪作为原料制备的生物炭呈现出相似的碳含量，猪粪生物炭比稻草生物炭的氮含量高（分别为 1.6%和 0.96%）。de Figueredo 等[16]发现 350℃下由污泥热解产生的生物炭比以甘蔗和桉树废物为原料制备的生物炭具有更高的含氮量（含氮量分别为 3.17%、1.4%和 0.4%）。在土壤实际施用过程中，Zhao 等[17]的研究表明稻草生物炭可以提高土壤的总氮含量。在 Khan 等[18]的研究中，每千克土壤施加 50g 和 100g 污泥生物炭使得土壤总氮含量分别提高了 350%和 550%。但是，生物炭中的总养分含量并不一定反映生物炭在土壤中的释放量或被作物等的利用量[12]。生物炭养分的释放和利用率与生物炭施用比例、作物种类、土壤性质等相关。生物炭可作为缓释肥料或土壤改良剂[19, 20]，因为其初始阶段养分释放相对较高，与植物生长曲线吻合良好[21, 22]。Angst 和 Sohi[23]用去离子水模拟连续淋洗试验研究了阔叶木生物炭养分释放。在连续提取中，生物炭中磷的提取效率会逐渐下降，钾的释放量会在第一次提取后快速下降，只有第一次提取量的 6%～18%。与钾快速释放相比，生物炭的磷缓慢释放意味着可以持续地在整个作物生长季内维持供应。Nelson 等提出如果需要在短期内提高土壤中养分的含量，除生物炭以外，有必要施用其他的氮肥来改善土壤质量。因此，在应用生物炭进行作物养分供应管理时，应考虑不同作物类型和单个营养元素释放模式的差异[24,25]。

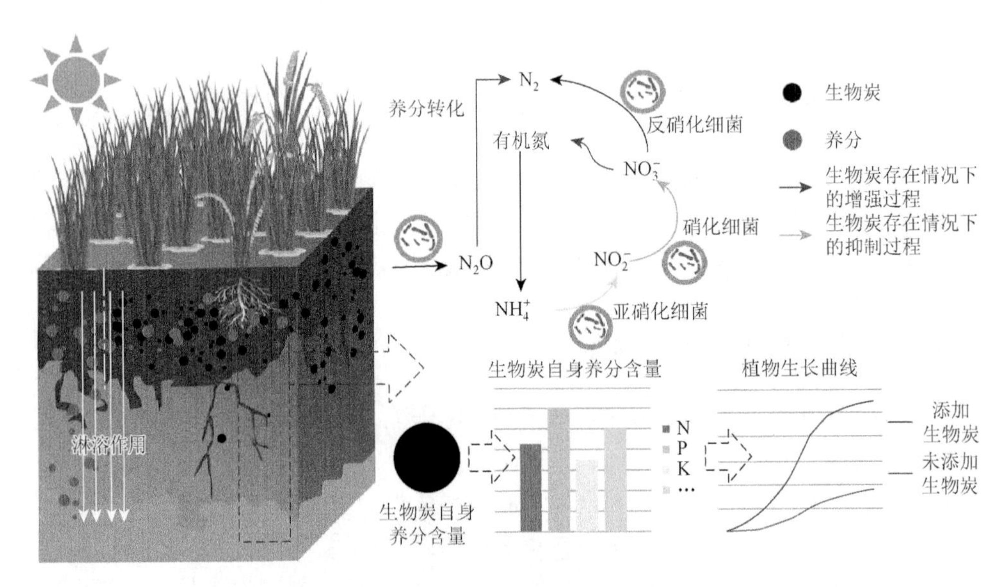

图 5-2　生物炭对土壤营养元素的影响

不同的改性方法也可以改变生物炭保留和稳定其中养分的能力。Liu 等[26]制备了 CaO 改性的污泥生物炭，CaO 的加入可以促进污泥生物炭制备过程中非磷灰石无机磷（NAIP）向更具生物有效性的磷灰石无机磷（AP）[主要成分为 $Ca_3(PO_4)_2$ 和 $Ca_3Mg_3(PO_4)_4$]转化。原料中添加 10%的 CaO 可以使得磷灰石无机磷的含量提高 21.2%～33.6%，水溶性磷含量降低到 TP 的 1%以下。

温度可以通过影响生物炭热解过程的失重率从而影响生物炭的养分含量。制备生物炭的过程会导致在生产过程中损失一部分生物量。El-Naggar 等[27]发现木材生物炭的氮含量仅为 4.5%，而原始原料中氮含量高达 15.6%。热解温度和活化程度的改善可以降低生物炭的微营养素含量及养分的可利用性[24]。与生物质相比，制备的生物炭的总氮含量降低可能是热解过程中氨氮挥发导致氮损失[14]。温度也可以影响生物炭中养分的存在形态。富磷原料在低温下（600℃以下）制备的生物炭中，磷的主要存在形态为磷酸钙，相反，在较高的热解温度下，生物炭中磷的主要形态转换成难溶的、在热力学上更稳定的磷物质，如磷灰石，从而导致磷在土壤中可生物利用的含量降低。与直接向土壤施加原料生物质（如消化污泥、家禽粪便等）相比，生物炭改良土壤中的即时磷利用率较低。低温条件下制备的生物炭改良土壤，可以使有效磷迅速提高到与富磷消化固体改良的土壤相同的水平。高温条件下制备的生物炭施加到土壤中，有效磷含量随着施加时间延长而增加[28]。

5.2.2　生物炭对土壤中养分转化的影响

依照植物对栽培土壤中营养元素吸收利用的难易水平，土壤中养分可划分成速效性养分和迟效性养分，它们在土壤中总是处于动态平衡之中。土壤中养分转化是指养分元素的存在形态及其有效性发生转换，包括化学转化、生物化学转化和物理化学转化[11]。5.2.1 节中提到生物炭中的总养分含量与生物炭施用于土壤时释放出的所有养分是不对等的。土壤中生物炭释放出的养分取决于营养元素与生物炭和土壤的吸附亲和力大小的比较。

生物炭和土壤矿质产物的相互作用可以影响土壤中的养分转化。通过控制制备条件或者增强风化等可以增加生物炭表面和孔隙边缘的氧化官能团数量，从而增强生物炭和矿物质之间的作用力。在野外试验中，生物炭的有机质组分与粗砂组分中的土壤矿物发生了物理作用，即生物炭与土壤矿物成分形成了有机矿物复合体[29]。

应用于土壤的生物炭对氮的影响主要包括两个方面：一方面，它可以改善土壤中氮的储存量，并增加作物可利用的氮量；另一方面，它可以减少土壤中氮的浸出。随着生物炭添加量的增加，土壤中的总氮含量升高，并且土壤中的总氮储存量与存在的生物碳量呈现出线性关系。总氮含量与添加的生物炭含量之间存在显著的线性相关。土壤中的氮绝大部分以不能被直接利用的有机态形式存在，它们必须经微生物分解，转变为无机态氮后才能被作物利用。在 Wu 等[30]的研究中，生物炭和秸秆堆肥复合物改良的土壤中，16SrRNA 复制量和细菌群落丰富度显著提高，从而影响生态系统的氮循环。生物炭能够提高土壤的通气性，促进硝化作用，使 NH_4^+ 迅速转化为 NO_3^-[31, 32]。在长期蔬菜栽培的情况下，生物炭可以促进土壤 NH_4^+ 的周转和微生物对 NH_4^+ 固定化，从而可以同时降低 NO_3^- 的生成潜力并抑制自养硝化过程。但是在短期内生物炭的作用不是特别明显[33]。Plaimart 等[34]在模拟暴雨的条件下，对椰子壳生物炭/厌氧消化污泥改性土壤的氨氮流失进行了定量分析。研究发现生物炭在消化污泥改良土壤中通过促进硝化过程而延缓了硝酸盐的浸出。生物炭改良一个月后在表层和较深的土壤层中硝化古菌和细菌的丰度均出现明显的降低（分别降低了 71%～83%和 66%～80%），同时甲烷氧化菌的丰度也降低了。据报道，生物炭也可以减少农业土壤中气态氮的流失[35]。生物炭的施用可以减少 N_2O 的排放，其主要机制包括提高土壤 pH、改善土壤通气性、增强氮素固定、加强土壤有效有机碳和氮素的相互作用、使酶活性改变，以及可能对产生 N_2O 的微生物存在抑制作用等[33, 36, 37]。作为副产物和中间产物，N_2O 受氮转化过程（如硝化和反硝化）的影响很大。因此，生物炭可以通过改变氮的转化率来影响土壤中 N_2O 的产生[33]。生物炭也可以刺激土壤中的 N_2O 还原为 N_2，从而降低 N_2O 的排放[38, 39]。但是 Lin 等[40]的研究结果表明，稻草生物炭通过增加土壤的 pH 和氨氧化细菌 amoA 基因的丰度，进而增加了 N_2O 的排放量。与对照组相比，生物炭使用量为 4%的土壤和施用氮肥的土壤上 N_2O 的排放量分别增加了 291%和 256%。因此，生物炭的施加对土壤中氮转化的正负效应需要综合考虑生物炭类型和土壤性质等方面。

一般情况下，生物炭能够提高土壤中有效磷的含量[41]。生物炭改良土壤可能是通过降低土壤对磷的吸附能力，从而提高磷的有效性[42]。Hemati Matin 等[43]对比了未经处理和经生物炭处理的土壤的水溶性、可移动性和有效磷含量。与对照组相比，生物炭的添加显著提高了土壤的水溶性（从 2.4mg/kg 到 9.3mg/kg）、移动性（从 2.4mg/kg 到 9.1mg/kg）和有效磷含量（从 24.7mg/kg 到 40.5mg/kg）。生物炭可能增多了土壤中的官能团，有利于减少土壤中磷的潜在损失。生物炭对土壤的改良不仅能够增加土壤速效磷的含量，还可以作为持久磷源，减少额外磷肥的施用，减少磷流失。

5.2.3 生物炭对土壤中养分淋溶的影响

土壤的养分淋溶是指土壤物质中的营养元素在渗透水的作用下发生纵向迁移或者侧向迁移的过程。养分淋溶是土壤中普遍存在的过程。在淋溶过程中，土壤物质可能会经过溶解、化学溶提、螯合和机械淋移等过程，最终可能会导致土壤表层营养物质的流失和淋溶层的形成。土壤物质从上层向下层淋溶时往往在下层土壤剖面淀积下来，形成各类淀积层。淋洗作用还会造成某些土壤物质随地下水等从土壤剖面中完全流失。一般来说，利用生物炭改良的土壤可以提高营养物质保留和利用的效率，并减少养分淋溶，从而提高土壤肥力[44-46]。

生物炭的养分初始含量可以对土壤养分迁移造成影响。低养分生物炭能轻微减少养分的淋失，而高养分含量的生物炭通过缓慢释放养分来增加养分的淋失。随着时间的推移，这种额外的淋洗将停止，最终淋洗的养分水平将会下降[47]。生物炭通过影响土壤对养分离子的保留能力来减少养分的淋溶[48]。Fe/Al 氧化物（或氢氧化物）改性提高了生物炭的抗氧化性，降低了不稳定的 Ca-P 组分所占的比例，并且促进了相对稳定的 Fe/Al-P 络合物的形成，从而减少了肥沃的石灰质土壤中磷的浸出。施用 2%（*w*/*w*）的 Fe/Al 氧化物改性生物炭（FA-BC）还可以显著减少土壤中 81.3%总磷的流失，同时维持土壤中适当的生物可利用磷水平，以支持植物的生长发育。改性生物炭通过提高土壤的 pH 和增加磷在土壤中的饱和度，以此减少肥沃的石灰质土壤磷淋溶[49]。在 Chen 等[50]的研究中，与对照组相比，镁盐改性生物炭减少了土壤中 89.25%磷的浸出，同时土壤表层中有效磷的含量增加了 3.5 倍。生物炭通过形成新的 Mg-P 晶体增强了自身的抗氧化性，减慢了生物炭中碳骨架的氧化，增强了稳定性。Wu 等[51]合成的铁改性生物炭可以增加不同酸碱条件下土壤中的有效磷含量，同时，0～20cm 土壤中的磷含量显著增加，经过生物炭改良的土壤中磷淋溶降低了 86%。在沿海碱性土壤中添加铁改性生物炭能增加有效磷、总磷和可提取的磷含量，促进磷吸附并减少养分的淋溶。生物炭与氮的相互作用影响氮的有效性和土壤无机氮的淋溶。生物炭捕获硝态氮并将其储存在土壤中，减缓了耕种和休耕期间可利用的土壤无机氮的淋溶过程。但是过量施用生物炭不仅会导致硝态氮淋溶的减少，还会造成营养物质可利用性的降低[33]。在 Xu 等[52]的研究中发现，90%以上的氮素以硝酸盐的形式淋失，随着生物炭用量的增加，土壤中氮淋溶量减少。生物炭也可以通过影响土壤菌群的群落结构或提高细菌多样性和含量，增加净氮矿化和提高呼吸速率来减少氮淋溶量。

5.3　生物炭施用对土壤微生物的影响

健康的土壤兼备优良的土壤物理性质及稳定的生态功能，因此土壤质地并不是生物炭改良修复土壤效果的唯一预测因子，生物炭与土壤生物群之间的相互作用也是不容忽视的一部分[53]。微生物是世界上最多样化和最丰富的生物群，是土壤生物地球化学循环的重要参与者[54]。在土壤生态系统中，微生物多样性在土壤生物多样性中占主导地位，微生物作为分解者会对碳源进行选择性分解从而影响碳排放，特别是在接受养分输入的土壤中，生态系统碳循环更容易受到微生物多样性变化的影响[55]。与此同时，微生物群落结构的变化可以反映土壤的营养状况。在土壤生态系统中，微生物的活动也会驱动其他共存生物种群的多样性发生变化[56, 57]。总而言之，微生物群体会直接或间接地影响土壤环境的稳定性以及土壤环境中各个作用环节，对土壤生态系统功能至关重要[58, 59]。

生物炭可以改善土壤的孔隙度和酸碱度，增强土壤保水保温以及保持养分的能力，从而对土壤生物区系产生积极的影响[60]。同时，生物炭的添加会带来多环芳烃或重金属污染、杀虫剂的滞留增多、温室气体排放增加等风险。一些生物炭可能对土壤生物群及其功能构成直接威胁。研究生物炭施用对微生物的影响，便于理解和预测土壤生态系统服务和土壤碳储存等功能性结果，同时为生物炭的科学应用及风险规避奠定良好基础。由于土壤微生物具有高比表面积和低稳态，微生物对环境的应激反应迅速[61]。因此，微生物活性、群落结构和丰度的变化是土壤生态系统变化的敏感信号[62-64]。本节将从微生物生长、微生物群落组成及微生物多样性三方面阐述生物炭的施加对土壤微生物的影响，如图 5-3 和表 5-1 所示。

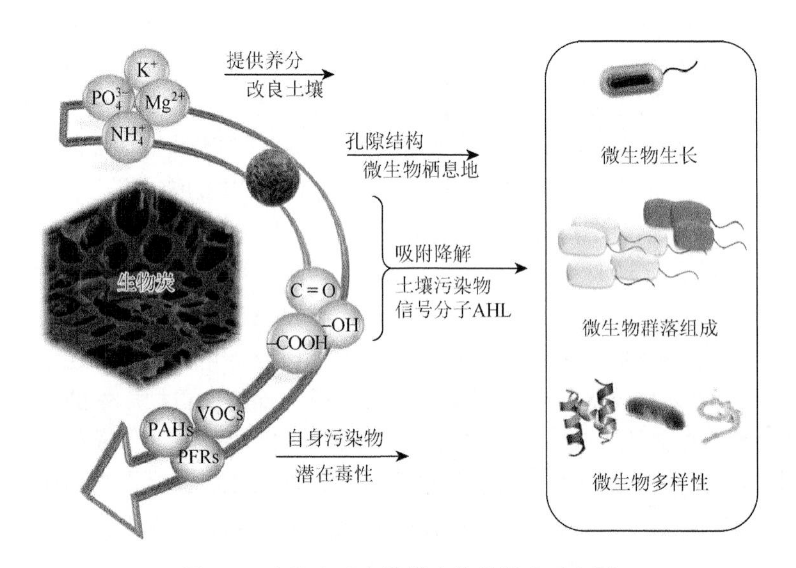

图 5-3　生物炭对土壤微生物的影响示意图

表 5-1　生物炭对土壤微生物的影响

生物炭	用量条件	影响	参考文献
谷壳和纸纤维污泥生物炭	1%、0.5%（*w/w*）；酸性砂土	异养需氧细胞浓度增加 25%；细菌、真菌比例 3.5～7（对照组 1.5～2.5；对费氏弧菌（*Aliivibrio fischeri*）无抑菌作用	[65]
玉米生物炭	5t/hm^2；中性砂壤土	生物量减少；对群落组成无显著影响	[66]
柳树生物炭	15 t/hm^2、60t/hm^2；短轮作灌木林土壤	细菌生物量增加；革兰氏阴性菌和放线菌丰度增加	[67]

续表

生物炭	用量条件	影响	参考文献
沼渣生物炭和柳木生物炭（350℃和700℃）	10t/hm^2；温带砂壤土	生物量碳增加；微生物群落结构分化，350℃生物炭处理革兰氏阳性菌和革兰氏阴性菌更为丰富；350℃生物炭处理增加脱氢酶活性，700℃处理降低脱氢酶活性	[68]
小麦秸秆生物炭（350～550℃）	20t/hm^2、40t/hm^2；稻田土	微生物生物量碳增加；脱氢酶和β-糖苷酶活性降低；细菌的α-多样性增加，真菌的α-多样性降低	[69]
柞木生物炭（550℃）	1%、5%、10%、20%（*w/w*）	微生物生物量增加；微生物组成改变；革兰氏阴性菌和放线菌的磷脂脂肪酸标志物（PLFAs）的丰度增加	[70]
麻栎生物炭（600℃）	20t/hm^2、40t/hm^2；酸性钙积土	土壤生物区系活性提高，微生物生物量碳和土壤基础呼吸增加	[71]
	20t/hm^2、40t/hm^2；碱性钙积土	微生物生物量及土壤基础呼吸降低；除葡萄糖糖苷酶外所有测定的酶活性降低	[71]
玉米秸秆生物炭	15t/hm^2；华北平原砂壤土	微生物生物量和群落结构无明显变化	[72]
橡木颗粒生物炭（550℃）	0%、1%、5%、10%、20%（*w/w*）	微生物丰度增加，群落组成主导向革兰氏阴性菌群转变	[73]
小麦或桉树嫩枝生物炭（450℃）	干燥红砂土	微生物群落结构明显变化	[74]
鸡粪生物炭（CMB）、燕麦壳生物炭（OHB）或松树皮生物炭（PBB）	月见草（*Oenothera biennis*）种植土	OHB、CMB和PBB处理基础呼吸依次增加了20%、33%和55%；细菌群落和真菌群落无明显差异	[75]
	番茄（*Lycopersicon esculentum*）种植土	OHB、CMB和PBB处理基础呼吸依次增加了2%、43%和77%；脱氢酶活性增加80%	[75]
	黑麦草（*Lolium perenne*）种植土	基础呼吸增加186%～228%；脱氢酶活性增加了1.5倍、2.1倍和2.4倍；细菌和真菌群落差异明显	[75]

5.3.1 生物炭对土壤微生物生长的影响

生物炭用于土壤中除了能起到固碳减排的作用外，还能改善土壤的理化性质，起到改良并修复土壤的作用，在此过程中微生物的生长也易随环境介质变化而变化。Sheng 和 Zhu[76]表示生物炭修复降低了酸性土壤的固碳能力，是由于生物炭刺激了具有降解有机物能力的微生物。可见生物炭可与在土壤介质中共存的微生物发生相互作用，微生物的生长与活动也会受生物炭的影响。

生物炭作为经济、环保且可持续的修复剂，具有深邃的孔道、丰富的孔隙结构及表面基团，能对土壤中的有毒有害污染物起到有效的吸附降解作用，从而减轻污染物对微生物生长的胁迫。生物炭可以减轻砂壤土中重金属（铜、镉）和有机污染物（对硝基酚、苯酚）的负面影响[77]。因此，与单独硝基酚相比，对硝基酚与生物炭共存的基质中微生物生物量的大幅增加，部分是由于生物炭对有机污染物的吸附增加和有机污染物毒性的减轻。Stefaniuk 和 Oleszczuk[78]的研究显示，在土壤中分别施用生物炭与污泥 90d 后，与单独有污泥的土壤相比，添加生物炭使得土壤中自由溶解态多环芳烃的浓度和毒性得到进一步降低。由于生物炭降低了多氯联苯对细菌的毒性，改善了微生物活性，因此促进了多氯联苯降解细菌的丰度[79]。但 Yang 等[80]的研究结果显示，生物炭导致的金属生物有效性的减少不一定对土壤微生物的生长产生积极影响。可见在污染土壤中，生物炭修复使污染物毒性降低，只是微生物生长促进的一部分原因。

生物炭除了作为污染修复剂外，还可以为土壤微生物提供额外碳源。在 Farrell 等[74]的实验中，生物炭添加后出现的二氧化碳进化峰是由于生物炭中不稳定碳成分的快速周转及其对原生有机质分解的刺激作用。在生物炭组成中存在一部分生物可利用态的碳位于邻烷基区域，对应土壤中显著存在的芳基及邻芳基表明微生物具有利用生物炭的可能性。Bailey 等[81]研究证明，土壤中施用的生物炭含有 40%不稳定碳，该生物炭增强了乙酰氨基葡萄糖酶和多甙酶的活性，说明微生物活性增强。生物炭的不稳定组分可以被微生物迅速矿化，而稳定的芳香族成分分解非常缓慢。低温生物炭中含有大量的不稳定碳，可以满足土壤微生物群落对碳和能源的部分需求[82, 83]。不同热解温度制备的生物炭含有的挥发性组分含量不一。往往高温生物炭更加稳定，挥发性成分更少，因此对应的土壤中碳矿化率及微生物群体活性更低，而低温生物炭含有的挥发性成分更多。挥发性成分可以作为现成的刺激微生物生长的基质，促使细菌的丰度显著增加[68]。Gomez 等[73]同样认为，微生物生物量的增加可能与生物炭作为部分碳源相关。此外，Rousk 等[84]研究表明，源自生物炭的不稳定碳或由生物炭诱导的土壤有机质的增加，可能暂时促进了细菌的生长，而在经过 1～3 年的修复后，微生物群落恢复到其初始状态。同样，Jones 等[85]在场地研究中观察到，生物炭添加至土壤后刺激了细菌和真菌的生长，但这一现象在第三年消失。在 Ameloot 等[86]的研究中，与许多短期实验室研究相比，生物炭施用混入田间 4 年后，土壤微生物的丰度和活跃度下降或无明显变化，生物炭不太可能长期作为基质发挥作用。

此外，生物炭对微生物生长的影响与环境条件密切相关。生物炭能够改变土壤有机质含量及其组成，从而影响土壤微生物的生长[80]。碱性生物炭应用于酸性土壤后，对土壤微生物生物量有促进作用[67-70]，在中性或碱性土壤中施用生物炭，则出现降低土壤微生物生物量的趋势[66]，也存在对微生物生物量无影响的现象[72]。生物炭也会对微生物生长存在不利影响。例如，菌根作为一种有益的土壤微生物，会因营养抑制效应而受到添加生物炭的不利影响[87, 88]。此外，细菌通过类黄酮、吲哚、喹诺酮等信号分子实现种内和种间的通信，生物炭吸附了信号分子，从而破坏了微生物间的交流，且这种效应会进一步抑制微生物相关过程的基因表达[89]。据 Yuan 等[90]的报道，土壤修复过程中生物炭与微生物相互作用的可能机制包括以下几点：①生物炭表面孔隙结构为土壤微生物提供庇护[91]；②生物炭颗粒吸附的养分有利于土壤微生物的生长[92]；③生物炭中的挥发性物质和环境 PFRs 具有潜在毒性[93]；④生物炭提高了土壤的 pH 和保水能力，改进透气条件，为微生物生长提供了适宜的栖息地[91]；⑤生物炭改变酶活性进而影响土壤元素循环[87]；⑥通过生物炭对信号分子的吸附和水解等作用影响微生物内和微生物细胞间的特异性通信[89]；⑦生物炭促进土壤污染物的吸附和降解，降低了污染物的生物利用度及其对微生物的毒性[94]。进一步研究和强调上述相互作用及其环境影响之间的联系意义重大。

5.3.2　生物炭对土壤微生物群落组成的影响

微生物生物量只能反映微生物在总量上的变化，不能直观地体现土壤微生物在群落组成上的差异。而微生物群落组成在很大程度上决定了土壤有机质的周转及土壤的肥力和质量，因此进一步考察生物炭对土壤微生物群落组成的影响十分必要。土壤与微生物之间存在着相互适应且相互选择的现象，如 Smit 等[95]结合自身的实验结果及相关文献报道的结果，归纳了微生物种群丰度与土壤营养状况之间的关系。他们的研究表明，在养分含量高的土壤中，潜在高生长速率细菌如变种杆菌往往受到正向选择；在养分含量低的土壤中，像酸性细菌这类生长潜力低但竞争底物能力强的细菌容易成为优势菌。

生物炭刺激或抑制微生物生长后，微生物群落组成也会发生相应改变。Meier 等[75]表示生物炭的添加能刺激土壤微生物，增加基础呼吸和脱氢酶活性，并改变微生物群落。已有许多研究报道了生物炭对微生物群落（如细菌、古菌和真菌）的影响[80, 96-99]。在短期研究中，生物炭的功能与微生物群落组成的变化密切相关[68, 74, 100-102]。高比表面积、多孔性、带有不同电荷和官能团的生物炭改良剂可以调节土壤的 pH、持水能力和肥力等性能，也可以触发微生物物种的异质响应，引起细菌和真菌等群落结构和组成的变化[87, 103]。这会促使某些类型的微生物占主导地位或导致某些微生物的生长活动受到限制。

在 Prayogo 等[67]的实验中，生物炭施用后，革兰氏阴性菌和放线菌的丰度增加，且他们指出生物炭对群落组成的影响可能与生物炭引起的土壤 pH 增加有关。同样地，Farrell 等[74]表示生物炭在土壤中的应用可以导致土壤微生物群落发生显著而迅速的变化，这可能是不稳定的碳引入和土壤 pH 增加造成的。研究证明生物炭施用 3d 后，微生物的群落组成发生了转变，并以细菌为主导；25d 后，小麦根生物炭与桉树根生物炭处理的微生物结构明显不同；74d 后，对照组的主要菌群为细菌，而生物炭处理组微生物则包括细菌、革兰氏阴性菌以及放线菌。这与土壤三大微生物群的习性基本相符，即细菌数量与有机质含量有正向相关性，真菌常见于酸性土壤，细菌和放线菌常见于中性或碱性土壤。生物炭改良剂通过对土壤碳、氮有效性和理化性质的影响，改变微生物的多样性、生物量和群落结构，进而影响土壤有机碳循环[104]。而结合生物炭在土壤中对碳矿化的负启动效应，Lu 等[105]表示生物炭添加至土壤，会导致细菌群落明显向低碳转化菌群和稳定土壤的菌群转移。此外，不同的生物炭通过促进或抑制特定的微生物群落，导致与生物炭表面吸附养分相关的微生物群落分布也有所不同[106, 107]。但 Lu 等[72]的实验结果表示，在长达 720h 的潜伏期里，生物炭并没有显著改变微生物的生长和群落结构。生物炭种类和生物炭浓度对微生物群落组成的影响均小于时间和凋落物对群落结构形成的影响[68]。

目前生物炭对土壤微生物影响的关注点大多停留在微生物生长层面，且生物炭对微生物群落组成和代谢活性的影响会随着土壤中复杂的变量而产生不一样的结果，因此还需对该影响进行规律性的研究及总结。

5.3.3　生物炭对土壤微生物生物多样性的影响

微生物的多样性与土壤功能息息相关，主要包括物种、生理、遗传以及生态多样性。现有的研究大多采用不同物种的微生物数量（丰富度）和它们在土壤微生物区系中的相对丰度（均匀度）来探究生物炭对土壤微生物生物多样性的影响。学者们通过各种测序手段获取土壤中微生物的基因序列，将微生物序列按照不同的相似度归类划分为可操作分类单元（OTU），进而在 OTU 的基础上，用 Chao 指数和 Ace 指数估计群落中 OTU 数目的指数，以反映不同微生物的丰富度，用 Shannon 指数和 Simpon 指数反映 α-多样性指数和均匀度。Shannon 指数数值越大表示微生物多样性越高，相反，Simpon 指数越大则表示其多样性越低。

Meng 等[108]利用高通量测序研究了 1%、2%和 4%的小麦秸秆生物炭添加到氟磺胺草醚污染土中对小麦幼苗生长、生理特性和根际微生物群落的影响。通过 16S rRNA 扩增子测序，该研究分别获得了细菌和真菌大约 80160 个和 78700 个有效读取（平均长度 253bp 和 236bp），发现每个样本有 2647 个细菌 OTU 和 586 个真菌 OTU，并且细菌和真菌的 α-多样性指数均显著高于对照组，证明生物炭对土壤中细菌丰富度和均匀度有正向影响，其中变形杆菌为最丰富的菌类；真菌类群中的接合菌门（Zygomycota）、子囊菌门（Ascomycota）、担子菌门（Basidiomycota）、壶菌门（Chytridiomycota）和小球菌门（Micrococci）为优势菌门，丰度占总丰度的 99%以上；小麦幼苗根际有益细菌和真菌类群的丰度和多样性明显增加。Qin 等[109]通过高通量测序发现，在含镉和莠去津污染的土壤中，生物炭促进了微生物群落多样性的恢复。在所有处理的土壤样品中，共发现 47472 个 OTU，且物种丰度簇图显示，十大优势菌门由高到低依次为放线菌门（Actinobacteria）、变形菌门（Proteobacteria）、厚壁菌门（Firmicutes）、拟杆菌门（Bacteroidetes）、酸杆菌门（Acidobacteria）、芽单胞菌门（Gemmatimonadete）、绿弯菌门（Chloroflexi）、浮霉菌门（Planctomycetes）、蓝藻门（Cyanobacteria）和疣微菌门（Verrucomicrobia）[109]。这反映了生物炭具有增加修复土壤微生物物种丰富度的潜能。在一些研究中，生物炭增加了富营养细菌（变形杆菌、放线菌、芽单胞菌和浮霉菌）的丰度[110-112]。同时其他研究发现，生物炭降低了变形菌、酸杆菌、厚壁菌、拟杆菌的丰度[30]。生物炭倾向于促进不同细菌（寡养菌和丰富营养菌）之间的平衡发展，并产生对植物生长至关重要的相对更多样化的群落。还没有发现真菌群落对生物炭的施用有明显遵循的模式或规律。

也有研究从微生物功能基因多样性的角度分析了生物炭对土壤微生物的影响，发现玉米秸秆生物炭与沼渣的协同施用改变了微生物群落，其中广古菌（*Euryarchaeota*）为优势群落。该实验的冗余分析揭示了细菌属及其与 K（Ⅰ）、Mg（Ⅱ）的代谢完整性，功能分析揭示了沼渣及生物炭混合增强了土壤中的代谢功能[113]。而 Ren 等[114]研究了 5 年施肥（沼液和生物炭）对土壤微生物功能基因丰度、多样性和组成的影响。与沼液相比，土壤微生物功能基因对生物炭相对不敏感，这主要是由于生物炭相比于其他天然物质具有较高的抗逆性[115]。相反，Fan 等[116]发现，生物炭改良土壤中细菌多样性增强，硝化螺旋菌门（Nitrospirae）和疣微菌门相对丰度升高，酸杆菌门相对丰度显著降低。这反映了生物炭通过改变土壤 pH 及养分等特征间接影响了土壤微生物群落的功能，且其在促进氮循环中细菌的丰度方面具有潜在的作用。可见，生物炭对微生物生物多样性的提高以及土壤微生物代谢功能的增强主要是通过改善土壤介质间接作用的。

5.4　生物炭施用对土壤动植物的影响

5.4.1　生物炭对土壤植物的影响

植物是土壤生态系统中主要的组成部分，是重要的生态受体和食物供应者。生物炭应用于土壤的接受度与其对土壤植物的影响有关（表 5-2）。全面评估生物炭对农作物的影响才能推进生物炭在农业领域中的应用。

表 5-2 生物炭对土壤植物的影响

生物炭	植物	用量条件	影响	机制	参考文献
家禽粪便生物炭	水芹（*Oenanthe javanica*）	2 g/L、5 g/L、40g/L	显著抑制种子发芽	从脂质或蛋白质中提取的物质具有植物毒性	[117]
玉米秸秆生物炭	水芹	2 g/L、5 g/L、40g/L	对种子萌发影响不大	—	[117]
猪粪共消化沼渣生物炭	生菜（*Lactuca sativa*）、萝卜（*Raphanus sativus*）、小麦（*Triticum aestivum*）	0.5%、1%（*w/w*）	抑制生菜根、生菜芽和萝卜芽的生长	生物炭水溶性盐量、脂肪族和芳香族碳氢化合物含量高	[118]
稻壳和木片生物炭	洋槐（*Robinia pseudoacacia*）	1%、2%、5%（*w/w*）	施用量为 1%～2%*w/w* 的生物炭对种子萌发、芽、根生长有积极影响	改善了土壤水分条件和养分供给	[119]
谷壳和纸纤维污泥生物炭	白芥（*Sinapis alba*）和小麦	0.5%、1%（*w/w*）	促进了白芥和小麦的根系伸长	改善了植物的生长环境	[65]
鸡粪生物炭、燕麦壳生物炭或松树皮生物炭	月见草	3%（*w/w*）	茎部生物量提高 24%、31%和 70%	生物炭抑制了植物对铜的吸收	[75]
	番茄	3%（*w/w*）	根、芽的生长速率平均提高约 25%	生物炭抑制了植物对铜的吸收	[75]
	黑麦草	3%（*w/w*）	茎和根的生长分别增加了 14 倍和 4 倍	生物炭抑制了植物对铜的吸收	[75]

生物炭对植物的影响涉及许多具体的生长性状及参数，如种子萌芽、新鲜和干生物量、叶绿素含量、光合速率、根和茎长度等。种子萌发和根系伸长反应灵敏，是检测有毒物质常用的生物指标[74]。表 5-2 列举了生物炭对植物的生长影响及可能的影响机制。生物炭对植物的积极影响主要是由于生物炭对土壤的修复作用。生物炭已被证明能够促进植物生长，部分原因是生物炭可以提高土壤持水潜力，减少养分流失，释放土壤养分[120, 121]。生物炭的添加提高了硬粒小麦 30%的产量[122]。Liang 等[123]发现，添加 90t/hm^2 生物炭后，钙质土壤容重显著降低，持水能力提高。由于生物炭表面羧基的形成能够保留更多的营养物质，如 Ca（Ⅱ）、K（Ⅰ）和 Mg（Ⅱ）等，土壤的阳离子交换能力有所提升[124]。在酸性土壤中，生物炭的添加提高了土壤中营养元素钾的有效水平，显著改善了土壤 pH 及电导率，增加了芥菜和小麦的根系伸长[65]。硫酸铁和生物炭联合施用在改善土壤和提升作物品质方面取得了优异效果，硫酸铁与生物炭或堆肥以 1%∶5%（*w/w*）的比例混合，改善了土壤特性以及黑麦的生长情况和营养条件，并降低了砷在芽和谷粒的浓度[125]。Reibe 等[126]研究发现，玉米秸秆生物炭对小麦根的形态产生了积极影响，增加了根的厚度与体积。此外，部分植物的良好生长与真菌根系定植密不可分。而生物炭对土壤 pH 及营养环境的改善，可为微生物群提供一个生

态位[41, 127, 128]，从而生物炭可以促进孢子萌发和菌丝分枝，利于真菌在植物根系定植[129]，为植物吸收提供良好的选择性屏障，最终提高植物生物量，改善相关性状[130]。在不施肥或低施肥条件下，经生物炭处理的小麦作物根区，丛枝菌根定殖明显增加[131]。Mau 和 Utami [132]的研究结果也表明，生物炭和菌根的联合施用提高了土壤磷的有效性，促进了玉米对磷的吸收以促进自身生长。

此外，多孔结构、活跃表面官能团以及大的比表面积和保水能力使生物炭吸收各种无机污染物和有机污染物，减少污染物对植物的生长胁迫[133]。研究表明，生物炭在氟磺胺草醚污染土壤中可使玉米的生物量和籽粒产量提高[134]，增加植株高度及鲜重，有效减小氟磺胺草醚对玉米生长的负面影响[135]。多氯联苯污染土壤中的生物炭在一定程度上缓解了多氯联苯对植物生长发育的抑制作用，故添加绿园废弃物生物炭后，污染土壤中黑麦草种子的发芽率从 38%恢复到 65%，叶绿素含量和光合速率显著提高[79]。在 Shen 等[136]的研究中，由于较大的比表面积、孔隙体积和 pH 有利于猪粪生物炭固定重金属并降低其生物有效性，因此在不同温度下衍生的猪粪生物炭施用的土壤中均未发现植物毒性，且萌芽指数均大于 80%。在铅酸电池废水污染的土壤中，木质素衍生生物炭与真菌的结合施用实现了安全的谷物生产[137]。籽粒、芽和根中铅浓度衰减最大，分别减少 67%、70%和 91%。株高、根干重、茎干重、籽粒产量、叶绿素 a 和叶绿素 b 含量则显著提高，大麦的营养状况和抗氧化能力得到了显著改善。类似地，在 Mehmood 等[138]和 Turan 等[139]的研究中，生物炭也优化了上述植物的生长性状。生物炭还具有保护本地植物免受入侵物种根系分泌物胁迫的潜能，减小了入侵物种带来的压力。在 Shen 等[140]的研究中，生物炭纳米颗粒可以减小白茅根部分泌物（ferulic acid ，FA）对水稻生长的胁迫，在 FA 处理下施用纳米生物炭后，水稻幼苗长势较好，总叶绿素浓度呈现恢复趋势，表型得到恢复。

生物炭对植物的影响与其施用环境以及施用时长密切相关。一般在营养不良的酸性土壤和粗中质土壤中施用生物炭能增加作物产量，而温带地区中等肥沃的耕地在生物炭施用后很少观察到有显著的作物产量增加的现象[141-143]。从统计上看，生物炭在酸性土壤、砂土或黏土中对作物生产力的积极影响要大于在中性土壤中对水稻的积极影响，这可能是由于生物炭的石灰作用和湿润作用。生物炭对作物生产力的效益并不是普遍的，但在热带低营养、酸性土壤中具有较大的促进农业产量的潜力，因此，建议在砂土或酸性土壤中施用高灰分生物炭，以提高作物生产力[144]。

现有研究大多基于 1～2 年的短期实验，经文献调研和荟萃分析（meta-analysis），生物炭对作物改良率的积极影响范围为–28%～39%，平均贡献率为 10%[145]。同样，Liu 等[128]基于 103 项研究的大型数据库进行了荟萃分析，结果显示作物产量显著提高 8.4%，地上生物量显著提高 12.5%。但 Liang 等[123]的报道发现，生物炭施用后前 4 个生长周期的作物产量显著增加，但从长期的结果来看，生物炭没有显著地增加夏玉米和冬小麦的年产量，所得结果与 Jones 等[85]的研究一致。因此该影响差异说明，由于研究时长的限制，更多不同的影响可能仍未被发现。也有不同的研究结果表明，生物炭长期施用对作物的积极作用更加明显。经过 6 年的生物炭修复，水稻和小麦的总产量和产量仍呈上升趋势。同样，在使用生物炭进行的 4 年田间试验中，玉米的生长得到了改善[146]。因此，生物炭对作物产量的长期影响还有待进一步研究[123, 128]。

除生物炭在田间试验中对作物产量及生长性状的积极效应外，其潜在的负面影响同样需要密切关注。据报道，生物炭在热解再冷凝过程中可以产生含有高流动性及植物毒性的挥发性有机化合物（VOC）。研究证明，高 VOC 含量的生物炭明显延缓了水芹的种子萌发，阻碍了其茎根生长[147]。在高生物炭施用率的情况下（＞10%），黄瓜种子的萌芽率降低，而根系伸长作为一个更为敏感的参数，即使在低施用量下也受到了强烈的抑制，且金属释放（如铜和锌）是其出现植物毒性的主要原因[148]。Chi 和 Liu[149]的研究也发现，生物炭改良土壤后苦草（*Vallisneria natans*）的生长受到抑制。结果表示，生物炭对多环芳烃的固定及其对植物与共生微生物间信号分子的吸附限制了苦草对营养和水分的利用率，从而对其生长造成了负面影响。此外，Li 等[150]观察到生物炭对萌发率和芽、根早期生长的影响遵循低剂量促进、高剂量抑制的模式。生物炭的毒性反应观察表明，毒性反应后超氧化物歧化酶、过氧化物酶和过氧化氢酶等抗氧化酶活性下降，丙二醛（MDA，脂质过氧化的指标）含量增加，根尖细胞出现形态变化，有肿胀和坏死的现象。但对根系生长的早期抑制在 11d 后可以得到缓解，生物炭在幼苗生长期提供了充足的营养元素，弱化了其毒性。

生物炭对植物的影响差异很大，这主要是因为生物炭施用于土壤时，其与土壤的相互作用和过程的高度可变性和复杂性[146]。需要长期的野外研究来阐明生物炭土壤改良剂效应的持久性以及在广泛的施用条件下促进植物生长的机制。

5.4.2　生物炭对土壤动物的影响

动物是土壤生物区系中一大重要的组成部分，探究生物炭对动物影响的重要性不亚于其对微生物和植物的影响。其中，由于在环境扰动中蚯蚓的死亡增长率、繁殖率和回避行为等变量可以被测量，常被选为监测土壤污染和评估化学物质对土壤无脊椎动物的环境毒性的优先试验生物[151]。生物炭对土壤中蚯蚓的影响及机制如表 5-3 所示，也有少量研究考察了生物炭对其他大中小型土壤动物的生态影响。

表 5-3　生物炭对土壤中蚯蚓的影响及机制

生物炭	动物	用量条件	影响	机制	参考文献
玉米秸秆生物炭	赤子爱胜蚓（*Eisenia fetida*）、威廉腔环蚓（*Metaphire guillelmi*）	0.5%（*w/w*）	无显著的回避行为	土壤含水量高（70%的持水量）	[152]
苹果木生物炭	蚯蚓（*Lumbricus terrestris*）	10%（*w/w*）	出现回避行为，重量减轻	土壤水分不足	[153]
杉木生物炭	地龙（*Aporrectodea caliginosa* Sav.）	16%（*w/w*）	14d 后出现回避行为	土壤水势的下降	[154]
蓝叶生物炭	蚯蚓	2.8%（*w/w*）	无有害健康的影响	—	[155]
酒树屑炭和商用硬木块炭	蚯蚓	8 t/hm^2、16t/hm^2	无明显影响	—	[156]
		45 t/hm^2、122t/hm^2	蚯蚓数量减少 50%		
		256 t/hm^2、1024t/hm^2	全部出现回避行为		
麦秸生物炭	蚯蚓	1%、3%（*w/w*）	蚯蚓重量增加	生物炭可以减少蚯蚓对污染物的摄取或暴露	[157]
		10%（*w/w*）	抑制蚯蚓生长，造成 DNA 损伤	过量的生物炭施用使土壤中多环芳烃累积，引起基因毒性	
咖啡渣生物炭	蚯蚓	5%（*w/w*）	48h 后 75%的蚯蚓出现回避行为，有氧化应激迹象	生物炭改变了土壤的质地，引起具有特定习性的蚯蚓的回避行为；热解产生的活性氧可能触发氧化应激	[158]

在实验室规模的研究中，生物炭的添加引起了蚯蚓的应激反应，造成了一些负面影响。Liesch 等[159]观察到，由于土壤 pH 的快速增加或过度盐碱化以及氨的产生，家禽垃圾生物炭处理后的土壤中蚯蚓的死亡率和失重率更高。此外，Malev 等[156]报道，在 100t/hm^2 作物生产有益的生物炭施用量条件下，生物炭可对蚯蚓造成损害，且在黏土和砂土中蚯蚓的存活率分别下降到 78%和 64%。生物炭不仅能作为土壤微生物的优良居住地，还可能聚集病原体。病原体的增殖以及生物利用度的增加使蚯蚓更容易感染病原体。生物炭的施用不仅可能对蚯蚓生长产生负面影响，还会影响蚯蚓的行为活动。木炭改良后的土壤中蚯蚓取食孔道的缺失，表明黄颈蜷蚓（*Pontoscolex corethrurus*）的挖洞活动发生了改变[160]。也有研究认为，生物炭引起的干燥是蚯蚓回避生物炭的主要原因[151, 154]。生物炭会增加土壤多环芳烃的含量[161]，但土壤的自由溶解态多环芳烃并未增加反而减少了[162]，因此生物炭自身的多环芳烃不一定是蚯蚓回避行为的主要原因。Domene 等[163]发现跳虫（*Folsomia candida*）在生物炭处理土壤中的躲避行为，主要是环境偏好而不是毒性效应所致。

也有研究表明生物炭对于土壤动物不仅只有负面作用。在镉污染土壤中，生物炭对赤子爱胜蚓（*Eisenia fetida*）的死亡率和平均鲜重损失无显著影响，且生物炭修复能减轻镉对蚯蚓的氧化损伤[164]。Marks 等[165]研究发现，木材生物炭刺激了跳虫的繁殖。同样有研究表明，生物炭对目标动物群的数量、土壤动物的摄食活动和土壤食物网中功能基团的丰度没有明显影响[163, 166]。

生物炭对土壤动物的影响，需要考虑生物炭的施用量和暴露时长。Tammeorg 等[154]发现，尽管在 14d 内生物炭添加对蚯蚓产生了负面影响，但在 4 个半月后的田间试验中，生物炭修复土壤中的土壤生物量和蚯蚓密度最高。跳虫的死亡率测试显示生物炭在初期对其有轻微的抑制作用，而 7 周后跳虫生长的生活条件比在对照土壤中要好[65]。此外，Cui 等[167]研究表明，生物炭在施用量为 5%的情况下降低了土壤有机磷农药的遗传毒性，但在施用量为 10%的情况下导致了蚯蚓的 DNA 损伤。类似地，高生物炭添加量（60t/hm^2）对土壤动物产生了负面影响，如抑制了变形虫的数量和土壤线虫的多个营养类群[168]。Novak 等[169]和 Obia 等[170]观察到，因为生物炭能够改善干旱和半干旱土壤的水分保持能力，其添加将有利于土壤需水无脊椎动物的生存。但 Andres 等[66]的实验中没有观察到这种效应，可能是因为生物炭施用量、受试土壤性质、自然条件等不同造成的。

总之，生物炭可能对生物体造成损害，然而生物炭对动物体的影响需要综合考虑施用剂量和暴露时间等因素。在大型田间调查中发现，生物炭的应用对土壤动物整体的影响较小，生物炭修复在短期内不会对生态造成较大的干扰[171]。

5.5　生物炭对土壤中重金属污染的修复行为及机理

土壤中的重金属不能被生物降解，是长期存在于土壤环境中的潜在持久性污染物，重金属可通过食物链被生物富集并逐级放大。由于土壤颗粒胶体的相互作用，重金属能长期存在并蓄积于土壤中，土壤颗粒配位作用容易与金属形成络合物导致重金属在土壤中有更大的溶解度和迁移活性，破坏土壤的自净能力使得土壤变成有毒有害物质的“储存库”。生物炭因其发达的孔隙结构和丰富的表面基团、矿物组分，能通过吸附固定的方式改变重金属在土壤中的存在形态，降低金属的有效性。另外，生物炭能在一定程度上缓解有害物质的毒害作用，促进生物生长，刺激植物根系和微生物分泌胞外聚合物螯合重金属，有助于提高微生物对金属的捕获和富集植物对金属的吸收转移（图 5-4）。Cao 等[172]通过施用少量生物炭降低金属生物有效性，缓解重金属对蚯蚓的氧化胁迫作用，使得蚯蚓体内富集的 Pb 含量显著减少了 79%。蚯蚓的健康生长有利于对土壤质量的改善，或是能通过分泌物协同超积累植物联合修复重金属污染土壤。

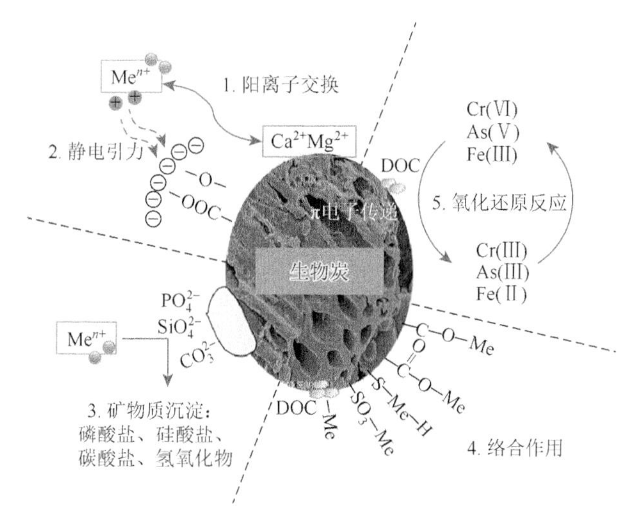

图 5-4　生物炭修复重金属污染土壤的主要机理

5.5.1　生物炭对土壤中重金属形态的影响

重金属在土壤中的存在形态反映了金属的潜在毒性和环境行为。目前重金属在土壤中存在形态的常见分析方法为 Tessier 五步连续提取法（可交换态、碳酸盐结合态、铁锰氧化物结合态、有机结合态和残渣态）和 BCR 四步连续提取法。不同提取法之间互有交叉，可根据需要选取使用。采用 BCR 四步连续提取法可将土壤中的重金属分为：①酸可提取态，指对环境酸碱度变化敏感的部分，在环境 pH 下降后容易发生迁移，是易造成毒害作用的污染来源，主要包括黏附在土粒、腐殖质或矿质碳酸盐、磷酸盐等组分上的金属；②可还原态（氧化结合态），指的是对土壤氧化还原（Eh）条件变化敏感的部分，主要包括铁锰氧化物之间络合结合的和土粒的包膜或土粒间胶结物上的金属；③可氧化态（有机结合态），指的是对氧化环境敏感的部分，在较强氧化性下，有机体易被分解而释放其中结合的重金属，主要包括与腐殖质、分泌物、动植物残体等有机质发生螯合结合或生成有机硫化体的金属；④残渣态，指的是能长期保存于沉积物中对环境变化不敏感的部分，不易被生物利用，是最稳定的形态，主要包括存在于硅酸盐或矿物质晶格中的部分。生物炭拥有丰富的表面基团和较大比表面积，对重金属有着较高的亲和力，能推动重金属从孔隙水或土壤表面转移吸附在生物炭相上，减小其生态风险。除了能通过第 3 章介绍的机理吸附重金属将其直接固定之外，生物炭还能通过对土壤理化性质和生物过程的改变影响重金属的形态。由此可见，生物炭对土壤中重金属的固定效果是由物理、化学和生物作用共同决定的。

施加到土壤中的生物炭由于其含有灰分，且其表面具有大量的含氧官能团，能有效提高酸性土壤 pH、增加土壤 CEC 含量、增强土壤吸持能力，并提高对重金属的吸附以降低有害物质在土壤中的迁移性。硬木生物炭的施用使得土壤中 Ni（Ⅱ）和 Zn（Ⅱ）残渣态的显著增加导致了两种金属的浸出、淋溶能力的降低[173]。Jiang 和 Xu[174]研究了秸秆衍生生物炭施用于土壤中对金属 Cu 形态的影响，结果表明生物炭的施加可通过石灰效应显著降低土壤中酸可提取态 Cu 的含量，固定化的 Cu 主要转化为可还原和可氧化的形态。此外，迁移性高的酸可提取态 Cu 含量的降低程度与生物炭挥发分含量和表面有机官能团数量呈正相关。施用生物炭还可以使得土壤的氧化还原电位发生变化，影响金属可还原态和可氧化态的含量[175]。另外，由于生物炭中的 DOC、矿质组分和官能团具有可提供电子的能力，研究证明生物炭可以介导土壤中的 Cr（Ⅵ）还原为 Cr（Ⅲ），以实现对金属 Cr 的毒性降低作用[176]。生物炭还能促进微生物生长，刺激植物根系和微生物分泌多糖、蛋白质等聚合物与重金属发生配位作用，以增加有机结合态金属的含量。大量研究表明，土壤中不同类型的重金属存在形态对生物炭施用量和影响生物炭性质的生物质原料、制备条件选取的响应有很大差异。如何针对特定的重金属通过生物炭性质的改良以定向实现重金属在土壤中的形态转化，还需要对相关机制和改良策略有更进一步的研究。

5.5.2 生物炭对土壤中重金属迁移归趋和生物有效性的影响

重金属迁移性依赖于土壤环境和其在土壤中的存在形态，是表明土壤重金属污染对生态环境及人体健康危害的风险程度的重要指标。一般来说，高迁移性、高生物利用性的重金属毒性更大，更容易被微生物捕食或者被植物根系吸收，并通过食物链富集在生物体中。基于生物炭的表面理化性质和其活性组分，其施加到土壤中能通过多种作用力吸附固定重金属，或者通过改变土壤组分和理化性质影响重金属在土壤中稳定化形态的含量，从而降低金属迁移性和生物有效性，如表 5-4 所示。研究证明，生物炭衍生的溶解性有机物（DOM）可作为电子的供体和受体介导电子传递，从 As（Ⅲ）得到电子，进而将电子贡献给 Cr（Ⅵ），同步实现了 Cr（Ⅵ）还原和 As（Ⅲ）氧化，将金属转化为低毒性形态[177]。通过 3 年的田间试验研究证明，麦秸衍生生物炭的施用能有效提高土壤有机碳的总量和 pH，金属通过与矿物相结合、阳离子交换等作用被固定，使得 Cd 和 Pb 的迁移性显著降低，植物各组织中 Cd 和 Pb 含量均有所下降，侧面验证了相应金属的低生物有效性[178]。DOC 与金属离子形成的络合物通常具有较高的迁移性，生物炭添加能够降低土壤中 DOC 含量，这可能是导致金属固定化的原因之一。也有研究证明生物炭对土壤中金属迁移性有活化作用，尤其是易于与有机配体发生螯合作用的 Cu，以及碱环境促进解吸的 As[179]。一般情况下，生物炭的添加提高了土壤 pH，土壤碱化增加了土粒的负电荷量，减少了作为阴离子的砷氧化物的吸附位点，促使孔隙水中 As 含量增加，As 的迁移性随之增强[180]。麸皮衍生生物炭有着较高的 P 含量，常常通过与重金属发生反应生成磷酸盐沉淀固定土壤中的 Pb、Zn 和 Cd 等金属元素。例如，5.0%牛粪衍生生物炭施加到土壤中 210d 后，通过生物炭中最初含有的磷组分与土壤 Pb 反应形成不溶性羟基磷铅矿 $Pb_5(PO_4)_3(OH)$，处理后的土壤中 $CaCl_2$ 萃取下的生物有效态 Pb 含量下降了 57%，蚯蚓体内富集的 Pb 减少了 79%[172]。但是，P 可能与 As（砷酸盐或亚砷酸盐）在生物炭或土壤颗粒的作用位点（如铁氧化物表面）上形成吸附竞争，富 P 生物炭的施用使得在偏碱性条件下 P 对于结合位点有着更强的亲和力，从而导致了 As 的解吸，影响其在孔隙水中的溶解度和生物有效性[180]。重金属可以与土壤有机质结合转化为有机结合态而具有高流动性易于迁移，但这些有机复合物通常具有稳定性，不易被植物或动物直接吸收，从而生物有效性大大降低。由于金属元素本身性质的差异性，不同重金属在土壤中的形态不同，对环境因素变换的敏感度不一样，因而生物炭的施用对不同种类的金属元素在土壤中的迁移性和生物有效性的影响也有一定差异。此外，这些影响除了与生物炭性质（生物质原料和热解制备条件）有关外，还受土壤环境、生物炭施加量和施加时间等因素的制约。

表 5-4　生物炭对土壤中常见重金属的修复效率

农村和城市固体废物	制备条件	土壤类型	生物炭施用操作参数	主要修复效果	参考文献
小麦秸秆	热解，350～550℃	稻田土壤	$40t/hm^2$，3 年	$CaCl_2$ 提取态 Cd 降低 59%	[178]
坚果壳	热解，500℃	稻田土壤	$30t/hm^2$，6 个月	DTPA 提取态 Cd 降低 54%	[181]
甘蔗渣	热解，500℃	耕种土壤	质量分数 1.5%，4 个月	DTPA 提取态 Cd 降低 40%	[182]
小麦秸秆	热解，600℃	稻田土壤	质量分数 0.25%，6 个月	$CaCl_2$ 提取态 Cr（Ⅵ）降低 66%	[183]
甘蔗渣	热解，500℃	耕种土壤	质量分数 1.5%，4 个月	DTPA 提取态 Cr（Ⅵ）降低 50%	[182]
废木材	热解，900℃	制革厂旧址荒废土壤	质量分数 1%～5%，11 周	$CaCl_2$ 提取态总 Cr 降低 28%～68%	[184]
果皮渣	热解，500℃	休耕地土壤	$60t/hm^2$，6 个月	柠檬酸提取态 Cu 降低 41%	[185]
燕麦壳	热解，300℃	沉积淋溶土	质量分数 5%，2 年	可交换态 Cu 降低 68%	[186]
竹屑	热解，600℃	沉积土	质量分数 15%，20d	乙酸提取态 Cu 降低 80%	[187]
城市污泥	热解，500℃	休耕地土壤	$60t/hm^2$，6 个月	柠檬酸提取态 Cu 升高 18%	[185]

续表

农村和城市固体废物	制备条件	土壤类型	生物炭施用操作参数	主要修复效果	参考文献
玉米秸秆	热解，600℃	稻田土壤	质量分数 0.5%～2%，100d	磷酸盐提取态 As（Ⅴ）降低 12%～29%，As（Ⅲ）降低 54%～82%	[188]
城市污泥	热解，350℃	耕种土壤	质量分数 3%，6d	水可提取态 As 降低 42%	[189]
城市污泥	热解，200℃	耕种土壤	质量分数 3%，6d	水可提取态 As 升高 82%	[189]
水稻秸秆	热解，500℃	稻田土壤	质量分数 3%，30d	溶液中 As 升高 235%	[190]
稻壳	热解，550℃	田间土壤	质量分数 1%～5%，10d	TCLP 提取态 Hg 降低 94%	[191]
小麦秸秆	热解，350～450℃	农田土壤	72t/hm^2，118d	土壤孔隙水中 Hg 降低 26%	[192]
城市污泥	热解，600℃	稻田土壤	质量分数 5%，17 周	甲基汞（MeHg）浓度升高 67%	[193]

5.6 生物炭对土壤中有机污染物的处理及防治

5.6.1 生物炭对有机污染物的吸附行为及机理

在水体和土壤中发现的典型有机污染物包括染料[194]、抗生素[195, 196]、除草剂[197, 198]、多环芳烃[199, 200]、多氯联苯[201]、邻苯二甲酸酯（PAEs）[202]、阻燃剂[203]等。吸附是众多有机污染物进入土壤后发生的第一个过程，将直接影响如淋滤、地表径流和挥发等污染物的其他迁移过程，也将改变污染物的生物利用度和对非目标生物的影响。生物炭作为一种生产简便且环境友好的吸附剂，在固持土壤中的有机污染物、防止土壤中有机污染物的流动性方面表现出很高的潜力。各种农村和城市固体废物衍生的生物炭应用于土壤修复可以在实现资源回收利用的同时获得较好的土壤污染物吸附效率。例如，Mandal 等[204]发现农业废物生物炭对莠去津和吡虫啉的吸附效率超过 89%。Khorram 等[205]发现，添加 0.5%～2%新鲜生物炭的土壤对氟磺胺草醚的吸附量较未添加生物炭的土壤显著提高 4～26 倍。Jin 等[197]表明生物炭有效改良被吡虫啉、异丙醇和莠去津污染的土壤，且吸附能力随着生物炭添加量的增大而提高。Ding 等[206]评估了在不同热解温度下（100～700℃）生产的污水污泥生物炭对多菌灵在土壤中的吸附解吸行为。随着热解温度和生物炭用量增加，多菌灵的吸附得到促进，解吸进一步被抑制。

生物炭对有机污染物的直接吸附机理包含孔隙填充作用、静电吸引、氢键作用、疏水效应和 π-π 相互作用[207-210]，吸附效果和作用机理易受以下因素影响：生物炭性质（如比表面积、多孔结构和芳香性）、有机污染物类型（如分子尺寸、亲疏水性）、受试土壤介质的理化性质（如土壤 pH、矿物含量）。

污染物的尺寸大小、亲疏水性与吸附效果密切相关。生物炭的表面化学性质是影响其对于有机污染物进行吸附的重要因素。生物炭非炭化组分对有机污染物起到分配作用，同时有机污染物可吸附到生物炭的炭化组分[207, 211-213]。对于有机化合物的吸附，生物炭热解温度的升高使其比表面积和孔隙体积增大，芳香性增强[199, 206]，从而吸附机理由以分配为主转变为以吸附为主，吸附成分由极性选择性转变为孔隙选择性[212]。Zhang 等[214]研究表明，相对于 350℃，在 700℃下制备的生物炭更能增强土壤对菲的吸附能力。同样，热解温度的升高也提高了生物炭对雌激素的吸附能力[215]。Liu 等[203]研究发现，600℃下热解的玉米秸秆生物炭与其他三个热解温度（300℃、400℃、500℃）下形成的生物炭相比，对 2, 4, 4-四溴二苯醚（BDE-47）有最高吸附容量。高温玉米秸秆生物炭能形成更为丰富的比表面积以及相对较高的疏水作用，低温生物炭则具有更为丰富的官能团，均有利于对疏水性有机污染物的吸附。表面官能团在生物炭和污染物，特别是可电离化合物和带电离子之间的相互作用中也起重要作用[214]。

土壤自身的组成及特性应是区分于其他介质中生物炭对有机污染物的吸附作用的关键要素。土壤体系中生物炭、有机污染物和土壤三者之间的相互关系如图 5-5 所示。较水体而言，土壤环境较为复杂，生物炭对土壤介质中有机污染物的吸附往往会受到土壤理化性质的影响。Pan[216]考察了两种不同生物炭对四环素、磺胺二甲基嘧啶、诺氟沙星、红霉素和氯霉素五种抗生素在单相水体环境和土壤柱三溶质体系中的不同吸附行为。结果显示，五种抗生素在两种生物炭中的吸附竞争均较强。吸附的主要机制是表面和内部位置的孔隙填充，在接近微孔的吸附区时，会产生空间位阻，导致土壤柱三溶质体系吸附亲和力较单相水体系更弱，五种抗生素的吸附均受到抑制。与此同时，土壤有机质和共存物质也会对生物炭有机污染物的吸附行为产生影响。在 Lin 等[217]的研究中，对于鸡粪生物炭而言，土壤矿物质通过氧化反应在老化的鸡粪生物炭表面形成羧基和酚基，从而矿物组分直接附着在其表面。对于造纸污泥生物炭，通过与土壤中的阳离子 Ca（Ⅱ）和 Al（Ⅲ）形成阳离子桥吸附溶解性有机物，吸附的有机质与矿物胶体的相互作用可能是造纸污泥生物炭-矿物络合物形成的主要机制。土壤有机质吸附到生物炭上，生物炭所含溶解性有机碳含量随之变化。Garcia-Jaramillo 等[218]的研究表明，高表面积和低溶解有机碳的木质颗粒生物炭所改良的淤泥壤土几乎能完全吸附除草剂（灭草松和三环唑），而低表面积高溶解有机碳的生物炭所改良的土壤对除草剂的吸附能力则较弱。另有研究证明，450℃温度下制备的生物炭表面易被土壤中的可溶性有机物覆盖，影响吸附位点的暴露，从而减少其对农药的吸附能力[219]。由此也可印证，在较高温度下生产的生物炭对土壤中的有机污染物显示出较高的吸附效率，可能是由于生物炭的高比表面积和微孔性。

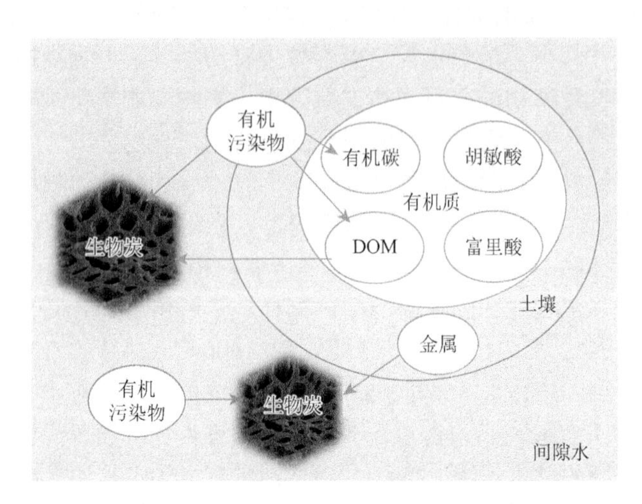

图 5-5　土壤体系中生物炭-有机污染物-土壤的相互关系

一般来说，生物炭因其灰分而呈碱性，它的添加能够增加土壤的 pH，而 pH 是调节可电离有机污染物在土壤环境中固持的关键因素。生物炭表面官能团以及可电离有机污染物带有的酸性基团或碱性基团（如—OH、—NH_2、—COOH）受 pH 的影响，随着 pH 的增加而变化[220, 221]。因此，土壤 pH 的变化也能够改变生物炭对有机污染物的吸附效果和机理。一方面，pH 对生物炭最主要的影响是表面酸（或碱）基团的质子化（或去质子化）；另一方面，pH 变化也会改变有机污染物的电荷状态，影响静电相互作用[216]。磺胺类抗生素在生物炭上的吸附量随 pH 的增加呈现先增大后减小的趋势，pH 影响了生物炭和磺胺二甲基嘧啶的表面电荷，同时吸附机制也从以 π-π 相互作用为主过渡为电荷辅助氢键作用［离子或电荷辅助下形成的氢键（charge-assisted hydrogen bond，CAHB）］占主导[222, 223]。

5.6.2　生物炭促进土壤中有机污染物降解行为及机理

生物炭虽然在土壤修复中对有机污染物表现出较大的吸附潜力，但随着复杂的环境变化和使用时长的增加，被吸附固定的有机污染物难免存在解吸迁移的污染风险。因此生物炭促进土壤中有机污染物降解行为和机理的研究同样重要。生物炭作为降解有机污染物的介质具有促进电子转移、介导某些反应和生成活性氧的作用。但生物炭用于介导或催化去除有机污染物的潜能及其潜在机理仍需进一步研究。生物炭应用于有机污染物的研究大多在水体中展开，在土壤环境中的研究相对较少，但其催化降解的机理大体相似。

生物炭含有 PFRs（半醌类、苯氧类、环戊二烯类），其可在金属氧化物的存在下通过邻二苯酚、苯酚、对苯二酚类等进行热分解而形成[224]。当新鲜生物炭被冷却并暴露于空气中时，可能形成 PFRs，这是生物炭去除有机污染物的关键。原料类型和热解温度也会影响 PFRs 的形成。热解温度的升高可以增强 PFRs 的强度，降低氧中心/碳中心的自由基比率。研究表明，控制热解温度、金属和酚类化合物的含量可能是调控 PFRs 的有效途径[93, 225, 226]。生物炭的反应活性主要有两种机制。PFRs 可直接降解有机污染物，与生物炭的 PFRs 直接接触反应是有机污染物降解的一个常见过程[226]。Yang 等[226]报道，生物炭诱导的活性氧物（ROS）导致约 20%的对硝基苯酚降解，约 80%的对硝基苯酚与生物炭中的 PFRs 直接反应降解。

生物炭也表现出优异的反应活性或催化活性，可通过直接电子转移激活 H_2O_2、过硫酸盐等氧化剂，生成活性氧，以去除有机污染物。生物炭有着种类不一、含量不定的 PFRs，PFRs 向 H_2O_2 的单电子转移被认为是生物炭活化 H_2O_2 的机制[93]。Chen 等[227]合成了铁浸渍生物炭（FB）用于激活尿素-过氧化氢（UHP）以进行土壤修复，该技术在降解磺胺甲噁唑的同时，为农田土壤提供氮营养。在 FB-UHP 系统中，97.56%的磺胺甲噁唑在 24h 内被去除，结果表明，土壤中磺胺甲噁唑的降解主要是通过 FB 激活 UHP 产生的·OH 的氧化而实现的。此外，生物炭可以活化过硫酸盐，通过电子转移形成硫酸根自由基（$\cdot SO_4^-$），该自由基也是降解有机污染物的有效氧化剂[228]。Liu 等[229]将荔枝树枝生物炭活化过硫酸盐体系应用于内分泌干扰物双酚 A 污染的土壤修复，结果表明在·OH 和 $\cdot SO_4^-$ 的作用下，双酚 A 被有效降解。生物炭的添加在实现催化降解的同时可以抑制土壤 pH 的下降，从而避免修复过程中的土壤酸化，且普通背景电解质（HCO_3^-、Cl^-和 HA）对双酚 A 降解的影响可以忽略不计。Diao 等[230]研究了一种新型纳米零价铁复合生物炭（B-nZVI）活化过硫酸盐体系在污染土壤中降解 2, 4-二氯苯酚（2, 4-DCP）和固定化 Cd（Ⅱ）的可行性，发现 $\cdot SO_4^-$ 在 B-nZVI/PS 体系对 2, 4-DCP 的降解反应中起主要作用。

有机污染物在土壤中的去除是多种过程复杂结合的结果，除了非生物降解之外，生物炭促进微生物降解也是一大途径。在 Wu 等[231]的研究中，乙氧氟草醚的去除可归因于微生物的降解。生物炭富含多种营养物质，为微生物提供了适宜的生长环境，促进了土壤微生物的活性，生物炭改性土壤的降解速率常数比未改性的土壤大 1.4 倍，且乙氧氟草醚在土壤中降解初期降解速率较快。结果表明，土壤的 pH、有机物含量和质地对土壤的降解速率均有影响。随着 pH 和有机质含量的增加，农药的半衰期（DT50）降低，且与黏土含量呈正相关[231]。生物炭介导的微生物降解的可能机制包括两方面：一方面，生物炭中含有的 PFRs 可以促进土壤微生物与污染物之间的电子传递，从而加速有机污染物的生物降解。Yu 等[232]研究了硫还原地杆菌（*Geobacter sulfurreducens*）在不同生物炭存在下对五氯苯酚（PCP）的还原脱氯作用，以了解生物炭对环境污染物生物还原的影响。结果表明，生物炭显著加速了电子从细胞到 PCP 的转移，从而增强了还原性脱氯。另外，在之前的部分提到，生物炭提供了适宜的生存微环境（营养充足、无捕食者），防止了土壤 pH 和土壤物理性质（持水能力和聚集性）等恶劣环境变化，确保了微生物的生长。Li 等[233]发现，生物炭的修正可以加速多环芳烃的生物降解，这可能是由于生物炭的引入使修复后的土壤成为微生物更好的栖息地。但也有研究表明生物炭与堆肥的联合施用虽然促进了土壤中多环芳烃的微生物降解，但这一促进可能是由于堆肥中额外菌种的输入[234]。相反，虽然微生物降解作用仍存在，但生物炭的强吸附能力在一定程度上会阻碍微生物对多环芳烃的降解。

土壤和生物炭是一个复杂的系统，生物炭吸附有机污染物可能只起到滞后污染的效果，而全面理解生物炭促进土壤中有机污染物的降解行为和机制，才能更好地治理污染土壤。因此，进一步研究土壤中生物炭自身的催化降解性能，深入理解生物炭对微生物活性的关键作用及其多种影响因素至关重要。

5.6.3　生物炭对土壤中有机污染物迁移归趋和生物有效性的影响

生物炭可以通过对有机污染物的固持、解吸、降解、淋滤影响有机污染物在土壤中的生物有效性。在 Pan[216]开展的土壤柱实验中，可以明显观察到高浓度生物炭对抗生素的吸附固定作用。所有抗生素在生物炭的处理下，仅在表层土（0～10cm）中检测到，在深层土（10～50cm）中其浓度较低甚至不存在。与原始对照组相比，目标抗生素的含量降低速度更快，且渗滤液中抗生素含量明显更低，说明生物炭能有效抑制抗生素在土壤柱中的运输。

生物有效性指的是物质可被生物吸取利用的程度和其带来的潜在毒性[235]，可以通过直接生物表征或者间接化学预测进行评估。污染物被生物体吸收可以呈现多种效应，如生物富集、生物降解、毒性效应。生物富集实验即一种直接生物表征手段。目前普遍认同的化学预测评估是通过测定自由溶解态的污染物浓度，以反映生物有效性。自由溶解态指的是自由溶解在水相而不与任何物质或系统组分结合的化合物浓度。在不考虑摄食途径的情况下，只有游离溶解态的污染物才能穿透细胞膜对生物产生危害，造成毒性效应[236]，或被生物富集[237]，甚至被生物降解[238]。如表 5-5 所示，土壤中有机污染物的生物有效性会因生物炭、污染物以及受体生物等因素的变化而改变。

表 5-5　生物炭对土壤中有机污染物生物有效性的影响

生物炭	有机污染物	用量条件	生物物种	生物有效性	参考文献
米糠生物炭	多氯联苯	1%、4%（*w/w*）	蚯蚓	减少 52%～91%	[239]
混合木屑生物炭	多氯联苯	1%、4%（*w/w*）	蚯蚓	减少 19%～63%	[239]
稻壳生物炭	氟磺胺草醚	2%（*w/w*）	玉米（*Zea mays*）	植物残留浓度和自由溶解态浓度分别降低 0.29%和 0.28%～45%	[240]
稻壳生物炭	氟磺胺草醚	2%（*w/w*）	蚯蚓	蚯蚓残留浓度和自由溶解态浓度分别降低 0.38%～45%和 0.47%～0.50%	[240]
蓝叶生物炭	滴滴涕	2.8%（*w/w*）	蚯蚓	蚯蚓体内积累减少 49%	[155]
木材生物炭	十氯酮	5%（*w/w*）	小猪	无明显影响	[241]
商用生物炭	滴滴涕	0.2%～2%（*w/w*）	蚯蚓	降低了 83.9%～99.4%，	[242]
玉米秸秆生物炭	溴化阻燃剂六溴环十二烷	0.5%（*w/w*）	蚯蚓	降低了 67.3%	[152]
			蚯蚓	降低了 58.8%	
松针生物炭	多环芳烃	1%（*w/w*）	水稻幼苗	菲降低 61.88%～94.55%，芘降低 53.33%～96.08%	[243]
猪粪生物炭	邻苯二甲酸二酯	0.5%、1%、2%，4%（*w/w*）	芸薹属植物	降低 52.0%	[202]
竹屑稻草生物炭	邻苯二甲酸二酯	2%（*w/w*）	油菜	显著降低	[244]
玉米秸秆生物炭	多环芳烃	0.5%（*w/w*）	胡萝卜	降低了 58%	[245]
烤烟秸秆生物炭	苯醚甲环唑	1%、2.5%，5%（*w/w*）	烟草植物	植物总残留量分别下降 24%、41%和 45%	[112]
烤烟秸秆生物炭	苯醚甲环唑	1%、2.5%、5%（*w/w*）	鞘脂单胞菌科（Sphingomonadaceae）、假单胞菌科（Pseudomonadaceae）	平均相对丰度分别增加 46%和 110%	[112]
稻壳生物炭	乙氧氟草醚	2%（*w/w*）	大豆	降低 18%～63%	[231]
枣树生物炭、桉树生物炭	苯线磷、硫线磷	1%（*w/w*）	番茄幼苗	分别降低约 85%和 97%	[246]
杂草生物炭	乙草胺	0.1%、0.5%、1%、1.5%（*w/w*）	玉米幼苗	降低 70.43%	[247]
微生物生物炭	氯氰菊酯	0.5%、1%、2‰（*w/w*）	氯氰菊酯降解菌	降低生物利用度和去除率	[248]
微生物复合生物炭	多环芳烃（菲）	0.05%（*w/w*）	分枝杆菌（*Mycobacterium gilvum*）	微生物-生物炭复合处理和游离微生物处理损失率分别为（62.6±3.2）%和（47.3±4.1）%	[249]

续表

生物炭	有机污染物	用量条件	生物物种	生物有效性	参考文献
微生物复合生物炭	多环芳烃（蒽）	0.05%（*w/w*）	分枝杆菌	微生物-生物炭复合处理和游离微生物处理损失率分别为（52.1±2.3）%和不显著	[249]
微生物复合生物炭	多环芳烃（芘）	0.05%（*w/w*）	分枝杆菌	微生物-生物炭复合处理和游离微生物处理损失率分别为（62.1±0.9）%和（19.7±6.5）%	[249]

对于植物而言，有机污染物分子自由扩散到植物体的表面会被植物体吸收[250]。植物吸收有机污染物，包括对土壤孔隙水部分污染物的根系吸收以及挥发到大气部分的叶面吸收[239]。在受污染的土壤中，根际土壤是植物吸收有机污染物过程发生的关键区域[251, 252]。有机污染物进入根区往往受阻，因为有机污染物在到达根际之前就已经与土壤结合。生物炭吸附去除可溶性组分，有利于降低有机污染物对植物的生物利用度[253]。结合化学提取和生物检测方法，大量研究表明，生物炭的添加可以降低土壤孔隙水中污染物的分布，从而减少污染物的生物利用度。据报道，添加生物炭后，污泥中植物的农药积累量和毒性显著下降[254]。这可能是由于生物炭大孔和微孔的存在，暴露官能团为农药吸附提供了合适的位置，使农药与生物炭表面结合[255]。生物炭的高吸附能力可降低除草剂氟磺胺草醚的吸收率[135]，在 2%生物炭修复的土壤中，除草剂氟磺胺草醚在土壤孔隙水中的有效浓度显著降低，植物总残留量降至对照组的 0.29%[240]。同样，Zhu 等[243]报道了松针生物炭的存在降低了水稻幼苗对多环芳烃的吸收，菲和芘的含量分别降低了 61.88%～94.55%和 53.33%～96.08%。多环芳烃的生物利用度在很大程度上受到多环芳烃与土壤和生物炭结合的限制。

有机污染物的生物有效性部分除了可被水解吸的水溶性部分，还包括可被根系分泌物解吸的酸溶性部分。植物通过释放根系分泌物如碳水化合物、有机酸和氨基酸来推动这一过程，因此生物炭对于有机污染物植物有效性的作用会受到根系分泌物的影响[256]。Sun 等[257]研究了不同根系分泌物对多环芳烃芘有效性的影响，发现随着根系分泌物含量的增加，土壤中芘的有效性增强。根系分泌物对金属或矿物的溶解使溶解性有机物释放是提高污染物生物有效性的原因。考虑根系分泌物的特性，生物炭的强吸附能力可能被掩盖。根系分泌物会促使生物炭进一步解吸附着的有机污染物，增加固定化污染物的生物利用度。但根系分泌物也会促进微生物对多环芳烃的降解。Song 等[251]也阐明黑麦草根系分泌的草酸盐刺激生物炭对六氯苯的解吸，增加了潜在草酸盐降解菌的富集。

对于微生物而言，从化学角度来看，生物利用度可以通过土壤中污染物的水溶性成分来间接测量。由于生物炭优异的吸附特性，有机污染物生物利用度的下降抑制了有机污染物被微生物摄取和降解的过程。与此同时，生物炭可以作为微生物栖息的优良场所，能够补充营养成分，促进有机污染物的生物降解。吸附抑制与营养促进均对有机污染物的生物有效性有着重要影响。Cheng 等[258]提出，秸秆生物炭对壬基酚（NP）的高亲和力降低了微生物对 NP 的生物利用度。在所有灭菌样品中，随着秸秆生物炭比例的增加，水溶性组分中 NP 的浓度降低。利用发光细菌毒性测试方法进一步发现生物炭降低了水中的 NP 浓度，能够缓解土壤中污染物对微生物的毒性作用。对于农药也存在类似的现象，由于生物炭吸附量的增加，农药的可生化性也会降低，从而降低了微生物对农药的利用度[259]。在 Wei 等[260]的研究中，生物炭显著降低了乙炔雌二醇（EE2）的可萃取部分，从而降低了 EE2 的微生物利用度。同时，从生物降解的角度来看，生物炭的添加显著抑制了微生物对 EE2 的降解。

然而，随着生物炭制备条件的不同，对有机污染物的生物降解会产生不同的影响。Song 等[261]发现，改良后的麦秸生物炭进入土壤，显著降低了多环芳烃（PAHs）的生物利用度和毒性。但 300℃低温生物炭的剂量与 PAHs 残留量成反比，促进了 PAHs 的生物降解。而随着 600℃高温生物炭添加量的增加，土壤中多环芳烃生物可及性降低，抑制了其去除。PAHs 的不同去除程度与生物炭的热解温度有关。不同生产条件下形成的生物炭具有不同的成分和性质。具有更有效营养成分的低温生物炭可以对潜在的 PAHs 降解菌实现营养刺激，而吸附能力强的高温生物炭抑制 PAHs 在土壤中的耗散[262]。在其他研究中也发现类似的实验现象。在 Ren 等[263]的研究中，农药西维因的生物降解作用在 700℃生物炭使用土壤中减弱，而在 350℃生物炭中的生物降解得到促进。同时随着生物炭施用时长增加，微生物可能进入生物炭孔隙，对富集污染物进行降解，此时有机污染物的微生物有效性增加。Xiong 等[249]通过生物炭固定 PAHs 降解菌（分枝杆菌，*Mycobacterium gilvum*）促进了土壤中大量富集的 PAHs 的后续降解。

对于动物而言，蚯蚓是广泛分布在农田和土壤生态系统中的优势物种，是研究土壤污染物的有价值的生物模型，在生物测定实验中经常被用作估算生物利用度的指示生物[242]。蚯蚓能忍受不同类型的土壤，表皮面积较大，它能比许多其他土壤生物摄取更多的土壤颗粒[66]。孔隙水中自由溶解态的有机污染物与蚯蚓外表皮直接接触，从而扩散到其体内[239]。与植物和微生物不同的是，蚯蚓还可以通过消化道内部吸收土壤污染物[264, 265]。Wang 等[242]的研究证明，碳质材料特别是活性炭和生物炭，对疏水性化合物具有优异的吸附和螯合能力，因此能有效减少土壤无脊椎动物对杀虫剂滴滴涕（DDT）残留的吸附。在 11.1%的生物炭施用量下，多氯联苯对赤子爱胜蚓的生物有效性降低了 88%，显示了生物炭有效隔离污染物的潜力[179, 266]。在 Silvani 等[239]的研究中，1%和 4%稻壳生物炭修复后，蚯蚓对多氯联苯的吸收减少了 91%和 87%；1%和 4%混合木材生物炭修复后，蚯蚓对多氯联苯的吸收减少了 55%和 63%。

除蚯蚓外，针对其他动物的生物有效性研究相对较少。用生物炭和活性炭改善土壤可以降低仔猪对十氯酮的生物有效性，限制了十氯酮在小猪仔肝脏和脂肪组织中的累积[241]。但也有研究表明，生物炭作为一种改良剂，对降低十氯酮的生物有效性没有明显的效果[241]。当生物炭应用于土壤时，手性杀虫剂氟虫腈及其代谢物对泥鳅（*Misgurnus anguillicaudatus*）的生物有效性显著降低[267]。

有机污染物在土壤中的迁移归趋，包含吸附、解吸、降解、淋溶及生物吸收利用等多方面的影响，只有全面地了解生物炭在各个环节与有机污染物的相互作用，才能更好地了解土壤系统中有机污染物生物有效性的变化，从而为降低土壤生态系统中污染物的生态风险提供有效方法。而生物炭对于有机污染物生物有效性的影响还需进一步深入研究，探寻其潜在规律及深入机理。

5.7 风化过程对生物炭修复污染土壤效能的影响

生物炭一旦施加于污染土壤中，它将经历一个长期的地球化学风化过程，即老化。生物炭在老化过程中，经历光、潮湿、温度、化学氧化和微生物的共同作用，其理化性质可能发生变化，从而改变生物炭与土壤中污染物间的相互作用行为。尽管生物炭具有很高的体积稳定性，但老化可能会通过改变其表面性质和孔隙结构，或者释放出无机矿物元素而导致其性能的显著变化。生物炭老化可能使土壤表面的荷点电荷变得更负，有利于静电排斥增强土壤胶体的分散性，当生物炭上的溶性盐被沥滤除去时，很可能会促进黏土分散，侵蚀的危险性增加[3]。随着生物炭施用时间的增长，生物炭或发生复杂的老化过程，从而其表面性质、孔隙及物理结构会发生程度不一的改变。生物炭老化过程受自然条件、土壤性质和共存物质的影响，例如：①土壤中存在大量的高分子量、高疏水性有机化合物，在增加生物炭疏水性的同时，有机物会积累在生物炭表面覆盖吸附位点；②小分子有机质和小颗粒矿物质则容易堵塞生物炭的孔道，显著降低生物炭整体的比表面积和孔道容积，影响孔填充机制；③土壤水分作用下的持续淋溶会释放生物炭上的活性组分，影响反应活性；④酸性物质的积累导致土壤 pH 下降，改变生物炭孔隙结构的同时也影响着灰分和矿质组分的沉积；⑤长期生物侵蚀和非生物侵蚀导致的逐渐氧化为生物炭引入了数量更多且种类更丰富的含氧官能团，尤其是羧基和酚羟基。

老化作用会影响生物炭对污染物的吸持固定能力。一方面，生物炭的生物氧化和非生物氧化易导致其表面含氧官能团增多，如酚类、羧基、羰基和羟基等[268-271]，土壤中的老化生物炭固持有机污染物的能力可能会减弱，进一步改变土壤中有机污染物的生物有效性。氧化老化生物炭表面形成氧化层，比表面积减小，表面结构被破坏，形成更多中孔，脂肪族碳含量减少，芳香性降低，含氧官能团增加，且长期田间修复使羧基含量增加明显[272, 273]。Qian 和 Chen 的研究[274]证明了经氧化老化过程后，谷壳生物炭表面引入了高含量的含氧官能团—COOH 和—OH，为金属离子提供了额外的吸附位点。他们发现老化后的生物炭增强了对土壤中 Al（III）以及其他无机离子的吸附，并通过酯化反应使这些离子在生物炭表面络合沉淀，影响生物炭对有机污染物的吸附性能。含氧官能团的增加有助于提高生物炭对离子的吸持能力，阳离子交换能力的提高利于老化生物炭对大部分金属离子和带正电有机污染物的吸附。但是氧化老化过程会降低生物炭的芳香性，抑制有机污染物分子和生物炭之间 π-π 电子给体-受体的相互作用，减少老化生物炭对土壤中阿特拉津的吸附量[275]。Jing 等[276]的研究发现，被氧化的老化生物炭表面形成了三维水团簇，阻碍邻苯二甲酸二乙酯（DEP）和生物炭之间的氢键绑定作用。也有研究表示，虽然表面结构被破坏，但生物炭的老化增强了其对邻苯二甲酸酯（PAEs）的吸附[277]。这主要是由于含氧基团的增多，更多含氧官能团出现在生物炭类石墨结构的边缘时，其增加了表面芳香环的 π-极性。与此同时 PAEs 具有含酯官能团，可以作为电子受体与芳香化合物形成强的 π-π 相互作用。因此，氧化生物炭的亲水性吸附位点有可能形成 π-π 键，增强对特定有机污染物的吸附。

总的来说，氧化老化过程给生物炭性质带来的改变和生物炭吸附污染物的主导机制的相关性将决定老化过程对生物炭修复污染土壤的效率。例如，将高温下制备的生物炭施用于土壤中，矿物组分共沉淀对 Cd 的吸附起主导作用。在酸性土壤水分持续淋溶的作用下，老化过程通过浸出去除了生物炭中的有机灰分和无机灰分，显著降低了高温生物炭对 Cd 的吸附能力[278]。而低温制备的生物炭的吸附性能依赖于官能团的离子交换和表面络合，通过酸化和氧化形成的含氧官能团可显著提高低温生物炭的吸附能力。生物炭氧化老化增加了表面络合机制的贡献[279]。另外，研究表明，400℃制备的生物炭由于老化后表面官能团的增加增强了其对四环素的吸附能力，而 600 ℃制备的生物炭由于老化后芳香性被破坏，π-π 相互作用的减弱降低了其对四环素的吸附能力[272]。

生物炭老化的影响还需充分考虑有机物和矿物质在生物炭表面的覆盖。有机质会随着生物炭施加到土壤中的持续时间延长而在生物炭表面大量累积，从而发生堵塞、覆盖或者是竞争性占领吸附位点，减少其对有机污染物的吸附能力。Zhang 等[280]证明生物炭改性的土壤经过干湿循环后，生物炭与土壤中溶出的有机物的相互作用带来表面变化，进而生物炭对土壤中邻苯二甲酸二乙酯（DEP）的吸附能力显著降低。Martin 等[281]通过实验分析，新鲜生物炭修复的土壤增加了 2～5 倍的敌草隆和莠去津的吸附能力，具有降低除草剂生物有效性的潜能。而在 32 个月后，土壤中生物炭的老化导致对敌草隆的吸附能力下降 47%～68%，对莠去津的吸附能力下降 63%～82%。这不仅是因为老化生物炭的表面性质发生改变，也与土壤中的矿物、有机质吸附有关。随着时间的推移，土壤中的疏水性有机化合物会逐渐吸附到生物炭表面，且土壤共存的金属离子也会与生物炭及土壤中的矿物质和有机质发生络合，从而阻断生物炭的吸附位点，对有机污染物的吸附能力也随之下降[217, 282, 283]。

老化过程也会影响污染物的解吸过程，从而影响其生物有效性。在高有机碳含量的土壤中，未老化的生物炭处理的吸附能力分别是干湿交替、持续湿润老化处理生物炭的 3.5 倍、3 倍，且经历湿干交替、持续潮湿两个老化过程，竹子生物炭更容易将邻苯二甲酸二乙酯（DEP）再次解吸到土壤中[280]。在水稻壳生物炭改良土壤中，Khorram 等[205]研究了老化过程对氟磺胺草醚的土壤吸附、浸出和生物有效性的影响，并且在新鲜生物炭施用率为 0.5%～2%的土壤中，氟磺胺草醚的吸附系数为 1.9～12.4，而经 1 个月、3 个月、6 个月的老化处理后，氟磺胺草醚的吸附系数分别下降为 1.36～4.16、1.13～2.78、0.95～2.31。结果表明，虽然稻壳生物炭对氟磺胺草醚的固持效果经 6 个月老化后仍比未改性土壤高 2.5 倍，但是与新鲜生物炭处理相比，6 个月老化生物炭处理组中的氟磺胺草醚解吸和浸出现象更为明显，生物有效性也有所增强，对农作物玉米的生长有着抑制作用。在 Li 等[152]实验中，添加生物炭 60d 后，土壤中蚯蚓体内的杀虫剂含量高于未添加生物炭的对照土壤。这一现象是因为生物炭前期通过吸附延迟了污染物的降解，经过老化后，生物炭重新释放出了水溶性的污染物，被蚯蚓表皮吸收进入体内，对蚯蚓造成的健康风险增大。另有研究表明，尽管老化过程限制了生物炭对菲的吸附能力，但改良土壤中微生物对菲的生物降解能力随着陈化时间的延长而增强，导致了土壤中菲的去除效率逐步增加，此时生物炭对微生物活性的促进作用和生物有效态菲的提高决定了土壤中菲含量的去除[284]。老化过程对生物炭修复污染土壤效率的影响受土壤各个组分中物理、化学、生物过程的综合作用，仅对某一环节的单独考量是不符合实际的。施用于污染土壤时，生物炭的性能不仅受到自身老化的影响，还受到土壤中胶体、孔隙溶液、污染物等组分长期相互作用的影响，这需要进一步研究。

5.8 小结与展望

鉴于生物炭对土壤性质的改善、对微生物和动植物活性的促进和对污染物的固持或氧化还原转化，利用农村和城市固体废物制备的生物炭是一项有前景的土壤改良和修复技术。生物炭能通过吸附固定或者是促进生物转化的方式降低污染物的生物有效性和累积毒性，减小污染物的淋溶风险。但生物炭应用于土壤治理中往往受到多方面因素的综合干扰，为了实现生物炭修复效率的最大化，还有许多方面亟待进一步研究。①目前关于生物炭对土壤微生物影响的关注点大多停留在生物量变化层面，缺少对种群演变、多样性的研究，且生物炭对微生物群落组成的影响会随着土壤中复杂的变量而产生不一样的结果，对该影响规律性的总结和对生物群落影响的内在机制的研究还需进一步开展。②土壤和生物炭是一个复杂的系统，生物炭吸附有机污染物可能只能起到滞后污染的效果，而全面理解生物炭促进土壤中有机污染物的降解行为和机制，才能更好地治理土壤污染。因此，进一步研究土壤中生物炭耦合微生物对污染物的氧化还原反应，从细胞分子水平深入理解生物炭对微生物活性的关键作用及其多种影响因素至关重要。③在耕地中，土壤生物化学循环中的部分农药残留和必需营养元素对农业种植具有重要意义。生物炭的无选择性吸附可能会降低这些成分的有效性，使其不能发挥原有的作用。过小的农药有效性还有可能会导致农民进一步加大施用农药量，形成恶性循环，既浪费资源，又加重了对农田的生态破坏。因此，有必要评估生物炭施加、农药效用（残留和可利用性）与土壤微生物、农作物和蚯蚓等动植物之间的关系。要达到可持续农业发展和环境保护的目的，还需要进一步的工作来平衡生物炭在养分保留、农药有效性、污染物固持和再释放方面的作用，修复污染土壤的同时保证农作物和土壤中生物的正常生长。④土壤中污染物的生物有效性的变化既要考虑老化生物炭吸附有机污染物能力的变化，又需考虑老化对于生物炭解吸有机污染物的风险。实验室规模的人工老化生物炭对有机污染物的吸附能力变化不一，相对自然老化，其周期更短，老化作用相对简单。但从老化生物炭的生物有效性探究实验可以发现，大多老化生物炭存在增大有机污染物生物有效性的风险，仍需要进一步开展长期的自然老化实验，以全面理解生物炭在整个生命周期过程中对土壤有机污染物的迁移归趋及生物有效性的影响。

参考文献

[1] Lehmann J，Joseph S. Biochar for environmental management：Science and technology. London[J]. Earthscan，2009，11（7）：535-536.

[2] Glaser B，Lehmann J，Zech W. Ameliorating physical and chemical properties of highly weathered soils in the tropics with charcoal-a review[J]. Biology and Fertility of Soils，2002，35（4）：219-230.

[3] Mai N T，Nguyen A M，Pham N T T，et al. Colloidal interactions of micro-sized biochar and a kaolinitic soil clay[J]. Science of the Total Environment，2020，738：139844.

[4] Peng X，Ye L L，Wang C H，et al. Temperature-and duration-dependent rice straw-derived biochar：Characteristics and its effects on soil properties of an Ultisol in southern China[J]. Soil & Tillage Research，2011，112（2）：159-166.

[5] 王丹丹，郑纪勇，颜永毫. 生物炭对宁南山区土壤持水性能影响的定位研究[J]. 水土保持学报，2013，27（2）：101-104.

[6] Ni J J，Bordoloi S，Shao W，et al. Two-year evaluation of hydraulic properties of biochar-amended vegetated soil for application in landfill cover system[J]. Science of the Total Environment，2020，712：136486.

[7] Yoo S Y，Kim Y J，Yoo G. Understanding the role of biochar in mitigating soil water stress in simulated urban roadside soil[J]. Science of the Total Environment，2020，738：139798.

[8] Dong D，Yang M，Wang C，et al. Responses of methane emissions and rice yield to applications of biochar and straw in a paddy field[J]. Journal of Soils and Sediments，2013，13（8）：1450-1460.

[9] 赵宇侠，周正，祝春水. 生物黑炭的施加对连云港滨海盐碱土的改良作用[J]. 淮海工学院学报，2013，（4）：51-54.

[10] Yuan J H，Xu R K，Qian W，et al. Comparison of the ameliorating effects on an acidic ultisol between four crop straws and their biochars[J]. Journal of Soils and Sediments，2011，11（5）：741-750.

[11] 周健民，沈仁芳. 土壤学大辞典[M]. 北京：科学出版社，2013.

[12] Siedt M，Schäffer A，Smith K E C，et al. Comparing straw，compost，and biochar regarding their suitability as agricultural soil amendments to affect soil structure，nutrient leaching，microbial communities，and the fate of pesticides[J]. Science of the Total Environment，2020，751：141607.

[13] Tan X，Liu Y，Gu Y，et al. Biochar amendment to lead-contaminated soil：Effects on fluorescein diacetate hydrolytic activity and phytotoxicity to rice[J]. Environmental Toxicology and Chemistry，2015，34（9）：1962-1968.

[14] Marchetti R，Castelli F. Biochar from swine solids and digestate influence nutrient dynamics and carbon dioxide release in soil[J]. Journal of Environmental Quality，2013，42（3）：893-901.

[15] Luo L，Wang G，Shi G，et al. The characterization of biochars derived from rice straw and swine manure，and their potential and risk in N and P removal from water[J]. Journal of Environmental Management，2019，245：1-7.

[16] de Figueredo N A，da Costa L M，Azevedo Melo L C，et al. Characterization of biochars from different sources and evaluation of release of nutrients and contaminants[J]. Revista Ciencia Agronomica，2017，48（3）：395-403.

[17] Zhao X，Wang J，Wang S，et al. Successive straw biochar application as a strategy to sequester carbon and improve fertility：A pot experiment with two rice/wheat rotations in paddy soil[J]. Plant and Soil，2014，378（1-2）：279-294.

[18] Khan S，Chao C，Waqas M，et al. Sewage Sludge biochar influence upon rice（*Oryza sativa* L）yield，metal bioaccumulation and greenhouse gas emissions from acidic paddy soil[J]. Environmental Science & Technology，2013，47（15）：8624-8632.

[19] Haddad K，Jellali S，Jeguirim M，et al. Investigations on phosphorus recovery from aqueous solutions by biochars derived from magnesium-pretreated cypress sawdust[J]. Journal of Environmental Management，2018，216：305-314.

[20] Mosa A，El-Ghamry A，Tolba M. Biochar-supported natural zeolite composite for recovery and reuse of aqueous phosphate and humate：Batch sorption—desorption and bioassay investigations[J]. Environmental Technology & Innovation，2020，19：100807.

[21] Shepherd J G，Sohi S P，Heal K V. Optimising the recovery and re-use of phosphorus from wastewater effluent for sustainable fertiliser development[J]. Water Research，2016，94：155-165.

[22] Yang H，Ye S，Zeng Z，et al. Utilization of biochar for resource recovery from water：A review[J]. Chemical Engineering Journal，2020，397：125502.

[23] Angst T E，Sohi S P. Establishing release dynamics for plant nutrients from biochar[J]. Global Change Biology Bioenergy，2013，5（2）：221-226.

[24] El-Naggar A，El-Naggar A H，Shaheen S M，et al. Biochar composition-dependent impacts on soil nutrient release，

carbon mineralization, and potential environmental risk: A review[J]. Journal of Environmental Management, 2019, 241: 458-467.

[25] Nelson N O, Agudelo S C, Yuan W Q, et al. Nitrogen and phosphorus availability in biochar-amended soils[J]. Soil Science, 2011, 176 (5): 218-226.

[26] Liu Q, Fang Z, Liu Y, et al. Phosphorus speciation and bioavailability of sewage sludge derived biochar amended with CaO[J]. Waste Management, 2019, 87: 71-77.

[27] El-Naggar A H, Usman A R, Al-Omran A, et al. Carbon mineralization and nutrient availability in calcareous sandy soils amended with woody waste biochar[J]. Chemosphere, 2015, 138: 67-73.

[28] Bruun S, Harmer S L, Bekiaris G, et al. The effect of different pyrolysis temperatures on the speciation and availability in soil of P in biochar produced from the solid fraction of manure[J]. Chemosphere, 2017, 169: 377-386.

[29] El-Naggar A, Awad Y M, Tang X Y, et al. Biochar influences soil carbon pools and facilitates interactions with soil: A field investigation[J]. Land Degradation & Development, 2018, 29 (7): 2162-2171.

[30] Wu H, Zeng G, Liang J, et al. Responses of bacterial community and functional marker genes of nitrogen cycling to biochar, compost and combined amendments in soil[J]. Appl Microbiol Biotechnol, 2016, 100(19): 8583-8591.

[31] He L L, Liu Y, Zhao J, et al. Comparison of straw-biochar-mediated changes in nitrification and ammonia oxidizers in agricultural oxisols and cambosols[J]. Biology and Fertility of Soils, 2016, 52 (2): 137-149.

[32] Abujabhah I S, Doyle R, Bound S A, et al. The effect of biochar loading rates on soil fertility, soil biomass, potential nitrification, and soil community metabolic profiles in three different soils[J]. Journal of Soils and Sediments, 2016, 16 (9): 2211-2222.

[33] Li S L, Wang S, Shangguan Z P. Combined biochar and nitrogen fertilization at appropriate rates could balance the leaching and availability of soil inorganic nitrogen[J]. Agriculture Ecosystems & Environment, 2019, 276: 21-30.

[34] Plaimart J, Acharya K, Mrozik W, et al. Coconut husk biochar amendment enhances nutrient retention by suppressing nitrification in agricultural soil following anaerobic digestate application[J]. Environmental Pollution, 2020, 268 (Pt A): 115684.

[35] Feng Z J, Zhu L Z. Impact of biochar on soil N_2O emissions under different biochar-carbon/fertilizer-nitrogen ratios at a constant moisture condition on a silt loam soil[J]. Science of the Total Environment, 2017, 584: 776-782.

[36] Harter J, Weigold P, El-Hadidi M, et al. Soil biochar amendment shapes the composition of N_2O-reducing microbial communities[J]. Science of the Total Environment, 2016, 562: 379-390.

[37] Ameloot N, Maenhout P, De Neve S, et al. Biochar-induced N_2O emission reductions after field incorporation in a loam soil[J]. Geoderma, 2016, 267: 10-16.

[38] Borchard N, Schirrmann M, Cayuela M L, et al. Biochar, soil and land-use interactions that reduce nitrate leaching and N_2O emissions: A meta-analysis[J]. Science of the Total Environment, 2019, 651: 2354-2364.

[39] Dong W, Walkiewicz A, Bieganowski A, et al. Biochar promotes the reduction of N_2O to N_2 and concurrently suppresses the production of N_2O in calcareous soil[J]. Geoderma, 2020, 362: 114091.

[40] Lin Y X, Ding W X, Liu D Y, et al. Wheat straw-derived biochar amendment stimulated N_2O emissions from rice paddy soils by regulating the amoA genes of ammonia-oxidizing bacteria[J]. Soil Biology & Biochemistry, 2017, 113: 89-98.

[41] Gao S, Deluca T H, Cleveland C C. Biochar additions alter phosphorus and nitrogen availability in agricultural ecosystems: A meta-analysis[J]. Science of the Total Environment, 2019, 654: 463-472.

[42] Chintala R, Schumacher T E, Mcdonald L M, et al. Phosphorus sorption and availability from biochars and

soil/biochar mixtures[J]. Clean-Soil Air Water，2014，42（5）：626-634.

[43] Hemati Matin N，Jalali M，Antoniadis V，et al. Almond and walnut shell-derived biochars affect sorption-desorption，fractionation，and release of phosphorus in two different soils[J]. Chemosphere，2020，241：124888.

[44] El-Naggar A，Lee S S，Rinklebe J，et al. Biochar application to low fertility soils：A review of current status，and future prospects[J]. Geoderma，2019，337：536-554.

[45] Laird D，Fleming P，Wang B Q，et al. Biochar impact on nutrient leaching from a Midwestern agricultural soil[J]. Geoderma，2010，158（3-4）：436-442.

[46] Randolph P，Bansode R R，Hassan O A，et al. Effect of biochars produced from solid organic municipal waste on soil quality parameters[J]. Journal of Environmental Management，2017，192：271-280.

[47] Van Poucke R，Meers E，Tack F M G. Leaching behavior of Cd，Zn and nutrients（K，P，S）from a contaminated soil as affected by amendment with biochar[J]. Chemosphere，2020，245：125561.

[48] Zhao X R，Li D，Kong J，et al. Does Biochar Addition Influence the Change Points of Soil Phosphorus Leaching？[J]. Journal of Integrative Agriculture，2014，13（3）：499-506.

[49] Peng Y，Sun Y，Fan B，et al. Fe/Al（hydr）oxides engineered biochar for reducing phosphorus leaching from a fertile calcareous soil[J]. Journal of Cleaner Production，2020，279：123877.

[50] Chen Q，Qin J，Cheng Z，et al. Synthesis of a stable magnesium-impregnated biochar and its reduction of phosphorus leaching from soil[J]. Chemosphere，2018，199：402-408.

[51] Wu L P，Zhang S R，Wang J，et al. Phosphorus retention using iron（Ⅱ/Ⅲ）modified biochar in saline-alkaline soils：Adsorption，column and field tests[J]. Environmental Pollution，2020，261：114223.

[52] Xu N，Tan G C，Wang H Y，et al. Effect of biochar additions to soil on nitrogen leaching，microbial biomass and bacterial community structure[J]. European Journal of Soil Biology，2016，74：1-8.

[53] Jeffery S，Meinders M B J，Stoof C R，et al. Biochar application does not improve the soil hydrological function of a sandy soil[J]. Geoderma，2015，251-252：47-54.

[54] Bardgett R D，van der Putten W H. Belowground biodiversity and ecosystem functioning[J]. Nature，2014，515（7528）：505-511.

[55] Maron P A，Sarr A，Kaisermann A，et al. High microbial diversity promotes soil ecosystem functioning[J]. Applied and Environmental Microbiology，2018，84（9）：e02738-17.

[56] Torsvik V，Lise Øvreås. Microbial diversity and function in soil：From genes to ecosystems[J]. Current Opinion in Microbiology，2002，5：240-245.

[57] van der Heijden M G，Bardgett R D，van Straalen N M. The unseen majority：Soil microbes as drivers of plant diversity and productivity in terrestrial ecosystems[J]. Ecology Letters，2008，11（3）：296-310.

[58] Brussaard L，Behanpelletier V M，Bignell D E. Biodiversity and ecosystem functioning in soil[J]. AMBIO：A Journal of the Human Environment，1997，26（8）：563-570.

[59] Frac M，Hannula S E，Belka M，et al. Fungal biodiversity and their role in soil health[J]. Front Microbiol，2018，9：707.

[60] Mccormack S A，Ostle N，Bardgett R D，et al. Biochar in bioenergy cropping systems：Impacts on soil faunal communities and linked ecosystem processes[J]. Global Change Biology Bioenergy，2013，5（2）：81-95.

[61] Boivin M E Y，Breure A M，Posthuma L，et al. Determination of field effects of contaminants—significance of pollution-induced community tolerance[J]. Human and Ecological Risk Assessment：An International Journal，2010，8（5）：1035-1055.

[62] Bahram M，Hildebrand F，Forslund S K，et al. Structure and function of the global topsoil microbiome[J]. Nature，2018，560（7717）：233-237.

[63] Huang C，Zeng G，Huang D，et al. Effect of Phanerochaete chrysosporium inoculation on bacterial community and metal stabilization in lead-contaminated agricultural waste composting[J]. Bioresource Technology，2017，243：294-303.

[64] Ren W，Ren G，Teng Y，et al. Time-dependent effect of graphene on the structure，abundance，and function of the soil bacterial community[J]. Journal of Hazardous Materials，2015，297：286-294.

[65] Molnar M，Vaszita E，Farkas E，et al. Acidic sandy soil improvement with biochar—A microcosm study[J]. Science of the Total Environment，2016，563-564：855-865.

[66] Andres P，Rosell-Mele A，Colomer-Ventura F，et al. Belowground biota responses to maize biochar addition to the soil of a Mediterranean vineyard[J]. Science of the Total Environment，2019，660：1522-1532.

[67] Prayogo C，Jones J E，Baeyens J，et al. Impact of biochar on mineralisation of C and N from soil and willow litter and its relationship with microbial community biomass and structure[J]. Biology and Fertility of Soils，2013，50（4）：695-702.

[68] Ameloot N，Neve S，Jegajeevagan K，et al. Short-term CO_2 and N_2O emissions and microbial properties of biochar amended sandy loam soils[J]. Soil Biology & Biochemistry，2013，57：401-410.

[69] Zheng J，Chen J，Pan G，et al. Biochar decreased microbial metabolic quotient and shifted community composition four years after a single incorporation in a slightly acid rice paddy from southwest China[J]. Science of the Total Environment，2016，571：206-217.

[70] Jiang X，Denef K，Stewart C E，et al. Controls and dynamics of biochar decomposition and soil microbial abundance，composition，and carbon use efficiency during long-term biochar-amended soil incubations[J]. Biology and Fertility of Soils，2015，52（1）：1-14.

[71] Teutscherova N，Lojka B，Houska J，et al. Application of holm oak biochar alters dynamics of enzymatic and microbial activity in two contrasting Mediterranean soils[J]. European Journal of Soil Biology，2018，88：15-26.

[72] Lu W W，Ding W X，Zhang J H，et al. Biochar suppressed the decomposition of organic carbon in a cultivated sandy loam soil：A negative priming effect[J]. Soil Biology & Biochemistry，2014，76：12-21.

[73] Gomez J D，Denef K，Stewart C E，et al. Biochar addition rate influences soil microbial abundance and activity in temperate soils[J]. European Journal of Soil Science，2014，65（1）：28-39.

[74] Farrell M，Kuhn T K，Macdonald L M，et al. Microbial utilisation of biochar-derived carbon[J]. Science of the Total Environment，2013，465：288-297.

[75] Meier S，Moore F，Gonzalez M E，et al. Effects of three biochars on copper immobilization and soil microbial communities in a metal-contaminated soil using a metallophyte and two agricultural plants[J]. Environmental Geochemistry and Health，2019，43：1441-1456 .

[76] Sheng Y，Zhu L. Biochar alters microbial community and carbon sequestration potential across different soil pH[J]. Science of the Total Environment，2018，622-623：1391-1399.

[77] Watson C，Bahadur K，Briess L，et al. Mitigating negative microbial effects of p-nitrophenol，phenol，copper and cadmium in a sandy loam soil using biochar[J]. Water Air and Soil Pollution，2017，228：74.

[78] Stefaniuk M，Oleszczuk P. Addition of biochar to sewage sludge decreases freely dissolved PAHs content and toxicity of sewage sludge-amended soil[J]. Environmental Pollution，2016，218：242-251.

[79] Hayat A，Hussain I，Soja G，et al. Organic and chemical amendments positively modulate the bacterial proliferation for effective rhizoremediation of PCBs-contaminated soil[J]. Ecological Engineering，2019，138：412-419.

[80] Yang X，Tsibart A，Nam H，et al. Effect of gasification biochar application on soil quality：Trace metal behavior，microbial community，and soil dissolved organic matter[J]. Journal of Hazardous Materials，2019，365：684-694.

[81] Bailey V L，Fansler S J，Smith J L，et al. Reconciling apparent variability in effects of biochar amendment on soil enzyme activities by assay optimization[J]. Soil Biology & Biochemistry，2011，43（2）：296-301.

[82] Calvelo Pereira R，Kaal J，Camps Arbestain M，et al. Contribution to characterisation of biochar to estimate the labile fraction of carbon[J]. Organic Geochemistry，2011，42（11）：1331-1342.

[83] Zhao S X，Ta N，Li Z H，et al. Varying pyrolysis temperature impacts application effects of biochar on soil labile organic carbon and humic fractions[J]. Applied Soil Ecology，2018，123：484-493.

[84] Rousk J，Dempster D N，Jones D L. Transient biochar effects on decomposer microbial growth rates：Evidence from two agricultural case-studies[J]. European Journal of Soil Science，2013，64（6）：770-776.

[85] Jones D L，Rousk J，Edwards-Jones G，et al. Biochar-mediated changes in soil quality and plant growth in a three year field trial[J]. Soil Biology & Biochemistry，2012，45：113-124.

[86] Ameloot N，Sleutel S，Case S D C，et al. C mineralization and microbial activity in four biochar field experiments several years after incorporation[J]. Soil Biology & Biochemistry，2014，78：195-203.

[87] Lehmann J，Rillig M C，Thies J，et al. Biochar effects on soil biota—A review[J]. Soil Biology & Biochemistry，2011，43（9）：1812-1836.

[88] Warnock D D，Lehmann J，Kuyper T W，et al. Mycorrhizal responses to biochar in soil-concepts and mechanisms[J]. Plant and Soil，2007，300（1-2）：9-20.

[89] Masiello C A，Chen Y，Gao X，et al. Biochar and microbial signaling：Production conditions determine effects on microbial communication[J]. Environmental Science & Technology，2013，47（20）：11496-11503.

[90] Yuan P，Wang J，Pan Y，et al. Review of biochar for the management of contaminated soil：Preparation，application and prospect[J]. Science of the Total Environment，2019，659：473-490.

[91] Quilliam R S，Glanville H C，Wade S C，et al. Life in the 'charosphere'-Does biochar in agricultural soil provide a significant habitat for microorganisms？[J]. Soil Biology and Biochemistry，2013，65：287-293.

[92] Joseph S，Graber E，Chia C，et al. Shifting paradigms_development of high-effiency biochar fertilizers based on nano-structure and souble components.[J]. Carbon Management 2013，4（3）：323-343.

[93] Fang G，Gao J，Liu C，et al. Key role of persistent free radicals in hydrogen peroxide activation by biochar：implications to organic contaminant degradation[J]. Environmental Science & Technology，2014，48（3）：1902-1910.

[94] Qin G，Gong D，Fan M Y. Bioremediation of petroleum-contaminated soil by biostimulation amended with biochar[J]. International Biodeterioration & Biodegradation，2013，85：150-155.

[95] Smit E，Leeflang P，Gommans S，et al. Diversity and seasonal fluctuations of the dominant members of the bacterial soil community in a wheat field as determined by cultivation and molecular methods[J]. Applied and Environmental Microbiology，2001，67（5）：2284-2291.

[96] Igalavithana A D，Lee S E，Lee Y H，et al. Heavy metal immobilization and microbial community abundance by vegetable waste and pine cone biochar of agricultural soils[J]. Chemosphere，2017，174：593-603.

[97] Chen X W，Wong J T F，Chen Z T，et al. Effects of biochar on the ecological performance of a subtropical landfill[J]. Science of the Total Environment，2018，644：963-975.

[98] Abujabhah I S，Doyle R B，Bound S A，et al. Short-term impact of biochar amendments on eukaryotic communities in three different soils[J]. Antonie van Leeuwenhoek，2019，112（4）：615-632.

[99] Usman M，Hao S，Chen H，et al. Molecular and microbial insights towards understanding the anaerobic digestion

of the wastewater from hydrothermal liquefaction of sewage sludge facilitated by granular activated carbon（GAC）[J]. Environment International，2019，133（Pt B）：105257.

[100] Chen J H，Liu X Y，Zheng J W，et al. Biochar soil amendment increased bacterial but decreased fungal gene abundance with shifts in community structure in a slightly acid rice paddy from Southwest China[J]. Applied Soil Ecology，2013，71：33-44.

[101] Chen J H，Liu X Y，Li L Q，et al. Consistent increase in abundance and diversity but variable change in community composition of bacteria in topsoil of rice paddy under short term biochar treatment across three sites from South China[J]. Applied Soil Ecology，2015，91：68-79.

[102] Mitchell P J，Simpson A J，Soong R，et al. Shifts in microbial community and water-extractable organic matter composition with biochar amendment in a temperate forest soil[J]. Soil Biology & Biochemistry，2015，81：244-254.

[103] Zhu X，Chen B，Zhu L，et al. Effects and mechanisms of biochar-microbe interactions in soil improvement and pollution remediation：A review[J]. Environmental Pollution，2017，227：98-115.

[104] Zheng H，Wang X，Luo X，et al. Biochar-induced negative carbon mineralization priming effects in a coastal wetland soil：Roles of soil aggregation and microbial modulation[J]. Science of the Total Environment，2018，610-611：951-960.

[105] Lu H，Li Z，Fu S，et al. Can biochar and phytoextractors be jointly used for cadmium remediation？[J]. PLoS One，2014，9（4）：e95218.

[106] Cui E，Wu Y，Zuo Y，et al. Effect of different biochars on antibiotic resistance genes and bacterial community during chicken manure composting[J]. Bioresource Technology，2016，203：11-17.

[107] Muhammad N，Dai Z M，Xiao K C，et al. Changes in microbial community structure due to biochars generated from different feedstocks and their relationships with soil chemical properties[J]. Geoderma，2014，226：270-278.

[108] Meng L，Sun T，Li M，et al. Soil-applied biochar increases microbial diversity and wheat plant performance under herbicide fomesafen stress[J]. Ecotoxicol Environ Saf，2019，171：75-83.

[109] Qin X，Huang Q Q，Liu Y Y，et al. Effects of sepiolite and biochar on microbial diversity in acid red soil from southern China[J]. Chemistry and Ecology，2019，35（9）：846-860.

[110] Anderson C R，Condron L M，Clough T J，et al. Biochar induced soil microbial community change：Implications for biogeochemical cycling of carbon，nitrogen and phosphorus[J]. Pedobiologia，2011，54（5-6）：309-320.

[111] Hu L，Cao L，Zhang R. Bacterial and fungal taxon changes in soil microbial community composition induced by short-term biochar amendment in red oxidized loam soil[J]. World J Microbiol Biotechnol，2014，30（3）：1085-1092.

[112] Cheng J Z，Lee X Q，Gao W C，et al. Effect of biochar on the bioavailability of difenoconazole and microbial community composition in a pesticide-contaminated soil[J]. Applied Soil Ecology，2017，121：185-192.

[113] Manasa M R K，Katukuri N R，Darveekaran Nair S S，et al. Role of biochar and organic substrates in enhancing the functional characteristics and microbial community in a saline soil[J]. Journal of Environmental Management，2020，269：110737.

[114] Ren T T，Yu X Y，Liao J H，et al. Application of biogas slurry rather than biochar increases soil microbial functional gene signal intensity and diversity in a poplar plantation[J]. Soil Biology & Biochemistry，2020，146：107825.

[115] Kuzyakov Y，Bogomolova I，Glaser B. Biochar stability in soil：Decomposition during eight years and transformation as assessed by compound-specific ^{14}C analysis[J]. Soil biology and biochemistry，2014，70：

229-236.

[116] Fan S X，Zuo J C，Dong H Y. Changes in soil properties and bacterial community composition with biochar amendment after six years[J]. Agronomy-Basel，2020，10（5）：746.

[117] Rombola A G，Marisi G，Torri C，et al. Relationships between chemical characteristics and phytotoxicity of biochar from poultry litter pyrolysis[J]. Journal of Agricultural and Food Chemistry，2015，63（30）：6660-6667.

[118] Gell K，Van Groenigen J，Cayuela M L. Residues of bioenergy production chains as soil amendments：immediate and temporal phytotoxicity[J]. Journal of Hazardous Materials，2011，186（2-3）：2017-2025.

[119] Bu X L，Xue J H，Wu Y B，et al. Effect of biochar on seed germination and seedling growth of robinia pseudoacacia l. in karst calcareous soils[J]. Communications in Soil Science and Plant Analysis，2020，51（3）：352-363.

[120] Safaei Khorram M，Zhang Q，Lin D，et al. Biochar：A review of its impact on pesticide behavior in soil environments and its potential applications[J]. Journal of Environmental Sciences（China），2016，44：269-279.

[121] Zheng H，Wang X，Chen L，et al. Enhanced growth of halophyte plants in biochar-amended coastal soil：roles of nutrient availability and rhizosphere microbial modulation[J]. Plant，Cell & Environment，2018，41（3）：517-532.

[122] Vasilyeva N A，Abiven S，Milanovskiy E Y，et al. Pyrogenic carbon quantity and quality unchanged after 55 years of organic matter depletion in a Chernozem[J]. Soil Biology & Biochemistry，2011，43（9）：1985-1988.

[123] Liang F，Li G T，Lin Q M，et al. Crop Yield and soil properties in the first 3 years after biochar application to a calcareous soil[J]. Journal of Integrative Agriculture，2014，13（3）：525-532.

[124] Huff M D，Marshall S，Saeed H A，et al. Surface oxygenation of biochar through ozonization for dramatically enhancing cation exchange capacity[J]. Bioresources and Bioprocessing，2018，5：18.

[125] Fresno T，Penalosa J M，Flagmeier M，et al. Aided phytostabilisation over two years using iron sulphate and organic amendments：Effects on soil quality and rye production[J]. Chemosphere，2020，240：124827.

[126] Reibe K，Gotz K P，Ross C L，et al. Impact of quality and quantity of biochar and hydrochar on soil Collembola and growth of spring wheat[J]. Soil Biology & Biochemistry，2015，83：84-87.

[127] Palansooriya K N，Wong J T F，Hashimoto Y，et al. Response of microbial communities to biochar-amended soils：A critical review[J]. Biochar，2019，1（1）：3-22.

[128] Liu X Y，Zhang A F，Ji C Y，et al. Biochar's effect on crop productivity and the dependence on experimental conditions-a meta-analysis of literature data[J]. Plant and Soil，2013，373（1-2）：583-594.

[129] Qiao Y，Crowley D，Wang K，et al. Effects of biochar and *Arbuscular mycorrhizae* on bioavailability of potentially toxic elements in an aged contaminated soil[J]. Environmental Pollution，2015，206：636-643.

[130] Wang F Y，Wang L，Shi Z Y，et al. Effects of am inoculation and organic amendment，alone or in combination，on growth，P nutrition，and heavy-metal uptake of tobacco in pb-cd-contaminated soil[J]. Journal of Plant Growth Regulation，2012，31（4）：549-559.

[131] Blackwell P，Krull E，Butler G，et al. Effect of banded biochar on dryland wheat production and fertiliser use in south-western Australia：an agronomic and economic perspective[J]. Soil Research，2010，48（7）：531-545.

[132] Mau A E，Utami S R. Effects of biochar amendment and arbuscular mycorrhizal fungi inoculation on availability of soil phosphorus and growth of maize[J]. Journal of Degraded and Mining Landsmanagement，2014：69-74.

[133] Rizwan M，Ali S，Qayyum M F，et al. Mechanisms of biochar-mediated alleviation of toxicity of trace elements in plants：a critical review[J]. Environmental Science and Pollution Research，2016，23（3）：2230-2248.

[134] Rogovska N，Laird D A，Rathke S J，et al. Biochar impact on Midwestern Mollisols and maize nutrient availability[J]. Geoderma，2014，230：340-347.

[135] Khorram M S, Wang Y, Jin X, et al. Reduced mobility of fomesafen through enhanced adsorption in biochar-amended soil[J]. Environmental Toxicology and Chemistry, 2015, 34 (6): 1258-1266.

[136] Shen X, Zeng J, Zhang D, et al. Effect of pyrolysis temperature on characteristics, chemical speciation and environmental risk of Cr, Mn, Cu, and Zn in biochars derived from pig manure[J]. Science of the Total Environment, 2020, 704: 135283.

[137] Khan M A, Mahmood Ur R, Ramzani P M A, et al. Associative effects of lignin-derived biochar and arbuscular mycorrhizal fungi applied to soil polluted from Pb-acid batteries effluents on barley grain safety[J]. Science of the Total Environment, 2020, 710: 136294.

[138] Mehmood S, Saeed D A, Rizwan M, et al. Impact of different amendments on biochemical responses of sesame (*Sesamum indicum* L.) plants grown in lead-cadmium contaminated soil[J]. Plant Physiol Biochem, 2018, 132: 345-355.

[139] Turan V, Khan S A, Mahmood Ur R, et al. Promoting the productivity and quality of brinjal aligned with heavy metals immobilization in a wastewater irrigated heavy metal polluted soil with biochar and chitosan[J]. Ecotoxicol Environ Saf, 2018, 161: 409-419.

[140] Shen Y, Tang H Y, Wu W H, et al. Role of nano-biochar in attenuating the allelopathic effect from *Imperata cylindrica* on rice seedlings[J]. Environmental Science: Nano, 2020, 7 (1): 116-126.

[141] Sorrenti G, Ventura M, Toselli M. Effect of biochar on nutrient retention and nectarine tree performance: A three-year field trial[J]. Journal of Plant Nutrition and Soil Science, 2016, 179 (3): 336-346.

[142] Agegnehu G, Srivastava A K, Bird M I. The role of biochar and biochar-compost in improving soil quality and crop performance: A review[J]. Applied Soil Ecology, 2017, 119: 156-170.

[143] Jeffery S, Abalos D, Prodana M, et al. Biochar boosts tropical but not temperate crop yields[J]. Environmental Research Letters, 2017, 12: 053001.

[144] Dai Y, Zheng H, Jiang Z, et al. Combined effects of biochar properties and soil conditions on plant growth: A meta-analysis[J]. Science of the Total Environment, 2020, 713: 136635.

[145] Jeffery S, Verheijen F G A, van der Velde M, et al. A quantitative review of the effects of biochar application to soils on crop productivity using meta-analysis[J]. Agriculture Ecosystems & Environment, 2011, 144(1): 175-187.

[146] Jin Z, Chen C, Chen X, et al. The crucial factors of soil fertility and rapeseed yield—A five year field trial with biochar addition in upland red soil, China[J]. Science of the Total Environment, 2019, 649: 1467-1480.

[147] Buss W, Masek O. Mobile organic compounds in biochar-a potential source of contamination-phytotoxic effects on cress seed (*Lepidium sativum*) germination[J]. Journal of Environmental Management, 2014, 137: 111-119.

[148] Visioli G, Conti F D, Menta C, et al. Assessing biochar ecotoxicology for soil amendment by root phytotoxicity bioassays[J]. Environmental Monitoring and Assessment, 2016, 188 (3): 166.

[149] Chi J, Liu H Y. Effects of biochars derived from different pyrolysis temperatures on growth of *Vallisneria spiralis* and dissipation of polycyclic aromatic hydrocarbons in sediments[J]. Ecological Engineering, 2016, 93: 199-206.

[150] Li Y, Shen F, Guo H, et al. Phytotoxicity assessment on corn stover biochar, derived from fast pyrolysis, based on seed germination, early growth, and potential plant cell damage[J]. Environmental Science and Pollution Research, 2015, 22 (12): 9534-9543.

[151] Li D, Alvarez P J. Avoidance, weight loss, and cocoon production assessment for Eisenia fetida exposed to C_{60} in soil[J]. Environmental Toxicology and Chemistry, 2011, 30 (11): 2542-2545.

[152] Li B, Zhu H, Sun H, et al. Effects of the amendment of biochars and carbon nanotubes on the bioavailability of hexabromocyclododecanes (HBCDs) in soil to ecologically different species of earthworms[J]. Environmental

Pollution，2017，222：191-200.

[153] Li D，Hockaday W C，Masiello C A，et al. Earthworm avoidance of biochar can be mitigated by wetting[J]. Soil Biology & Biochemistry，2011，43（8）：1732-1737.

[154] Tammeorg P，Parviainen T，Nuutinen V，et al. Effects of biochar on earthworms in arable soil：Avoidance test and field trial in boreal loamy sand[J]. Agriculture Ecosystems & Environment，2014，191：150-157.

[155] Denyes M J，Rutter A，Zeeb B A. Bioavailability assessments following biochar and activated carbon amendment in DDT-contaminated soil[J]. Chemosphere，2016，144：1428-1434.

[156] Malev O，Contin M，Licen S，et al. Bioaccumulation of polycyclic aromatic hydrocarbons and survival of earthworms（*Eisenia andrei*）exposed to biochar amended soils[J]. Environmental Science and Pollution Research，2016，23（4）：3491-3502.

[157] Zhang Q，Saleem M，Wang C. Effects of biochar on the earthworm（*Eisenia foetida*）in soil contaminated with and/or without pesticide mesotrione[J]. Science of the Total Environment，2019，671：52-58.

[158] Sanchez-Hernandez J C，Rios J M，Attademo A M，et al. Assessing biochar impact on earthworms：Implications for soil quality promotion[J]. Journal of Hazardous Materials，2019，366：582-591.

[159] Liesch A M，Weyers S L，Gaskin J W，et al. Impact of two different biochars on earthworm growth and survival[J]. Annals of Environmental Science 2010，4：1-9.

[160] Topoliantz S，Ponge J F. Burrowing activity of the geophagous earthworm Pontoscolex corethrurus（*Oligochaeta*：*Glossoscolecidae*）in the presence of charcoal[J]. Applied Soil Ecology，2003，23（3）：267-271.

[161] Kusmierz M，Oleszczuk P，Kraska P，et al. Persistence of polycyclic aromatic hydrocarbons（PAHs）in biochar-amended soil[J]. Chemosphere，2016，146：272-279.

[162] Oleszczuk P，Kusmierz M，Godlewska P，et al. The concentration and changes in freely dissolved polycyclic aromatic hydrocarbons in biochar-amended soil[J]. Environmental Pollution，2016，214：748-755.

[163] Domene X，Hanley K，Enders A，et al. Short-term mesofauna responses to soil additions of corn stover biochar and the role of microbial biomass[J]. Applied Soil Ecology，2015，89：10-17.

[164] Guo F，Ding C，Zhou Z，et al. Assessment of the immobilization effectiveness of several amendments on a cadmium-contaminated soil using Eisenia fetida[J]. Ecotoxicology Environmental Safety，2020，189：109948.

[165] Marks E A N，Mattana S，Alcaniz J M，et al. Biochars provoke diverse soil mesofauna reproductive responses in laboratory bioassays[J]. European Journal of Soil Biology，2014，60：104-111.

[166] Pressler Y，Foster E J，Moore J C，et al. Coupled biochar amendment and limited irrigation strategies do not affect a degraded soil food web in a maize agroecosystem，compared to the native grassland[J]. GCB Bioenergy，2017，9（8）：1344-1355.

[167] Cui X Y，Wang H L，Lou L P，et al. Sorption and genotoxicity of sediment-associated pentachlorophenol and pyrene influenced by crop residue ash[J]. Journal of Soils and Sediments，2009，9（6）：604-612.

[168] Liu T，Yang L H，Hu Z K，et al. Biochar exerts negative effects on soil fauna across multiple trophic levels in a cultivated acidic soil[J]. Biology and Fertility of Soils，2020，56（5）：597-606.

[169] Novak J M，Busscher W J，Watts D W，et al. Biochars impact on soil-moisture storage in an ultisol and two aridisols[J]. Soil Science，2012，177（5）：310-320.

[170] Obia A，Mulder J，Martinsen V，et al. *In situ* effects of biochar on aggregation，water retention and porosity in light-textured tropical soils[J]. Soil & Tillage Research，2016，155：35-44.

[171] Castracani C，Maienza A，Grasso D A，et al. Biochar-macrofauna interplay：Searching for new bioindicators[J]. Science of the Total Environment，2015，536：449-456.

[172] Cao X D，Ma L N，Liang Y，et al. Simultaneous immobilization of lead and atrazine in contaminated soils using dairy-manure biochar[J]. Environmental Science & Technology，2011，45（11）：4884-4889.

[173] Shen Z，Som A M，Wang F，et al. Long-term impact of biochar on the immobilisation of nickel（Ⅱ）and zinc（Ⅱ）and the revegetation of a contaminated site[J]. Science of the Total Environment，2016，542（Pt A）：771-776.

[174] Jiang J，Xu R K. Application of crop straw derived biochars to Cu（Ⅱ）contaminated Ultisol：Evaluating role of alkali and organic functional groups in Cu（Ⅱ）immobilization[J]. Bioresource Technology，2013，133：537-545.

[175] Han G M，Meng J，Zhang W M，et al. Effect of biochar on microorganisms quantity and soil physicochemical property in rhizosphere of spinach（*Spinacia oleracea* L.）[J]. Progress in Environmental Protection and Processing of Resource，Pts 1-4，2013，295-298：210-219.

[176] Choppala G K，Bolan N S，Megharaj M，et al. The influence of biochar and black carbon on reduction and bioavailability of chromate in soils[J]. Journal of Environmental Quality，2012，41（4）：1175-1184.

[177] Dong X L，Ma L Q，Gress J，et al. Enhanced Cr（Ⅵ）reduction and As（Ⅲ）oxidation in ice phase：Important role of dissolved organic matter from biochar[J]. Journal of Hazardous Materials，2014，267：62-70.

[178] Bian R，Joseph S，Cui L，et al. A three-year experiment confirms continuous immobilization of cadmium and lead in contaminated paddy field with biochar amendment[J]. Journal of Hazardous Materials，2014，272：121-128.

[179] Centofanti T，Mcconnell L L，Chaney R L，et al. Organic amendments for risk mitigation of organochlorine pesticide residues in old orchard soils[J]. Environmental Pollution，2016，210：182-191.

[180] Wilson S C，Lockwood P V，Ashley P M，et al. The chemistry and behaviour of antimony in the soil environment with comparisons to arsenic：A critical review[J]. Environmental Pollution，2010，158（5）：1169-1181.

[181] Zhang M，Shan S，Chen Y，et al. Biochar reduces cadmium accumulation in rice grains in a tungsten mining area-field experiment：effects of biochar type and dosage，rice variety，and pollution level[J]. Environmental Geochemistry and Health，2019，41（1）：43-52.

[182] Bashir S，Hussain Q，Akmal M，et al. Sugarcane bagasse-derived biochar reduces the cadmium and chromium bioavailability to mash bean and enhances the microbial activity in contaminated soil[J]. Journal of Soils and Sediments，2018，18（3）：874-886.

[183] Lyu H H，Zhao H，Tang J C，et al. Immobilization of hexavalent chromium in contaminated soils using biochar supported nanoscale iron sulfide composite[J]. Chemosphere，2018，194：360-369.

[184] Herath I，Iqbal M C M，Al-Wabel M I，et al. Bioenergy-derived waste biochar for reducing mobility，bioavailability，and phytotoxicity of chromium in anthropized tannery soil[J]. Journal of Soils and Sediments，2017，17（3）：731-740.

[185] Gonzaga M I S，Mackowiak C，Quintao De Almeida A，et al. Assessing biochar applications and repeated *Brassica juncea* L. production cycles to remediate Cu contaminated soil[J]. Chemosphere，2018，201：278-285.

[186] Moore F，Gonzalez M E，Khan N，et al. Copper immobilization by biochar and microbial community abundance in metal-contaminated soils[J]. Science of the Total Environment，2018，616-617：960-969.

[187] Zhang C，Shan B，Zhu Y，et al. Remediation effectiveness of Phyllostachys pubescens biochar in reducing the bioavailability and bioaccumulation of metals in sediments[J]. Environmental Pollution，2018，242（Pt B）：1768-1776.

[188] Yu Z，Qiu W，Wang F，et al. Effects of manganese oxide-modified biochar composites on arsenic speciation and accumulation in an indica rice（*Oryza sativa* L.）cultivar[J]. Chemosphere，2017，168：341-349.

[189] Li G，Khan S，Ibrahim M，et al. Biochars induced modification of dissolved organic matter（DOM）in soil and its impact on mobility and bioaccumulation of arsenic and cadmium[J]. Journal of Hazardous Materials，2018，

348：100-108.

[190] Wang N，Xue X M，Juhasz A L，et al. Biochar increases arsenic release from an anaerobic paddy soil due to enhanced microbial reduction of iron and arsenic[J]. Environmental Pollution，2017，220：514-522.

[191] O'connor D，Peng T，Li G，et al. Sulfur-modified rice husk biochar：A green method for the remediation of mercury contaminated soil[J]. Science of the Total Environment，2018，621：819-826.

[192] Xing Y，Wang J X，Xia J C，et al. A pilot study on using biochars as sustainable amendments to inhibit rice uptake of Hg from a historically polluted soil in a Karst region of China[J]. Ecotoxicology and Environmental Safety，2019，170：18-24.

[193] Zhang J，Wu S，Xu Z，et al. The role of sewage sludge biochar in methylmercury formation and accumulation in rice[J]. Chemosphere，2019，218：527-533.

[194] Xu Y，Liu Y，Liu S，et al. Enhanced adsorption of methylene blue by citric acid modification of biochar derived from water hyacinth（*Eichornia crassipes*）[J]. Environmental Science and Pollution Research，2016，23（23）：23606-23618.

[195] Liang J，Fang Y，Luo Y，et al. Magnetic nanoferromanganese oxides modified biochar derived from pine sawdust for adsorption of tetracycline hydrochloride[J]. Environmental Science and Pollution Research，2019，26（6）：5892-5903.

[196] Zeng Z，Tan X，Liu Y，et al. Comprehensive adsorption studies of doxycycline and ciprofloxacin antibiotics by biochars prepared at different temperatures[J]. Frontiers in Chemistry，2018，6：80.

[197] Jin J，Kang M，Sun K，et al. Properties of biochar-amended soils and their sorption of imidacloprid，isoproturon，and atrazine[J]. Science of the Total Environment，2016，550：504-513.

[198] Deng H，Feng D，He J X，et al. Influence of biochar amendments to soil on the mobility of atrazine using sorption-desorption and soil thin-layer chromatography[J]. Ecological Engineering，2017，99：381-390.

[199] Zhang H，Lin K，Wang H，et al. Effect of Pinus radiata derived biochars on soil sorption and desorption of phenanthrene[J]. Environmental Pollution，2010，158（9）：2821-2825.

[200] Oleszczuk P，Koltowski M. Effect of co-application of nano-zero valent iron and biochar on the total and freely dissolved polycyclic aromatic hydrocarbons removal and toxicity of contaminated soils[J]. Chemosphere，2017，168：1467-1476.

[201] Huang S，Shan M，Chen J，et al. Contrasting dynamics of polychlorinated biphenyl dissipation and fungal community composition in low and high organic carbon soils with biochar amendment[J]. Environmental Science and Pollution Research，2018，25（33）：33432-33442.

[202] Chen H，Yang X，Gielen G，et al. Effect of biochars on the bioavailability of cadmium and di-（2-ethylhexyl）phthalate to *Brassica chinensis* L. in contaminated soils[J]. Science of the Total Environment，2019，678：43-52.

[203] Liu G X，Song Y，Sheng H J，et al. Adsorption kinetics of 2,2′,4,4′-tetrabromodiphenyl ether（BDE-47）on maize straw-derived biochars[J]. Pedosphere，2019，29（6）：721-729.

[204] Mandal A，Singh N，Purakayastha T J. Characterization of pesticide sorption behaviour of slow pyrolysis biochars as low cost adsorbent for atrazine and imidacloprid removal[J]. Science of the Total Environment，2017，577：376-385.

[205] Khorram M S，Lin D，Zhang Q，et al. Effects of aging process on adsorption-desorption and bioavailability of fomesafen in an agricultural soil amended with rice hull biochar[J]. Journal of Environmental Sciences（China），2017，56：180-191.

[206] Ding T D，Huang T，Wu Z H，et al. Adsorption-desorption behavior of carbendazim by sewage sludge-derived

biochar and its possible mechanism[J]. RSC Advances，2019，9（60）：35209-35216.

[207] Zhang C，Lai C，Zeng G，et al. Efficacy of carbonaceous nanocomposites for sorbing ionizable antibiotic sulfamethazine from aqueous solution[J]. Water Research，2016，95：103-112.

[208] Chen J，Zhang D，Zhang H，et al. Fast and slow adsorption of carbamazepine on biochar as affected by carbon structure and mineral composition[J]. Science of the Total Environment，2017，579：598-605.

[209] Dawood S，Sen T K，Phan C. Synthesis and characterization of slow pyrolysis pine cone bio-char in the removal of organic and inorganic pollutants from aqueous solution by adsorption：Kinetic，equilibrium，mechanism and thermodynamic[J]. Bioresource Technology，2017，246：76-81.

[210] Güzel F，Sayğılı H，Akkaya Sayğılı G，et al. Optimal oxidation with nitric acid of biochar derived from pyrolysis of weeds and its application in removal of hazardous dye methylene blue from aqueous solution[J]. Journal of Cleaner Production，2017，144：260-265.

[211] Cao X，Ma L，Gao B，et al. Dairy-manure derived biochar effectively sorbs lead and atrazine[J]. Environmental Science & Technology，2009，43（9）：3285-3291.

[212] Chen B，Zhou D，Zhu L. Transitional adsorption and partition of nonpolar and polar aromatic contaminants by biochars of pine needles with different pyrolytic temperatures[J]. Environmental Science & Technology，2008，42（14）：5137-5143.

[213] Zheng W，Guo M，Chow T，et al. Sorption properties of greenwaste biochar for two triazine pesticides[J]. Journal of Hazardous Materials，2010，181（1-3）：121-126.

[214] Zhang K，Chen B，Mao J，et al. Water clusters contributed to molecular interactions of ionizable organic pollutants with aromatized biochar via pi-PAHB：Sorption experiments and DFT calculations[J]. Environmental Pollution，2018，240：342-352.

[215] Li Y，Hu B，Gao S，et al. Comparison of 17beta-estradiol adsorption on soil organic components and soil remediation agent-biochar[J]. Environmental Pollution，2020，263（Pt B）：114572.

[216] Pan M. Biochar adsorption of antibiotics and its implications to remediation of contaminated soil[J]. Water Air and Soil Pollution，2020，231（5）:221.

[217] Lin Y，Munroe P，Joseph S，et al. Nanoscale organo-mineral reactions of biochars in ferrosol：an investigation using microscopy[J]. Plant and Soil，2012，357（1-2）：369-380.

[218] Garcia-Jaramillo M，Cox L，Cornejo J，et al. Effect of soil organic amendments on the behavior of bentazone and tricyclazole[J]. Science of the Total Environment，2014，466-467：906-913.

[219] Soinne H，Hovi J，Tammeorg P，et al. Effect of biochar on phosphorus sorption and clay soil aggregate stability[J]. Geoderma，2014，219：162-167.

[220] Barzen-Hanson K A，Roberts S C，Choyke S，et al. Discovery of 40 classes of per-and polyfluoroalkyl substances in historical aqueous film-forming foams（AFFFs）and AFFF-Impacted groundwater[J]. Environmental Science & Technology，2017，51（4）：2047-2057.

[221] Xiao X，Chen B. A direct observation of the fine aromatic clusters and molecular structures of biochars[J]. Environmental Science & Technology，2017，51（10）：5473-5482.

[222] Chen Z，Xiao X，Xing B，et al. pH-dependent sorption of sulfonamide antibiotics onto biochars：Sorption mechanisms and modeling[J]. Environmental Pollution，2019，248：48-56.

[223] Zheng H，Wang Z，Zhao J，et al. Sorption of antibiotic sulfamethoxazole varies with biochars produced at different temperatures[J]. Environmental Pollution，2013，181：60-67.

[224] Lomnicki S，Truong H，Vejerano E，et al. Copper oxide-based model of persistent free radical formation on

combustion-derived particulate matter[J]. Environmental Science & Technology，2008，42（13）：4982-4988.

[225] Huang D L，Luo H，Zhang C，et al. Nonnegligible role of biomass types and its compositions on the formation of persistent free radicals in biochar：Insight into the influences on Fenton-like process[J]. Chemical Engineering Journal，2019，361：353-363.

[226] Yang J，Pignatello J J，Pan B，et al. Degradation of p-Nitrophenol by lignin and cellulose chars：H_2O_2-mediated reaction and direct reaction with the char[J]. Environmental Science & Technology，2017，51（16）：8972-8980.

[227] Chen Q C，Rao P H，Cheng Z W，et al. Novel soil remediation technology for simultaneous organic pollutant catalytic degradation and nitrogen supplementation[J]. Chemical Engineering Journal，2019，370：27-36.

[228] Qin Y，Zhang L，An T. Hydrothermal Carbon-Mediated Fenton-Like Reaction Mechanism in the Degradation of Alachlor：Direct Electron Transfer from Hydrothermal Carbon to Fe（Ⅲ）[J]. ACS Applied Materials & Interfaces，2017，9（20）：17115-17124.

[229] Liu J G，Jiang S J，Chen D D，et al. Activation of persulfate with biochar for degradation of bisphenol A in soil[J]. Chemical Engineering Journal，2020，381：122637.

[230] Diao Z H，Yan L，Dong F X，et al. Degradation of 2, 4-dichlorophenol by a novel iron based system and its synergism with Cd（Ⅱ）immobilization in a contaminated soil[J]. Chemical Engineering Journal，2020，379：122313.

[231] Wu C，Liu X，Wu X，et al. Sorption，degradation and bioavailability of oxyfluorfen in biochar-amended soils[J]. Science of the Total Environment，2019，658：87-94.

[232] Yu L，Yuan Y，Tang J，et al. Biochar as an electron shuttle for reductive dechlorination of pentachlorophenol by Geobacter sulfurreducens[J]. Scientific Reports，2015，5：16221.

[233] Li X，Li Y，Zhang X，et al. Long-term effect of biochar amendment on the biodegradation of petroleum hydrocarbons in soil microbial fuel cells[J]. Science of the Total Environment，2019，651（Pt 1）：796-806.

[234] Sigmund G，Poyntner C，Pinar G，et al. Influence of compost and biochar on microbial communities and the sorption/degradation of PAHs and NSO-substituted PAHs in contaminated soils[J]. Journal of Hazardous Materials，2018，345：107-113.

[235] Hu X L，Liu J F，Lu S Y，et al. Freely dissolved concentration and bioavailability of environmental pollutants[J]. Progress in Chemistry，2009，21（2-3）：514-523.

[236] Hoffman D J，Albers P H，Melancon M J，et al. Effects of the mosquito larvicide GB-1111 on bird eggs[J]. Environmental Pollution，2004，127（3）：353-358.

[237] Haitzer M，Hoss S，Traunspurger W，et al. Effects of dissolved organic matter（DOM）on the bioconcentration of organic chemicals in aquatic organisms--a review[J]. Chemosphere，1998，37（7）：1335-1362.

[238] Hatzinger P B，Alexander M. Biodegradation of organic compounds sequestered inorganic solids or in nanopors within silica particles[J]. Environmental Toxicology and Chemistry，1997，16：2215-2221.

[239] Silvani L，Hjartardottir S，Bielska L，et al. Can polyethylene passive samplers predict polychlorinated biphenyls（PCBs）uptake by earthworms and turnips in a biochar amended soil？[J]. Science of the Total Environment，2019，662：873-880.

[240] Khorram M S，Zheng Y，Lin D L，et al. Dissipation of fomesafen in biochar-amended soil and its availability to corn（*Zea mays* L.）and earthworm（*Eisenia fetida*）[J]. Journal of Soils and Sediments，2016，16（10）：2439-2448.

[241] Delannoy M，Yehya S，Techer D，et al. Amendment of soil by biochars and activated carbons to reduce chlordecone bioavailability in piglets[J]. Chemosphere，2018，210：486-494.

[242] Wang J，Taylor A，Xu C，et al. Evaluation of different methods for assessing bioavailability of DDT residues during

soil remediation[J]. Environmental Pollution，2018，238：462-470.

[243] Zhu X，Wang Y，Zhang Y，et al. Reduced bioavailability and plant uptake of polycyclic aromatic hydrocarbons from soil slurry amended with biochars pyrolyzed under various temperatures[J]. Environmental Science and Pollution Research，2018，25（17）：16991-17001.

[244] He L，Fan S，Muller K，et al. Biochar reduces the bioavailability of di-（2-ethylhexyl）phthalate in soil[J]. Chemosphere，2016，142：24-27.

[245] Ni N，Song Y，Shi R，et al. Biochar reduces the bioaccumulation of PAHs from soil to carrot（*Daucus carota* L.）in the rhizosphere：A mechanism study[J]. Science of the Total Environment，2017，601-602：1015-1023.

[246] Abdel Ghani S B，Al-Rehiayani S，El Agamy M，et al. Effects of biochar amendment on sorption，dissipation，and uptake of fenamiphos and cadusafos nematicides in sandy soil[J]. Pest Management Science，2018，74（11）：2652-2659.

[247] Li Y，Liu X，Wu X，et al. Effects of biochars on the fate of acetochlor in soil and on its uptake in maize seedling[J]. Environmental Pollution，2018，241：710-719.

[248] Liu J，Ding Y L，Ma L L，et al. Combination of biochar and immobilized bacteria in cypermethrin-contaminated soil remediation[J]. International Biodeterioration & Biodegradation，2017，120：15-20.

[249] Xiong B，Zhang Y，Hou Y，et al. Enhanced biodegradation of PAHs in historically contaminated soil by *M. gilvum* inoculated biochar[J]. Chemosphere，2017，182：316-324.

[250] Pullagurala V L R，Rawat S，Adisa I O，et al. Plant uptake and translocation of contaminants of emerging concern in soil[J]. Science of the Total Environment，2018，636：1585-1596.

[251] Song Y，Li Y，Zhang W，et al. Novel Biochar-Plant Tandem Approach for Remediating Hexachlorobenzene Contaminated Soils：Proof-of-Concept and New Insight into the Rhizosphere[J]. Journal of Agricultural and Food Chemistry，2016，64（27）：5464-5471.

[252] Lv T，Carvalho P N，Casas M E，et al. Enantioselective uptake，translocation and degradation of the chiral pesticides tebuconazole and imazalil by Phragmites australis[J]. Environmental Pollution，2017，229：362-370.

[253] Miller E L，Nason S L，Karthikeyan K G，et al. Root uptake of pharmaceuticals and personal care product ingredients[J]. Environmental Science & Technology，2016，50（2）：525-541.

[254] Zielińska A，Oleszczuk P. The conversion of sewage sludge into biochar reduces polycyclic aromatic hydrocarbon content and ecotoxicity but increases trace metal content[J]. Biomass and Bioenergy，2015，75：235-244.

[255] Oleszczuk P，Rycaj M，Lehmann J，et al. Influence of activated carbon and biochar on phytotoxicity of air-dried sewage sludges to Lepidium sativum[J]. Ecotoxicology and Environmental Safety，2012，80：321-326.

[256] Ni N，Wang F，Song Y，et al. Mechanisms of biochar reducing the bioaccumulation of PAHs in rice from soil：Degradation stimulation vs immobilization[J]. Chemosphere，2018，196：288-296.

[257] Sun D，Meng J，Liang H，et al. Effect of volatile organic compounds absorbed to fresh biochar on survival of Bacillus mucilaginosus and structure of soil microbial communities[J]. Journal of Soils and Sediments，2014，15（2）：271-281.

[258] Cheng G，Sun M，Lu J，et al. Role of biochar in biodegradation of nonylphenol in sediment：Increasing microbial activity versus decreasing bioavailability[J]. Scientific Reports，2017，7（1）：4726.

[259] Muter O，Berzins A，Strikauska S，et al. The effects of woodchip-and straw-derived biochars on the persistence of the herbicide 4-chloro-2-methylphenoxyacetic acid（MCPA）in soils[J]. Ecotoxicology and environmental safety，2014，109：93-100.

[260] Wei Z，Wang J J，Hernandez A B，et al. Effect of biochar amendment on sorption-desorption and dissipation of

17alphaethinylestradiol in sandy loam and clay soils[J]. Science of the Total Environment，2019，686：959-967.

[261] Song Y，Bian Y，Wang F，et al. Dynamic effects of biochar on the bacterial community structure in soil contaminated with polycyclic aromatic hydrocarbons[J]. Journal of Agricultural and Food Chemistry，2017，65（32）：6789-6796.

[262] Gundale M J，Deluca T H. Temperature and source material influence ecological attributes of ponderosa pine and Douglas-fir charcoal[J]. Forest Ecology and Management，2006，231（1-3）：86-93.

[263] Ren X，Zhang P，Zhao L，et al. Sorption and degradation of carbaryl in soils amended with biochars：Influence of biochar type and content[J]. Environmental Science and Pollution Research，2016，23（3）：2724-2734.

[264] Krauss M，Wilcke W，Zech W. Availability of polycyclic aromatic hydrocarbons（PAHs）and polychlorinated biphenyls（PCBs）to earthworms in urban soils[J]. Environmental Science & Technology，2000，34（20）：4335-4340.

[265] Katagi T，Ose K. Toxicity，bioaccumulation and metabolism of pesticides in the earthworm[J]. Journal of Pesticide Science，2015，40（3-4）：69-81.

[266] Denyes M J，Langlois V S，Rutter A，et al. The use of biochar to reduce soil PCB bioavailability to Cucurbita pepo and Eisenia fetida[J]. Science of the Total Environment，2012，437：76-82.

[267] Qu H，Ma R，Wang F，et al. The effect of biochar on the mitigation of the chiral insecticide fipronil and its metabolites burden on loach（*Misgurnus.anguillicaudatus*）[J]. Journal of Hazardous Materials，2018，360：214-222.

[268] Cheng C H，Lehmann J，Thies J E，et al. Oxidation of black carbon by biotic and abiotic processes[J]. Organic Geochemistry，2006，37（11）：1477-1488.

[269] Zimmerman A R. Abiotic and microbial oxidation of laboratory-produced black carbon（biochar）[J]. Environmental Science & Technology，2010，44（4）：1295-1301.

[270] Laird D A，Fleming P，Davis D D，et al. Impact of biochar amendments on the quality of a typical Midwestern agricultural soil[J]. Geoderma，2010，158（3-4）：443-449.

[271] Klasson K T，Wartelle L H，Rodgers J E，et al. Copper（Ⅱ）adsorption by activated carbons from pecan shells：Effect of oxygen level during activation[J]. Industrial Crops and Products，2009，30（1）：72-77.

[272] Nie T，Hao P，Zhao Z，et al. Effect of oxidation-induced aging on the adsorption and co-adsorption of tetracycline and Cu^{2+} onto biochar[J]. Science of the Total Environment，2019，673：522-532.

[273] Fan Q，Sun J，Chu L，et al. Effects of chemical oxidation on surface oxygen-containing functional groups and adsorption behavior of biochar[J]. Chemosphere，2018，207：33-40.

[274] Qian L，Chen B. Interactions of aluminum with biochars and oxidized biochars：implications for the biochar aging process[J]. Journal of Agricultural and Food Chemistry，2014，62（2）：373-380.

[275] Liu Y Y，Sohi S P，Jing F Q，et al. Oxidative ageing induces change in the functionality of biochar and hydrochar：Mechanistic insights from sorption of atrazine[J]. Environmental Pollution，2019，249：1002-1010.

[276] Jing F Q，Sohi S P，Liu Y Y，et al. Insight into mechanism of aged biochar for adsorption of PAEs：Reciprocal effects of ageing and coexisting Cd^{2+}[J]. Environmental Pollution，2018，242：1098-1107.

[277] Ghaffar A，Ghosh S，Li F，et al. Effect of biochar aging on surface characteristics and adsorption behavior of dialkyl phthalates[J]. Environmental Pollution，2015，206：502-509.

[278] Chang R，Sohi S P，Jing F，et al. A comparative study on biochar properties and Cd adsorption behavior under effects of ageing processes of leaching，acidification and oxidation[J]. Environmental Pollution，2019，254（Pt B）：113123.

[279] Deng Y，Huang S，Dong C，et al. Competitive adsorption behaviour and mechanisms of cadmium，nickel and ammonium from aqueous solution by fresh and ageing rice straw biochars[J]. Bioresource Technology，2020，303：122853.

[280] Zhang X，Sarmah A K，Bolan N S，et al. Effect of aging process on adsorption of diethyl phthalate in soils amended with bamboo biochar[J]. Chemosphere，2016，142：28-34.

[281] Martin S M，Kookana R S，van Zwieten L，et al. Marked changes in herbicide sorption-desorption upon ageing of biochars in soil[J]. Journal of Hazardous Materials，2012，231-232：70-78.

[282] Kwon S，Pignatello J J. Effect of natural organic substances on the surface and adsorptive properties of environmental black carbon（char）attenuation of surface activity by humic and fulvic acids[J]. Environmental Science & Technology，2005，39：7932-7939.

[283] Ahangar A G，Smernik R J，Kookana R S，et al. Separating the effects of organic matter-mineral interactions and organic matter chemistry on the sorption of diuron and phenanthrene[J]. Chemosphere，2008，72（6）：886-890.

[284] Xia X，Li Y，Zhou Z，et al. Bioavailability of adsorbed phenanthrene by black carbon and multi-walled carbon nanotubes to Agrobacterium[J]. Chemosphere，2010，78（11）：1329-1336.

第6章　生物炭在河湖底泥原位修复中的应用

引　言

随着城市扩张，工厂增多，工业废水和生活污水大量排放，河、湖、水库中的重金属和有机物污染加重[1]。底泥是指可随流体流动而移动的微粒，并最终成为在水或其他液体底部的一层固体微粒聚合物。底泥是水体系统的重要组成部分，也是氮、磷等元素的蓄积场所[2, 3]。被污染的底泥在流动水和生物扰动的作用下可被扬起发生再悬浮，吸附在悬浮泥沙上的污染物将会从厌氧环境中释放到好氧环境中，造成水环境的二次污染[4, 5]。点源污水直排、面源污染及合流制溢流等问题直接导致严重的水体污染，并使水体内源污染问题持续发酵，同时部分水体还受到水体漂浮物、沿岸垃圾、农业污染等问题的困扰[6]。水源污染导致可用水资源短缺，而底泥作为水环境的基本组成部分，为许多水生生物提供养分，同时也是水生生态系统有机污染物和无机污染物的储存库，对水环境和生态产生诸多影响[7]。自20世纪80年代以来，许多国家由于采矿或工业过程，河湖湿地底泥的污染加重，进而对水环境产生不利影响，如对水生动物的生长及繁衍的抑制及改变水生微生物的丰富度和结构[8, 9]。因此，探索切实可行的方法来实现对河湖湿地底泥的修复，保持其生态功能稳定性已成为当务之急。

目前，污染底泥的修复技术包括异位修复和原位修复[10,11]。传统的底泥异位修复技术主要依靠对受污染底泥的疏浚，这是一种物理修复方法，但是大面积的清淤工程极易破坏原有生态环境的功能，且易引起二次污染[12, 13]。原位修复则是在不需要人为干预的情况下进行自然恢复，或者用特殊的隔离材料，如石英砂、碎石、黏土覆盖等对污染物进行覆盖隔离[14, 15]。原位修复技术在工程投入以及生态风险方面展现了独特的优势[16]（图6-1）。低成本、高效率的原位底泥修复技术越来越受到人们的青睐[17, 18]。

大量的实验室和小型现场底泥修复实验表明，使用吸附剂对污染物进行隔离封存和固定化已发展成为一种理想的底泥原位修复方法[19-22]。原位覆盖是将清洁的沙、砾石或人工材料覆盖于污染底泥上面，使污染底泥与水体隔离，从而防止底泥污染物向上覆水体迁移的原位固定技术。覆盖主要通过以下三个方面限制污染底泥的负面影响：将污染底泥与上层水体物理性地分开；固定污染底泥，防止其再悬浮或迁移；降低污染物向水中的扩散概率。研究表明，原位覆盖技术能有

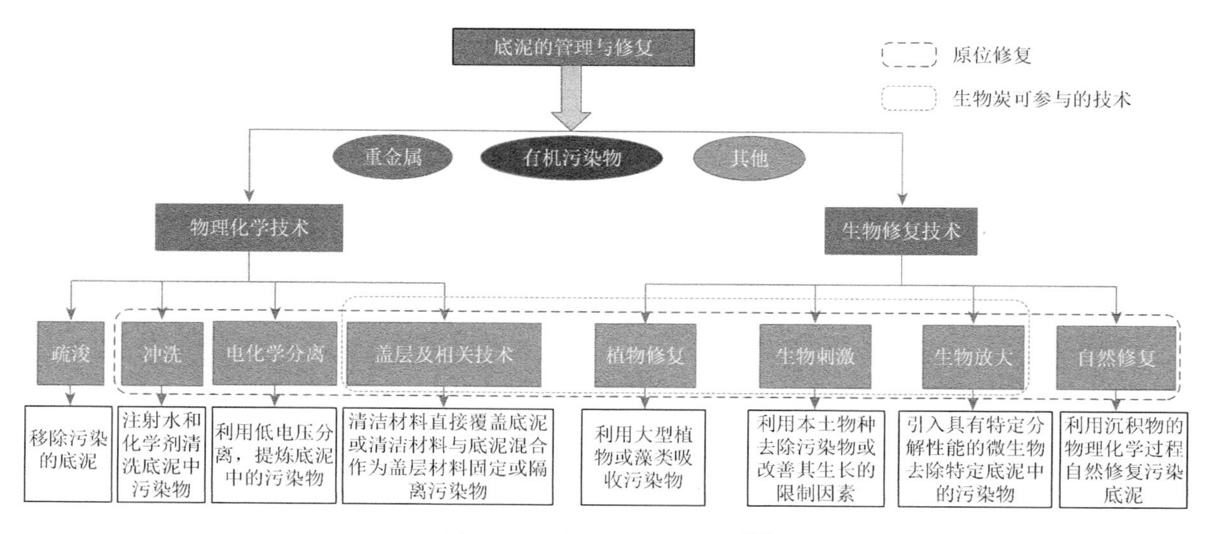

图 6-1　污染性底泥修复技术[10]

效防止底泥中多氯联苯（PCBs）、多环芳烃（PAHs）及重金属进入水体，对水质有明显的改善作用[11]。多种碳质材料，包括活性炭、生物炭、碳纳米管等，已经成功用于底泥原位修复[17]。与其他种类的碳材料相比，活性炭已经成熟应用于实际污染修复，生物炭作为一种更具有应用潜力的替代品，为污染底泥的修复提供了一种新的材料[23-25]。例如，污染修复的实际应用中活性炭的成本约为 10 美元/m^2，而生物炭成本约为 2 美元/m^2[26]。农村和城市的固体废物中有农业产生的垃圾、城镇企业产生的垃圾、农村畜禽粪便和日常生活垃圾[27, 28]，它们作为生物炭的原材料将是今后固废处理的新型方式[27, 29]。农业废物、林业废物、污水污泥等生物质在缺氧或无氧条件下被热解制备的生物炭，在实验室和小规模的底泥修复中已成功地用作降低污染物生物利用度的修复剂，或作为减少污染物流动性的固定材料[30]。因此，通过污染物的封存和固定，生物炭在底泥修复等生态工程中具有很高的潜力[31]。

本章主要总结生物炭修复河湖底泥的效果，内容包括：①生物炭的物理化学性质（孔隙结构、官能团、酸碱度和表面电荷等）对底泥修复的影响；②生物炭修复污染底泥的机理；③生物炭使用对底泥生态系统的风险；④底泥修复中生物炭的工程应用方式。

6.1 生物炭的物理化学性质对河湖湿地底泥修复的影响

用农村和城市固体废物作为原材料制备生物炭，并作为污染底泥的修复剂，符合环境友好和可持续发展原则[7, 32-34]。研究表明，生物炭的理化性质显著影响其固定底泥中污染物的能力[35]。选择合适的原料和热解温度可以获得具备适宜理化性质的生物炭[36, 37]，或者通过改性来改善生物炭的孔隙结构、表面电荷和官能团[37-46]，通过隔离、固定或降解的方式有效防止底泥中的污染物释放[47-55]。因此，为了获得性能优良的生物炭，使其用于封存或固定底泥中的污染物，需全面了解生物炭与污染物之间的相互作用机制。本节主要就生物炭的孔隙特性、官能团、酸碱度、表面电荷等主要物理化学性质对底泥修复效果的影响进行分析和讨论。

6.1.1 生物炭的孔隙结构

孔隙结构是生物炭的主要物理性质，包括比表面积、孔隙率和孔径分布[35]。生物炭的比表面积和孔隙率随制备温度变化而变化，并影响生物炭对底泥的修复效果。Liu 等[56]选取柳枝稷草分别在 300℃、600℃的热解温度下获得生物炭（表 6-1），其比表面积分别为 2.6m^2/g、230m^2/g。在 600℃下得到的生物炭比表面积大，硫含量高，有利于通过形成沉淀（如硫化矿物）稳定底泥中的汞。Tian 等[57]研究了小麦秸秆生物炭（400℃和 700℃热解）作为修复剂，固定污染底泥中的菲和芘。结果发现，在较高的热解温度条件下生物炭获得了优良的孔隙结构、较高的芳香性，使得 700℃制备的麦秸生物炭对底泥中 PAHs 表现出较强的固定作用。

除热解温度外，生物炭的原料也是影响生物炭孔隙结构的重要因素。生物质中的纤维素、半纤维素，以及氮、磷、硫、矿物质等元素或组分会影响生物炭的物理性质。例如，Wang 等[58]利用紫茎泽兰、澳洲胡桃果壳和小麦秸秆热解产生的三种生物炭（分别记为 BC-1、BC-2、BC-3）固定底泥中的氟苯二胺。结果表明，BC-1、BC-2 和 BC-3 的比表面积分别为 $382.21m^2/g$、$0.55m^2/g$ 和 $24.73m^2/g$。吸附实验结果表明，BC-1 是减少氟苯二胺最有效的材料，因为其具有丰富的微孔、较大的比表面积以及高于其他生物炭的非碳化组分[59,60]。不同原料和热解温度下的生物炭具有完全不同的物理性质，生物炭的活化过程同样影响其比表面积。例如，Liu 等[61]发现 H_2O_2、$ZnCl_2$、HNO_3、H_3PO_4、H_2SO_4 的活化均不同程度地增加了谷壳生物炭的比表面积。与其他活化剂相比，HNO_3 活化生物炭的含氧官能团含量有显著提高。上覆水中 Cd 含量的下降表明通过化学活化的生物炭提高了生物炭对重金属的吸附能力[61]。

6.1.2　生物炭表面的官能团

生物炭的官能团可决定生物炭固定底泥中污染物的机制，如羧基（—COOH）、羟基（—OH）、氨基（$—NH_2$）和芳香基团（—Ph）[62]。热解温度和生物炭原材料是影响生物炭官能团的主要因素[63]。通过选择适当的生物炭原料和制备温度，可以获得具有理想官能团的生物炭。通常，在较低的热解温度下，生物炭表面会形成更多的官能团，这会增加生物炭表面对底泥中污染物的吸附亲和力，从而使生物炭固定污染物的能力提升。热解温度提高时，生物质炭化程度高，但官能团丰度降低[35, 64]。H/C、O/C 和 N/C 的摩尔比例反映了生物炭的化学成分。随着热解温度的升高，生物炭的 O/C 和 H/C 比值显著降低，表明生物炭的芳香性增强[35]，有利于增强生物炭对一些有机污染物的固定能力[65]。Suliman 等[35]发现木材制备的生物炭的 O/C 和 H/C 比值随着制备温度从 350℃增加到 600℃而变小，表明 C 含量比例增加。一般来说，随着热解温度的升高，生物炭表面的含氧官能团含量会逐渐降低。然而，Hung 等[66]的实验得到了不同的结果，300℃和 500℃生产的红藻基生物炭（RAB）出现了类似的官能团种类和含量，但随着热解温度从 700℃升高到 900℃，RAB 仍有高含量的含氧官能团[66]。另外，在 900℃制备的 RAB 的表面，—COOH 和—OH 官能团可以更好与 H_2O_2 反应生成活性自由基，进而降解海洋底泥中的 4-壬基苯酚[66]。由此可见，能通过生物炭原料和制备工艺的选取调控表面官能团，以此影响生物炭在修复污染底泥中的效率[67, 68]。

表 6-1　底泥修复中所用生物炭的性质[10]

原材料	热解温度/℃	热解时间	pH	颗粒直径/mm	C/%	O/%	H/%	N/%	O/C（摩尔比）	H/C（摩尔比）	N/C（摩尔比）	比表面积/（m^2/g）	参考文献
玉米秸秆	600	20min	8.7	—	41.57	8.05	1.5	0.42	0.194	0.036	_	6.3	[69]
玉米秸秆	600	20min	8.6	—	39.33	—	1.82	0.56	—	0.046	—	3.9	
玉米秸秆	600	20min	8.5	—	15.81	—	1.83	0.6	—	0.116	—	7.3	
玉米秸秆	600	20min	8.6	—	7.91	—	1.64	0.71	—	0.207	—	10	
稻草秸秆	700	20min	9.9	—	53.85	6.14	2	0.92	0.114	0.037	—	8.6	
稻草秸秆	600	3h	—	—	37.87	—	1.21	0.33	—	0.032	—	234.9	[30]
稻草秸秆	—	—	—	—	18.49	—	0.71	0.69	—	0.038	0.037	72.1	[70]
稻草秸秆	500	2h	10.77	2	—	—	—	—	—	—	—	—	[14]
稻草秸秆	500	3h	4.75	<0.18	80.91	15.17	2.679	1.242	0.1406	0.3973	—	36.35	[71]
稻草秸秆	500	3h	4.36	—	79.67	16.39	2.694	1.243	0.1543	0.4058	—	31.49	
稻草秸秆	600	3h	10.45	0.154	—	—	—	—	—	—	—	285.33	[72]
稻草秸秆	600	3h	—	—	18.49	—	—	—	—	—	—	72.1	[73]
柳枝稷草	300	～3h	—	—	70.2	—	—	—	—	—	—	—	[74]
柳枝稷草	600	2～3h	—	—	94.5	—	—	—	—	—	—	—	
柳枝稷草	300	2～3h	8.4	—	70.2	—	—	—	—	—	—	2.6	[56]
柳枝稷草	600	2～3h	9.9	—	94.5	—	—	—	—	—	—	230	
稻壳 1	500	—	—	0.15	52.99	15.08	3.59	0.52	0.21	0.81	—	1.726	[75]
稻壳 1	500	5～10s	6	0.3	52.99	15.08	3.59	0.52	0.21	0.81	0.01	1.72	[61]
稻壳 1	500	5～10s	—	—	46.6	22.23	3.97	0.45	0.36	1.02	0.01	22.73	
稻壳 1	500	5～10s	—	—	47.06	21.48	3.85	0.52	0.34	0.98	0.01	45.16	
稻壳 1	500	5～10s	—	—	44.46	22.92	3.66	0.56	0.39	0.99	0.01	31.3	
稻壳 1	500	5～10s	—	—	41.75	20.57	3.31	1.91	0.37	1	0.04	66	
稻壳 1	500	5～10s	—	—	44.8	25.73	3.66	0.57	0.43	0.98	0.01	11.5	

续表

原材料	热解温度/℃	热解时间	pH	颗粒直径/mm	C/%	O/%	H/%	N/%	O/C（摩尔比）	H/C（摩尔比）	N/C（摩尔比）	比表面积/（m^2/g）	参考文献
小麦秸秆	400	4h	8.24	80	77.38	14.89	3.99	3.74	0.19	0.05	—	93.84	[57]
小麦秸秆	550	—	8.86	2	81.83	4.76	0.32	0.52	0.04	0.05	—	24.73	[58]
小麦秸秆	700	4h	8.57	80	82.55	14.14	2	1.31	0.17	0.02	—	256.04	[57]
竹屑	600	2h	—	0.149	—	—	—	—	—	—	—	396.05	[50]
竹屑	600	2h	—	0.149	—	—	—	—	—	—	—	306.18	
苹果木	400	6h	—	—	74.7	—	8.97	2.14	—	—	—	356	[76]
竹子	600	2h	—	0.250	67.48	—	—	0.77	—	—	—	332	[77]
家禽垃圾	400	—	7	—	53.45	15	3.71	2.8	0.21	0.83	—	6.7	[78]
小麦秸秆	400	—	7	—	65.79	20.4	3.43	0.21	0.23	0.63	—	2	
猪粪	250	20h	—	—	47.46	20.7	5.72	1.25	0.33	1.45	—	4	
家禽垃圾	250	20h	—	—	40.2	22.1	3.86	1.67	0.41	1.15	—	8.7	
蘑菇	500	4h	9.65	0.250	—	—	—	—	—	—	—	53.33	[79]
松树木芯	400	—	—	0.149	—	—	—	—	—	—	—	35.9	[80]
木炭	400	—	—	0.149	—	—	—	—	—	—	—	—	
家禽垃圾	600	2～3h	11	—	18.5	—	—	—	—	—	—	5.2	[56]
坚果壳[2]	500	1h	—	0.5～1.0	77.5	—	3.69	—	—	—	—	—	[81]
花生壳	400	—	—	2	61	—	—	—	—	—	—	31	[82]
紫茎泽兰	～500	—	10.53	2	86.48	11.7	1.1	0.72	0.01	0.01	—	382.21	[58]
澳洲胡桃	550～660	—	6.2	2	93.16	1.68	2.56	0.67	0.01	0.33	—	0.55	
木屑	700	—	—	—	—	16.7	—	—	—	—	—	712	[83]

注：一表示无记录。

1：化学活化；2：生物炭基纳米复合材料。

6.1.3　生物炭的酸碱度和表面电荷

生物炭的酸碱度和表面电荷随着原料和热解温度的变化而变化，这与修复底泥的效果密切相关[56]。生物质中碱性阳离子［Ca（Ⅱ）、Mg（Ⅱ）、K（Ⅰ）、Na（Ⅰ）等］在热解过程中转化为氧化物、氢氧化物和碳酸盐（如灰分）[61, 75, 84]。生物炭的原料种类对生物炭的碱性等各项性质都有影响。已有研究证明，生物炭上的碱性物质使底泥中的 pH 增加[58, 75, 85]。生物炭的 pH 也与热解温度有关[86]。随着热解温度的升高，灰分含量的增加有助于生物炭 pH 的增加。重金属和有机污染物对底泥的 pH 有不同的敏感性[63]。一般来说，底泥 pH 较高有利于重金属的稳定性，但不利于有机污染物在底泥中的固定[9, 58, 70, 75]。

生物炭的官能团对其表面电荷有很大的影响。随着生物炭热解温度的升高，部分官能团在生物炭表面被氧化而带负电荷。在生物炭与污染物的反应过程中，静电作用力是由生物炭的表面电荷控制的[87]。Dong 等[62]制备了 Fe-Ce/菱角壳生物炭复合材料（Fe-Ce/WCSB）用于邻苯二甲酸酯（PAEs）的降解，结果表明，PAEs 与含氧官能团之间的静电吸引和疏水作用促进了 PAEs 在 Fe-Ce/WCSB 上的降解[14]。原料和热解温度同样影响生物炭中矿物组分的含量[35]，生物炭中的矿物成分可以通过离子交换或共沉淀的方式降低污染物的有效性[63]。综上所述，改善生物炭的理化性质主要通过改变原材料种类和制备条件，进而提升固定或隔离底泥中污染物的效果。

6.2　生物炭修复重金属污染的河湖底泥

重金属是一类具有急性毒性、持久性、非生物降解性和聚积性的污染物[60, 88]。水体的重金属会有 90%进入沉积物（包括悬浮物和底泥）并富集，因此底泥中的金属浓度总是会比水体中的浓度高出几个数量级。重金属在底泥里不断迁移、蓄积和循环，抑制底栖生物生长繁殖，并在底栖生物体内累积，通过生物放大作用，富集到贝类、鱼类和哺乳动物体内，最终进入人体，对人体健康造成危害。同时，底泥中重金属通过溶解、解吸和介质分解等过程重新释放到水体中，造成二次污染，重金属浓度是底泥环境质量监测的重点。目前，已有多种生物炭用于提升底泥中重金属的稳定性和降低重金属生物可利用度[89-91]。本节主要分析生物炭-底泥系统中重金属的固定稳定化机制，为修复重金属污染的底泥提供参考。

6.2.1　生物炭吸附底泥中的重金属

金属阳离子［Cu（Ⅱ）、Pb（Ⅱ）、Zn（Ⅱ）、Cd（Ⅱ）等］是土壤、水和底泥中常见的污染物，常以化合物的形式存在[59, 92]，而砷和铬在底泥中以含氧金属阴离子的形式存在[59]。生物炭通过吸附可以有效地捕获、固定重金属。生物炭可以降低金属阳离子和含氧金属阴离子化合物的生物可利用度，主要的机制包括物理吸附、离子交换、共沉淀、静电吸引和络合作用（图6-2）[50, 61, 93, 94]。

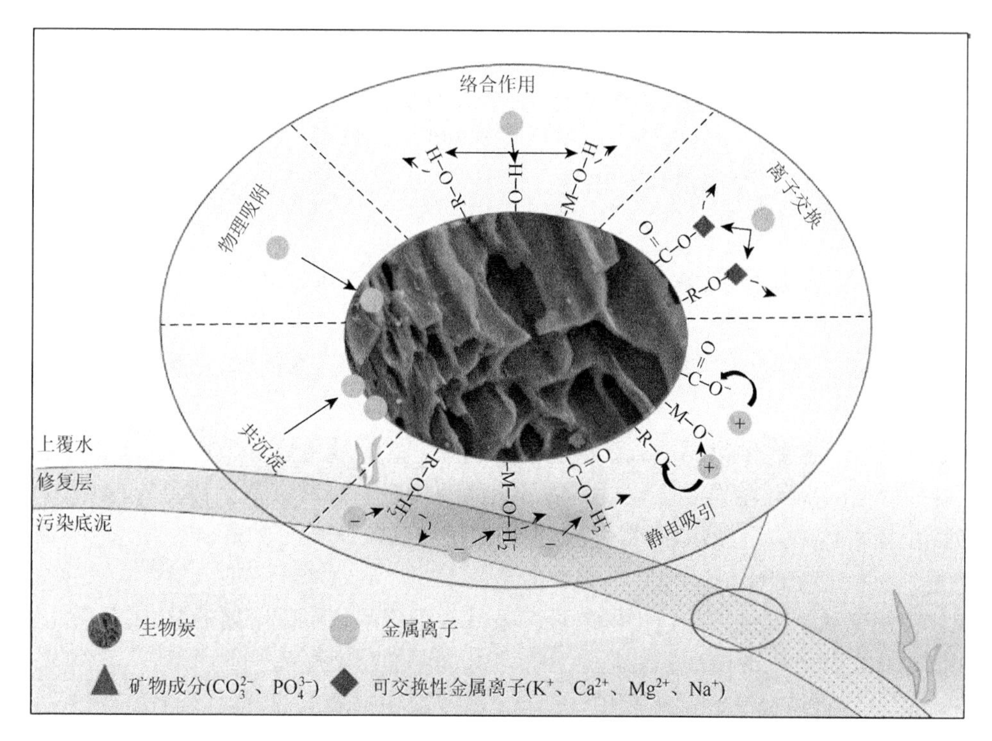

图6-2　重金属污染的底泥修复机理[10]

研究表明，生物炭可以通过表面沉淀作用提高底泥中Cu（Ⅱ）和Pb（Ⅱ）的稳定性[93, 95]。然而，在底泥中只有极少的可溶性和碳酸盐金属能被生物炭捕获[96]。此外，生物炭的矿物成分通过静电反应、离子交换[87, 97]、表面络合[98, 99]等方式固定重金属，并通过释放可溶性离子PO_4^{3-}、CO_3^{2-}和SO_4^{2-}[87, 100]，使金属在生物炭表面形成沉淀。在底泥的修复过程中，生物炭的添加可以改变底泥的pH[85]，生物炭-底泥体系的pH对生物炭固定化作用有显著影响。有研究表明，在高酸性条件下，H^+和Cu（Ⅱ）对生物炭上活性官能团的竞争加剧，导致生物炭对Cu（Ⅱ）

的吸附作用减弱[101]。Dong 等[102]的研究表明，重金属的吸附过程与生物炭上的含氧官能团有关，通过金属阳离子与生物炭表面的官能团发生络合作用导致底泥的 pH 变化。较高的 pH 促进了重金属离子与配体（CO_3^{2-}、SO_4^{2-}、Cl^-、OH^-等）的结合[103, 104]。Liu 等[105]研究了生物炭对底泥中汞形态分布的作用，并对其进行了三年多的观测，研究表明，汞的稳定性提高是由于硫化物矿物沉淀在生物炭颗粒表面或内部[56]。

事实上，重金属通过长期的老化作用，可自然固定到底泥中，生物炭加速了这一过程，并通过长期的老化，改变了底泥中的金属成分，形成了稳定化合物[106, 107]。有机质含量高的底泥颗粒也可以作为生物炭的原料，用于修复污染的底泥。实验证明了利用底泥制备生物炭修复污染底泥的可行性[25, 102]。Dong 等[102]利用高有机质含量的底泥制备生物炭，评价其对重金属的吸附能力。研究发现，底泥颗粒制备的生物炭通过络合、离子交换和孔隙填充等方式对 Cu（Ⅱ）、Cd（Ⅱ）和 Pb（Ⅱ）具有较高的固定能力。

6.2.2 生物炭改变重金属在底泥水相/固相中分布

河湖湿地底泥中大量可溶性物质主要以孔隙水作为媒介向上覆水体迁移扩散，从而影响上覆水的水质；上覆水中的物质通过生物同化、物理沉降和扩散等过程为界面反应提供物质基础。底泥的水相中，重金属主要分布在孔隙水和上覆水中[75]。当底泥环境发生变化，或受到人为或自然干扰时，重金属会从底泥中释放到上覆水体中，造成水体再污染。生物炭层可以隔断底泥-水相体系中重金属的转移[7]。生物炭的作用是降低水相中的金属浓度，从而降低污染风险[87]。在生物炭修复污染底泥的过程中，不同的环境条件会影响水相中重金属的分布[50]。隔离和固定化过程可以改变离子的形态分布，大大降低重金属离子的浓度[108]。例如，Zhang 等[108]报道在底泥的水相中，在一定程度上生物炭的热解温度与底泥孔隙水中的重金属去除率呈负相关，而当生物炭的热解温度超过 600℃时，底泥孔隙水中的重金属（Cd、Cu、Ni、Pb 和 Zn）去除率保持不变。Que 等[75]研究发现底泥经过稻壳生物炭修复后，上覆水和孔隙水中 Cu 的浓度分别降低 8%～60%和 11.1%～48.1%。此外，孔隙水中 Cu 的稳定性增加，这是由底泥 pH 升高以及生物炭表面官能团对 Cu 的捕获作用所致[75]。Wang 等[109]利用生物炭和凹凸棒石的优势合成生物炭-凹凸棒石复合材料，显著降低了上覆水中 As 和 Cd 的浓度，去除率分别达到 79%～82%和 36%～44%，且底泥的孔隙水中 68%～82%的 As 和 38%～48%的 Cd 被去除。重金属形态与其在上覆水和孔隙水中的含量高度相关[108]。相比于未改性生物炭，改性生物炭的理化性质有所改善，对孔隙水和上覆水中重金属表现出更好的捕获性能。另外，粉状的生物炭比颗粒状的生物炭具有更大的外表面积和更短的粒间扩散路径。有研究表明生物炭的粒径大于 380μm 时，生物炭对孔隙水中的重金属去除效果会有所下降[108]。

重金属的生物可利用度和生物毒性受底泥中生物炭的影响，且与底泥固相中重金属的存在形态密切相关[110]。Yang 等[111]对湖泊底泥的重金属进行了风险评估，形态分布分析表明，高度城市化地区由于密集的人类活动输入，四种金属（Cd、Cu、Pb 和 Zn）以非残留组分为主。研究表明，底泥的 pH 和 TOC 与重金属的化学组分密切相关[111]。在生物炭修复的案例中，考虑底泥中重金属的组分形态有利于合理评价其生物可利用度和毒性。Huang 等[50]研究了底泥中 Pb（Ⅱ）的形态，包括酸可提取组分（F1）、可还原态组分（F2）、可氧化态组分（F3）和残留组分（F4）。随着在底泥中添加生物炭，金属的可利用组分含量（F1 + F2 + F3）通常会降低，而不同化学形式的重金属会造成不同的生态风险[111]。F1 和 F2 被认为是最不稳定的部分，且对微生物有直接毒性。因为 F4 的可生物利用度较低，故污染底泥修复的核心是将重金属的不稳定化学形态（F1、F2 和 F3）转化为稳定组分（F4）[7, 112, 113]。Wang 等[109]将生物炭-凹凸棒石复合材料用于底泥中 As 和 Cd 的固定。修复 60d 后，As 和 Cd 的 F1 值分别降低约 43%和 11%，同时 F2 和 F4 在底泥中的比例均有不同程度的增加。此研究结果与 Zhang 等[96]的研究结果相似，不同温度制备的生物炭使底泥中 As 和 Cd 的 F1 含量明显减少。重金属的存在形态与底泥性质（总有机碳、pH 和黏土含量）相关。在受污染的底泥中添加生物炭，可以通过改变底泥的性质，提高底泥中污染物的稳定性。研究证明，活化生物炭和生物炭负载纳米复合材料均可降低底泥中重金属的 F1 和 F2 形态含量[114]。当底泥环境发生变化时，金属的化学形态容易发生相互转化。例如，底泥中腐殖酸（HA）过多时将有利于形成生物炭-HA-Cd 的三元复合物，从而促进 Cd 的形态向可提取态转化[84]。因此，研究水相和固相中金属的形态分布对评价生物炭原位修复底泥的效果具有重要意义。

6.2.3　生物炭降低重金属在底泥中的毒性

在被重金属污染的底泥中，添加生物炭不仅是为了降低污染物的浓度，另一个目的是降低金属的毒性。另外，生物炭本身是否会对底泥生态系统产生潜在危害也是研究的热点。底泥中的金属在其浓度高于底泥最大吸附量，或者周围环境发生变化时可能释放到水体中。释放的金属会被食物链或食物网中的生物体吸收并逐步积累，对人类健康或生态平衡造成威胁[60, 115]。因此，生物炭修复后对底泥进行重金属毒性分析是评估修复效果的必要步骤。生物炭在底泥修复中的作用见图 6-3。

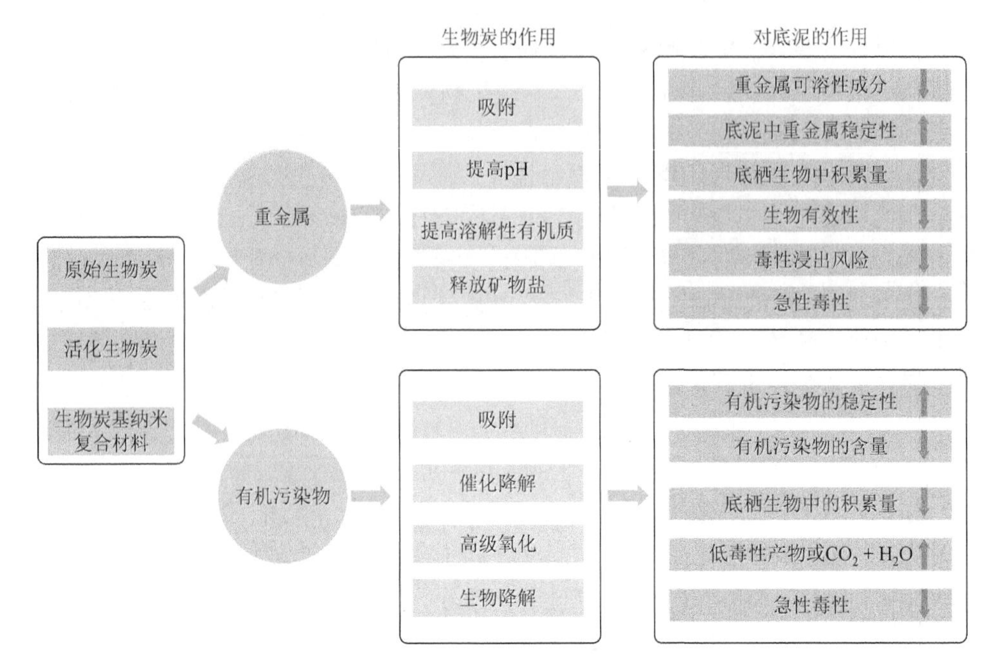

图 6-3 生物炭在底泥修复中的作用[10]

生物毒性测定可以详细说明生物炭原位修复对底泥的影响。毒性特征沥滤方法（TCLP）常用于评价重金属在底泥中的潜在浸出毒性，该方法为美国环境保护署推荐的标准毒性浸出方法，可以评价生物炭在修复底泥过程中对重金属元素的溶出性和迁移性的影响。Liu 等[61]发现，生物炭修复后底泥 TCLP 浸出液中 Cd 浓度降低 13%～23%，相比原始生物炭，几种活性生物炭对底泥中 Cd 的固定化效果更好。生物炭负载纳米氯磷灰石可以释放磷酸盐，从而通过形成沉淀来固定 Pb，并降低 TCLP-Pb 浓度[50]。随着底泥中生物炭添加量的增加，水体中金属的稳定性普遍提高，TCLP 渗滤液中污染物的浓度相应降低[95]。

生物毒性试验也是一个评价生物炭降低受污染底泥毒性的重要可行方法。Jośko 等[69]利用植物评估经生物炭、活性炭和碳纳米管修复后的底泥的毒性。研究表明，生物炭和其他碳质材料（活性炭和多壁碳纳米管）均能降低底泥污染对植物的毒性，根系生长抑制率分别降低了 27.5%和 17%～28.9%，种子萌发抑制率分别降低 70%和 30%～40%，并发现重金属污染底泥毒性的降低与生物炭的粒径呈正相关。

综上所述，生物炭可以改变底泥的理化性质，降低重金属对底泥中水生生物和植物的毒性[116-118]。通过毒性分析，研究者可以评估生物炭施用对底泥的影响，包括修复过程产生的副作用和对污染物的解毒作用。事实上，底泥的毒理学风险可能不仅来自金属，还可能来自其他有毒的有机化合物，如底泥中的拟除虫菊酯或氯氰菊酯[82, 119]，生物炭对有机物污染底泥修复过程的毒性有待进一步研究。

6.3　生物炭修复有机物污染的河湖底泥

生物炭在修复有机污染物污染的底泥方面也有较多应用，主要是通过吸附和降解作用来降低有机污染物在底泥中的含量、生物利用度和移动性（表 6-2）。研究已证实原始生物炭、化学改性生物炭和基于生物炭的纳米复合材料可用于修复有机污染物污染的河湖湿地底泥[120, 121]。污染底泥修复效率与微生物、生物炭和污染物三者之间的相互作用有关，系统中污染物的吸附-解吸、微生物的生长和代谢、污染物的生物降解和化学降解等过程同时发生[122, 123]。如图 6-4 所示，生物炭的解毒作用包括增加底泥中有机污染物的稳定性、减少有机污染物的浓度、降低其在底栖生物生物体内积累量、转化形成低毒性产物等。本节总结生物炭对有机化合物污染的河湖湿地底泥的修复作用。

表 6-2　生物炭修复底泥的作用机制[10]

生物炭	原材料	底泥中污染物	生物炭的作用	参考文献
原始				
	稻草秸秆	五氯苯酚	吸附	[70]
	稻草秸秆	壬基苯酚	降解	[30]
	柳枝稷算	汞	吸附	[74]
	稻草秸秆	五氯苯酚	吸附	[73]
	稻草秸秆	五氯苯酚	吸附	[71]
	木屑	三丁基锡（TBT）	吸附	[83]
	稻草秸秆	氟乐灵和二甲戊乐灵	降解和吸附	[76]
	松木屑	汞	吸附	[124]
	松木屑	多溴联苯醚（PBDEs）	吸附	[80]
	柳枝稷、家禽粪便、橡木	汞	吸附	[56]
	松木	PAHs、PCBs 和镉	吸附	[125]
	杂草、澳洲坚果、小麦秸秆	苯二胺	吸附	[58]
	稻壳	铜	吸附	[75]
	稻草秸秆和猪粪	砷和铁	吸附	[126]
化学改性				
硝酸盐	坚果壳	PAHs	降解	[81]
H_3PO_4、HNO_3、H_2SO_4、H_2O_2、$ZnCl_2$	稻壳	镉	吸附	[61]

续表

生物炭	原材料	底泥中污染物	生物炭的作用	参考文献
纳米复合材料				
氯磷灰石	竹子	铅	吸附	[50]
Fe_3O_4	稻壳	PAEs	降解	[21]
Fe_3O_4	竹子	PAHs	降解	[147]
Fe_3O_4	木屑	PAHs	降解	[127]

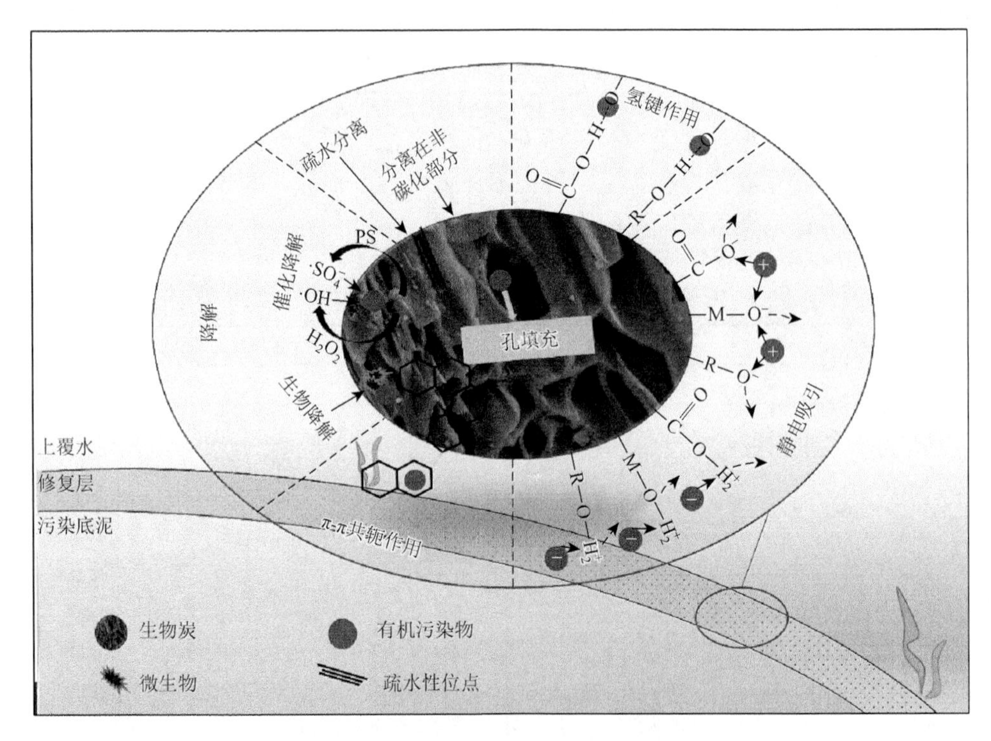

图 6-4　有机物污染的底泥修复机理[10]

6.3.1　生物炭吸附底泥中的有机物

由于生物炭的高比表面积、丰富的微孔、表面官能团（如羧基、羟基、羰基和酚基）和电荷特性，生物炭具有优越的吸附有机污染物的能力[77, 128]。底泥中的生物炭主要通过氢键作用、π-π 共轭作用、静电吸引和孔填充等方式吸附有机污染物（图 6-4）。生物炭由碳化和非碳化部分组成，与有机污染物之间有很高的亲和力。生物炭表面的吸附位点可以阻止有机污染物的移动，影响有机污染物在底泥中的生物可利用度。例如，Wang 等[58]研究了生物炭添加后对底泥中氟苯二胺的生物可利用度的影响。吸附实验和材料表征证明，生物炭固定氟苯二胺的主要机制是在非碳化组分中络合固定，以及碳化组分的 π-π 共轭作用。Sun 等[78]发现氟啶草酮和达草灭农药可以与生物炭中含氮官能团相互作用。在生物炭表面上，除草剂和生物炭官能团之间所形成的氢键是它们之间相互作用的重要作用力[129]。Xiao 等[83]报道，疏水性有机污染物在生物炭表面的吸附也可通过疏水相互作用进行。尽管生物炭的老化效应会随时间而增强，生物炭在底泥体系中的吸附能力仍高于底泥本身对污染物的固定能力。底泥中已积累了农药、抗生素、多环芳烃和染料等典型有机污染物[130, 131]，因此对有机污染物底泥修复的进一步研究是必要的，以评估生物炭吸附底泥中各种类型有机污染物的适用性。

6.3.2　生物炭催化降解底泥中的有机物

生物炭作为有效的电子传递介质，可以加速电子传导，促进氧化还原反应，因此除吸附外，催化降解是生物炭去除底泥中有机污染物的有效方法。在自然底泥中，还原剂无处不在且数量丰富，如缝隙水中的 Fe（Ⅱ）和还原性硫化物（二硫化物、HS^-和多硫化物）[45, 132]。Gong 等[76]研究了在含有三种黑炭的缺氧底泥中，硫化物对氟乐灵和二甲戊乐灵的非生物还原作用。结果表明，添加生物炭可以显著加快二硝基苯胺类除草剂的非生物还原。而且，Fe（Ⅱ）介导的非生物反应有利于卤代有机污染物的还原转化[133]。在底泥中添加生物炭有助于硫化物发生还原反应，通过有效的催化作用使高毒性有机污染物降解为低毒产物，从而降低有机污染物的环境风险[81]。Chen 等[79]发现生物炭作为修复剂显著促进了细菌的铁还原作用。生物炭修复的底泥中较高的 Fe（Ⅱ）水平可能产生较高的还原反应活性，最终促进厌氧红树林底泥中 2, 2, 4, 4-四溴二苯醚（BDE-47）的还原脱溴作用[133]。

具有持久性自由基的生物炭可活化过氧化氢（H_2O_2）或过二硫酸盐参与的氧化过程，有助于降解有机污染物。芬顿（Fenton）（活化 H_2O_2）和硫酸盐基方法（活化$S_2O_8^{2-}$）是目前研究最多的降解底泥中有机污染物的方法[134]。研究表明，生物炭材料可催化氧化 H_2O_2 产生·OH，有效降解 2-氯联苯[135]。过硫酸盐基高级氧化工艺（AOPs）由于价格低廉、操作简单和多功能性而受到广泛关注[136-139]。研究通过合成 Fe_3O_4/竹子生物炭（BB）复合材料作为过硫酸盐氧化过程的催化剂，其中 BB 的存在促进电子转移，加速 Fe^{2+}的形成，有助于生成$\cdot SO_4^-$降解 PAHs[47]。这一结果与 Dong 等[62]的研究结果相符，他们的实验结果证明 Fe_3O_4-稻壳生物炭可作为活化剂激活过硫酸盐以实现快速去除海洋底泥中的邻苯二甲酸酯（PAEs）的目的[62]。生物炭本身或生物炭基复合材料作为催化剂促进电子转移，同时加快活性自由基（$\cdot SO_4^-$、·OH 等）的产生，从而加速有机污染物的降解[134, 62]。

6.3.3 生物炭促进微生物降解底泥中的有机物

生物降解是底泥处理系统中微生物对天然的和合成的有机物的分解或矿化的过程。高比表面积的生物炭可以为微生物（细菌、真菌和藻类）提供栖息地和营养物质，有利于微生物对有机污染物的生物降解[81, 140]。已知一些微生物能通过产生酶来降解各种有机磷农药[72]。微生物降解是控制污染底泥中有机污染物含量的自然衰减过程[141, 142]。Yang 等[81]利用生物炭和硝酸盐的组合提高了底泥中微生物去除菲的效率。在生物炭表面孔隙中负载的 PAHs 降解菌（硫杆菌和寡养单胞菌）可以将菲作为碳源。加入的硝酸盐被生物炭捕获，作为电子受体进一步促进菲降解。微生物群落结构随有机污染物的浓度和生物炭含量的变化而变化[122]。利用生物炭促进生物降解的方法去除底泥中有机污染物的研究不多，但基于生物炭的性质和功能，这种方法具有较高的可研究潜力[30, 122]。例如，Wang 等[58]发现从湿地底泥中分离出环境适应性较强的假单胞菌，将其固定在煤渣和壳聚糖珠中，用于降解胶州湾湿地底泥中的苯并芘。其中，煤渣的比表面积和孔径较大，且含有较多含氧官能团，是作为降解菌载体以去除苯并芘的最佳选择[143]。因此，将具有优异载体特性的生物炭作为降解菌负载材料，促进有机物的生物降解是可行的。

6.4 生物炭对河湖湿地底泥生态系统的作用

采用生物炭覆盖技术进行底泥原位修复，不仅要考虑生物炭与污染物的作用机理，还要考虑所添加的生物炭对生态系统的潜在风险。底泥中的生物和微生物群落，作为生物链的重要组成部分可以作为污染物生物可利用性和毒性的生物指标，因为它们对底泥环境条件的变化较敏感。以往关于碳质材料的毒理学效应的研究主要集中在对微生物群落和本地植物表观水平的分析上[13, 59]，而底泥中生物炭对动植物代谢的潜在风险和内在机制尚未进行系统研究。生物炭对微生物群落和酶活性的影响可以间接影响底泥的修复效率。因此，本节从微生物特性和底栖生物新陈代谢方面总结了生物炭对底泥生态系统的潜在作用。

6.4.1 生物炭对微生物群落的作用

生物炭是否会引起生态系统中微生物群落和酶活性的变化，是研究生物炭修复受污染底泥的可行性要考虑的内容[77, 79]。微生物动力学是底泥修复过程中的一个指标，与底泥结构的稳定性、营养循环、水分含量、抗病性和碳储存能力有关[30, 77]。此外，酶活性被用来评价微生物活动，因为酶活性与底泥的功能有直接关系[72]。修复技术对底泥中微生物群落和酶活性的影响日益受到研究人员的关注[61, 75]。

生物炭改变了底泥中微生物群落的结构和丰度，改变了底泥中微量元素的含量。由于其多孔结构，生物炭可以通过提供栖息地和营养物质增加底泥中微生物群落的丰度[14, 144, 145]。例如，Chen 等[126]的研究表明，从新鲜的沼液残渣中制备的生物炭对微生物群落具有积极的影响，一方面促进微生物丰度的增加，另一方面可以控制 As（Ⅴ）和 Fe（Ⅲ）浓度。而对于脱硫孢菌属和土壤杆菌属，生物炭对其丰度有负面影响。研究也表明高浓度生物炭的添加降低了底泥微生物的丰度，并改变了微生物群落结构[72]。微生物群落的丰度往往直接或间接地反映了底泥的理化性质[146]。生物炭可通过改变底泥的理化性质和底泥中污染物的特性，直接或间接地影响本地微生物的种类、数量和活性[72, 147]。

此外，底泥中的酶活性易受生物炭的影响。有研究证明，底泥中的酶活性与生物炭含量有关[72, 114]。在受污染底泥中，高含量生物炭导致转化酶和碱性磷酸酶活性下降，而且降低了 Zn 和 Cd 的可溶性含量，而 pH 和有机质含量增加。生物炭的添加促进了氮和磷的循环，并影响酶的活性[72]。然而，一些研究表明苯酚氧化酶活性与底泥中生物炭含量呈正相关[77]。与此同时，生物炭存在可能增加底泥中有害微生物数量的风险，并与有益微生物争夺营养物质和栖息地[148]。为了使生物炭技术取得更好的修复效果，降低生物炭在底泥中应用的风险，需要对各种生物炭与微生物群落和酶的作用机理进行更深入的研究。

6.4.2　生物炭对底栖生物的作用

底栖生物在底泥-水层存在生物扰动作用，如挖掘、摄食、排泄。底栖生物，如蠕虫、颤蚓，可以作为生物炭和污染物毒性判别的指标。生物体的扰动作用导致物质迁移和污染物从底泥释放到水中[149, 150]。Zhang 等[96]研究了稻壳在不同温度下热解产生的生物炭对底泥中 As 和 Cd 的生物可利用性和毒性的抑制作用。受污染底泥经过 700℃温度制备的生物炭修复后，颤蚓组织中 As 和 Cd 的重金属积累量最低，并且颤蚓组织中 As 和 Cd 的重金属积累量随生物炭的制备温度降低而升高[96]。分析得出，颤蚓组织中 As 和 Cd 的含量与水相中 As 和 Cd 的含量呈正相关。这些结果表明，生物炭通过降低底泥中 As 和 Cd 的生物有效态组分，能有效抑制底泥中 As 和 Cd 的生物积累，其中高温制备的生物炭表现出更好的性能。目前，有关生物炭与底泥中有机污染物相互作用后对底栖动物或微生物的潜在生态毒性风险的评价研究仅有少量报道。Bielská 等[151]研究芒草生物炭吸附芘的过程中对底泥秀丽隐杆线虫（*Caenorhabditis elegans*）的作用，结果表明芒草生物炭可以显著降低芘对秀丽隐杆线虫的生态毒性。Bielska 等[152]又进一步研究了木屑和稻壳生物炭修复受污染（芘、PCBs 和 *p,p'*-滴滴伊）底泥的效果，结果表明生物炭可降低污染物对跳虫生长繁殖的抑制作用。目前，关于生物炭对河湖底泥中底栖生物毒性作用的研究较少，未来需要更多的实验进一步探究。

6.5 利用生物炭原位修复河湖湿地底泥的方式

河湖湿地是内陆水体相对封闭的地貌单元，它收集了来自流域内一切可由水力搬运和大气沉降的碎屑及颗粒物，以及湖体内可能形成的化学沉积物和生物底泥。在污染的底泥上覆盖一层或多层材料将底泥与上层水体隔离，防止底泥中的污染物向水体释放和迁移，是原位修复底泥的常见方式。Zhang 等[149]认为在各种修复措施中，原位覆盖封堵是一种成本较低、破坏性较小、使用寿命较长的方法，然而选址、扩散、平流、侵蚀力和活性材料等因素对该方法的修复效果影响较大。目前对覆盖材料的效果评价多在实验室研究中得出，没有考虑具体的现场条件和变化，还需要更多的中试规模研究和现场数据的支撑，使覆盖技术成为一种可靠的原位修复方法。原位覆盖技术作为一项费用低、效果好且有发展前景的技术，在国内外得到了广泛的研究[153-156]。低成本的生物炭目前是最受关注的覆盖材料之一，其与其他材料（方解石、沸石、磷灰石等）或与污染底泥混合构成最终盖层是常用的方法。如图 6-5 所示，生物炭在受污染底泥修复中的应用有三种常用的工程方法：①将生物炭与其他材料（砾石、石英砂或沸石等）结合，用于低流量水体或封闭湖泊；②将生物炭固定于两层透水土工织物中间，适用于高流量的水体；③生物炭混合底泥作为覆盖层，适合浅水或小规模水体。

6.5.1 生物炭和其他清洁材料结合

在底泥和水体之间建立隔离屏障，可以阻止污染物的移动并降低底泥再污染的风险[156, 157]。生物炭是一种有效的污染物固定剂，可以抑制污染物在底泥和水之间的相互扩散。然而，生物炭的粒径小而且质量小，较难在底泥表面稳定存在，尤其是在水流湍急的水域[158]。因此，实际应用中的覆盖材料必须包括有助于生物炭沉积于底泥的其他材料［图 6-5（a)］。李扬等[159]采用了直接覆盖的方法研究生物炭对底泥污染物释放的影响，生物炭对底泥中的 NH_4^+-N、化学需氧量（COD）及 PO_4^{3-}-P 的释放有明显的抑制作用。3 种覆盖设计的结果表明，石英砂和天然沸石等传统材料结合生物炭作为封盖层可用于低流量水体或封闭湖泊。通过将底泥与水体隔离，使上覆水体污染物浓度保持在安全水平[12, 156]。Zhang 等[101]在底泥中加入稻壳生物炭，并覆盖石英砂层，防止生物炭浮起，以固定 Cu（Ⅱ）和 4-

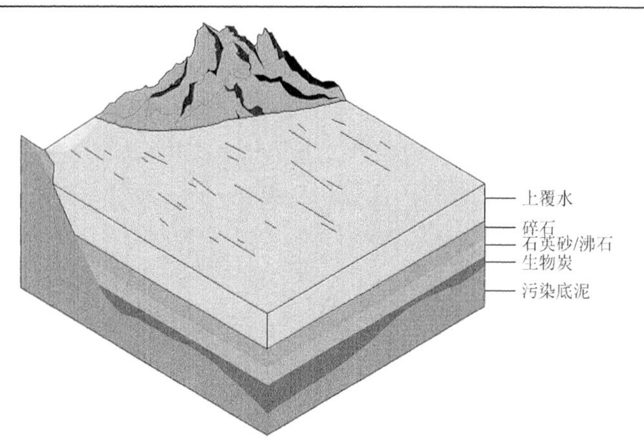

(a) 将生物炭与其他材料（砾石、石英砂或沸石等）混合

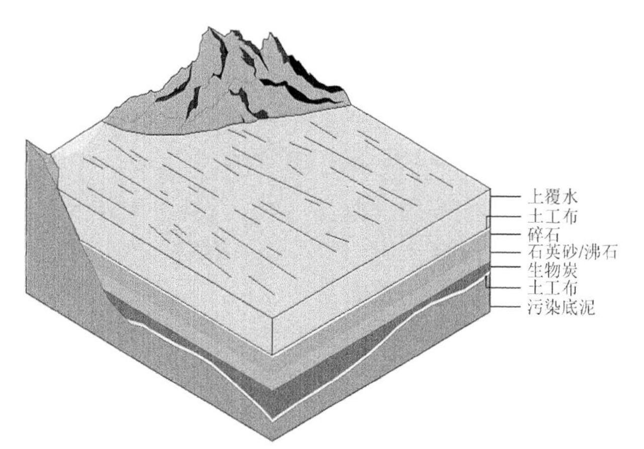

(b) 两层含有透水土工织物的覆盖材料

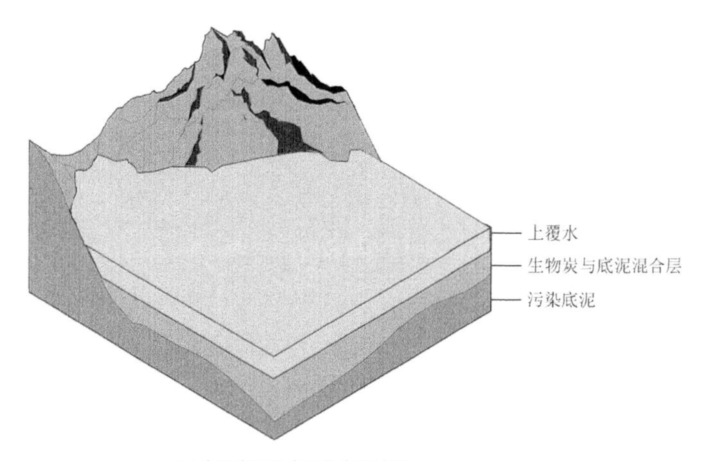

(c) 生物炭混合底泥作为覆盖层

图 6-5　生物炭在污染底泥中的工程应用方法[10]

氯酚。结果表明，稻壳生物炭可以通过吸附、絮凝或辅助微生物的摄食抑制底泥中 Cu（Ⅱ）和 4-氯酚的释放。许仁智等[68]设计了相似的盖层，结果证明甘蔗渣生物炭对底泥中 As（Ⅴ）、Cd（Ⅱ）、Pb（Ⅱ）、Cu（Ⅱ）、Zn（Ⅱ）的释放有较好的阻控作用。此外，有研究表明，在盖层体系中，生物炭层可以从水中吸附更多的 NH_4^+-N，抑制其从底泥中内源性释放[31]。为了改善清洁材料的稳定性，两层透水性土工织物可用于固定覆盖材料［图 6-5（b）］。通过土工织物层，这些覆盖材料可以抵抗高流量的水和极端天气[59]。因此，当使用生物炭作为修复材料时，辅助一种可生物降解的土工织物是有效的方法。

6.5.2　生物炭混合底泥

生物炭原位覆盖的另一种方法是将生物炭与污染的底泥混合固定污染物，降低其生物可利用度和可及性［图 6-5（c）］[160]。覆盖处理可以与原位生物修复结合，为现场长期覆盖处理技术提供了可行性[22, 158]。但长期覆盖后生物炭的老化过程可能会削弱生物炭的吸附能力[74, 161]。曹璟等[46]通过机械混合不同生物炭和污染底泥，使污染物与修复材料彻底混合。加入 $AlCl_3$ 改性生物炭后，污染底泥释放到水中的 NH_3-N、溶解性总氮（DTN）、PO_4^{3-}-P、溶解性总磷（DTP）、Ni（Ⅱ）、As（Ⅴ）浓度最大限度可分别降低 17.42%、18.61%、91.23%、77.04%、72.13%、46.21%；加入 $FeCl_3$ 改性生物炭后，污染底泥释放到水中的 PO_4^{3-}-P、DTP、As（Ⅴ）浓度最大限度可分别降低 91.23%、92.59%、95.80%，但水中 DTN、Ni（Ⅱ）浓度有所增加；加入 $MgCl_2$ 和 $KMnO_4$ 改性生物炭后，底泥释放到水中的 N、P、Ni（Ⅱ）、As（Ⅴ）污染物浓度不减反增[46]。将生物炭与受污染的底泥混合，使其充分接触，可以最大限度地固定污染物，降低污染物的流动性、毒性和底泥中污染物的生物利用度[56]。目前这种方法多是在实验室中模拟去除底泥中的污染物[70, 95]，实验多是在连续振动条件下进行的，以强化生物炭和污染泥沙的混合[102]。生物炭在实际底泥环境应用中有一定的局限性，且底泥环境较水体更为复杂，涉及多种污染物复合污染的情况，生物炭的工程应用方法仍需进一步的研究。

6.6　小结与展望

生物炭对污染底泥具有较好的修复效果，符合环境友好和可持续发展的原则。在覆盖技术中，低成本的生物炭作为覆盖材料对污染物的吸附和固定具有不可忽视的优势。生物炭在底泥修复中有多方面的功能（图 6-6）。尽管生物炭在工程底泥修复中被认为是一种很有前途的污染物固定或封存材料，但仍存在一些研究空白和不确定性，有待进一步研究和发展。

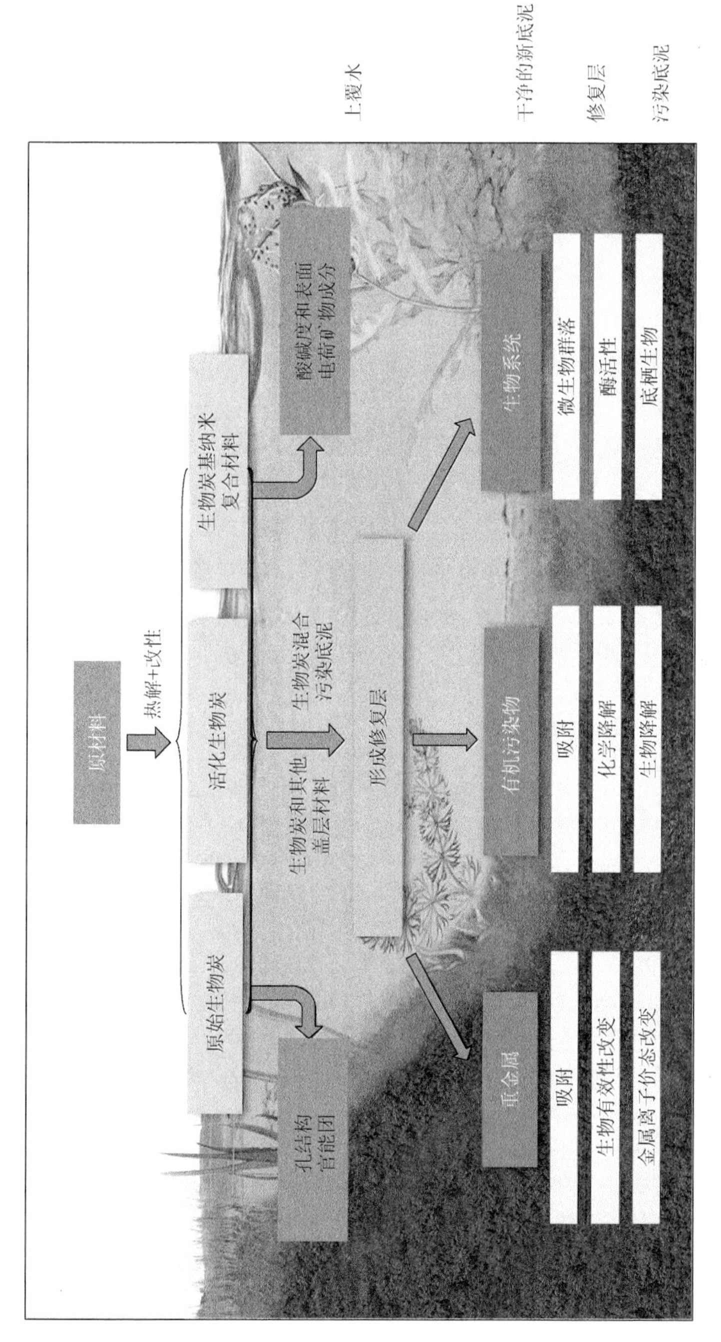

图 6-6　生物炭在底泥修复中的功能

通过优化生物炭的性质，可提高其在底泥修复工作中对目标污染物的固定能力。此外，目前生物炭的商业化制备方式存在滞后的问题，需要对大量制备具有目标功能性生物炭的工艺和设备进行改进。利用不同的生物质和热转化条件生产的生物炭，其理化性质在底泥修复性能上有很大差异，可以建立生物炭原料、制备条件、理化性质和性能之间的关联数据库，以供实际应用参考。

生物炭在内分泌干扰物、药物和个人护理产品等污染物污染底泥的修复方面得到了越来越多的关注。此外，还应考虑生物炭对在自然储存系统中持续积累的、人为产生的微量金属，以及放射性核素离子［Sr（Ⅱ）、Cs（Ⅰ）等］的处理能力。在各种污染物复合污染的自然底泥中，不同污染物共存条件下的协同处理也需要进一步研究。

生物炭作为有机污染或无机污染底泥的修复剂，其修复机理复杂，需要进一步探索。生物炭的类型、处理时间、环境条件变化（pH、温度、水力扰动等）等都可能影响修复效率。深入了解这些参数和操作条件，对生物炭的实际应用具有重要意义。

原位覆盖技术被证明在底泥中具有成本效益和持久修复的潜力。然而，大多数生物炭的覆盖试验局限于实验室或小试规模。在实验室中进行的模拟无法反映野外真实的情况，因此需要更多的现场修复数据证明生物炭在自然环境中的实用性。在改进并设计覆盖材料时，应根据易得性、低成本、无毒的原则，选择其他与生物炭联用的清洁材料。

参 考 文 献

[1] Harris K L，Banks L D，Mantey J A，et al. Bioaccessibility of polycyclic aromatic hydrocarbons：Relevance to toxicity and carcinogenesis[J]. Expert Opinion on Drug Metabolism & Toxicology，2013，9（11）：1465-1480.

[2] 高鹏，冯玉杰，孙清芳，等. 2, 4-二氯苯酚在松花江沉积物上的吸附解吸[J]. 哈尔滨工业大学学报，2010，42（6）：967-971.

[3] 史军伟. 我国河流底泥重金属污染现状及修复技术的研究进展[J]. 现代物业（上旬刊），2014，13（7）：15-17.

[4] 朱广伟，陈英旭. 沉积物中有机质的环境行为研究进展[J]. 湖泊科学，2001，（3）：272-279.

[5] 韩沙沙，温琰茂. 富营养化水体沉积物中磷的释放及其影响因素[J]. 生态学杂志，2004，（2）：98-101.

[6] 马德毅，王菊英. 中国主要河口沉积物污染及潜在生态风险评价[J]. 中国环境科学，2003，（5）：74-78.

[7] Zhang C，Yu Z G，Zeng G M，et al. Effects of sediment geochemical properties on heavy metal bioavailability[J]. Environment International，2014，73：270-281.

[8] Álvarez M S，Gutiérrez E，Rodríguez A，et al. Environmentally benign sequential extraction of heavy metals from marine sediments[J]. Industrial & Engineering Chemistry Research，2014，53（20）：8615-8620.

[9] Wang L，Chen L，Tsang D C W，et al. Mechanistic insights into red mud，blast furnace slag，or metakaolin-assisted stabilization/solidification of arsenic-contaminated sediment[J]. Evironment International，2019，133（Pt B）：105247.

[10] Yang Y，Ye S，Zhang C，et al. Application of biochar for the remediation of polluted sediments[J]. Journal of

Hazardous Materials，2020，404（Pt A）：124052.

[11] Akcil A，Erust C，Ozdemiroglu S，et al. A review of approaches and techniques used in aquatic contaminated sediments：Metal removal and stabilization by chemical and biotechnological processes[J]. Journal of Cleaner Production，2015，86：24-36.

[12] Gomes H I，Dias-Ferreira C，Ribeiro A B. Overview of *in situ* and *ex situ* remediation technologies for PCB-contaminated soils and sediments and obstacles for full-scale application[J]. Science of the Total Environment，2013，445-446：237-260.

[13] Rakowska M I，Kupryianchyk D，Harmsen J，et al. *In situ* remediation of contaminated sediments using carbonaceous materials[J]. Environmental Toxicology and Chemistry，2012，31（4）：693-704.

[14] Chen Y，Liu Y，Li Y，et al. Influence of biochar on heavy metals and microbial community during composting of river sediment with agricultural wastes[J]. Bioresource Technology，2017，243：347-355.

[15] Wang L，Chen L，Cho D W，et al. Novel synergy of Si-rich minerals and reactive MgO for stabilisation/solidification of contaminated sediment[J]. Journal of Hazardous Materials，2019，365：695-706.

[16] Chen M，Ding S，Gao S，et al. Efficacy of dredging engineering as a means to remove heavy metals from lake sediments[J]. Science of the Total Environment，2019，665：181-190.

[17] Patmont C R，Ghosh U，Larosa P，et al. *In situ* sediment treatment using activated carbon：A demonstrated sediment cleanup technology[J]. Integrated Environmental Assessment and Management，2015，11（2）：195-207.

[18] Lofrano G，Libralato G，Minetto D，et al. *In situ* remediation of contaminated marinesediment：An overview[J]. Environmental Science and Pollution Research，2017，24（6）：5189-5206.

[19] Megharaj M，Ramakrishnan B，Venkateswarlu K，et al. Bioremediation approaches for organic pollutants：A critical perspective[J]. Evironment International，2011，37（8）：1362-1375.

[20] Gidley P T，Kwon S，Yakirevich A，et al. Advection dominated transport of polycyclic aromatic hydrocarbons in amended sediment caps[J]. Environmental Science & Technology，2012，46（9）：5032-5039.

[21] Dong C D，Chen C W，Hung C M. Persulfate activation with rice husk-based magnetic biochar for degrading PAEs in marine sediments[J]. Environmental Science and Pollution Research，2019，26：33781-33790.

[22] Wang L，Chen L，Tsang D C W，et al. The roles of biochar as green admixture for sediment-based construction products[J]. Cement and Concrete Composites，2019，104：103348.

[23] Ameloot N，Graber E R，Verheijen F G A，et al. Interactions between biochar stability and soil organisms：Review and research needs[J]. European Journal of Soil Science，2013，64（4）：379-390.

[24] 李雨平，姜莹莹，刘宝明，等. 过氧化钙（CaO_2）联合生物炭对河道底泥的修复[J]. 环境科学，2020，41（8）：3629-3636.

[25] 刘冬，尹然，单相斐. 基于生物炭及活性炭沉积物原位修复过程生物毒性变化研究[J]. 甘肃科学学报，2020，32（4）：34-38.

[26] Cornelissen G，Elmquist Kruså M，Breedveld G D，et al. Remediation of contaminated marine sediment using thin-layer capping with activated carbon：A field experiment in Trondheim Harbor，Norway[J]. Environmental Science & Technology，2011，45（14）：6110-6116.

[27] 孙业华. 固体废弃物资源化的发展趋向分析[J]. 环境与发展，2019，31（4）：146-148.

[28] 丛宏斌，沈玉君，孟海波，等. 农业固体废物分类及其污染风险识别和处理路径[J]. 农业工程学报，2020，36（14）：28-36.

[29] 杨飞行，朱美丽，周勇. 固体废物的资源化和综合利用技术研究[J]. 中国资源综合利用，2019，37（5）：88-90.

[30] Cheng G，Sun M，Lu J，et al. Role of biochar in biodegradation of nonylphenol in sediment：Increasing microbial

activity versus decreasing bioavailability[J]. Scientific Reports，2017，7（1）：4726.

[31] Zhu Y，Tang W，Jin X，et al. Using biochar capping to reduce nitrogen release from sediments in eutrophic lakes[J]. Science of the Total Environment，2019，646：93-104.

[32] Ye S，Zeng G，Wu H，et al. Co-occurrence and interactions of pollutants，and their impacts on soil remediation：A review[J]. Critical Reviews in Environmental Science and Technology，2017，47（16）：1528-1553.

[33] Wang C，Wang H，Cao Y. Pb（Ⅱ）sorption by biochar derived from Cinnamomum camphora and its improvement with ultrasound-assisted alkali activation[J]. Colloids and Surfaces A：Physicochemical and Engineering Aspects，2018，556：177-184.

[34] Yin D，Wang X，Peng B，et al. Effect of biochar and Fe-biochar on Cd and As mobility and transfer in soil-rice system[J]. Chemosphere，2017，186：928-937.

[35] Suliman W，Harsh J B，Abu-Lail N I，et al. Influence of feedstock source and pyrolysis temperature on biochar bulk and surface properties[J]. Biomass and Bioenergy，2016，84：37-48.

[36] Li Y，Xing B，Ding Y，et al. A critical review of the production and advanced utilization of biochar via selective pyrolysis of lignocellulosic biomass[J]. Bioresource Technology，2020，312：123614.

[37] 丁玉琴，李大鹏，张帅，等. 镁改性芦苇生物炭控磷效果及其对水体修复[J]. 环境科学，2020，41（4）：1692-1699.

[38] Mahmoud D K，Salleh M A M，Karim W A W A，et al. Batch adsorption of basic dye using acid treated kenaf fibre char：Equilibrium，kinetic and thermodynamic studies[J]. Chemical Engineering Journal，2012，181：449-457.

[39] Qian L，Chen B. Interactions of aluminum with biochars and oxidized biochars：Implications for the biochar aging process[J]. Journal of Agricultural and Food Chemistry，2014，62（2）：373-380.

[40] Tan X，Liu S，Liu Y，et al. Biochar as potential sustainable precursors for activated carbon production：Multiple applications in environmental protection and energy storage[J]. Bioresource Technology，2017，227：359-372.

[41] Wang C，Wang H，Gu G. Ultrasound-assisted xanthation of cellulose from lignocellulosic biomass optimized by response surface methodology for Pb（Ⅱ）sorption[J]. Carbohydrate Polymers，2018，182：21-28.

[42] 杜甜甜，李梅，高心雨，等. 生物炭的改性方法及其在环境领域的研究进展[J]. 四川环境，2020，39（5）：186-190.

[43] Qin L，Zeng G，Lai C，et al. “Gold rush” in modern science：Fabrication strategies and typical advanced applications of gold nanoparticles in sensing[J]. Coordination Chemistry Reviews，2018，359：1-31.

[44] Wang C Q，Wang H. Pb（Ⅱ）sorption from aqueous solution by novel biochar loaded with nano-particles[J]. Chemosphere，2018，192：1-4.

[45] Li Z，Sun Y，Yang Y，et al. Biochar-supported nanoscale zero-valent iron as an efficient catalyst for organic degradation in groundwater[J]. Journal of Hazardous Materials，2020，383：121240.

[46] 曹璟，王鹏飞，陈俊伊，等. 改性生物炭材料原位修复污染底泥的效果[J]. 环境工程技术学报，2020，10（4）：661-670.

[47] Dong C D，Chen C W，Hung C M. Synthesis of magnetic biochar from bamboo biomass to activate persulfate for the removal of polycyclic aromatic hydrocarbons in marine sediments[J]. Bioresource Technology，2017，245（Pt A）：188-195.

[48] Zhang L，Zhang J，Zeng G，et al. Multivariate relationships between microbial communities and environmental variables during co-composting of sewage sludge and agricultural waste in the presence of PVP-AgNPs[J]. Bioresource Technology，2018，261：10-18.

[49] Wang H，Zeng Z，Xu P，et al. Recent progress in covalent organic framework thin films：Fabrications，applications

and perspectives[J]. Chemical Society Reviews，2019，48（2）：488-516.
[50] Huang D，Deng R，Wan J，et al. Remediation of lead-contaminated sediment by biochar-supported nano-chlorapatite：Accompanied with the change of available phosphorus and organic matters[J]. Journal of Hazardous Materials，2018，348：109-116.
[51] Xu P，Zeng G M，Huang D L，et al. Use of iron oxide nanomaterials in wastewater treatment：A review[J]. Science of the Total Environment，2012，424：1-10.
[52] 韩宝红. 生物炭负载纳米零价铁对乌梁素海沉积物中重金属镉的稳定化研究[D]. 呼和浩特：内蒙古工业大学，2019.
[53] Zhang M，Gao B，Yao Y，et al. Synthesis，characterization，and environmental implications of graphene-coated biochar[J]. Science of the Total Environment，2012，435-436：567-572.
[54] Inyang M，Gao B，Zimmerman A，et al. Sorption and cosorption of lead and sulfapyridine on carbon nanotube-modified biochars[J]. Environmental Science and Pollution Research，2015，22（3）：1868-1876.
[55] Xiong W，Zeng Z，Li X，et al. Multi-walled carbon nanotube/amino-functionalized MIL-53（Fe）composites：Remarkable adsorptive removal of antibiotics from aqueous solutions[J]. Chemosphere，2018，210：1061-1069.
[56] Liu P，Ptacek C J，Blowes D W，et al. Control of mercury and methylmercury in contaminated sediments using biochars：A long-term microcosm study[J]. Applied Geochemistry，2018，92：30-44.
[57] Tian J，Miller V，Chiu P C，et al. Nutrient release and ammonium sorption by poultry litter and wood biochars in stormwater treatment[J]. Science of the Total Environment，2016，553：596-606.
[58] Wang P，Liu X，Wu X，et al. Evaluation of biochars in reducing the bioavailability of flubendiamide in water/sediment using passive sampling with polyoxymethylene[J]. Journal of Hazardous Materials，2018，344：1000-1006.
[59] Wang M，Zhu Y，Cheng L，et al. Review on utilization of biochar for metal-contaminated soil and sediment remediation[J]. Journal of Environmental Sciences（China），2018，63：156-173.
[60] 田斌，王萌，陈环宇，等. 活性污泥生物炭对沉积物中镉生态毒性的影响[J]. 生态与农村环境学报，2018，34（2）：161-168.
[61] Liu S J，Liu Y G，Tan X F，et al. The effect of several activated biochars on Cd immobilization and microbial community composition during *in-situ* remediation of heavy metal contaminated sediment[J]. Chemosphere，2018，208：655-664.
[62] Dong C D，Chen C W，Nguyen T B，et al. Degradation of phthalate esters in marine sediments by persulfate over Fe—Ce/biochar composites[J]. Chemical Engineering Journal，2020，384：123301.
[63] Leng L，Huang H. An overview of the effect of pyrolysis process parameters on biochar stability[J]. Bioresource Technology，2018，270：627-642.
[64] Keiluweit M，Nico P S，Johnson M G，et al. Dynamic molecular structure of plant biomass-derived black carbon（biochar）[J]. Environmental Science & Technology，2010，44（4）：1247-1253.
[65] Wang Z，Cao J，Wang J. Pyrolytic characteristics of pine wood in a slowly heating and gas sweeping fixed-bed reactor[J]. Journal of Analytical and Applied Pyrolysis，2009，84（2）：179-184.
[66] Hung C M，Huang C P，Hsieh S L，et al. Biochar derived from red algae for efficient remediation of 4-nonylphenol from marine sediments[J]. Chemosphere，2020，254：126916.
[67] 许仁智，齐国翠，曹晶潇，等. 甘蔗渣生物炭覆盖处理对河流沉积物中重金属释放的阻控作用[J]. 环境污染与防治，2020，42（10）：1227-1231，1237.
[68] 罗维，郭茹瑶，薛冰纯，等. Fe_3O_4磁性纳米材料在水处理中的应用研究进展[J]. 分析科学学报，2020，（5）：

690-694.

[69] Jośko I，Oleszczuk P，Pranagal J，et al. Effect of biochars，activated carbon and multiwalled carbon nanotubes on phytotoxicity of sediment contaminated by inorganic and organic pollutants[J]. Ecological Engineering，2013，60：50-59.

[70] Lou L，Wu B，Wang L，et al. Sorption and ecotoxicity of pentachlorophenol polluted sediment amended with rice-straw derived biochar[J]. Bioresource Technology，2011，102（5）：4036-4041.

[71] Lou L，Liu F，Yue Q，et al. Influence of humic acid on the sorption of pentachlorophenol by aged sediment amended with rice-straw biochar[J]. Applied Geochemistry，2013，33：76-83.

[72] Huang D，Liu L，Zeng G，et al. The effects of rice straw biochar on indigenous microbial community and enzymes activity in heavy metal-contaminated sediment[J]. Chemosphere，2017，174：545-553.

[73] Lou L P，Luo L，Cheng G H，et al. The sorption of pentachlorophenol by aged sediment supplemented with black carbon produced from rice straw and fly ash[J]. Bioresource Technology，2012，112：61-66.

[74] Liu P，Ptacek C J，Blowes D W，et al. Stabilization of mercury in sediment by using biochars under reducing conditions[J]. Journal of Hazardous Materials，2017，325：120-128.

[75] Que W，Zhou Y H，Liu Y G，et al. Appraising the effect of *in-situ* remediation of heavy metal contaminated sediment by biochar and activated carbon on Cu immobilization and microbial community[J]. Ecological Engineering，2018，127：519-526.

[76] Gong W，Liu X，Xia S，et al. Abiotic reduction of trifluralin and pendimethalin by sulfides in black-carbon-amended coastal sediments[J]. Journal of Hazardous Materials，2016，310：125-134.

[77] Luo L，Gu J D. Alteration of extracellular enzyme activity and microbial abundance by biochar addition：Implication for carbon sequestration in subtropical mangrove sediment[J]. Journal of Environmental Management，2016，182：29-36.

[78] Sun K，Gao B，Ro K S，et al. Assessment of herbicide sorption by biochars and organic matter associated with soil and sediment[J]. Environmental Pollution，2012，163：167-173.

[79] Chen J，Wang C，Pan Y，et al. Biochar accelerates microbial reductive debromination of 2,2′,4,4′-tetrabromodiphenyl ether（BDE-47）in anaerobic mangrove sediments[J]. Journal of Hazardous Materials，2018，341：177-186.

[80] Jia F，Gan J. Comparing black carbon types in sequestering polybrominated diphenyl ethers（PBDEs）in sediments[J]. Environmental Pollution，2014，184：131-137.

[81] Yang X，Chen Z，Wu Q，et al. Enhanced phenanthrene degradation in river sediments using a combination of biochar and nitrate[J]. Science of the Total Environment，2018，619-620：600-605.

[82] Li J Y，Shi W，Li Z，et al. Equilibrium sampling informs tissue residue and sediment remediation for pyrethroid insecticides in mariculture：A laboratory demonstration[J]. Science of the Total Environment，2018，616-617：639-646.

[83] Xiao X，Sheng G D，Qiu Y. Improved understanding of tributyltin sorption on natural and biochar-amended sediments[J]. Environmental Toxicology and Chemistry，2011，30（12）：2682-2687.

[84] Gong X，Huang D，Liu Y，et al. Biochar facilitated the phytoremediation of cadmium contaminated sediments：Metal behavior，plant toxicity，and microbial activity[J]. Science of the Total Environment，2019，666：1126-1133.

[85] Ojeda G，Patrício J，Mattana S，et al. Effects of biochar addition to estuarine sediments[J]. Journal of Soils and Sediments，2016，16（10）：2482-2491.

[86] Yuan J H，Xu R K，Zhang H. The forms of alkalis in the biochar produced from crop residues at different

temperatures[J]. Bioresource Technology，2011，102（3）：3488-3497.

[87] Li H，Dong X，Da Silva E B，et al. Mechanisms of metal sorption by biochars：Biochar characteristics and modifications[J]. Chemosphere，2017，178：466-478.

[88] 臧晓梅，缪爱军，郑浩，等. 3 种修复剂对底泥中不同形态重金属去除效果评估[J]. 环境工程学报，2017，11（8）：4585-4593.

[89] 孟梅. 生物炭对重金属污染沉积物的钝化修复效应[D]. 武汉：华中农业大学，2016.

[90] 孟梅，华玉妹，朱端卫，等. 生物炭对重金属污染沉积物的修复效果[J]. 环境化学，2016，35（12）：2543-2552.

[91] 彭志龙. 沸石与生物炭改良底泥中重金属稳定化的持久性效应探究[D]. 长沙：湖南大学，2018.

[92] 梁成凤. 生物炭对底泥吸附固定重金属的影响[D]. 杭州：浙江大学，2014.

[93] Uchimiya M，Cantrell K B，Hunt P G，et al. Retention of heavy metals in a typic kandiudult amended with different manure-based biochars[J]. Journal of Environmental Quality，2012，41：1138-1149.

[94] Wang A O，Ptacek C J，Blowes D W，et al. Application of hardwood biochar as a reactive capping mat to stabilize mercury derived from contaminated floodplain soil and riverbank sediments[J]. Science of the Total Environment，2019，652：549-561.

[95] Wang M，Ren L，Wang D，et al. Assessing the capacity of biochar to stabilize copper and lead in contaminated sediments using chemical and extraction methods[J]. Journal of Environmental Sciences（China），2019，79：91-99.

[96] Zhang W，Tan X，Gu Y，et al. Rice waste biochars produced at different pyrolysis temperatures for arsenic and cadmium abatement and detoxification in sediment[J]. Chemosphere，2020，250：126268.

[97] Xu Y，Chen B. Organic carbon and inorganic silicon speciation in rice-bran-derived biochars affect its capacity to adsorb cadmium in solution[J]. Journal of Soils and Sediments，2015，15（1）：60-70.

[98] Qian L，Chen B. Dual role of biochars as adsorbents for aluminum：The effects of oxygen-containing organic components and the scattering of silicate particles[J]. Environmental Science and Technology，2013，47（15）：8759-8768.

[99] Zhang P，Sun H，Yu L，et al. Adsorption and catalytic hydrolysis of carbaryl and atrazine on pig manure-derived biochars：Impact of structural properties of biochars[J]. Journal of Hazardous Materials，2013，244-245：217-224.

[100] Wang Z，Liu G，Zheng H，et al. Investigating the mechanisms of biochar's removal of lead from solution[J]. Bioresource Technology，2015，177：308-317.

[101] Zhang S，Tian K，Jiang S F，et al. Preventing the release of Cu^{2+} and 4-CP from contaminated sediments by employing a biochar capping treatment[J]. Industrial & Engineering Chemistry Research，2017，56（27）：7730-7738.

[102] Dong X，Wang C，Li H，et al. The sorption of heavy metals on thermally treated sediments with high organic matter content[J]. Bioresource Technology，2014，160：123-128.

[103] Shaheen S M，Tsadilas C D，Rinklebe J. A review of the distribution coefficients of trace elements in soils：Influence of sorption system，element characteristics，and soil colloidal properties[J]. Advances in Colloid and Interface Science，2013，201-202：43-56.

[104] 谭小飞. 生物炭原位修复作用下土壤和底泥中重金属的迁移转化研究[D]. 长沙：湖南大学，2017.

[105] Liu P，Ptacek C J，Blowes D W，et al. Mercury distribution and speciation in biochar particles reacted with contaminated sediment up to 1030 days：A synchrotron-based study[J]. Science of the Total Environment，2019，662：915-922.

[106] Fang S E，Tsang D C W，Zhou F，et al. Stabilization of cationic and anionic metal species in contaminated soils using sludge-derived biochar[J]. Chemosphere，2016，149：263-271.

[107] Rajapaksha A U，Ahmad M，Vithanage M，et al. The role of biochar，natural iron oxides，and nanomaterials as soil amendments for immobilizing metals in shooting range soil[J]. Environmental Geochemistry and Health，2015，37（6）：931-942.

[108] Zhang C，Shan B，Zhu Y，et al. Remediation effectiveness of *Phyllostachys pubescens* biochar in reducing the bioavailability and bioaccumulation of metals in sediments[J]. Environmental Pollution，2018，242（Pt B）：1768-1776.

[109] Wang X，Gu Y，Tan X，et al. Functionalized biochar/clay composites for reducing the bioavailable fraction of arsenic and cadmium in river sediment[J]. Environmental Toxicology and Chemistry，2019，38（10）：2337-2347.

[110] Yu R，Hu G，Wang L. Speciation and ecological risk of heavy metals in intertidal sediments of Quanzhou Bay，China[J]. Environmental Monitoring and Assessment，2010，163（1）：241-252.

[111] Yang J，Chen L，Liu L Z，et al. Comprehensive risk assessment of heavy metals in lake sediment from public parks in Shanghai[J]. Ecotoxicology and Environmental Safety，2014，102：129-135.

[112] Rosado D，Usero J，Morillo J. Assessment of heavy metals bioavailability and toxicity toward *Vibrio fischeri* in sediment of the Huelva estuary[J]. Chemosphere，2016，153：10-17.

[113] Yin H，Cai Y，Duan H，et al. Use of DGT and conventional methods to predict sediment metal bioavailability to a field inhabitant freshwater snail（*Bellamya aeruginosa*）from Chinese eutrophic lakes[J]. Journal of Hazardous Materials，2014，264：184-194.

[114] Han B，Song L，Li H，et al. Naked oats biochar-supported nanoscale zero-valent iron composite：Effects on Cd immobilization and enzyme activities in Ulansuhai River sediments of China[J]. Journal of Soils and Sediments，2019，19（5）：2650-2662.

[115] 王潋，赵榕烨. 底泥基生物炭对水中二价铅的吸附性能[J]. 净水技术，2016，35（6）：78-83.

[116] Shaheen S M，Rinklebe J. Impact of emerging and low cost alternative amendments on the（im）mobilization and phytoavailability of Cd and Pb in a contaminated floodplain soil[J]. Ecological Engineering，2015，74：319-326.

[117] 谢再兴. 生物炭对三种沉水植物生长及其生境的影响[D]. 南昌：南昌工程学院，2019.

[118] 谢再兴，李威，涂洁，等. 底泥添加生物炭对苦草生长及水质的影响[J]. 南昌：南昌工程学院学报，2019，38（1）：74-79.

[119] Mehler W T，Li H，Lydy M J，et al. Identifying the causes of sediment-associated toxicity in urban waterways of the pearl river delta，China[J]. Environmental Science & Technology，2011，45（5）：1812-1819.

[120] 周丽丽. 芦苇基生物炭的制备改性及对底泥中多环芳烃固化效果研究[D]. 上海：上海海洋大学，2019.

[121] 吴鹏，鲁逸人，李慧，等. 津冀辽地区典型湖库沉积物 PAHs 污染特征及来源解析[J]. 环境科学，2021，42（4）：1791-1800.

[122] Lou L，Yao L，Cheng G，et al. Application of rice-straw biochar and microorganisms in nonylphenol remediation：Adsorption-biodegradation coupling relationship and mechanism[J]. PloS One，2015，10（9）：e0137467.

[123] Yu L，Yuan Y，Tang J，et al. Biochar as an electron shuttle for reductive dechlorination of pentachlorophenol by Geobacter sulfurreducens[J]. Scientific Reports，2015，5：16221.

[124] Bussan D D，Sessums R F，Cizdziel J V. Activated carbon and biochar reduce mercury methylation potentials in aquatic sediments[J]. Bull Environ Contam Toxicol，2016，96（4）：536-539.

[125] Gomez-Eyles J L，Ghosh U. Enhanced biochars can match activated carbon performance in sediments with high native bioavailability and low final porewater PCB concentrations[J]. Chemosphere，2018，203：179-187.

[126] Chen Z，Wang Y，Xia D，et al. Enhanced bioreduction of iron and arsenic in sediment by biochar amendment influencing microbial community composition and dissolved organic matter content and composition[J]. Journal of

Hazardous Materials，2016，311：20-29.

[127] Dong C D，Chen C W，Kao C M，et al. Wood-biochar-supported magnetite nanoparticles for remediation of pah-contaminated estuary sediment[J]. Catalysts，2018，8（2）：73.

[128] Ahmad M，Rajapaksha A U，Lim J E，et al. Biochar as a sorbent for contaminant management in soil and water：A review[J]. Chemosphere，2014，99：19-33.

[129] Wang X，Guo X，Yang Y，et al. Sorption mechanisms of phenanthrene，lindane，and atrazine with various humic acid fractions from a single soil sample[J]. Environmental Science & Technology，2011，45（6）：2124-2130.

[130] Maletic S P，Beljin J M，Roncevic S D，et al. State of the art and future challenges for polycyclic aromatic hydrocarbons is sediments：Sources，fate，bioavailability and remediation techniques[J]. Journal of Hazardous Materials，2019，365：467-482.

[131] Jia L，Xu L，Gao B，et al. Remediation of DDTs-contaminated sediments through retrievable activated carbon fiber felt[J]. Clean-Soil，Air，Water，2014，42（7）：973-978.

[132] Zeng T，Chin Y P，Arnold W A. Potential for abiotic reduction of pesticides in prairie pothole porewaters[J]. Environmental Science & Technology，2012，46（6）：3177-3187.

[133] Kappler A，Wuestner M L，Ruecker A，et al. Biochar as an electron shuttle between bacteria and Fe(Ⅲ)minerals[J]. Environmental Science & Technology Letters，2014，1（8）：339-344.

[134] Wang R Z，Huang D L，Liu Y G，et al. Recent advances in biochar-based catalysts：Properties，applications and mechanisms for pollution remediation[J]. Chemical Engineering Journal，2019，371：380-403.

[135] Fang G，Gao J，Liu C，et al. Key role of persistent free radicals in hydrogen peroxide activation by biochar：Implications to organic contaminant degradation[J]. Environmental Science & Technology，2014，48（3）：1902-1910.

[136] Zhang B T，Zhang Y，Teng Y，et al. Sulfate radical and its application in decontamination technologies[J]. Critical Reviews in Environmental Science and Technology，2015，45（16）：1756-1800.

[137] Matzek L W，Carter K E. Activated persulfate for organic chemical degradation：A review[J]. Chemosphere，2016，151：178-188.

[138] Wang J，Wang S. Activation of persulfate（PS）and peroxymonosulfate（PMS）and application for the degradation of emerging contaminants[J]. Chemical Engineering Journal，2018，334：1502-1517.

[139] He K，Chen G，Zeng G，et al. Three-dimensional graphene supported catalysts for organic dyes degradation[J]. Applied Catalysis B：Environmental，2018，228：19-28.

[140] Wu H，Zeng G，Liang J，et al. Responses of bacterial community and functional marker genes of nitrogen cycling to biochar，compost and combined amendments in soil[J]. Applied Microbiology and Biotechnology，2016，100（19）：8583-8591.

[141] Zanaroli G，Negroni A，Häggblom M M，et al. Microbial dehalogenation of organohalides in marine and estuarine environments[J]. Current Opinion in Biotechnology，2015，33：287-295.

[142] Wang Y，Wu Y，Wu Z，et al. Genotypic responses of bacterial community structure to a mixture of wastewater-borne PAHs and PBDEs in constructed mangrove microcosms[J]. Journal of Hazardous Materials，2015，298：91-101.

[143] Jin X，Tian W，Liu Q，et al. Biodegradation of the benzo[a]pyrene-contaminated sediment of the Jiaozhou Bay wetland using *Pseudomonas* sp. immobilization[J]. Marine Pollution Bulletin，2017，117（1-2）：283-290.

[144] Pommier T，Merroune A，Rochelle-Newall E，et al. Off-site impacts of agricultural composting：Role of terrestrially derived organic matter in structuring aquatic microbial communities and their metabolic potential[J].

FEMS Microbiology Ecology，2014，90（3）：622-632.

[145] Graber E R，Meller Harel Y，Kolton M，et al. Biochar impact on development and productivity of pepper and tomato grown in fertigated soilless media[J]. Plant and Soil，2010，337（1）：481-496.

[146] Deng L，Zeng G，Fan C，et al. Response of rhizosphere microbial community structure and diversity to heavy metal co-pollution in arable soil[J]. Applied Microbiology and Biotechnology，2015，99（19）：8259-8269.

[147] Wang A O，Ptacek C J，Blowes D W，et al. Use of hardwood and sulfurized-hardwood biochars as amendments to floodplain soil from South River，VA，USA：Impacts of drying-rewetting on Hg removal[J]. Science of the Total Environment，2020，712：136018.

[148] Durenkamp M，Pawlett M，Ritz K，et al. Nanoparticles within WWTP sludges have minimal impact on leachate quality and soil microbial community structure and function[J]. Environmental Pollution，2016，211：399-405.

[149] Zhang C，Zhu M Y，Zeng G M，et al. Active capping technology：A new environmental remediation of contaminated sediment[J]. Environmental Science and Pollution Research，2016，23（5）：4370-4386.

[150] Tian J，Hua X，Jiang X，et al. Effects of tubificid bioturbation on bioaccumulation of Cu and Zn released from sediment by aquatic organisms[J]. Science of the Total Environment，2020，742：140471.

[151] Bielská L，Kah M，Sigmund G，et al. Bioavailability and toxicity of pyrene in soils upon biochar and compost addition[J]. Science of the Total Environment，2017，595：132-140.

[152] Bielska L，Skulcova L，Neuwirthova N，et al. Sorption，bioavailability and ecotoxic effects of hydrophobic organic compounds in biochar amended soils[J]. Science of the Total Environment，2018，624：78-86.

[153] Förstner U，Apitz S E. Sediment remediation：U.S. focus on capping and monitored natural recovery[J]. Journal of Soils and Sediments，2007，7（6）：351-358.

[154] 彭祺，郑金秀，涂依，等. 污染底泥修复研究探讨[J]. 环境科学与技术，2007，(2)：103-106, 121.

[155] 宁寻安，陈文松，李萍，等. 污染底泥修复治理技术研究进展[J]. 环境科学与技术，2006，(9)：100-102 ,121.

[156] Ghosh U，Luthy R G，Cornelissen G，et al. *In-situ* sorbent amendments：A new direction in contaminated sediment management[J]. Environmental Science & Technology，2011，45（4）：1163-1168.

[157] Gong X，Huang D，Liu Y，et al. Pyrolysis and reutilization of plant residues after phytoremediation of heavy metals contaminated sediments：For heavy metals stabilization and dye adsorption[J]. Bioresource Technology，2018，253：64-71.

[158] Silvani L，Di Palma P R，Riccardi C，et al. Use of biochar as alternative sorbent for the active capping of oil contaminated sediments[J]. Journal of Environmental Chemical Engineering，2017，5（5）：5241-5249.

[159] 李扬，李锋民，张修稳，等. 生物炭覆盖对底泥污染物释放的影响[J]. 环境科学，2013，34（8）：3071-3078.

[160] Perelo L W. Review：*In situ* and bioremediation of organic pollutants in aquatic sediments[J]. Journal of Hazardous Materials，2010，177（1-3）：81-89.

[161] Kwon S，Pignatello J J. Effect of natural organic substances on the surface and adsorptive properties of environmental black carbon（char）： Pseudo pore blockage by model lipid components and its implications for N_2-probed surface properties of natural sorbents[J]. Environmental Science & Technology，2005，39（20）：7932-7939.

第7章　生物炭在固碳减排中的作用

引　　言

联合国政府间气候变化专门委员会（Intergovernmental Panel on Climate Change，IPCC）第五次评估报告指出，由于经济和人口的快速增长，温室气体在大气中的浓度已经达到过去80万年所未有的水平。自1750年以来，温室气体二氧化碳（CO_2）、甲烷（CH_4）和一氧化二氮（N_2O）的浓度均已大幅增加（分别为40%、150%和20%）。1750～2011年，人为排放到大气中的累积CO_2为（2040±310）Gt（1Gt=10^9t），其中约40%存在于大气中［（880±35）Gt CO_2］，剩余的CO_2则储存在海洋和陆地中。海洋吸收了约35%人为排放的CO_2，导致了海洋的酸化。据IPCC预测，以目前气温上升的水平，温室气体排放可能会造成两倍的全球变暖水平：到2100年达到约3.2℃[1]。大气、陆地和水生生态系统以及人类健康均不同程度地受到了气候变化的影响。

植被和土壤是大气CO_2的主要碳库。其中，土壤生态系统不仅可提供淡水、粮食等多种资源，还拥有为其他多种生态系统服务并保障生物多样性的功能。此外，土壤是生物圈的重要组成部分，与植被和大气相比，土壤储存碳的潜力更大，据估计，土壤生态系统的碳库含量约等于生物碳库的4.5倍，大气碳库的2～3.3倍[2]。土壤碳库包括无机碳库和有机碳库，而土壤有机碳（soil organic carbon，SOC）对于植物养分的有效性和土壤物理、化学及生物特性的改善起着至关重要的作用[3]。土地既是温室气体的重要汇集地，又是温室气体的主要排放源。在2007～2016年的全球人类活动中，农业、林业和其他土地利用活动所造成的气体排放贡献约3% CO_2排放、44% CH_4排放、81% N_2O排放，占人为温室气体净排放总量的23%。因此，对农田有机碳库进行固定不仅可以改善土壤的质量，还可以使之成为大气CO_2的潜在汇库，减少农业生产活动排放的CO_2。在此背景下，如何增加农田生态系统有机碳库的含量并提高其固碳能力成为研究的热点。

向土壤中添加源自植物的碳（如堆肥和生物炭）不仅可以增加土壤的碳含量，还可以有效地去除大气中的净CO_2含量[4, 5]。堆肥和生物炭相较于新鲜的植物残渣来说具有分解缓慢的特点，堆肥产品通常比未堆肥的有机物的平均停留时间要长几倍，而生物炭的矿化速率是未烧焦的生物质的1/100～1/10[6]。具有“碳负性”的生物炭可以有效地固定土壤中的碳，减少或抑制土壤中CO_2、CH_4、N_2O等温室气体的排放[7, 8]。据此，生物质碳化还被认为是对温室气体抑源增汇的有效途径，而生物炭的输入对温室气体排放影响的研究也成为近年来环境领域最热门的课题之一。

我国每年产生的农村和城市固体废物数量巨大，处置不当很有可能引发严重的环境问题，如 CH_4 排放、水体污染等。如何妥善地、合理地利用好这些固体废物是目前农村和城市可持续发展的迫切需求，而生物炭的出现提供了一个环境友好的资源化方案。通过转化固体废物来实现生物炭的生产和广泛应用成为一种双赢策略。尽管如此，由于缺乏关于土壤质量、作物反应和环境影响的大规模实地数据，广泛采用生物炭改良土壤受到限制[9]。此外，作为一种极具前景的固碳减排战略，生物炭应用的影响存在许多争议和不确定性，研究发现生物炭的输入可能会对土壤生态系统中温室气体的减排无明显作用[10]，甚至可能会促进温室气体的排放[11]。因此，关于生物炭在土壤生态系统的应用需要进一步加深理解与研究。本章主要阐述了生物炭的固碳潜力和稳定性及其对全球温室气体排放所造成的影响。此外，为了更全面地了解生物炭、土壤以及大气这三者中温室气体的交换过程，本章也着重讨论了土壤中碳、氮循环及生物炭与 CO_2、CH_4、N_2O 等温室气体的相互作用，旨在为生物炭的固碳减排研究提供坚实的理论基础。

7.1　土壤生态系统中生物炭的固碳潜力及稳定性

7.1.1　生物炭的固碳潜力研究

由于生物质的碳主要以生物炭的形式固定在土壤中，且生物炭从大气中吸收的 CO_2 比释放的多，用碳核算的术语来说，这个过程已经由碳中性变成了碳负性[12, 13]。生物炭的理化特性为土壤改良和碳封存的应用提供了巨大潜力。从物理结构特性上来看，生物炭是一种多孔碳质材料，因其具有较大的比表面积和丰富的微孔结构，从而能增加土壤中的营养物质并提升对水分的保持能力，并且可以为土壤微生物提供一个良好的微环境[14]。生物炭的物理特性不仅与其生物质原料的选择有关，还与热化学转化过程中技术参数的选择有关。生物炭的主要成分包括固定碳、挥发分和灰分[15]，各个成分的相对比例均会影响生物炭的物理化学行为及其在环境中的迁移转化。另外，组成生物炭的基本元素包括 C、H、O、N，矿物质营养成分包括 P、K、Ca、Mg、Na、Fe、Si、Al 等，这些养分可提高土壤肥力并促进植物生长。不仅如此，由于其丰富的芳香环结构，生物炭被认为是碳的一种惰性存在形式，在土壤中的平均停留时间可以长达百年至数千年[16]。良好的物理化学特性以及稳定性使得生物质碳化还田成为最受关注的固碳减排措施之一。为了科学、准确地评估生物炭的固碳潜力，研究者们从不同的角度、利用不同的方法对生物炭的固碳潜力进行了比较。

Lehmann 等[17]对比了传统轮作的土壤利用模式（slash-and-burn，即收割-燃烧）和生物炭土壤管理模式（slash-and-char，即收割-碳化）的固碳潜力。研究表明，传统轮作的土壤利用模式需要砍伐原始森林的自然植被来促进作物生长，这些自然植被在燃烧的过程中会释放 38%～84%的生物质碳到大气中，并且在人口的压力下需要更多的林地来种植作物，因此会导致更多的 CO_2 从生物质和土壤中释放出来。如果采用生物炭土壤管理模式，即将这些生物量转化为生物炭并应用于土壤的话，超过 50%的碳将以一种稳定的形态被固定在土壤中，相当于每年减少 0.19×10^9～0.213×10^9t C，可以抵消由土地利用变化引起的人为碳排放量的 12%（1.7×10^9t C/a）。此外，他们还注意到源自农村和城市固体废物的生物炭生产具有可观的碳封存潜力，例如，每年全球回收的稻壳、花生壳、城市废物转化成生物炭后即可分别封存 0.04×10^9t C、0.002×10^9t C、0.03×10^9t C。Lehmann 等的研究预示着生物炭本身具有巨大的碳封存潜力，然而该研究缺乏生物炭对温室气体的减排能力的探讨以及生物炭在经济和社会方面应用的讨论。

Woolf 等[4]则评估了在当前条件下以可持续方式应用生物炭来减缓气候变化的理论上限。根据生物质的可利用性，将生物质的利用情况分为三个等级，最高等级对应的就是生物炭的最大可持续潜力，与 Lehmann 等[17]的评估不同的是，该评估方法考虑了生物炭的可再生能源应用带来的固碳减排潜力。该方法详细列出了生物炭的可持续生产在 100 年内所能避免的累积温室气体排放量，可得出温室气体减少的两个主要方面，分别是土壤中以生物炭形式固定的碳（43～94Pg $CO_{2\text{-eq}}$），以及生物炭生产获得的可再生能源抵消化石燃料燃烧所产生的碳（18～39Pg $CO_{2\text{-eq}}$）。这些因素带来的有利反馈中，占比最大的就是水稻秸秆向生物炭的转化很好地避免了生物质分解而产生的 CH_4 排放（14～17Pg $CO_{2\text{-eq}}$）。

进入 21 世纪以来，传统工业的生产过程中出现的大量资源和能源消耗以及环境污染等弊端引起了广泛关注，生命周期评价（life-cycle assessment，LCA）作为一种评估生产过程中环境影响和可持续性的方法受到了国内外学者的青睐[18]。目前，研究人员普遍采用生命周期评价法来估算生物炭从生产、运输到应用的各个环节中的 $CO_{2\text{-eq}}$，从而评估生物炭的固碳减排效果。

姜志翔等[19]应用生命周期评价方法定量分析了农业和林业可回收的生物质原料在生物炭生产和应用过程中 $CO_{2\text{-eq}}$ 的平衡情况，以此来评估其固碳减排的潜力。评估范围包括两个部分：第一部分是原料的收集、运输和生物炭的生产、运输以及运用等过程有关的 $CO_{2\text{-eq}}$ 的平衡情况；第二部分就是在生物炭生产过程中产生的可利用能源的应用对 $CO_{2\text{-eq}}$ 平衡的影响。他们主要从以下几个方面评估生物炭缓解温室效应的潜力：植物吸收的 CO_2 在土壤中以生物炭形式固定；生物炭生产过程中可替代能源的获得减少了温室气体的排放；生物炭的施用在一定程度上抑制了土壤中氮氧化物的排放；生物炭的应用促进了植物的初级生产力，从而吸收了大气中更多的CO_2；生物炭的施用减少了化肥的施用量，从而降低了化肥生产过程中温室气体的排放。在此基础上，得到了生物炭在减缓温室气体排放方面的潜力计算值，可以得到通过生物炭封存在土壤中的$CO_{2\text{-eq}}$为4.3×10^8t/a，占总温室效应缓解潜力（5.45×10^8t/a）的78.9%。此外，根据另一项生命周期评价研究，经过生物炭施用后土壤有机碳的增长高达30%，可有效减少CO_2的排放[20]。

Xu等[21]注意到大部分应用生命周期评价方法分析生物炭缓解温室效应的研究并没有考虑两个因素：一方面，土壤应用生物炭处理后有机碳随着N_2O和CH_4排放的减少所引起的变化；另一方面，在讨论土壤生物炭的应用在减缓气候变化方面的作用时，尚未考虑与生物炭制造和应用有关的温室气体排放。因此，他们采用碳足迹（carbon footprint，CF）和生命周期评价耦合的方法来量化包括生物炭生产和田间应用的所有直接和间接温室气体排放，并将土壤有机碳的变化纳入考虑范围内。评估结果显示，生物炭生产过程中的合成气回收对水稻种植地的碳足迹减少贡献了47%，而土壤有机碳的固定对玉米种植地的碳足迹减少贡献了57%。这项研究表明，在对生物炭的土壤应用进行生命周期评价时，将土壤有机碳的封存和合成气回收纳入考虑范围内是非常有必要的。

近年来，尽管已有大量文献资料表明生命周期评价作为一种较为成熟和标准化的评估方法已被广泛应用于评估生物炭的固碳效果[22-24]，然而不同研究之间的功能单元以及系统边界有所不同。除此之外，各个研究中所列的生命周期清单也存在差异。例如，用于生产生物炭的原料是影响该系统有效性的变量之一，而不同的原料制成的生物炭通常在不同程度上具有不同的性质和产量。与原料同样重要的是热解条件和技术的选择，且影响热解效果的变量有很多，如停留时间、操作温度、升温速率等。影响生物炭-土壤系统碳平衡的另一个重要变量是土壤中生物炭的稳定性，稳定性因热解条件、土壤类型和原料的不同而不同（详见7.1.2小节）。因此这些差异使得不同研究之间的结果对比以及揭示一些通用的规律变得更加困难[25]。

生物炭无疑为温室效应的缓解带来了新的解决方案，并且大量的生命周期评价研究都旨在揭示生物炭的固碳潜力。因而确立生命周期评价用于评估生物炭土壤应用的统一标准，如功能单元和系统边界的确定以及生命周期评价软件和评估方法的选择，则成为未来生物炭研究成果荟萃分析的重要环节。

7.1.2 生物炭的稳定性研究

由于向土壤中输入生物炭可以通过碳封存、减缓温室气体的排放以及改善土壤环境等实现减缓气候变化和提高作物产量[17, 26-29]，生物炭在土壤中的应用正成为一种极具潜力的策略。而使用生物炭作为碳封存剂的前提是生物炭中的稳定碳可以在土壤中存留数百年甚至数千年。因此，生物炭的稳定性或生物炭对土壤中生物和非生物降解的抵抗力是评估生物炭固碳潜力的最重要的指标。影响生物炭稳定性的因素有很多（图 7-1），包括生物质、热解参数、生物炭的自身特性以及土壤和环境的影响。

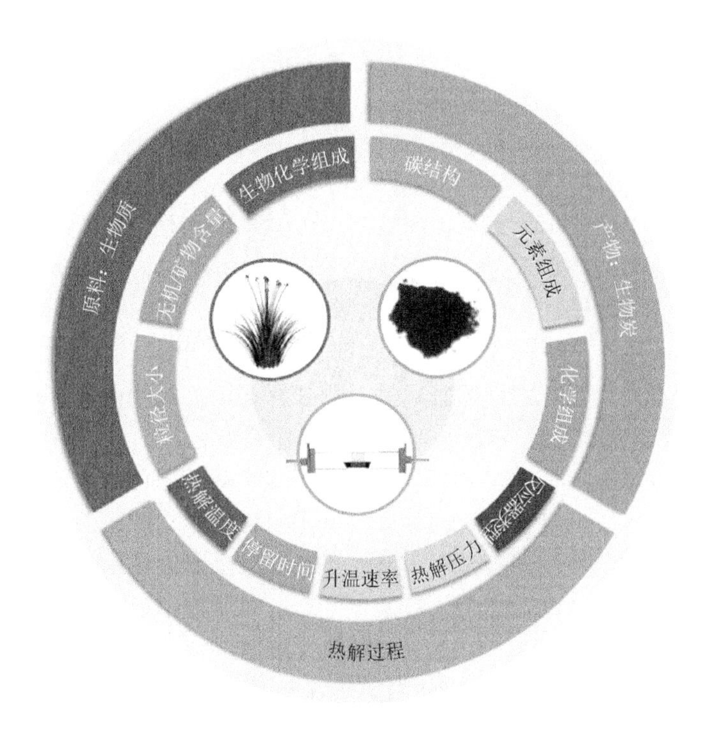

图 7-1　影响生物炭稳定性的主要因素

1. 生物质

生物质是影响生物炭稳定性的重要因素之一。对于生物质的生化组成而言，由于结晶度和聚合度的差异，木质素是生物质中最稳定的组分，其次是纤维素和半纤维素[30]。因此，生物质原料中木质素含量越高，生物炭中芳香碳含量就越高，生物炭矿化速率则越慢[31]。例如，来源于木材的生物炭通常比来源于草、污泥和种子壳的生物炭更稳定[32-34]。类似的研究还对比了 8 种农作物残余物在 600℃下缓慢热解后得到的生物炭的稳定性[35]，在这些生物炭中棕榈壳（木质素含量最高）衍生生物炭的稳定性最好，而小麦秸秆（木质素含量最低）衍生生物炭的稳定性最差。然而，也有研究表明高温热解下生成的生物炭稳定性与其生物质的种类无明显相关性[36-38]。例如，生物质原料的种类对生物炭不稳定碳（即 H_2O_2 可氧化的部分）含量的影响会随着热解温度的升高（从 350℃升高到 650℃）而逐渐减小，并且在 650℃时由于热解温度的主导作用，生物质原料的种类对生物炭的稳定性没有显著影响[39]。随着温度的升高，生物炭的结构越来越相似，芳香化程度越来越高，并且在较高的温度下，这些结构的形成与原料类型无关[38]。因此，低热解温度下的生物炭可能具有不同程度的稳定性，而高热解温度下的生物炭在去除大部分不稳定组分后，可能具有相似的稳定性。值得注意的是，生物炭中绝对稳定碳量（即整体碳封存潜力）仍在很大程度上取决于生物炭的产率，比较而言选择木质素含量较高的生物质更有利于提高生物炭的产率。

除了生化组成外，生物炭中的无机组分也可以与其中的碳相互作用，并根据矿物种类的不同而对生物炭的稳定性产生不同的影响。例如，碱性金属（如钾）可以在升温氧化中催化生物炭中碳的降解，从而降低生物炭的稳定性[40]。通过预洗将生物炭中钾的含量从 2173mg/kg 降低至 171mg/kg 后，生物炭的稳定性得到显著提高（热分解抗性指数 R_{50} 由 0.46 增至 0.55）[35]。Gómez 等[41]也同样认为，对生物炭进行水洗，可以有效地避免 R_{50} 所显示出的生物炭稳定性的遮盖。但是，当研究矿物质对生物炭稳定性的影响时，热分解抗性并不能代表其氧化抗性和生物抗性。例如，生物炭与相应的去除灰分后的生物炭之间的 R_{50} 并无明显差别，而在利用 $K_2Cr_2O_7$ 或 H_2O_2 试剂进行化学氧化后，脱灰处理可以有效地增加生物炭中稳定碳的含量[42]。此外，还有很多研究也利用化学氧化的评估方法发现了部分矿物质对生物炭稳定性的积极作用。例如，将城市污水处理厂的污泥与 $Ca(OH)_2$ 同时热解时，由 H_2O_2 可氧化组分的减少可知生物炭的稳定性随之增加[43]，将水稻秸秆与 $CaCO_3$ 或 $Ca(H_2PO_4)_2 \cdot H_2O$ 同时热解后也得到了相似的结果[44]。将生物炭与含有 Al、Ca、Fe 的矿物或高岭石共热解会增强生物炭表面的抗 H_2O_2 氧化的能力[45]，这主要是因为矿物金属原子进入碳晶格中，或形成了金属的复合物，如 Fe—O—C，这种复合物的形成可以有效防止生物炭表面的 C ═ C/C—C/C—H 被氧化成 C ═ O、C—O、—COOH。但是运用化学氧化法来评估矿物质对生物炭稳定性的影响仍然是不确定的。例如，利用 H_2O_2 和热辅助的方法来评估水稻秸秆和高岭石共热解后得到的生物炭的稳定性时，发现碳损失量是增加的，利用 $K_2Cr_2O_7$ 氧化法得到的碳损失量反而是减少的。

除了生化组成以及无机/矿物含量外，生物质原料的粒径同样对生物炭的稳定性具有一定影响。生物炭的粒径主要取决于生物质原料的粒径大小，粒径大的生物质原料倾向于热解得到粒径较大并产量较高的生物炭[46]。当生物质原料的颗粒较大时，气相物质与固体的接触时间得到延长，从而引发二次反应，通过再聚合增加碳的生成，从而提高固定碳的产率[47]。因此，在较高的热解温度下，颗粒较大的生物质原料可以通过热解产生更稳定的生物炭。此外，大粒径生物炭的矿化率也低于小粒径生物炭的矿化率。例如，Zimmerman[32]报道了小粒径生物炭（粒径＜0.25mm）经过一年培育后的矿化率是大粒径生物炭（粒径＞0.25mm）的 1.5 倍。然而，生物质原料粒径过大反而会导致生物炭制备过程的碳化不完全[48, 49]，使得生物炭的稳定性较低，而生物质原料的最佳热解粒径主要取决于热解反应器的类型。其他的一些参数也会影响生物炭的粒径，例如，快速热解往往会得到细粉末生物炭，而缓慢热解更倾向于得到粒径较大的生物炭[50]。

2. 热解参数

生物炭制备过程中的热解参数也是影响生物炭稳定性的一个重要因素。例如，热解温度是影响生物炭芳香性和芳香缩合度的最主要因素，并在某种程度上决定了生物炭的稳定性。许多研究发现，随着热解温度的升高，稳定的芳香族环结构的含量增加，而不稳定的非芳香族结构的含量减少[51]。热解温度与 H/C 比[50]、芳香性[52]以及矿化率[53]的相关性都佐证了热解温度对生物炭稳定性的积极作用。当热解温度升高时，固体残渣中半纤维素、纤维素、木质素、蛋白质、多糖等大分子含量降低，孤立的芳香环开始形成，进一步提高热解温度则会导致缩合芳香族环的薄片堆积，形成混层微晶[54]。随着温度升高，生物炭的结构将从微晶纤维素（植物材料在热解温度＜200℃时）经历四种不同类型碳的转变，分别为过渡态碳（200～300℃，脱水过程中伴随着植物生物聚合物的解聚作用导致的挥发性物质的消耗）、无定形碳（300～600℃，芳香单元无序排列，原有生物质结构几乎完全解聚）、复合碳（600～700℃，以生物质碳化为主）和混层碳（＞700℃，碳化具有更有序的碳质结构，形成更大更有序的类石墨烯片）[50]。热解温度与 H/C[50]、芳香性[54]、矿化率[53]之间的相关性表明，热解温度对生物炭的稳定性有积极作用。例如，250℃下制备的橡木生物炭的模拟碳半衰期（840 年）要远远短于 650℃下制备的橡木生物炭（4.0×10^7 年）[32]。值得一提的是，虽然在高温下可以获得氧化稳定性较高的生物炭[55, 56]，然而随着温度的上升生物炭的产量下降，因此生物炭中可以长期封存的稳定生物炭组分产量可能并不受温度的约束。对于大多数生物质而言，热解温度在 500～700℃内随着温度的升高可以最有效地保持生物炭产率的减少和稳定碳含量增加之间的平衡[38]。因此，热解温度的优化应以高产率和稳定性为目标，同时以不牺牲固碳潜力为前提。此外，热解温度并不是影响生物炭稳定性的唯一决定性因素，其他因素如生物质原料的组成和性质可能大于热解温度对生物炭稳定性的影响，从而会造成一定程度上生物炭稳定性的差别。因此，热解温度低的生物炭也不一定会比热解温度高的生物炭稳定性差[46]。

其他热解参数，如反应停留时间也会对生物炭的碳化程度及产率有影响，尤其是在低温热解条件下。Cross 和 Sohi[57]发现将 350℃下热解的生物炭在烧窑中的停留时间由 20min 延长至 80min 可以显著地提高生物炭的稳定性。热解停留时间越长，生物炭的碳化程度越高，生物炭中不稳定有机物含量越低，越不易受到微生物的攻击[58]。研究发现，粪肥、农作物残渣和城市固体废物在 300～700℃下热解得到的生物炭随着反应停留时间的延长（1～5h），其热氧化稳定性能效果越好[57]。然而，在热解温度为 550℃时，停留时间的影响不显著，说明在完成碳化的过程中，需要在热解温度和窑内停留时间之间进行平衡，才能得到高稳定性的生物炭。可以看出，反应停留时间对生物炭稳定性的影响通常由热解温度决定，因此很难直接给出停留时间对生物炭稳定性的影响[49]。

除了温度和停留时间外，升温速率也会对生物炭的稳定性产生一定的影响，加热速率越低对生物炭的稳定性就越有利。加热速率越低，热解温度对生物炭稳定性的主导作用时间越长，特别是在高温（如 650℃）状态下[59]。还有研究表明，低升温速率（24℃/min）比高升温速率（62℃/min）更有利于生物炭中芳香结构的形成[60]。此外，慢速升温速率有利于保持生物炭结构的复杂性，而高升温速率会导致结构的局部熔化、相变和膨胀，从而导致结构复杂性的损失[61, 62]。然而，低升温速率并不意味着更高的生物炭稳定性。热解过程的升温速率范围为 5～20℃/min 时，对固定碳、挥发分、稳定碳和 O/C 比值并无统计学上的显著影响[57]（$P>0.5$）。Crombie 等[63]发现升温速率（范围为 1～100℃/min）对生物炭中稳定碳的含量无明显影响。在较高热解温度下，低升温速率（如 5℃/min）则会导致热解过程中发生化学反应的持续时间较长，使得热解温度对生物炭稳定性起主导作用的时间延长，因此会生成稳定碳含量相近的生物炭[59]。除了稳定性以外，升温速率对生物炭的产率也具有影响，一般而言，较低的升温速率会导致较高的生物炭产率[35]。

热解过程中的热解压力也是不容忽视的一个影响因素。Cetin 等[61]注意到随着热解压力由常压增大到 5bar（1bar=10^5Pa）、10bar、20bar 时，生物炭颗粒变大，其活性降低，说明在较高的压力下可以得到较大粒径和较有利表面形貌的生物炭，而粒径的差异有助于提高生物炭的稳定性。Melligan 等[64]也发现随着热解压力从常压增加到 26bar，生物炭中芳香碳的含量也增加。因此，加压热解有利于生产稳定性高的生物炭，同时也很可能提高生物炭产率。除了上述几种参数外，还有少数研究表明应用不同的热解反应器生产的生物炭稳定性之间具有明显差异[65]。

3. 生物炭自身性质

生物炭自身的组成及性质与其稳定性密切相关。生物炭的微观结构特性，如生物炭的碳结构、元素和化学组成都是影响生物炭稳定性的因素，而生物炭不同的组成及性质会导致生物炭稳定性的差异[66]。

生物炭碳结构的芳香性和芳香缩合度是评估生物炭稳定性的最直观指标（主要是芳香性），芳香碳主要来源于形成的碳环以及由碳环缩合和生长形成的更大的薄片和堆叠体。国际纯粹与应用化学联合会（IUPAC）将芳香性定义为环状分子系统的空间和电子结构概念，该概念阐述了环状电子的离域作用增强了热化学稳定性（相对于无环结构）以及在化学转化过程中保留其结构类型的趋势。高芳香度或高芳香缩合程度的生物炭更有利于抵抗生物降解和热化学降解，因而具有较高的稳定性[67]。生物炭的芳香度和芳香缩合度可以通过固相 ^{13}C 核磁共振波谱（NMR）等仪器的碳碳键分析来评估[67]，或者通过分子标记物来分析，如苯多元羧酸（BPCA）[68]。此外，通过 X 射线衍射（XRD）分析估算得到的透层结晶的尺寸也与其芳香度呈正相关[54]。生物炭的元素组成同样可以作为一个间接指标来推断生物炭的芳香碳含量，例如，H/C 的摩尔比可以反映碳结构不饱和的程度，通过计算相对于碳结构饱和物质的含氢量（C_nH_{n+2}）可以得到缺 H 的数量，并可以进一步计算出芳香环的数量。

除了碳结构的芳香度和元素组成，生物炭的化学组成也会对其稳定性产生一定影响。例如，研究证实生物炭中糖脂类、磷脂类、中性脂类和碳水化合物等化学成分在 3.5 年的培育过程中会分解，而缩合芳烃在 3.5 年的培育过程中基本保持不变[69]，因此将原料中的有机质转化为生物炭中的稳定芳香环更有益于碳封存在土壤之中。碳链上的官能团和生物炭的其他降解相关组分也与生物炭的稳定性有密切联系。活性官能团和非芳香性碳结构是不稳定生物炭的主要组成部分，这种不稳定生物炭极易被土壤中的生物或非生物降解[57, 70]。原始生物质主要由含氧官能团和含氮官能团组成，包括羧酸、酚、醇、羰基（醛和酮）、酰胺、胺和杂环等，这些官能团虽然会增加生物炭的表面反应活性，但同时也会降低其稳定性。此外，生物质或生物炭中高的硫或氮含量可能会对生物炭的稳定性产生负面影响。这些官能团可以通过傅里叶变换红外光谱（FTIR）等仪器进行分析[71]。此外，生物炭的粒径[72]、比表面积、孔结构、pH 等都会对其稳定性产生一定影响。例如，细颗粒生物炭比大颗粒生物炭更容易受到微生物的侵袭[72]，Ameloot 等[31]观察到生物炭的生物降解主要依赖胞外酶的活性，而胞外酶作用于粒径较小的生物炭时，其活性较高。

除了生物炭自身的性质对生物炭稳定性的影响外，土壤环境，如土壤有机碳、矿物质、微生物、pH、温度、湿度以及生长在土壤上的作物和植物也会显著影响生物炭在土壤中的矿化[32, 35, 73-76]。生物炭在土壤中的培养是研究复杂土壤-生物炭系统下生物炭的矿化性能的一种常用方法。事实上，对生物炭芳香度、芳香缩合度、官能团等的分析只是对生物炭物理化学稳定性评估的结果，没有分析土壤环境对其稳定性的影响。但是，如果将这些物理化学性质与土壤中生物炭的实际应用的稳定性相关联，即分析这些特性与培养数据和建模研究获得的结果之间的规律性，就可以综合考虑土壤环境的影响，获得一个相对准确的生物炭稳定性评估结果。

7.2　生物炭与土壤碳循环的作用

7.2.1　土壤碳循环

碳循环指的是碳元素在大气圈、水圈、岩石圈、生物圈以及土壤圈各个储层之间流动的交换过程。其中，土壤是陆地生态系统中最大的碳储存库（1500～2500Pg），相当于全球大气碳库（750Pg）的2～3.3倍，陆地植物碳库（650Pg）的2.3～3.8倍。由于土壤碳储存库的库容巨大，土壤中碳含量的微小变幅都有可能引起大气中CO_2的明显变化，从而影响碳素在各个储层之间的流动。因此，深入理解土壤碳的循环过程及影响因素对减缓温室效应具有重大意义。

土壤碳循环是指植物和微观以及宏观上的生物在土壤和大气之间不断进行有机碳化合物和无机碳化合物之间转化的过程（图7-2）。土壤绿色植物通过光合作用将大气中的CO_2固定，合成新的有机物，而凋落的植物残留物进入土壤中，这些由各种有机化合物组成的动植物残体被分解，在分解过程中释放出不同的产物：CO_2、水、能量、植物养分以及再合成的有机碳化合物。通过进一步降解，有机质将被转化成更复杂的腐殖质，从而影响土壤的性质。随着腐殖质被缓慢分解，土壤的颜色会加深，土壤团聚体会增多并且其稳定性也会增加。土壤中存在许多以土壤有机质为碳源的生物，当它们分解土壤有机质时，额外的营养物质（如氮、磷、硫等）会被释放出来，以一种易于利用的方式被植物吸收。

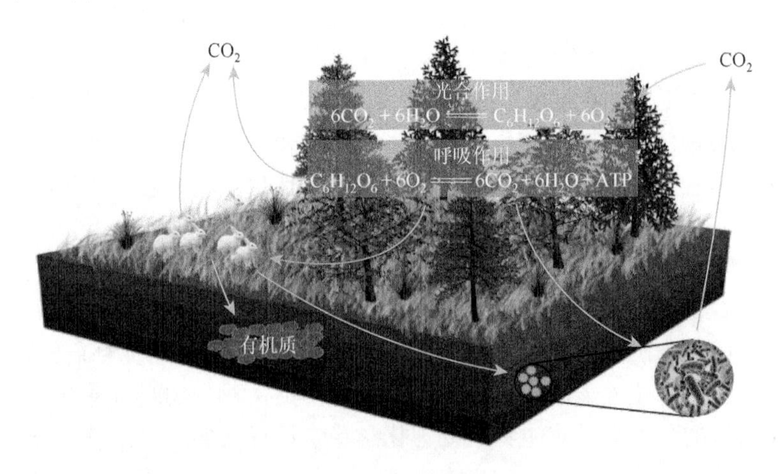

图7-2　土壤碳循环的过程

在土壤碳循环的过程中，由于土壤中的无机碳相对稳定，周转时间较长，因此无机碳在土壤碳循环中所占的比例较少。而在大面积的农牧土地上有机碳的小幅增加能显著减少大气中 CO_2 的量，因此土壤有机碳在土壤碳循环中起着至关重要的作用，土壤中 CO_2 等温室气体的排放也与土壤有机碳的含量息息相关。土壤有机碳是土壤有机质（soil organic matter，SOM）中可测量的组成部分，有机质仅占大多数土壤质量的 2%～10%，在土壤结构、水分、养分的保持和周转，污染物的降解以及土壤恢复方面起着重要作用，对农业土壤的物理、化学和生物功能具有重大意义。土壤有机质主要由碳、氢、氧组成，有机残留物中还含有少量的氮、磷、硫、钾、钙、镁等其他元素。根据粒径、周转时间以及组成成分的不同，土壤有机质可分为四类（表 7-1）：溶解性有机物、颗粒态有机质（particulate organic matter）、腐殖酸以及惰性有机质（resistant organic matter）。由于土壤有机质主要来源于植物残体，它包含了植物所有必需的养分，因此，积累的土壤有机质是植物养分的仓库。此外，土壤有机质中的活性组分、惰性组分以及微生物群落（如真菌）都参与将土壤颗粒结合成更大团聚体的形成过程，较大团聚体有利于形成良好的土壤结构，还有助于通气、入渗和抗侵蚀。由于不易被降解，土壤有机质中的惰性组分主要影响的是土壤养分的保持能力（即阳离子交换能力）和土壤颜色，而土壤有机质中的活性组分主要影响的是土壤的肥力。活性组分的含量虽然少，但是易受微生物、土壤以及植物的影响，同时也参与土壤的生物化学循环过程[77]。目前，土壤有机质的区分主要是通过物理分离手段进行分组的，如离心和沉降（通过密度分组）、超声波分散（通过粒径尺寸分组）以及酸碱提取等[78]。

表 7-1　4 种土壤有机质组分的粒径、周转时间和组成成分

土壤有机质组分	粒径	周转时间	组成成分
溶解性有机物	＜45μm（在溶液中）	几分钟至几天	可溶的根系分泌物、单糖和分解副产物，通常只占土壤总有机质含量的 5%以下
腐殖酸	＜53μm	10～100 年	由含有惰性组分的化合物经过老化、腐烂后而得，可占土壤总有机质含量的 50%以上
颗粒态有机质	53μm～2mm	2～50 年	新鲜或分解后的植物以及可识别细胞结构的动物有机残留物质，占总有机质含量的 2%～25%
惰性有机质	＜53μm～2mm	100～1000 年	相对较惰性的物质，如化学惰性物质或有机残留物（如木炭），占土壤总有机质的 10%左右

土壤有机质的流动和转化是一个受自然因素和人为因素影响的动态过程。其中，自然因素即温度[79]、水分[80]、土壤结构[81]、地势[82]、盐度[83]和植被的覆盖[84]

等都会对土壤中有机质的浓度和转化过程产生影响。此外，人类活动也会对土壤有机质含量产生深远的影响。例如，对原先贫瘠或种植作物的土地进行植被恢复或植树造林，最终有可能增加这片土壤的有机碳库存[85]。相反，砍伐森林则有可能导致土壤有机碳的流失[86]。有研究人员用土壤碳库管理指数（carbon management index，CMI）来研究不同土地利用方式对土壤中有机质的影响[87]，发现不同的土地利用方式也会造成土壤有机质的不同，并且土壤有机质的含量与土壤的理化性质密切相关，是反映土壤肥力和质量的重要指标。相较于自然因素，人为因素对土壤有机质的影响更大，特别是土地利用方式的变化，如森林砍伐等不合理的利用方式会使得土壤中更多的碳素进入大气。研究表明，不合理的土地利用方式大约已释放了 180Gt 土壤碳[88]。除此之外，土壤有机碳极易受到全球气候变化的影响[89]。土壤碳的气相损失主要由 CO_2 和 CH_4 两部分组成。由人为引起的全球气候变化改变了环境温度和 CO_2 浓度，而土壤的呼吸作用（包括异养型微生物的呼吸分解作用和植物根际的呼吸作用）对温度的变化具有敏感性[90]，且易受到土壤水分、CO_2 浓度的作用。另外，在土壤碳循环过程中，CH_4 主要通过产甲烷古菌在厌氧条件下矿化分解碳源而产生，而温度会直接影响该过程，从而影响 CH_4 的排放。

近年来，生物炭的兴起为缓解全球气候变化提供了一个解决方案。作为一种含碳量高的惰性物质，采用生物炭改良策略不仅可以将碳封存很长一段时间，还有研究表明生物炭的施用可以增加土壤有机碳的含量[91]，且在一定范围内生物炭的输入量与土壤有机碳的含量成正比[92]。不仅如此，生物炭也为农村和城市固体废物的资源化处理提供了一条可行路径，不但可以减少因农村和城市固体废物的处理不当所带来的环境污染，而且可以有效地将碳素固定在土壤中并增加土壤中有机碳的含量。因此，本节将重点探讨生物炭与土壤中 CO_2、CH_4 的作用并揭示其固碳减排的机制，以期为生物质资源化所生产的生物炭的土壤生态系统应用提供相应的理论支撑。

7.2.2 生物炭与土壤 CO_2 的作用

近年来，越来越多的研究表明向土壤中添加生物炭不仅可以通过固碳来减缓气候变化，同时还会影响土壤中温室气体的排放。生物炭对土壤中温室气体排放的作用主要体现在三个方面：首先，由于生物炭具有疏松多孔结构以及巨大的比表面积，能够较大限度地保留土壤中的养分和水分；其次，生物炭对土壤的理化性质，如 pH、孔隙度、吸附性能等产生深远的影响，从而也影响土壤中温室气体的排放；最后，生物炭对土壤中微生物的群落组成和结构以及多样性都会有一定的影响。因此，向土壤中添加生物炭也会显著影响土壤中 CO_2 的排放[93, 94]。

在生物炭大规模应用于土壤生态系统之前，评估热解生物炭对土壤系统的影响是非常有必要的。在目前的研究进展中，报道指出在短期实验室培养或田间条件下生物炭能显著减轻温室气体排放。Spokas 等[95]将混合木屑热解得到的生物炭施用于当地土壤中来探究其对土壤中 CO_2 产量的影响，考虑生物炭自身会释放部分 CO_2，经过校正后发现生物炭的添加明显抑制了土壤中 CO_2 的排放，并且生物炭的添加量与这种抑制作用成正比。此外，Case 等[96]对种植芒草生物能源作物的土壤进行了为期 2 年的生物炭改良试验，发现经过改良后土壤 CO_2 排放量减少约 33%，土壤年净 CO_2 排放量当量减少 37%，这种抑制作用可能是由酶活性的降低、碳利用效率的提高和 CO_2 在生物炭表面的吸附等综合效应所引起的。还有研究表明，生物炭输入土壤后主要是通过吸附土壤中不稳定碳，降低土壤微生物对不稳定碳的可利用性，从而降低土壤中 CO_2 的排放[94]，或者通过吸附一些参与土壤有机质分解的土壤酶来降低酶活性[97]。另一项研究则显示生物炭经过钾改性后，其固碳潜力得到了明显的提升（45%）[98]，经过换算后相当于全球生物炭的固碳潜力超过 2.6Gt $CO_{2\text{-}eq}$/a。与生物质原料相比，生物炭对 CO_2 排放的影响是截然不同的。Hu 等[99]研究了向土壤中分别添加小麦秸秆和生物炭后对温室气体排放量的影响。研究表明，与生物质的作用相反，生物炭的添加能明显减少 CO_2 和 N_2O 的排放量。近期研究也报道了老化的生物炭和新制备的生物炭与土壤有机碳之间的相互作用[100]，长期的观察结果表明土壤固碳量的下降与老化生物炭的吸附减弱有关。近期关于生物炭作为土壤改良剂抑制或减少土壤温室气体排放量的研究成果被用于为拟议的环境管理政策法规提供理论支撑，而是否将生物炭纳入未来的环境管理对于温室气体排放时间长短非常重要。Spokas[101]评估了生物炭的自然老化对土壤中温室气体的排放和消耗的影响，在农田中经过一段时间（2008～2011 年）老化后，经历过风化作用的生物炭增加了土壤中 CO_2 的释放，相比于新鲜的生物炭增加了 3～10 倍，这表明老化后生物炭的微生物矿化率明显提高。另外，老化后的生物炭对试验土壤的产甲烷古菌活性没有显著影响。目前假设生物炭的添加可以增加土壤中难降解性碳的含量，甚至可以通过在生物炭表面聚集土壤有机质和营养物质来增加土壤微生物生物量[102]，但仍不清楚这是否会导致原生土壤中碳的矿化率增加[101]。

即使生物炭作为一种提高土壤固碳能力的改良剂已被广泛接受，但是生物炭对土壤中 CO_2 排放的影响仍存在一些争议。一项研究发现，生物炭对中国农业土壤的呼吸作用没有产生任何影响[10]，生物炭的添加没有改变土壤微生物对碳的利用效率，因此土壤中 CO_2 的排放量也没有发生明显变化。不仅如此，研究发现生物炭的输入甚至会引起土壤中 CO_2 的排放量增加。Smith 等[103]认为生物炭的输入与土壤中不稳定有机碳的增加有关，这会促使土壤中 CO_2 的释放。Sagrilo 等[104]研究了土壤有机碳与生物炭之间可能的相互作用，他们将 46 项关于生物炭改良土壤的 CO_2 排放的研究结果合并在荟萃分析中，结果表明，经生物炭处理后的土壤 CO_2 排放量显著增加了 28%，说明生物炭与土壤有机碳的相互作用加速了土壤有机碳的损失。当生物炭与土壤有机碳的比值＞2 时可以明显观察到土壤中 CO_2 排放量的增加。而当生物炭与土壤有机碳的比值＜2 时土壤中 CO_2 排放量则无明显变化。据此可以通过生物炭与土壤有机碳的比值来预测土壤中 CO_2 排放量的变化。不仅如此，Scheer 等[105]也评估了生物炭的添加对牧场土壤中 CO_2 排放量的影响。他们认为土壤中高 CO_2 排放量可能是由于该牧场的生产力和土壤微生物周转率高，因而其潜在的矿化率较高。Wu 等[106]则发现土壤温度和土壤水分都对土壤中 CO_2 的排放量具有显著的促进作用，而其他土壤参数，如容重、土壤有机碳、总氮和沙土含量则对土壤中 CO_2 的排放影响不明显。除此之外，Zimmerman 等[107]的研究成果表明生物质的碳化温度也是影响土壤中 CO_2 排放的重要因素，草本类生物质在低温（250℃和 400℃）下生成的生物炭施用于土壤中会促进土壤碳的矿化，尤其是在土壤改良的初期阶段（前 90 天）以及土壤有机碳含量较低的条件下。相反地，由阔叶类生物质在高温（525℃和 650℃）下生成的生物炭应用于土壤则会抑制土壤碳的矿化，尤其是在土壤改良的末期阶段（第 250～500 天）。此外，Spokas 和 Reicosky[108]选择了 16 种不同来源的生物炭以及两种不同的土壤类型，通过研究发现约有 1/3 的生物炭会促进土壤有机碳的释放，约有 1/3 的生物炭会抑制土壤有机碳的释放，剩下 1/3 则对土壤有机碳的释放无明显影响。另一项研究也证实了由松木高温热解得到的生物炭应用于土壤时并没有促进土壤的呼吸作用，然而由草热解得到的生物炭输入土壤后会明显促进土壤的呼吸作用[33]。由此可以看出，生物炭对土壤中温室气体排放的影响并不是单一的，且这种作用受生物炭和土壤性质的影响。部分研究直接或间接地证实了生物炭的输入对土壤中 CO_2 排放的促进作用，这种促进的机制主要有以下几个方面[94]：生物炭输入引起的土壤物理性质（容重、孔隙度、含水量）的变化；土壤中生物对从生物炭中释放的有机碳组分的分解；生物炭中无机碳的非生物释放；生物炭促使土壤有机质的生物降解或非生物降解导致的 CO_2 释放。除了这些因素外，对生物炭改良方法的评估也全面考察了由生物炭引起的反射率变化对气候的影响。Meyer 等[109]利用全球增温潜势（global warming potential，GWP）特征因子建模的生物炭系统，发现由于反射率的变化，减缓温室气体的总体效益减少了 13%～22%。

目前，相关文献分别揭示了生物炭的输入对土壤中 CO_2 排放的促进、抑制或者微不足道的影响（表 7-2），而生物炭的添加对土壤 CO_2 的作用取决于很多因素[110, 111]，如生物炭的种类、土壤的类型、当地环境条件、土地利用方式等。因此，关于生物炭的添加对土壤呼吸作用所产生的直接影响或间接影响及其相关机制仍有待探索，与该过程相关的影响因素也有待进一步补充。

表 7-2　生物炭的性质及其对 CO_2 的固碳减排效果的影响

生物质	制备条件	比表面积/（m^2/g）	pH	生物炭元素含量/%				阳离子交换能力/（$cmol^+/kg$）	固碳减排效果[a]	实验周期	参考文献
				C	H	O	N				
阔叶类树木	400℃/24h		9.25	72.3			0.71	145	↓	10～14个月	[96]
阔叶类树木	400℃/24h		9.25	72.3			0.71	145	—		[110]
东部伽马草和甘蔗渣	250℃或400℃	129～522							↑	505d	[97]
橡木红木松木	525℃或625℃	396～627							↓	505d	[97]
芒草	450℃/21.5min								↓		[98]
小麦秸秆	450℃		9.93	69			0.3	39	↓	15 个月	[99]
小麦秸秆、玉米秸秆、水稻秸秆	550～650℃/1h								—		[10]
柳枝稷	500℃/2h		9.7	52			1.6		↑	50d	[104]

a：固碳减排效果中的↑表示促进释放，↓表示抑制排放，—表示无明显影响。

7.2.3　生物炭与土壤 CH_4 的作用

CH_4 作为一种长期存在的大气温室气体正威胁着全球气候系统[112]，其在 100 年的时间范围内产生的相对持续的全球变暖潜力（sustained global warming potential，SGWP）是 CO_2 的 45 倍。CH_4 的来源主要有自然来源和人为来源。自然排放（每年约 2.5 亿 t）主要由微生物产甲烷作用主导，这一过程是由存在于湿地、海洋等的一群厌氧古菌完成的。人为来源主要是水稻种植、垃圾填埋、化石燃料提取和畜牧业等，这些人为来源的排放量超过了自然来源的排放量[113]。目前普遍认为，大气中 CH_4 浓度从 1750 年工业时期开始时的约 700ppbv（ ppbv 表示 10^{-9}）上升到目前的约 1800ppbv，主要是人类活动的结果[114]，而这种增长在很大程度上是由 CH_4 的产生和消耗之间日益失衡所导致的[115]，造成这种不平衡的一个主要原因是农业种植地的扩张减少了土壤对大气中 CH_4 的氧化消耗。有研究表明，从 19 世纪中期至今，若没有土地转换成农业种植地，则土壤中 CH_4 储存库会增加 3 倍以上[116]，即从每年 8Tg 增加到 27Tg（$1Tg=10^{12}g$）。

土壤中 CH_4 的循环与土壤中 CO_2 的循环有所不同（图 7-3）[113, 117]：首先，土壤中的产甲烷古菌在厌氧条件下将有机残留物（如植物残体、粪便等）进行分解从而产生 CH_4。产生的一部分 CH_4 被甲烷氧化菌捕获并在有氧区（在表层土壤或植物根系部分）氧化，该过程的速率取决于 O_2 的浓度；另一部分 CH_4 则通过植物传输或直接气体逸散的方式释放到大气中。其次，CH_4 氧化得到的 CO_2 被释放到大气中，参与土壤中的 CO_2 循环。作为固碳减排的有效手段之一，生物炭也被考虑用来减缓土壤中 CH_4 的排放[118]。为了评估生物炭减轻温室气体排放的实际效益，有必要量化生物炭对改良土壤中 CH_4 产量的影响，尤其是在湿地、河湖底泥、稻田等具有高 CH_4 排放通量的厌氧土壤环境中[117]。

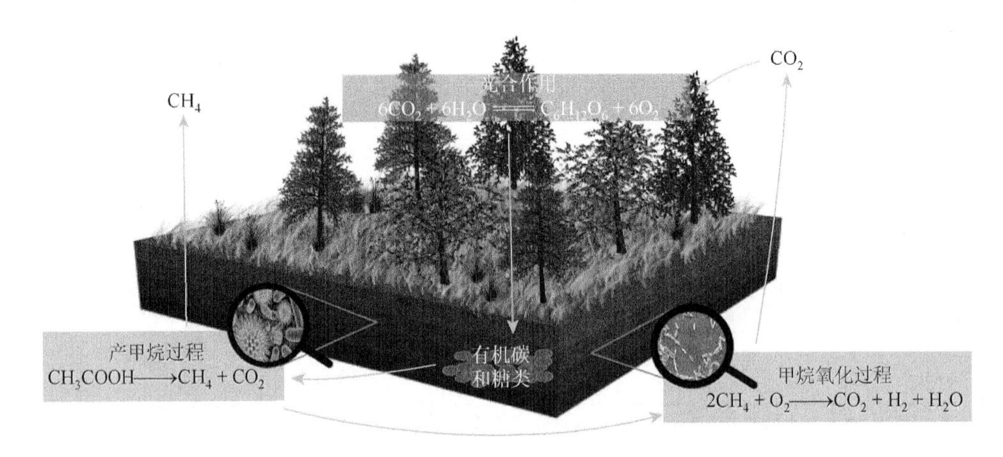

图 7-3 土壤 CH_4 循环的过程

Dong 等[119]在稻田试验中比较了生物炭和秸秆的应用对 CH_4 排放的响应。在 2 年的土壤改良实验中发现，与直接还田相比，在水稻生长周期内将源于秸秆的生物炭输入稻田可减少 47.30%～86.43%的 CH_4 排放。此外，该研究还发现源于水稻秸秆的生物炭比源于竹子的生物炭在降低稻田 CH_4 排放方面更有成效。另一项研究通过室内实验模拟了预测的未来温度和 CO_2 的升高情况，并且探究了源于水稻秸秆的生物炭在这种情况下对稻田土壤中 CH_4 排放的影响[120]。结果表明，经过生物炭改良后稻田的 CH_4 排放量减少了 39.5%，这主要是因为产甲烷古菌活性的降低，以及甲烷氧化菌的颗粒性甲烷单加氧酶基因（particulate methane monooxygenase genes，pMMO）丰度以及 CH_4 氧化活性的增加。Wang 等[121]进行了一项为期 4 年的田间试验来探究生物炭的添加对田间温室气体排放的影响，结果显示，在这 4 年田间试验期间源于秸秆的生物炭每年降低了 20%～51%的 CH_4 排放量。此外，该研究还表明，当生物炭的添加量为 24t/hm^2 时可以作为一种可持续并且经济的方案来缓解田间温室气体的排放。Chen 等[122]则应用了一个基于过程的生物物理模型来分析影响 CH_4 排放的因素。他们通过 3 年（2012～2014 年）

的田间试验和模型分析比较了秸秆以及源于秸秆的生物炭对农田中 CH_4 排放的作用。结果表明，经过生物炭改良后的土壤的通气性提高，因而 CH_4 的排放量较低。而经过秸秆生物质改良后的土壤中，底物碳的可利用率增加，因而 CH_4 的排放量较高。Ly 等[123]和 Knoblauch 等[124]的研究也得到了相似的结果。

土壤中 CH_4 的释放或固定是产甲烷古菌和甲烷氧化菌共同作用的结果，生物炭的制备条件、土壤的类型及相关物理化学性质都可能作用于产甲烷古菌和甲烷氧化菌，从而对土壤中 CH_4 的排放产生影响，不一样的条件则有可能产生不一致的结果。例如，Mohammadi 等[125]利用生命周期评价分别评估了残留物的露天焚烧和转化成生物炭对气候变化的影响，而不论是露天焚烧模式还是生物炭转化模式，这两者碳足迹的最大贡献者都是 CH_4 的排放。与露天焚烧模式相比，生物炭转化模式使夏稻和春稻的碳足迹分别减少了 14%和 26%，8 年后这两个数值分别上升到 38%和 49%。Thomazini 等[126]通过数据分析提高了由阔叶木屑在 550℃的快速热解制得的生物炭对温室气体影响的可预测性。他们探究了 10 种不同土壤中影响 CO_2、N_2O 和 CH_4 排放的驱动变量，结果显示，生物炭对 N_2O（$P=0.03$）和 CO_2（$P=0.04$）的排放有显著影响，但对 CH_4（$P=0.90$）的产生或氧化效率没有发现明显作用。对于 CO_2 的排放而言，若不考虑生物炭释放的 CO_2 的影响，CO_2 矿化速率没有明显变化，这也间接证实了 CO_2 排放量的增加主要归因于生物炭的非生物分解所释放的 CO_2。另一项田间试验则是在水稻生长的两个周期内利用小麦秸秆衍生生物炭进行土壤改良[11]，结果表明在添加量分别为 40Mg/hm^2（1Mg = 10^{6}g）和 10Mg/hm^2 时土壤中 CH_4 的排放量分别增加了 49%和 31%。此外，有研究表明土壤中 CH_4 的释放或氧化与土壤中的含水量以及微生物群落有关[127]，当含水量增加时土壤则从 CH_4 库转变为 CH_4 源，且添加生物炭后效果增强。当含水量低时，施用生物炭的土壤中 CH_4 的氧化活性要高于未施用生物炭的土壤，而在含水量高的情况下恰恰相反。

尽管许多研究表明生物炭对减缓土壤中 CH_4 的排放展示出了巨大的潜力，然而不同的生物炭对不同土壤中 CH_4 的排放也会产生不同的效果（表 7-3）。就同一种生物炭而言，其热解参数的不同也会导致截然不同的结果，因此关于生物炭的大规模、长期的应用效果仍然需要进一步论证。关于生物炭的制备条件以及土壤的物理化学性质与 CH_4 排放之间的关系也需要进一步明确。

表 7-3　生物炭的性质及其对 CH_4 的固碳减排效果的影响

生物质	制备条件	比表面积/(m^2/g)	pH	生物炭元素含量/%				阳离子交换能力/(cmol$^+$/kg)	固碳减排效果[a]	实验周期	参考文献
				C	H	O	N				
花生壳	481℃	286	—	60.2	0.9	10.3	0.9	—	—	100d	[108]
椰壳	450℃	960	—	83	0	0	0.4	—	—	100d	[108]

续表

生物质	制备条件	比表面积/(m^2/g)	pH	生物炭元素含量/%				阳离子交换能力/($cmol^+$/kg)	固碳减排效果[a]	实验周期	参考文献
				C	H	O	N				
阔叶树木	538℃	7.2	—	53	2.6	10	0.4	—	—	100d	[108]
桦木	400℃/2～2.5h	3.6	—	77.83	—	—	0.77	—	↓	1.5个月	[128]
水稻秸秆	600℃/2h	97	10.2	51.3	2.62	—	1.07	44.7	↓	2年	[119]
小麦秸秆	500℃	—	9.3	41.83	—	—	0.58	28.6	↓	4年	[121]
阔叶木屑	550℃	0.8	7.1	63.9	3	11.8	0.44	—	—	45d	[126]
小麦秸秆	350～550℃	8.92	—	46.7 SOC	—	—	0.59	—	↑	2年	[11]

a：固碳减排效果中的↑表示促进释放，↓表示抑制排放，—表示无明显影响。

7.3 生物炭与土壤氮循环的作用

据估计，N_2O 的增温潜势是 CO_2 的 298 倍[9]，其对全球气候系统产生了巨大的影响[129, 130]。此外，N_2O 是大气中最主要的臭氧消耗化合物，并且预计在 21 世纪将继续保持其最大臭氧消耗化合物的地位[131]。不仅如此，氮在环境中的化学转化也会带来一系列的负面影响，例如，释放出的氮氧化物分子首先会引起光化学烟雾，然后在大气中氧化成硝酸沉积在地面上，导致生态系统酸化和富营养化[132]。工业化之前大气中 N_2O 的浓度按体积计算为 270ppm，而目前大气中 N_2O 的含量约为 324ppm[130]。N_2O 的排放主要是通过土壤中的氮素转化产生的，其次 N_2O 还可以通过非生物氧化还原反应产生[133-135]。氮肥的广泛使用和化石燃料的燃烧作为两个主要的人为来源使得排放到大气中的氮超过了 160Tg。人类活动促进的氮循环不是单一发生的，这个过程还会引起很多其他元素循环的变化，如 P、S、C 等[136]。由人类活动引起的对全球氮循环、碳循环的干扰在一定程度上是互相关联的。这主要是由于大气环境可以非常有效地传播所排放的氮氧化物和氨，这些氮以一种植物可以利用的形式沉积在地上，从而刺激了植物的生产力并且促使其从大气中吸收 CO_2[132]。

与碳循环相似，全球氮循环主要是由土壤中的微生物起主导作用。土壤中的氮循环主要由固氮、硝化和反硝化三个作用组成[113]（图 7-4）。其主要过程是大气中的 N_2 沉降到土壤表层，然后土壤中的固氮菌通过固氮反应将 N_2 转化为 NH_4^+，与此同时，活性氮组分如 NO_3、NH_3 通过干沉降或湿沉降进入土壤。此外，人为添加的氮肥、动植物残留物、粪便都可以释放 NH_4^+ 进入土壤。然后，大量的 NH_4^+ 被土壤植物或微生物利用，余下的 NH_4^+ 被亚硝酸细菌和硝酸细菌通过硝化作用转

化为 NO_3^-。大部分 NO_3^- 在反硝化菌的帮助下通过一系列的中间产物（NO_2^-、NO、N_2O）最终被还原为 N_2，余下的部分 NO_3^- 则渗入地下水中或被植物利用。其中，硝化作用和反硝化作用极易受土壤的水分和湿度影响，因为增加水分含量会降低土壤微生物的可利用氧的含量[137, 138]。不论是哪种土壤类型，硝化细菌的活性大约在土壤持水量（water-holding capacity，WHC）为 60%时达到峰值，之后 O_2 便成为限制因素，因而硝化细菌的活性随着持水量的上升而下降，而反硝化菌的活性会在持水量＞70%后随之上升[139]。此外，另一个衡量土壤曝气程度的标准——土壤含水孔隙率（water filled pore space，WFPS）也常被用来估计硝化菌和反硝化菌的活性[140]。

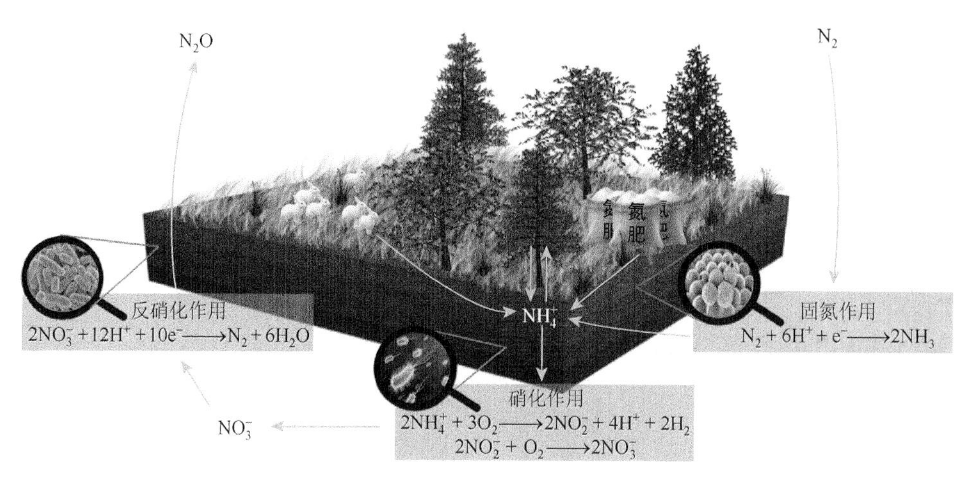

图 7-4　土壤中 N_2O 循环的过程

N_2O 作为土壤微生物硝化和反硝化过程的副产物排放到大气中，影响 N_2O 释放到大气中的因素有很多，气候、土壤和管理等的差异都会引起 N_2O 的排放量在空间和时间上发生变化（图 7-5）。其中，Cosentino 等[141]探究了土壤的部分性质（表层土壤温度、含水孔隙率）对 N_2O 排放的影响，结果显示当表层土壤温度低于 14℃时，N_2O 的排放量很小［平均 4.22μg/(m²·h)］，而当表层土壤温度在 14～23℃并且含水孔隙率为 58.5%时，N_2O 的排放量达到最大值［平均 61.87μg/(m²·h)］，当表层土壤温度超过 23℃并且含水孔隙率低于 58.5%时，N_2O 的排放量平均为 21.4μg/(m²·h)。因此可以预测，在冬季（表层土壤温度低于 14℃）时 N_2O 的排放量较小甚至可以忽略不计，而当春季（表层土壤温度超过 14℃）并且含水孔隙率为 60%～70%时 N_2O 的排放量可能会上升。类似地，Gu 等[142]也探讨了土壤的物理化学性质对 N_2O 排放的影响，他们发现土壤的结构（黏土和泥沙含量）、pH 以及交换性的 Mg 含量与 N_2O 的排放显著相关（没有校正背景值的情况下），其中土壤中黏土的作用可能是降低了土壤中气体的扩散性并且促使N_2O通过反硝化作用还原，因而有效地控制了土壤中N_2O的释放。然而，研究还发现冬末春初湿润期间，在坡肩、坡背和坡脚位置的土壤含水孔隙率和N_2O排放之间没有显著差异（$P>0.184$），他们推测是由于排水系统部分抵消了地形对土壤水文过程的影响，进而影响了N_2O的排放。此外，NO_3^-的浓度、可利用性碳、O_2浓度以及土壤pH也可以通过影响土壤的反硝化作用进而影响土壤N_2O的排放。例如，当NO_3^-浓度较高时会导致不完全的反硝化作用，抑制N_2O还原酶的活性，因此随着NO_3^-浓度的升高，土壤排放的N_2O/N_2的比例也会有所上升[143, 144]。而一般认为可利用性碳的增加会降低N_2O/N_2的排放比例，这主要是由于可利用性碳可以作为反硝化细菌的能量来源，从而可以通过增强呼吸创造厌氧条件来触发反硝化作用[145-147]。N_2O还原酶在O_2存在的条件下活性被抑制，而在厌氧或缺氧的条件下有相反的作用，因此土壤的压实可以有效地促进反硝化的速率[148]。在酸性环境中反硝化速率比较慢，因此在pH比较低的土壤中，N_2O常常作为主要产物被释放出来[149, 150]。除了土壤的物理化学性质外，人类活动对土壤氮循环也会产生巨大的影响。有研究表明，每当有1t活性氮（主要是肥料）沉积在地球表面将会释放10～50kg N_2O到大气环境中[151]。据估计，施用粪便肥料所产生的净N_2O排放因子（1.13%）与添加合成氮肥（1.25%）和作物残留物（1.06%）相似[152]，表明施用粪肥导致的N_2O排放与其他土壤改良物相似。

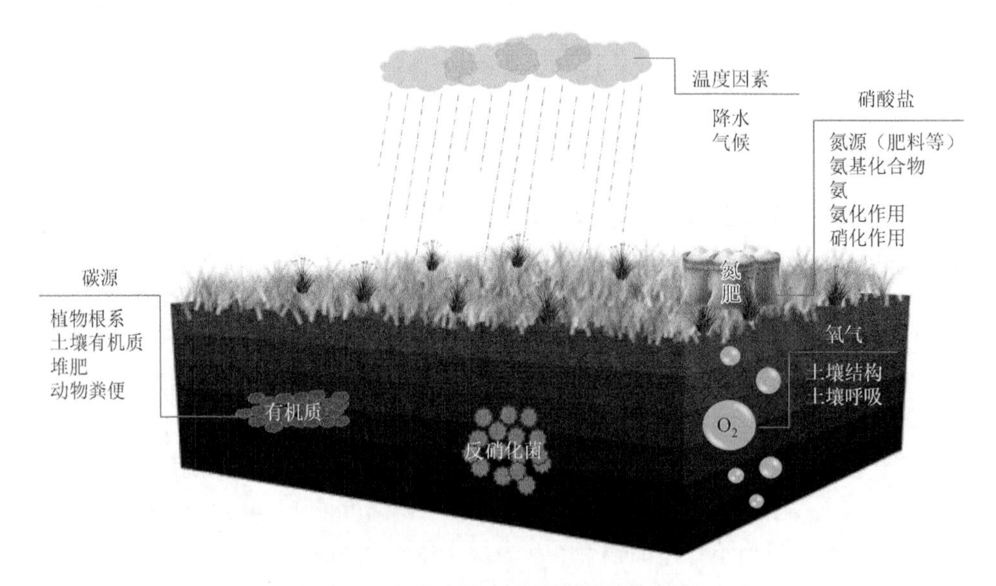

图7-5　影响土壤中反硝化作用的因素

由此可见，土壤中的微生物对周围环境的改变较为敏感，而土壤的物理化学性质和人类的活动等都会促使土壤中的微生物迅速做出反应，从而影响微生物的固氮作用、硝化作用以及反硝化作用。生物炭是一种具有多孔性、高比表面积的含碳量高的固态物质，并因其富含矿质元素而呈碱性，当其输入土壤后会对土壤的 pH[15, 153]、通风情况[154]、可利用的 NO_3^- 和有机碳的浓度[155, 156]等产生显著影响，从而也会在一定程度上影响土壤氮循环。因此，讨论生物炭对土壤氮循环的影响并阐明生物炭对土壤 N_2O 减排的机制是非常有必要的。

N_2O 作为三大温室气体之一，其对全球气候系统的影响受到广泛关注。生物炭作为一类在厌氧或缺氧环境中高温热解得到的芳香化固态物质[128]，具有比较高的孔隙度和比表面积，对 NH_4^+ 具有很好的吸附能力，还可以通过改变硝化菌和反硝化菌的能源底物从而影响土壤中 N_2O 的排放[157-159]。近年来，大量研究都致力于探究生物炭对土壤中 N_2O 排放的影响，并阐明生物炭对土壤中 N_2O 排放的作用机制。

目前已提出的关于生物炭对土壤中 N_2O 释放的影响机制可分为两类：生物作用机制（微生物群落、微生物与植物的相互作用等）和非生物作用机制（土壤环境条件、土壤的物理化学性质等）。例如，van Zwieten 等[153]将生物炭施用于酸性富铁土壤中来观察土壤中 N_2O 的排放情况。在添加 165 kg/hm^2 尿素作为氮源的情况下，对照组的土壤释放了 3165 mg/m^2 N_2O，而添加了生物炭的土壤最大可以将土壤中 N_2O 的释放量减少到 518 mg/m^2，他们将这种减排归因于生物炭对 NO_3^--N 有较强的吸附作用，而曝气和孔隙度所起到的作用并不明显。Nelissen 等[160]则从土壤氮循环的角度阐明生物炭对土壤中 N_2O 排放的作用。他们采用 ^{15}N 追踪实验与数据分析相结合的方法来探究生物炭与土壤总氮转化过程的影响。结果显示，添加生物炭之后加速了土壤中的氮循环，其中总氮矿化（185%～221%）、硝化作用（10%～69%）和 NH_4^+ 消耗率（333%～508%）均得到了不同程度的提升，即通过将土壤中难降解有机氮矿化并随后将 NH_4^+ 固定在土壤有机氮中，从而增加了土壤中氮的生物有效性。除此之外，Rogovska 等[161]探究了添加生物炭后土壤的容重与 N_2O 排放的相关性，结果显示在生物炭改良的后期，土壤中 N_2O 的排放明显减少，他们推测这主要是由土壤通气性的增加所引起的。另有研究发现，生物炭对土壤中 N_2O 排放量的影响与其热解温度有关[162, 163]。此外，低温热解（300～400℃）得到的生物炭中残留的多环芳烃对土壤中 N_2O 的排放量起到不容忽视的作用，生物炭在低温热解制备过程中去除了酚类化合物后会极大地降低土壤中 N_2O 的排放量。虽然生物炭对土壤的潜在影响通常表现为碳封存和土壤质量的改善，但它们也有可能影响居住在土壤中的微生物群落[102]。Ducey 等[164]探究了生物炭改良后对参与土壤氮循环的微生物群落产生的相关影响。他们利用定量实时聚合酶链反应（quantitative real-time polymerase chain reaction，qPCR）技术测量了参与氮循环的五种基因丰度，研究发现经过10%生物炭处理的土壤中，与固氮和反硝化作用相关的基因的相对丰度显著增加，因此生物炭的输入对土壤中的微生物群落具有突出作用。Xu 等[165]将高通量测序技术应用于生物炭改良后的土壤微生物群落也得到了类似的结果。不仅如此，还有研究发现生物炭的添加还可以改变 N_2O 还原微生物群落的组成[166]。除了降低土壤中温室气体的排放，生物炭还可以抑制堆肥过程中 N_2O 的释放，特别是在堆肥后期阶段[167]。

生物炭的输入所带来的对 N_2O 排放的影响不全是积极的。原料、热解参数和碳氮比等都是影响 N_2O 排放的关键因素[133]。Cayuela 等[133]对 2007～2013 年的 261 项研究也进行了荟萃分析，他们发现其中有关土壤 N_2O 排放减少的实验室研究和实地研究占 54%，而原料、热解参数和碳氮比是影响 N_2O 排放的关键因素。有研究讨论了猪粪热解得到的生物炭混合在土壤中对温室气体 CO_2、CH_4、N_2O 排放的影响[168]，猪粪生物炭改良后土壤的 N_2O 排放量明显上升，这主要是含水孔隙率和有机碳较高使得反硝化作用也得到了增强。另外，猪粪生物炭改良后土壤的 CO_2 排放量也增加，他们认为这是由碳的矿化速率加快，即生物炭携带的不稳定碳的矿化或是生物炭致使的土壤有机质矿化速率提高导致的。Singh 等[169]也发现了生物炭输入土壤不久后 N_2O 的排放量明显上升，他们将这个现象归因于家禽粪便热解得到的生物炭本身就具有较高的不稳定氮含量，并且微生物的活性加快了 N_2O 的产生。Borchard 等[170]利用荟萃分析方法对源自 88 个出版物的 608 份报告进行分析，关于 N_2O 排放量减少的报告占 38%，然而在生物炭施用一年后，生物炭对土壤中的 N_2O 排放减少作用显著降低，甚至可以忽略。

尽管如此，大多数研究表明生物炭的输入对土壤氮循环仍然具有不容忽视的作用（表 7-4）。生物炭的输入可以通过以下几个方面来影响土壤中氮素的循环：生物炭的输入改善土壤的物理化学性能（如孔隙度、pH），从而间接地优化土壤微生物的生存环境，加速土壤氮循环。另外，生物炭本身含有的营养成分也可为微生物群落提供养分，提高土壤微生物的固氮能力。此外，因其独有的孔隙度以及高比表面积，生物炭可以通过吸附限域的方式来抑制反硝化作用，从而降低 N_2O 的排放量。

表 7-4 生物炭的性质及其对 N_2O 的固氮减排效果的影响

生物质	制备条件	比表面积/(m^2/g)	pH	生物炭元素含量/ %				阳离子交换能力/($cmol^+$/kg)	固氮减排效果[a]	实验周期	参考文献
				C	H	O	N				
花生壳	481℃	286	—	60.2	0.9	10.3	0.9	—	↑	100d	[108]
生物来源	465℃	63.5	—	42.7	—	—	2.2	—	↑	100d	[108]

续表

生物质	制备条件	比表面积/(m^2/g)	pH	生物炭元素含量/ %				阳离子交换能力/($cmol^+$/kg)	固氮减排效果[a]	实验周期	参考文献
				C	H	O	N				
木屑颗粒	—	24	—	69	3.3	20.0	0.1	—	↑	100d	[108]
阔叶类树木	400℃/24h	—	9.25	72.3	—	—	0.71	145	—	10～14个月	[96]
阔叶类树木	400℃/24h	—	9.25	72.3	—	—	0.71	145	↓		[110]
蒙特利松木	—	—	—	—	—	—	—	—	↓	86d	[171]
小麦秸秆	500℃	—	9.3	41.83	—	—	0.58	28.6	先↑后↓	4 年	[121]

a：固氮减排效果中的↑表示促进释放，↓表示抑制排放，—表示无明显影响。

除了 CO_2、CH_4、N_2O 这三种温室气体之外，温室气体还包括氟烃[172]（fluorohydrocarbons，HFCs）、全氟化合物[173]（perfliorocarbons，PFCs）以及六氟化硫（SF_6）等，这些温室气体对气候变化的影响主要取决于它们自身的性质、在大气中的丰度及其产生的潜在间接作用。目前，针对温室气体的研究主要是针对 CO_2、CH_4、N_2O 这三种，其中 CO_2 由于数量多，其贡献率占比高达 55%[174]。

7.4　小结与展望

土壤既是温室气体的源，又是温室气体的汇，土壤更是人类赖以生存的重要基础。人类对土壤不合理的开发利用不仅影响全球气候系统，还会对土地作物、淡水资源和生物多样性等产生巨大冲击，这些过程的变化会给人类健康和生态系统的稳定带来巨大风险。

在众多减缓和应对方案中，通过固体废物资源化来制备生物炭回土应用引起了学术界的广泛讨论，该方案不仅为合理处置固体废物提供了新的思路，还为减缓土壤中碳库、氮库的流失提供了切实可行的途径。本章首先阐述了生物炭的固碳潜力及其稳定性，为生物炭的固碳减排应用奠定理论基础，然后通过分析整合国内外相关的研究成果，介绍了土壤碳循环、氮循环的过程以及温室气体产生的成因，并深入探讨了生物炭在土壤碳循环、氮循环中所发挥的作用以及相关机制，阐明了生物炭在固碳减排方面的应用潜力。

生物炭在减缓全球气候变暖方面已展现出了广阔的应用前景，近年来大量的相关研究也从侧面佐证了这一点。但是，目前大多数研究都是在实验室或是温室中完成的，长期、大规模的应用效果还需要进一步论证，并且生物炭对生态系统的影响以及生态毒性方面的研究还不完善。关于生物炭在固碳减排方面的应用还需要完善以下部分研究。

为了满足日益增长的粮食生产需求，大量的氮肥和有机肥料被投入土壤中用于促进作物的生长，而这些肥料与生物炭的相互作用会影响土壤中温室气体的排放。目前关于这些肥料与生物炭的结合使用对温室气体排放的影响仍不清楚。

目前大多数针对生物炭对温室气体排放影响的研究都是短期实验，缺乏长期实验观察，而观察短期的变化不足以证明生物炭的长期影响。此外，实验室数据应与实地数据结合起来，这样才能更全面、科学地反映生物炭在土壤中起到的作用。

大多数研究只关注于生物炭的输入对土壤温室气体排放量的影响，缺乏更深入的研究，如生物炭输入后对土壤中微生物及作物的影响，关于生物炭与微生物、植物这三者之间相互作用的研究更是微乎其微，生物炭对土壤温室气体排放的影响机制需要将土壤看作一个完整的系统，孤立讨论其中某一方面的因素都是不全面的。

在生物炭固碳潜力的评估中，目前用得比较多的是生命周期评价法，然而不同系统的应用、系统边界的模糊定义、功能单元不同的选取标准都给生物炭固碳潜力估算的横向比较带来了难度。因此，对生命周期评价法进行标准化和规范化的界定及定义是未来研究中必须完善的一环。

生物炭的原料及其制备参数对其本身的物理化学性质、元素组成、孔隙度以及结构等都会产生巨大的影响，而目前研究中所采用的生物炭的来源丰富，制备参数和制备工艺各不相同，难以对这些研究结果进行比较分析。农村和城市固体废物因其价格低廉、容易获得而受到广大研究者的青睐，从而制定相关的热解参数标准、选取统一的评价方法成为开展相关工作的必要前提。

目前围绕生物炭已开展了许多研究，生物炭的应用也越来越广泛，大气、水以及土壤的应用中都加入了对生物炭的研究讨论。然而，由于生物炭来源广泛、成分复杂、容易制备等特点，也为环境带来了一些不确定的因素。某些生物质（如污泥等）含有重金属等污染物和病原体，由其制备而得的生物炭输入环境中有可能会进一步污染环境，而目前关于生物炭输入土壤用于固碳减排的研究中极少有关于其环境毒性的讨论。因此，未来研究则需进一步弥补生物炭环境风险评估方面的空白。

参 考 文 献

[1] Li K，An X，Park K H，et al. A critical review of CO_2 photoconversion：Catalysts and reactors[J]. Catalysis Today，2014，224：3-12.

[2] Srivastava P K，Kumar A，Behera S K，et al. Soil carbon sequestration：An innovative strategy for reducing atmospheric carbon dioxide concentration[J]. Biodiversity and Conservation，2012，21（5）：1343-1358.

[3] Kundu S，Bhattacharyya R，Prakash V，et al. Carbon sequestration and relationship between carbon addition and

storage under rainfed soybean—wheat rotation in a sandy loam soil of the Indian Himalayas[J]. Soil and Tillage Research，2007，92（1）：87-95.

[4] Woolf D，Amonette J E，Streetperrott F A，et al. Sustainable biochar to mitigate global climate change[J]. Nature Communications，2010，1（1）：56.

[5] Paustian K，Lehmann J，Ogle S，et al. Climate-smart soils[J]. Nature，2016，532（7597）：49-57.

[6] Hanssen S V，Daioglou V，Steinmann Z J N. et al. The climate change mitigation potential of bioenergy with carbon capture and storage[J]. Nature Climate Change，2020，10：1023-1029.

[7] Zhang A，Cui L，Pan G，et al. Effect of biochar amendment on yield and methane and nitrous oxide emissions from a rice paddy from Tai Lake plain，China[J]. Agriculture，Ecosystems & Environment，2010，139（4）：469-475.

[8] Marris E. Putting the carbon back：Black is the new green[J]. Nature，2006，442（7103）：624-626.

[9] Zhang C，Zeng G，Huang D，et al. Biochar for environmental management：Mitigating greenhouse gas emissions，contaminant treatment，and potential negative impacts[J]. Chemical Engineering Journal，2019，373：902-922.

[10] Liu X，Zheng J，Zhang D，et al. Biochar has no effect on soil respiration across Chinese agricultural soils[J]. Science of the Total Environment，2016，554-555：259-265.

[11] Zhang A，Bian R，Pan G，et al. Effects of biochar amendment on soil quality，crop yield and greenhouse gas emission in a Chinese rice paddy：A field study of 2 consecutive rice growing cycles[J]. Field Crops Research，2012，127：153-160.

[12] Renner R. Rethinking biochar[J]. Environmental Science & Technology，2007，41（17）：5932-5933.

[13] Spigarelli B，Kawatra S. Opportunities and challenges in carbon dioxide capture[J]. Journal of CO_2 Utilization，2013，1：69-87.

[14] Manya J J. Pyrolysis for biochar purposes：A review to establish current knowledge gaps and research needs[J]. Environmental Science & Technology，2012，46（15）：7939-7954.

[15] Enders A，Hanley K，Whitman T，et al. Characterization of biochars to evaluate recalcitrance and agronomic performance[J]. Bioresource Technology，2012，114：644-653.

[16] Fang Y，Singh B K，Singh B P，et al. Biochar carbon stability in four contrasting soils[J]. European Journal of Soil Science，2014，65（1）：60-71.

[17] Lehmann J，Gaunt J，Rondon M. Bio-char sequestration in terrestrial ecosystems：A review[J]. Mitigation and Adaptation Strategies for Global Change，2006，11（2）：403-427.

[18] Kirchain Jr R E，Gregory J R，Olivetti E A. Environmental life-cycle assessment[J]. Nat Mater，2017，16（7）：693-697.

[19] 姜志翔，郑浩，李锋民，等. 生物炭技术缓解我国温室效应潜力初步评估[J]. 环境科学，2013，34（6）：2486-2492.

[20] Hammond J，Shackley S，Sohi S，et al. Prospective life cycle carbon abatement for pyrolysis biochar systems in the UK[J]. Energy Policy，2011，39（5）：2646-2655.

[21] Xu X，Cheng K，Wu H，et al. Greenhouse gas mitigation potential in crop production with biochar soil amendment：A carbon footprint assessment for cross-site field experiments from China[J]. Gcb Bioenergy，2019，11（4）：592-605.

[22] Liu Q，Liu B，Ambus P，et al. Carbon footprint of rice production under biochar amendment：A case study in a Chinese rice cropping system[J]. Gcb Bioenergy，2016，8（1）：148-159.

[23] Uusitalo V，Leino M. Neutralizing global warming impacts of crop production using biochar from side flows and buffer zones：A case study of oat production in the boreal climate zone[J]. Journal of Cleaner Production，2019，

227：48-57.

[24] Thers H，Djomo S N，Elsgaard L，et al. Biochar potentially mitigates greenhouse gas emissions from cultivation of oilseed rape for biodiesel[J]. Science of the Total Environment，2019，671：180-188.

[25] Matuštík J，Hnátková T，Kočí V. Life cycle assessment of biochar-to-soil systems：A review[J]. Journal of Cleaner Production，2020，259：120998.

[26] Lehmann J. A handful of carbon[J]. Nature，2007，447（7141）：143-144.

[27] Lehmann J. Bio-energy in the black[J]. Frontiers in Ecology and the Environment，2007，5（7）：381-387.

[28] Zhou X，Zeng Z，Zeng G，et al. Insight into the mechanism of persulfate activated by bone char：Unraveling the role of functional structure of biochar[J]. Chemical Engineering Journal，2020，401：126127.

[29] Zhou X，Zeng Z，Zeng G，et al. Persulfate activation by swine bone char-derived hierarchical porous carbon：Multiple mechanism system for organic pollutant degradation in aqueous media[J]. Chemical Engineering Journal，2020，383：123091.

[30] Li W，Dang Q，Brown R C，et al. The impacts of biomass properties on pyrolysis yields，economic and environmental performance of the pyrolysis-bioenergy-biochar platform to carbon negative energy[J]. Bioresource Technology，2017，241：959-968.

[31] Ameloot N，Graber E R，Verheijen F G A，et al. Interactions between biochar stability and soil organisms：Review and research needs[J]. European Journal of Soil Science，2013，64（4）：379-390.

[32] Zimmerman A R. Abiotic and microbial oxidation of laboratory-produced black carbon（biochar）[J]. Environmental Science & Technology，2010，44（4）：1295-1301.

[33] Hilscher A，Heister K，Siewert C，et al. Mineralisation and structural changes during the initial phase of microbial degradation of pyrogenic plant residues in soil[J]. Organic Geochemistry，2009，40（3）：332-342.

[34] Cely P，Tarquis A M，Paz-Ferreiro J，et al. Factors driving the carbon mineralization priming effect in a sandy loam soil amended with different types of biochar[J]. Solid Earth，2014，5（1）：585-594.

[35] Windeatt J H，Ross A B，Williams P T，et al. Characteristics of biochars from crop residues：Potential for carbon sequestration and soil amendment[J]. Journal of Environmental Management，2014，146：189-197.

[36] Conti R，Fabbri D，Vassura I，et al. Comparison of chemical and physical indices of thermal stability of biochars from different biomass by analytical pyrolysis and thermogravimetry[J]. Journal of Analytical and Applied Pyrolysis，2016，122：160-168.

[37] Han L，Ro K S，Wang Y，et al. Oxidation resistance of biochars as a function of feedstock and pyrolysis condition[J]. Science of the Total Environment，2018，616-617：335-344.

[38] Mcbeath A V，Wurster C M，Bird M I. Influence of feedstock properties and pyrolysis conditions on biochar carbon stability as determined by hydrogen pyrolysis[J]. Biomass and Bioenergy，2015，73：155-173.

[39] Crombie K，Mašek O. Pyrolysis biochar systems，balance between bioenergy and carbon sequestration[J]. Gcb Bioenergy，2015，7（2）：349-361.

[40] Feng D，Zhao Y，Zhang Y，et al. Catalytic mechanism of ion-exchanging alkali and alkaline earth metallic species on biochar reactivity during CO_2/H_2O gasification[J]. Fuel，2018，212：523-532.

[41] Gómez N，Rosas J G，Singh S，et al. Development of a gained stability index for describing biochar stability：Relation of high recalcitrance index（R_{50}）with accelerated ageing tests[J]. Journal of Analytical and Applied Pyrolysis，2016，120：37-44.

[42] Yang Y，Sun K，Han L，et al. Effect of minerals on the stability of biochar[J]. Chemosphere，2018，204：310-317.

[43] Ren N，Tang Y，Li M. Mineral additive enhanced carbon retention and stabilization in sewage sludge-derived

biochar[J]. Process Safety and Environmental Protection，2018，115：70-78.
[44] Li F，Cao X，Zhao L，et al. Effects of mineral additives on biochar formation：Carbon retention，stability，and properties[J]. Environmental Science & Technology，2014，48（19）：11211-11217.
[45] Yang F，Zhao L，Gao B，et al. The interfacial behavior between biochar and soil minerals and its effect on biochar stability[J]. Environmental Science & Technology，2016，50（5）：2264-2271.
[46] Leng L，Huang H. An overview of the effect of pyrolysis process parameters on biochar stability[J]. Bioresource Technology，2018，270：627-642.
[47] Manyà J J，Ortigosa M A，Laguarta S，et al. Experimental study on the effect of pyrolysis pressure，peak temperature，and particle size on the potential stability of vine shoots-derived biochar[J]. Fuel，2014，133：163-172.
[48] Kan T，Strezov V，Evans T J. Lignocellulosic biomass pyrolysis：A review of product properties and effects of pyrolysis parameters[J]. Renewable and Sustainable Energy Reviews，2016，57：1126-1140.
[49] Tripathi M，Sahu J N，Ganesan P. Effect of process parameters on production of biochar from biomass waste through pyrolysis：A review[J]. Renewable and Sustainable Energy Reviews，2016，55：467-481.
[50] Aller M F. Biochar properties：Transport，fate，and impact[J]. Critical Reviews in Environmental Science and Technology，2016，46（14-15）：1183-1296.
[51] Wiedemeier D B，Brodowski S，Wiesenberg G L B. Pyrogenic molecular markers：Linking PAH with BPCA analysis[J]. Chemosphere，2015，119：432-437.
[52] Lian F，Xing B. Black carbon（biochar）in water/soil environments：Molecular structure，sorption，stability，and potential risk[J]. Environmental Science & Technology，2017，51（23）：13517-13532.
[53] Wang J，Xiong Z，Kuzyakov Y. Biochar stability in soil：Meta-analysis of decomposition and priming effects[J]. Gcb Bioenergy，2016，8（3）：512-523.
[54] Keiluweit M，Nico P S，Johnson M G，et al. Dynamic molecular structure of plant biomass-derived black carbon（biochar）[J]. Environmental Science & Technology，2010，44（4）：1247-1253.
[55] Masek O，Budarin V，Gronnow M，et al. Microwave and slow pyrolysis biochar：Comparison of physical and functional properties[J]. Journal of Analytical and Applied Pyrolysis，2013，100（Mar.）：41-48.
[56] Masek O，Brownsort P，Cross A，et al. Influence of production conditions on the yield and environmental stability of biochar[J]. Fuel Guildford，2013，103：151-155.
[57] Cross A，Sohi S P. A method for screening the relative long-term stability of biochar[J]. Gcb Bioenergy，2013，5（2）：215-220.
[58] Zornoza R，Moreno-Barriga F，Acosta J，et al. Stability，nutrient availability and hydrophobicity of biochars derived from manure，crop residues，and municipal solid waste for their use as soil amendments[J]. Chemosphere，2015，144：122-130.
[59] Crombie K，Mašek O，Cross A，et al. Biochar—synergies and trade-offs between soil enhancing properties and C sequestration potential[J]. Gcb Bioenergy，2015，7（5）：1161-1175.
[60] Calvelo Pereira R，Kaal J，Camps Arbestain M，et al. Contribution to characterisation of biochar to estimate the labile fraction of carbon[J]. Organic Geochemistry，2011，42（11）：1331-1342.
[61] Cetin E，Moghtaderi B，Gupta R，et al. Influence of pyrolysis conditions on the structure and gasification reactivity of biomass chars[J]. Fuel，2004，83（16）：2139-2150.
[62] Lehmann J，Joseph S. Biochar for environmental management：An introduction[M]// Biochar for Environmental Management：Science and Technology. London：Earthscan，2009.
[63] Crombie K，MaEk O E，Sohi S P，et al. The effect of pyrolysis conditions on biochar stability as determined by

three methods[J]. Global Change Biology Bioenergy，2013，5（2）：122-131.

[64] Melligan F，Auccaise R，Novotny E H，et al. Pressurised pyrolysis of *Miscanthus* using a fixed bed reactor[J]. Bioresource Technology，2011，102（3）：3466-3470.

[65] Jegajeevagan K，Mabilde L，Gebremikael M T，et al. Artisanal and controlled pyrolysis-based biochars differ in biochemical composition，thermal recalcitrance，and biodegradability in soil[J]. Biomass and Bioenergy，2016，84：1-11.

[66] Leng L，Huang H，Li H，et al. Biochar stability assessment methods：A review[J]. Science of the Total Environment，2019，647：210-222.

[67] Wiedemeier D B，Abiven S，Hockaday W C，et al. Aromaticity and degree of aromatic condensation of char[J]. Organic Geochemistry，2015，78：135-143.

[68] Mcbeath A V，Smernik R J，Schneider M P W，et al. Determination of the aromaticity and the degree of aromatic condensation of a thermosequence of wood charcoal using NMR[J]. Organic Geochemistry，2011，42（10）：1194-1202.

[69] Kuzyakov Y，Bogomolova I，Glaser B. Biochar stability in soil：Decomposition during eight years and transformation as assessed by compound-specific ^{14}C analysis[J]. Soil Biology and Biochemistry，2014，70：229-236.

[70] Harvey O R，Kuo L J，Zimmerman A R，et al. An index-based approach to assessing recalcitrance and soil carbon sequestration potential of engineered black carbons（biochars）[J]. Environmental Science & Technology，2012，46（3）：1415-1421.

[71] Knicker H，Müller P，Hilscher A. How useful is chemical oxidation with dichromate for the determination of "Black Carbon" in fire-affected soils？[J]. Geoderma，2007，142（1）：178-196.

[72] Bruun E W，Ambus P，Egsgaard H，et al. Effects of slow and fast pyrolysis biochar on soil C and N turnover dynamics[J]. Soil Biology and Biochemistry，2012，46：73-79.

[73] Cheng C H，Lehmann J，Thies J E，et al. Stability of black carbon in soils across a climatic gradient[J]. Journal of Geophysical Research：Biogeosciences，2008，113（G2）：G02027.

[74] Fang Y，Singh B，Singh B P. Effect of temperature on biochar priming effects and its stability in soils[J]. Soil Biology and Biochemistry，2015，80：136-145.

[75] Lehmann J，Kleber M. The contentious nature of soil organic matter[J]. Nature，2015，528（7580）：60-68.

[76] Zimmermann M，Bird M I，Wurster C，et al. Rapid degradation of pyrogenic carbon[J]. Global Change Biology，2012，18（11）：3306-3316.

[77] Wei Z，Zhao X，Zhu C，et al. Assessment of humification degree of dissolved organic matter from different composts using fluorescence spectroscopy technology[J]. Chemosphere，2014，95：261-267.

[78] 周萌，肖扬，刘晓冰. 土壤活性有机质组分的分类方法及其研究进展[J]. 土壤与作物，2019，8（4）：349-360.

[79] Davidson E A，Janssens I A. Temperature sensitivity of soil carbon decomposition and feedbacks to climate change[J]. Nature，2006，440（7081）：165-173.

[80] Falloon P，Jones C D，Ades M，et al. Direct soil moisture controls of future global soil carbon changes：An important source of uncertainty[J]. Global Biogeochemical Cycles，2011，25（3）：GB3010.

[81] Callesen I，Liski J，Raulund-Rasmussen K，et al. Soil carbon stores in Nordic well-drained forest soils—relationships with climate and texture class[J]. Global Change Biology，2003，9（3）：358-370.

[82] Yu H，Zha T，Zhang X，et al. Spatial distribution of soil organic carbon may be predominantly regulated by topography in a small revegetated watershed[J]. Catena，2020，188：104459.

[83] Setia R，Gottschalk P，Smith P，et al. Soil salinity decreases global soil organic carbon stocks[J]. Science of the Total Environment，2013，465：267-272.

[84] Wan Q，Zhu G，Guo H，et al. Influence of vegetation coverage and climate environment on soil organic carbon in the qilian mountains[J]. Scientific Reports，2019，9（1）：17623.

[85] Guo L B，Gifford R M. Soil carbon stocks and land use change：A meta analysis[J]. Global Change Biology，2002，8（4）：345-360.

[86] Smith P. An overview of the permanence of soil organic carbon stocks：Influence of direct human-induced，indirect and natural effects[J]. European Journal of Soil Science，2005，56（5）：673-680.

[87] 徐鹏，江长胜，郝庆菊，等. 缙云山土地利用方式对土壤活性有机质及其碳库管理指数的影响[J]. 环境科学，2013，34（10）：4009-4016.

[88] 郑小俊，陈明，刘友存，等. 土壤有机碳流失现状分析[J]. 现代化工，2020，40（2）：7-11.

[89] Lal R. Soil carbon sequestration impacts on global climate change and food security[J]. Science，2004，304（5677）：1623-1627.

[90] Schindlbacher A，Zechmeisterboltenstern S，Jandl R. Carbon losses due to soil warming：Do autotrophic and heterotrophic soil respiration respond equally？[J]. Global Change Biology，2009，15（4）：901-913.

[91] Novak J M，Busscher W J，Watts D W，et al. Short-term CO_2 mineralization after additions of biochar and switchgrass to a Typic Kandiudult[J]. Geoderma，2010，154（3）：281-288.

[92] 罗梅，田冬，高明，等. 紫色土壤有机碳活性组分对生物炭施用量的响应[J]. 环境科学，2018，39（9）：4327-4337.

[93] Sohi S，Krull E S，Lopezcapel E，et al. A review of biochar and its use and function in soil[J]. Advances in Agronomy，2010，105：47-82.

[94] Jones D L，Murphy D V，Khalid M，et al. Short-term biochar-induced increase in soil CO_2 release is both biotically and abiotically mediated[J]. Soil Biology & Biochemistry，2011，43（8）：1723-1731.

[95] Spokas K A，Koskinen W C，Baker J M，et al. Impacts of woodchip biochar additions on greenhouse gas production and sorption/degradation of two herbicides in a Minnesota soil[J]. Chemosphere，2009，77（4）：574-581.

[96] Case S D C，Mcnamara N P，Reay D S，et al. Can biochar reduce soil greenhouse gas emissions from a Miscanthus bioenergy crop[J]. Gcb Bioenergy，2014，6（1）：76-89.

[97] Woolf D，Lehmann J. Modelling the long-term response to positive and negative priming of soil organic carbon by black carbon[J]. Biogeochemistry，2012，111（1）：83-95.

[98] Mašek O，Buss W，Brownsort P，et al. Potassium doping increases biochar carbon sequestration potential by 45%，facilitating decoupling of carbon sequestration from soil improvement[J]. Scientific Reports，2019，9（1）：5514.

[99] Hu Y L，Wu F P，Zeng D H，et al. Wheat straw and its biochar had contrasting effects on soil C and N cycling two growing seasons after addition to a Black Chernozemic soil planted to barley[J]. Biology and Fertility of Soils，2014，50（8）：1291-1299.

[100] Jiang X，Tan X，Cheng J，et al. Interactions between aged biochar，fresh low molecular weight carbon and soil organic carbon after 3.5 years soil-biochar incubations[J]. Geoderma，2019，333：99-107.

[101] Spokas K A. Impact of biochar field aging on laboratory greenhouse gas production potentials[J]. Gcb Bioenergy，2013，5（2）：165-176.

[102] Lehmann J，Rillig M C，Thies J，et al. Biochar effects on soil biota：A review[J]. Soil Biology and Biochemistry，

2011，43（9）：1812-1836.

[103] Smith J L，Collins H P，Bailey V L. The effect of young biochar on soil respiration[J]. Soil Biology & Biochemistry，2010，42（12）：2345-2347.

[104] Sagrilo E，Jeffery S，Hoffland E，et al. Emission of CO_2 from biochar-amended soils and implications for soil organic carbon[J]. Gcb Bioenergy，2015，7（6）：1294-1304.

[105] Scheer C，Grace P，Rowlings D W，et al. Effect of biochar amendment on the soil-atmosphere exchange of greenhouse gases from an intensive subtropical pasture in northern New South Wales，Australia[J]. Plant and Soil，2011，345（1）：47-58.

[106] Wu X，Yao Z，Brüggemann N，et al. Effects of soil moisture and temperature on CO_2 and CH_4 soil：atmosphere exchange of various land use/cover types in a semi-arid grassland in Inner Mongolia，China[J]. Soil Biology and Biochemistry，2010，42（5）：773-787.

[107] Zimmerman A R，Gao B，Ahn M. Positive and negative carbon mineralization priming effects among a variety of biochar-amended soils[J]. Soil Biology & Biochemistry，2011，43（6）：1169-1179.

[108] Spokas K，Reicosky D C. Impacts of sixteen different biochars on soil greenhouse gas production[J]. Annals of Environmental Science，2009，3：179-193.

[109] Meyer S，Bright R M，Fischer D，et al. Albedo impact on the suitability of biochar systems to mitigate global warming[J]. Environmental Science & Technology，2012，46（22）：12726-12734.

[110] Case S D C，Mcnamara N P，Reay D S，et al. The effect of biochar addition on N_2O and CO_2 emissions from a sandy loam soil：The role of soil aeration[J]. Soil Biology and Biochemistry，2012，51：125-134.

[111] Wang Z，Li Y，Chang S X，et al. Contrasting effects of bamboo leaf and its biochar on soil CO_2 efflux and labile organic carbon in an intensively managed Chinese chestnut plantation[J]. Biology and Fertility of Soils，2014，50（7）：1109-1119.

[112] Korzh V P，Teh C，Kondrychyn L，et al. Visualizing compound transgenic zebrafish in development：A tale of green fluorescent protein and killerred[J]. Zebrafish，2011，8（1）：23-29.

[113] Singh B K，Bardgett R D，Smith P，et al. Microorganisms and climate change：Terrestrial feedbacks and mitigation options[J]. Nature Reviews Microbiology，2010，8（11）：779-790.

[114] Heimann M. Enigma of the recent methane budget[J]. Nature，2011，476（7359）：157-158.

[115] Trotsenko Y A，Murrell J C. Metabolic aspects of aerobic obligate methanotrophy[J]. Advances in Applied Microbiology，2008，63：183-229.

[116] Ojima D S，Valentine D W，Mosier A R，et al. Effect of land use change on methane oxidation in temperate forest and grassland soils[J]. Chemosphere，1993，26：675-685.

[117] Tate K R. Soil methane oxidation and land-use change-from process to mitigation[J]. Soil Biology and Biochemistry，2015，80：260-272.

[118] Jeffery S，Verheijen F G A，Kammann C，et al. Biochar effects on methane emissions from soils：A meta-analysis[J]. Soil Biology and Biochemistry，2016，101：251-258.

[119] Dong D，Yang M，Wang C，et al. Responses of methane emissions and rice yield to applications of biochar and straw in a paddy field[J]. Journal of Soils and Sediments，2013，13（8）：1450-1460.

[120] Han X，Sun X，Wang C，et al. Mitigating methane emission from paddy soil with rice-straw biochar amendment under projected climate change[J]. Scientific Reports，2016，6（1）：24731.

[121] Wang C，Liu J，Shen J，et al. Effects of biochar amendment on net greenhouse gas emissions and soil fertility in a double rice cropping system：A 4-year field experiment[J]. Agriculture，Ecosystems & Environment，2018，262：

83-96.

[122] Chen D，Wang C，Shen J，et al. Response of CH_4 emissions to straw and biochar applications in double-rice cropping systems：Insights from observations and modeling[J]. Environmental Pollution（Barking，Essex：1987），2017，235：95-103.

[123] Ly P，Duong Vu Q，Jensen L S，et al. Effects of rice straw，biochar and mineral fertiliser on methane（CH_4）and nitrous oxide（N_2O）emissions from rice（*Oryza sativa* L.）grown in a rain-fed lowland rice soil of Cambodia：A pot experiment[J]. Paddy and Water Environment，2015，13（4）：465-475.

[124] Knoblauch C，Maarifat A A，Pfeiffer E M，et al. Degradability of black carbon and its impact on trace gas fluxes and carbon turnover in paddy soils[J]. Soil Biology and Biochemistry，2011，43（9）：1768-1778.

[125] Mohammadi A，Cowie A，Anh Mai T L，et al. Biochar use for climate-change mitigation in rice cropping systems[J]. Journal of Cleaner Production，2016，116：61-70.

[126] Thomazini A，Spokas K，Hall K，et al. GHG impacts of biochar：Predictability for the same biochar[J]. Agriculture，Ecosystems & Environment，2015，207：183-191.

[127] Yu L，Tang J，Zhang R，et al. Effects of biochar application on soil methane emission at different soil moisture levels[J]. Biology and Fertility of Soils，2013，49（2）：119-128.

[128] Karhu K，Mattila T，Bergstrom I，et al. Biochar addition to agricultural soil increased CH_4 uptake and water holding capacity—Results from a short-term pilot field study[J]. Agriculture，Ecosystems & Environment，2011，140（1）：309-313.

[129] Beaulieu J J，Tank J L，Hamilton S K，et al. Nitrous oxide emission from denitrification in stream and river networks[J]. Proceedings of the National Academy of Sciences，2011，108（1）：214.

[130] Ussiri D，Lal R. The Role of Nitrous Oxide on Climate Change[M]. Berlin：Springer，2013.

[131] Ravishankara A R，Daniel J S，Portmann R W. Nitrous oxide（N_2O）：The dominant ozone-depleting substance emitted in the 21st Century[J]. Science，2009，326（5949）：123.

[132] Gruber N，Galloway J N. An earth-system perspective of the global nitrogen cycle[J]. Nature，2008，451（7176）：293-296.

[133] Cayuela M L，van Zwieten L，Singh B P，et al. Biochar's role in mitigating soil nitrous oxide emissions：A review and meta-analysis[J]. Agriculture Ecosystems & Environment，2014，191：5-16.

[134] Rubasinghege G，Spak S N，Starrier C O，et al. Abiotic mechanism for the formation of atmospheric nitrous oxide from ammonium nitrate[J]. Environmental ence & Technology，2011，45（7）：2691-2697.

[135] Butterbachbahl K，Baggs E M，Dannenmann M，et al. Nitrous oxide emissions from soils：How well do we understand the processes and their controls？[J]. Philosophical Transactions of the Royal Society B Biological Sciences，2013，368（1621）：20130122.

[136] Falkowski P G，Scholes R J，Boyle E A，et al. The global carbon cycle：A test of our knowledge of earth as a system[J]. Science，2000，290（5490）：291-296.

[137] Gillam K M，Zebarth B J，Burton D L. Nitrous oxide emissions from denitrification and the partitioning of gaseous losses as affected by nitrate and carbon addition and soil aeration[J]. Canadian Journal of Soil Science，2008，88（2）：133-143.

[138] Barnard R，Leadley P W，Hungate B A. Global change，nitrification，and denitrification：A review[J]. Global Biogeochemical Cycles，2005，19（1）：GB1007.

[139] Linn D M，Doran J W. Effect of water-filled pore space on carbon dioxide and nitrous oxide production in tilled and nontilled soils[J]. Soil Science Society of America Journal，1984，48（6）：1267-1272.

[140] Bateman E J，Baggs E M. Contributions of nitrification and denitrification to N_2O emissions from soils at different water-filled pore space[J]. Biology & Fertility of Soils，2005，41（6）：379-388.

[141] Cosentino V R N，Figueiro Aureggui S A，Taboada M A. Hierarchy of factors driving N_2O emissions in non-tilled soils under different crops[J]. European Journal of Soil Science，2013，64（5）：550-557.

[142] Gu J，Nicoullaud B，Rochette P，et al. A regional experiment suggests that soil texture is a major control of N_2O emissions from tile-drained winter wheat fields during the fertilization period[J]. Soil Biology & Biochemistry，2013，60：134-141.

[143] Blackmer A M，Bremner J M. Inhibitory effect of nitrate on reduction of N_2O to N_2 by soil microorganisms[J]. Soil Biology & Biochemistry，1978，10（3）：187-191.

[144] Zaman M，Nguyen M L，Matheson F E，et al. Can soil amendments（zeolite or lime）shift the balance between nitrous oxide and dinitrogen emissions from pasture and wetland soils receiving urine or urea-N? [J]. Soil Research，2007，45（7）：543-553.

[145] Burford J R，Bremner J M. Relationships between the denitrification capacities of soils and total，water-soluble and readily decomposable soil organic matter[J]. Soil Biology & Biochemistry，1975，7（6）：389-394.

[146] Bhandral R，Bolan N S，Saggar S，et al. Nitrogen transformation and nitrous oxide emissions from various types of farm effluents[J]. Nutrient Cycling in Agroecosystems，2007，79（2）：193-208.

[147] Nishina K，Takenaka C，Ishizuka S. Spatial variations in nitrous oxide and nitric oxide emission potential on a slope of Japanese cedar（*Cryptomeria japonica*）forest[J]. Soil Science and Plant Nutrition，2009，55（1）：179-189.

[148] Luo J，Tillman R W，Ball P R. Grazing effects on denitrification in a soil under pasture during two contrasting seasons[J]. Soil Biology & Biochemistry，1999，31（6）：903-912.

[149] Christensen S. Denitrification in an acid soil：Effects of slurry and potassium nitrate on the evolution of nitrous oxide and on nitrate-reducing bacteria[J]. Soil Biology & Biochemistry，1985，17（6）：757-764.

[150] Parkin T B，Sexstone A J，Tiedje J M. Adaptation of denitrifying populations to low soil pH[J]. Applied and Environmental Microbiology，1985，49（5）：1053-1056.

[151] Crutzen P J，Mosier A R，Smith K A，et al. N_2O release from agro-biofuel production negates global warming reduction by replacing fossil fuels[J]. Atmospheric Chemistry and Physics，2008，8（2）：389-395.

[152] Xia F，Mei K，Xu Y，et al. Response of N_2O emission to manure application in field trials of agricultural soils across the globe[J]. Science of the Total Environment，2020，733：139390.

[153] van Zwieten L，Kimber S，Morris S，et al. Influence of biochars on flux of N_2O and CO_2 from Ferrosol[J]. Australian Journal of Soil Research，2010，48：555-568.

[154] Kinney T J，Masiello C A，Dugan B，et al. Hydrologic properties of biochars produced at different temperatures[J]. Biomass & Bioenergy，2012，41：34-43.

[155] Prendergastmiller M T，Duvall M，Sohi S. Localisation of nitrate in the rhizosphere of biochar-amended soils[J]. Soil Biology & Biochemistry，2011，43（11）：2243-2246.

[156] Gonzalezperez J A，Gonzalezvila F J，Almendros G，et al. The effect of fire on soil organic matter：a review[J]. Environment International，2004，30（6）：855-870.

[157] Nieder R，Benbi D K，Scherer H W. Fixation and defixation of ammonium in soils：A review[J]. Biology and Fertility of Soils，2011，47（1）：1-14.

[158] Zavalloni C，Alberti G，Biasiol S，et al. Microbial mineralization of biochar and wheat straw mixture in soil：A short-term study[J]. Applied Soil Ecology，2011，50（1）：45-51.

[159] 罗晓琦，冯浩，刘晶晶，等. 生物炭施用下中国农田土壤 N_2O 排放的Meta分析[J]. 中国生态农业学报，2017，25（9）：1254-1265.

[160] Nelissen V，Rutting T，Huygens D，et al. Maize biochars accelerate short-term soil nitrogen dynamics in a loamy sand soil[J]. Soil Biology & Biochemistry，2012，55：20-27.

[161] Rogovska N，Laird D A，Cruse R M，et al. Impact of biochar on manure carbon stabilization and greenhouse gas emissions[J]. Soil Science Society of America Journal，2011，75（3）：871-879.

[162] Hale S E，Lehmann J，Rutherford D W，et al. Quantifying the total and bioavailable polycyclic aromatic hydrocarbons and dioxins in biochars[J]. Environmental Science & Technology，2012，46（5）：2830-2838.

[163] Wang Z，Zheng H，Luo Y，et al. Characterization and influence of biochars on nitrous oxide emission from agricultural soil[J]. Environmental Pollution，2013，174（Mar.）：289-296.

[164] Ducey T F，Ippolito J A，Cantrell K B，et al. Addition of activated switchgrass biochar to an aridic subsoil increases microbial nitrogen cycling gene abundances[J]. Applied Soil Ecology，2013，65：65-72.

[165] Xu H，Wang X，Li H，et al. Biochar impacts soil microbial community composition and nitrogen cycling in an acidic soil planted with rape[J]. Environmental Science & Technology，2014，48（16）：9391-9399.

[166] Harter J，Weigold P，Elhadidi M，et al. Soil biochar amendment shapes the composition of N_2O-reducing microbial communities[J]. Science of the Total Environment，2016，562：379-390.

[167] Wang C，Lu H，Dong D，et al. Insight into the effects of biochar on manure composting：Evidence supporting the relationship between N_2O emission and denitrifying community[J]. Environmental Science & Technology，2013，47（13）：7341-7349.

[168] Troy S M，Lawlor P G，O'Flynn C J，et al. Impact of biochar addition to soil on greenhouse gas emissions following pig manure application[J]. Soil Biology and Biochemistry，2013，60：173-181.

[169] Singh B P，Hatton B J，Singh B，et al. Influence of biochars on nitrous oxide emission and nitrogen leaching from two contrasting soils[J]. Journal of Environmental Quality，2010，39（4）：1224-1235.

[170] Borchard N，Schirrmann M，Cayuela M L，et al. Biochar，soil and land-use interactions that reduce nitrate leaching and N_2O emissions：A meta-analysis[J]. Science of the Total Environment，2019，651：2354-2364.

[171] Taghizadeh-Toosi A，Clough T J，Condron L M，et al. Biochar incorporation into pasture soil suppresses *in situ* nitrous oxide emissions from ruminant urine patches[J]. Journal of Environmental Quality，2011，40（2）：468-476.

[172] Molina M，Zaelke D，Sarma K M，et al. Reducing abrupt climate change risk using the Montreal Protocol and other regulatory actions to complement cuts in CO_2；emissions[J]. Proceedings of the National Academy of Sciences，2009，106（49）：20616.

[173] Kupryianchyk D，Hale S E，Breedveld G D，et al. Treatment of sites contaminated with perfluorinated compounds using biochar amendment[J]. Chemosphere，2016，142：35-40.

[174] Lal R. Sequestration of atmospheric CO_2 in global carbon pools[J]. Energy & Environmental Science，2008，1（1）：86-100.

第 8 章　生物炭在能源领域中的应用

引　言

能源短缺是人类发展所面临的最大问题之一，探索和开发新能源技术是人类面临的主要挑战之一[1-3]。化石能源是人们生活生产中常使用的能源，然而化石能源的消耗量逐渐增加，其带来的一系列环境问题值得人们重视[4-6]。为了解决能源短缺问题，研究者都在尝试利用可再生能源来代替化石能源的消耗。因此，寻找环境友好型、可再生的清洁能源对于可持续发展有着重要的意义。可再生能源主要包括风能、潮汐能、生物质能和太阳能等，其中生物质能由于其储量丰富、分布广泛等优点被认为是目前最有前景的可再生能源[7]。生物炭是生物质在缺氧或无氧条件下高温热解产生的碳质材料，它的原材料主要来自农村和城市的固体废物。最近研究发现，生物炭基材料由于易调节的表面化学性质和孔隙结构等特点，在能量储存和转换领域显示出巨大的应用潜力[8, 9]。

此外，电化学储能系统的发展可以在一定程度上解决能源的分配问题，因此储能系统的发展，成为解决能源和环境问题的热点研究内容之一[10]。电化学储能系统所用的器件主要是充电电池、静电电容以及超级电容器。电池的形式多种多样，包括燃料电池（fuel cell，FC）、锂离子电池、锂硫电池和钠离子电池等。其中，燃料电池是一种新型的环保型电化学能量转换装置，可以不经燃烧过程直接将化学能转化为电能。它们具有高能量密度、高能量转换效率的特点，具有广阔的应用前景[11]；超级电容器的基本组成是电极、电解质和隔膜。在这些组件中，电极材料决定了超级电容器的主要性能参数，占超级电容器总成本的 30%以上。由于电极材料是实现超级电容器产业化的核心，因此目前有关超级电容器的研究主要集中在电极材料领域。由于生物炭的一系列优点，将生物炭和电化学能量转换装置高效合理的结合是目前的研究热点之一[12]。

8.1　生物炭用于析氢储氢

氢气（H_2）具有高能量密度和广泛的可利用性的特点，是有前途的能源载体[13-15]。而且，氢能作为高效、清洁的能源载体，在不可再生能源的大量消耗下，它具有替代化石能源的潜在价值[16, 17]。文献调研得出，H_2 燃烧的能量密度是 122kJ/kg，大约是汽油燃烧的能量密度的 3 倍[18]。值得注意的是，它的燃烧产物为水，对环境不存在任何污染。当前，氢能的应用集中在以下三个方面：首先是用于氢燃料电池，其次是用于制备合成液体燃料，最后是用作交通工具（汽车、飞机和火箭等）的燃料。例如，20 世纪 60 年代，液氢第一次被用作航天动力燃料，20 世纪 70 年代由美国发射的“阿波罗”登月飞船使用的起飞火箭同样使用液氢作为燃料，至此，航天领域的常见燃料中就有了氢能的存在。在传统的 H_2 储存方法中[19]（如化学储存、物理吸附、液化和气体压缩），物理吸附具有储存容量较大、可逆性较好和动力学快速等优点。因为碳基多孔材料的孔体积大、化学稳定性好、孔隙度可调节且比表面积大，所以其作为潜在的 H_2 物理吸附材料得到了广泛的研究[20]。一般而言，多孔碳基材料的使用可以降低重量和体积储存密度；更重要的是，增加的碳表面积和孔隙率可以在表面和孔隙中提供额外的结合位点，从而提高其 H_2 的储存性能[21]。而以煤或石油为原料经常规热处理合成的多孔碳材料通常含有大量的中孔和大孔（大于总孔隙体积的 50%）[22]。中孔和大孔只能以单层吸附的方式发挥作用，类似于平面上的氢结合，对环境温度下的 H_2 储存效率不高[23, 24]。生物炭是一种具有丰富表面官能团且孔结构可调的碳质材料，通过 KOH、$ZnCl_2$ 或蒸汽活化后具有较高的比表面积和丰富的微孔特征，目前已被应用于储氢研究[25]。由于生物炭微孔结构的毛细作用，可以显著降低吸附势，因此认为其微孔结构是吸附 H_2 的主要因素[26]。同时，生物炭拥有丰富的表面官能团和无机物质，由于化学吸附的作用，可以提高生物炭的储氢性能。因此，生物炭有望成为传统活性炭高效吸附 H_2 的替代品[27]。由于上述优点，各种微孔含量高、表面官能团丰富的生物炭基材料作为 H_2 储存介质被广泛研究[28-30]。功能化生物炭在析氢和储氢的应用中起着重要作用（图 8-1）。

8.1.1　生物炭用于析氢

1. 生物技术析氢

生物析氢是利用微生物在常温、常压下以含氢元素的物质（如植物淀粉、纤维素、糖等有机物及水）为底物进行酶生化反应来制备 H_2 的过程。常见的是厌氧析氢作用，在厌氧析氢过程中，微生物可以形成生物膜附着在悬浮的固体材料或不溶性有机物的表面，促进微生物的生长，进而提高 H_2 的生产效率。在厌氧析氢中，添加生物炭可以减轻酸和氨的抑制作用并促进生物膜的形成，因此可以作为增加 H_2 产生的添加剂。Sharma 和 Melkania[1]的研究说明，生物炭可以通过减轻氨的抑制，增强氢的析出。添加生物炭还增加了挥发性脂肪酸的产生。当生物炭浓度为 12.5g/L 时，每克生物炭的最高 H_2 产量为 96.63mL，相当于无生物

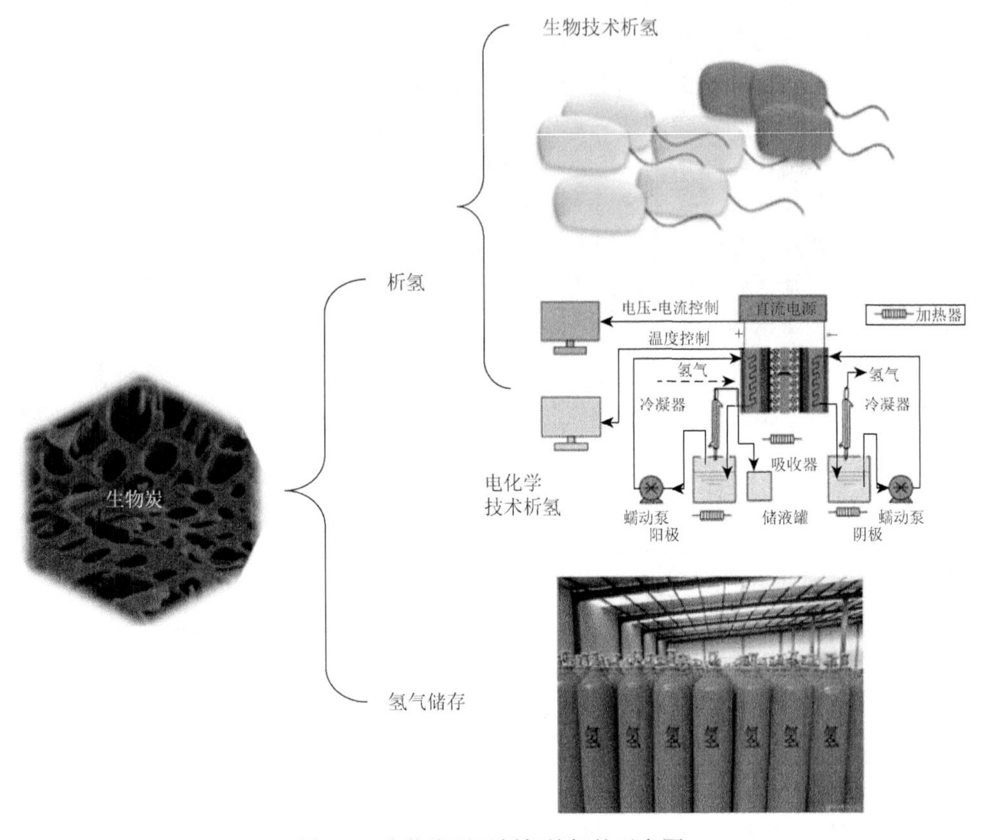

图 8-1　生物炭用于析氢储氢的示意图

炭体系产氢量的 4 倍。功能化生物炭还具有较强的 pH 缓冲能力，它能够维持细菌在厌氧消化过程中的生长并保持培养物的稳定性，从而缩短了产氢时间。Sunyoto 等[31]也发现，生物炭添加浓度为 8.3g/L 时，食品垃圾制氢量有明显提高。除此之外，功能化生物炭表面具有丰富的官能团，它能够通过促进种间电子转移来提升厌氧制氢的效率[32, 33]。因此，添加生物炭能够大大提升污泥厌氧消化析氢的能力[34]，获得更高的 H_2 产率和产量[35]。但需要指出的是，H_2 发酵是一个非常复杂的过程，参与 H_2 发酵的微生物和酶种类很多，受多种因素的影响（如 pH、温度和微量金属等）[36]。各种功能互补的添加剂在提高 H_2 发酵效率方面通常可以起到协同作用，如零价铁粉和活性炭[37]、零价纳米铁和零价纳米镍[32]、赤铁矿纳米颗粒和镍纳米颗粒[32]。

2. 电化学技术析氢

除了生物析氢以外，电催化水分解法是现有催化系统生产高纯度 H_2 的最佳方法[38, 39]。在析氢反应（HER）中，电催化剂是降低过电位和获得高催化电流密度的关键。HER 是减少环境污染和实现可再生清洁能源的重要途径，开发稳定性好、性能优异的析氢催化剂具有重要的研究价值。其中，将具有催化活性的物质整合到生物炭中，是开发高性能 HER 电催化剂的有效途径[40, 41]。在功能化生物炭基材料的催化下，从水中高效催化 HER 已成为生产清洁燃料的重要方法。例如，Zhou 等[42]证明了花生根瘤生物质衍生的硫和氮掺杂生物炭可以作为 HER 有效的电催化剂。所得到的硫和氮掺杂生物炭呈多孔多层结构，比表面积为 513.3m^2/g，电化学面积为 27.4mF/cm^2。另一项研究表明，生物炭可作为 $MoSe_2$ 纳米片生长的载体，合成后的新型纳米材料显示出优异的电化学活性，相对于可逆氢电极，其起始电位为–0.104V，具有较小的塔费尔斜率，显示出其作为下一代非铂电催化剂析氢的巨大潜力[43]。在设计和制备这种复合材料的过程中，生物炭有效地增加了 $MoSe_2$ 纳米片活性边缘的暴露，并为电子传输和离子扩散提供了更短的路径。其中增加 $MoSe_2$ 纳米结构活性边缘的暴露是实现其优良电化学性能的关键。

虽然利用生物炭电催化制氢的例子不多，但是该项技术的应用前景十分光明，为了更好地实现该应用，需要注意以下两点：①应阐明杂原子掺杂生物炭或生物炭纳米结构复合材料的 HER 催化机理，并应识别出实际的活性催化位点。为此，将高分辨率的光谱学、显微学和电化学技术与先进的理论计算相结合，有助于充分阐明反应机理并确定实际的活性催化位点。②在确定了活性催化位点并阐明了机理之后，应探索更先进的合成方法，以制备具有良好杂原子掺杂或纳米结构原子分散性的生物炭基材料，从而提高其催化活性。

8.1.2　氢气储存

目前，H_2 生产和储存上的基础设施在燃料电池的商业化中起着重要的作用[44]。其中，阻碍 H_2 在燃料电池中商业应用的主要因素是以可持续且具有成本效益的方式储存足够的 H_2。在所有传统的 H_2 储存方法（如化学储存、物理吸附、液化和气体压缩）中，物理吸附具有很多优点，如具有较高的储存容量、可逆性和快速动力学等。而碳基多孔材料由于其大的孔隙体积、高比表面积、良好的化学稳定性和易于调控的孔隙率而被广泛地研究。作为潜在的 H_2 物理吸附材料，多孔碳基材料的使用可以降低重量和体积储存密度；碳质材料的表面积和孔隙率的增加可以提供更多的结合位点，加强 H_2 的储存能力[44]。

生物炭是一种具有可调的孔结构和表面官能团的纳米材料，已在 H_2 储存领域有所应用。生物炭表面积大，并可通过化学或蒸汽活化具有丰富的微孔特征。由于其毛细作用力，微孔结构被认为是对 H_2 吸附的主要贡献，可以显著降低 H_2 的吸附势。因此，生物炭材料可以实现 H_2 的高效吸附。同时，生物炭表面大量的活性基团和无机物质（如碱金属或碱土金属）由于化学吸附作用也对 H_2 储存起到一定的作用。例如，生物炭材料中常见的 K^+或 Na^+可以作为碱性核心吸引 H_2，而生物炭中丰富的 sp^2 碳骨架由于其较高的电子亲和力可以将电荷与碱金属离子分离，使得吸附的分子 H_2 具有较高的稳定性。通过 KOH 活化制得的形态和结构可调的千层树皮生物炭，具有极高的比表面积（达 3170m^2/g）、大量的微孔结构和表面基团，被证明拥有较强的 H_2 储存能力[45]。此外，与低温条件下的 H_2 储存相比，室温下的 H_2 储存更有吸引力。储存在多孔碳中的 H_2 以物理吸附为主，在较低环境温度下的储存容量通常非常低，增加 H_2 储存只能在很高的压力条件下实现[46]。对于 H_2 来说，生物炭本身的低吸附焓是造成氢吸附量如此低的主要原因，室温下可以通过使用金属改性增强生物炭的 H_2 储存含量。氢溢出是各种金属催化加氢反应中的一种重要现象，在室温 H_2 储存中也可能起到关键作用。溢出效应可以促进 H_2 以离解的原子氢形式从金属位点表面扩散到生物炭中，从而显著降低室温下的吸附电势，并提高金属修饰的生物炭的 H_2 储存能力。在溢出效应的作用下，各种金属修饰生物炭在室温下的 H_2 储存能力得到了显著提高。例如，Pd 修饰的生物炭材料在室温下的 H_2 储存能力比未掺杂 Pd 的生物炭材料高出 4 倍[47]。纳米 Pd 掺杂的木材衍生超微孔生物炭除了能显著提高 H_2 的储存能力外，还能通过降低吸附过程的活化能，大大提高对 H_2 的吸附速率。但是纳米 Pd 和 Pt 嵌入生物炭也会产生其他问题，如对水分的敏感性增加、嵌入式纳米粒子堵塞毛孔造成的比表面积和孔隙体积减小。

生物炭基材料虽然已广泛应用于储氢，但仍面临着不稳定、脱氢温度高、热管理严格等问题[48, 49]。改性的生物炭基材料具有较好的热导率，以介导储氢过程中脱氢或氢化所吸收或释放的热量。然而值得注意的是，金属改性生物炭往往具有大比表面积和高 H_2 吸附能量，并不能保证它被用作室温下有效的储氢材料。因为在工业应用中，常规工作条件下优异的储氢材料还需具备稳定性，并且对水分、空气和其他气体杂质相对不敏感。

8.2　生物炭用于新兴电池

8.2.1　燃料电池

燃料电池（FC）是一种新型的环保型电化学能量转换装置，可以不经燃烧过程直接将化学能转化为电能。它们具有高能量密度、高能量转换效率和绿色环保等特点，具有广阔的应用前景。FC 阴极的氧还原反应（ORR）是一个缓慢的动态过程，涉及多电子传递和多步基本反应，在很大程度上决定了 FC 的效率和成本。目前，贵金属铂（Pt）基催化剂仍然是使用最广泛的催化剂，对 ORR 具有高催化活性，然而价格高，稳定性/耐久性差，抗 CO 中毒性能差且对燃料（如甲醇）的耐受性差。催化剂是燃料电池的核心组成部分，为燃料电池的正常、高效运行和商业应用提供了保证。随着当前环境污染带来的压力越来越大，对 FC 大规模应用的需求变得更加迫切。众所周知，绿色可再生的生物质资源可以从自然界中广泛地获取，其中一些生物质含有丰富的杂原子（如 N、O 和 S），由富含杂原子的生物质制备的生物炭具有良好的电化学性能。生物炭由于其低成本、易于制备和高电催化性能可作为 ORR 的非贵金属催化剂，引起了广泛关注（表 8-1）[50-62]。

表 8-1　来自不同生物质前体的生物炭在燃料电池中作为 ORR 电催化剂的性能

生物质	起始电位	半波电位	ORR 稳定性	参考文献
山羊皮修剪料	50mV *vs.* Ag/AgCl		6h 后电流降低约 10%	[12]
芋头	约 0.87V *vs.* Hg/HgO		20000s 后的电流保持率为 96.5%	[50]
苋菜	0.27V *vs.* Hg/HgO		1000 次循环后还原电流具有明确的阴极峰	[51]
水浮莲		0.887V *vs.* RHE	30000s 后电流保持率为 91%	[52]
墨旱莲	0.25V *vs.* Hg/HgO		18000s 后电流保持率为 94%	[53]
白山毛榉蘑菇	0.11V *vs.* Hg/HgO		卓越的长期稳定性	[55]
柳絮	−98mV *vs.* Ag/AgCl	−194mV *vs.* Ag/AgCl	20000s 后的电流保持率为 88.9%	[56]
海藻	0.90V *vs.* RHE	0.74V *vs.* RHE	在 9h 的测试期间，初始活性损失少于 5%	[57]
油菜花粉		0.86V *vs.* RHE	20000s 后保持 99%的电流密度	[58]
大豆	0.910V *vs.* RHE	0.821V *vs.* RHE	7200s 后电流保持率为 91.22%	[59]
小球藻		0.87V *vs.* RHE	50000s 后保持 96%的电流密度	[60]
芦苇茎	0.99V *vs.* RHE		在 0.8V 下 20000s 后的电流保持率为 94.8%	[61]
柚子皮		0.86V *vs.* RHE	10000s 后的电流保持率为 92.5%	[62]

氮掺杂生物炭催化 ORR 已得到广泛研究。氮掺杂可以显著提高催化 ORR 的性能，主要涉及以下三个方面：①引入氮原子会破坏碳表面的电中性，从而导致电荷密度分布不均匀。此外，氮原子刺激相邻碳原子的电子离域，从而形成高正电荷密度和自旋密度的环境，促进 O_2 在碳表面上的吸附和还原反应。②氮掺杂将导入碳缺陷结构以调节 sp^2 碳的电子结构，从而提高电催化活性。③氮掺杂增强了催化剂的电导率并加速了 ORR。氮掺杂的含量和构型是影响生物炭电催化性能的两个关键因素。Chatterjee 等[12]通过简单热解富氮山羊皮废料制备了氮掺杂纳米洋葱状生物炭（N-CNO）。与其他样品相比，在 750℃的温度下热解 8h 所获得的

产物具有最佳的电催化性能，并且在碱性电解液中的性能优于 Pt/C 催化剂。作为活性位点的吡啶氮在 N-CNO 样品的 ORR 活性中起着主导作用。介孔结构、空心洋葱状石墨结构和高比表面积有助于更好地发挥电催化性能。He 等[50]以芋头茎为原料通过 KOH 化学活化和冷冻干燥技术获得了三维（3D）多孔碳，与三聚氰胺共热解制备了 3D 氮掺杂多孔碳（3DNPC）。与市售 Pt/C 催化剂相比，3DNPC 催化剂具有更好的稳定性和甲醇耐受性。3DNPC 催化剂的电催化性能主要来自氮掺杂、高含量石墨氮和发达的 3D 多孔结构。Gao 等[51]通过一步热解法制备了具有出色电催化性能的基于苋菜生物质的氮掺杂 ORR 催化剂。制得的产物在 800℃下的催化性能与在碱性介质中的商业 Pt/C 催化剂相当。吡啶氮和石墨氮是主要的活性位点，并促进了 ORR 过程中过电势的下降。另外，所制备材料的高比表面积和电导率也提高了催化活性。目前，与其他氮掺杂类型相比，吡啶氮和石墨氮更普遍地被认为是 ORR 活性位点，各种形式的氮掺杂结构和活性催化位点之间的确切关系以及催化 ORR 的特定功能和机理仍在探索中，可以通过密度泛函理论（DFT）探索活性位点在催化 ORR 中的作用。Liu 等[52]通过两步碳化法制备了氮掺杂的分级多孔碳纳米片（N-HPCNSs）。N-HPCNSs 在碱性、中性和酸性条件下均具有可观的 ORR 催化活性，并在锌空气燃料电池、微生物燃料电池和直接甲醇燃料电池中显示出可观的电催化性能。结果表明，N-HPCNSs 中的吡啶氮和石墨氮是增强电催化性能的关键结构。由于不同杂原子之间的协同效应，多原子共掺杂可能比仅掺 N 的生物炭表现出更好的电催化性能。在 Gao 等[53]的另一项研究中，他们通过旱莲草的一步热解制备了 N、S 和 P 共掺杂的生物炭。制备的生物炭催化剂表现出卓越的 ORR 性能，并具有更好的燃料耐受性和长期稳定性。对于杂原子掺杂的生物炭衍生非金属催化剂的催化性能，原子掺杂的结构和位置以及杂原子共掺杂的协同效应可能比总 N 掺杂含量更为关键。

除了杂原子掺杂之外，探索生物炭的多孔结构对 ORR 的催化作用也是一项有价值的工作。多孔结构不仅通过改善传质来增强活性，也可以通过启动新的催化过程来进一步提高催化性能。Li 等[54]开发了一种简单的双模板方法，以 $Mg_5(OH)_2(CO_3)_4$ 和 $ZnCl_2$ 的混合物作为硬模板，可以从不同的生物质前体制备 H/O 掺杂的多孔碳材料。通过一系列对比实验，所制备的具有大孔/中孔/微孔结构的催化剂比具有中孔/微孔或大孔/中孔骨架的催化剂有更好的 ORR 电催化活性。分层的多孔结构不仅有利于传质过程，还暴露出更多活性位点。Li 等[54]主要描述了生物炭孔径分布（PSD）的水平坐标与 ORR 性能之间的关系。Zhao 等[55]进一步阐明了生物炭的 PSD 垂直坐标的变化如何影响其电催化性能。PSD 的垂直坐标主要决定大孔、中孔和微孔的数量和体积，这在催化 ORR 过程中显著影响 ORR 活性位点的传质和密度。通过蘑菇废渣的水热碳化和高温煅烧制备一系列催化剂，其 PSD 的垂直坐标变化仅通过中孔体积的变化来实现，并且这些催化剂的形态、石墨化程度、比表面积和化学组成保持一致。结果表明，中孔体积为 0.453cm^3/g 的 NPC-0.022 具有最佳的电催化性能，其催化活性与商用 Pt/C 催化剂的催化活性大致相同，并且具有比商用 Pt/C 催化剂更好的长期循环稳定性、出色的甲醇和 CO 耐受性。ORR 通常发生在催化剂的气/液/固三相边界区域，涉及电子和质子转移、O_2 和产物水的流入或流出。适当的多孔结构，如相互连接的分层多孔结构和三维开放式多孔结构，有利于电解质的渗透以及离子和 O_2 的快速迁移，从而提高了 ORR 活性。

生物质衍生的过渡金属和 N 共掺杂生物炭（B@M-N-C，M = Fe，Co，Ni）被认为是有前途的 ORR 催化剂。然而，B@M-N-C 催化剂存在活性损失的问题，关于 B@M-N-C 催化剂的活性损失，有几种可能的解释：①金属离子的蚀刻和损失；②反应中产生的过氧化氢和其他自由基对活性部位的腐蚀钝化；③活性部位的质子化和随后其他离子的吸附导致其失活。B@M-N-C 催化剂中过渡金属的存在对于原位形成高度石墨化的碳纳米结构至关重要，这对 B@M-N-C 催化剂的高耐腐蚀性和稳定性具有重要意义。Li 等[56]用一锅法将柳絮、$FeCl_3$ 和三聚氰胺的混合物热解，构建了高度石墨化的 Fe、N 共掺杂碳纳米管状 ORR 生物炭催化剂。掺杂 Fe 有助于形成高比表面积和良好的多孔结构，从而显著增强电催化性能。此外，吡啶氮和石墨氮可作为 ORR 的催化活性中心。B@M-N-C 催化剂中的活性过渡金属纳米颗粒不稳定，将其封装在氮掺杂生物炭内部或将其锚定在氮掺杂生物炭表面以防止其失活和结块是一种有效的策略，它可以减少活性过渡金属纳米粒子的溶解和迁移，并改善催化剂的总循环寿命。Wu 等[57]通过直接碳化预浸渍有 $Co(NO_3)_2$ 的海藻获得了杂原子掺杂的生物炭（Co/KCM），其中 Co 纳米颗粒均匀地分散在 Co/KCM 中，并且 Co 纳米颗粒被多层石墨结构包裹。制备的 Co/KCM-1000 催化剂在 1.0mol/L KOH 溶液中表现出高效的电催化活性、优异的稳定性和甲醇耐受性。对于氮掺杂生物炭，其具有良好的导电性和孔隙率，这有利于电子转移和电解质渗透。此外，氮掺杂生物炭可以防止过渡金属纳米粒子在酸性和碱性溶液中腐蚀失活。Wang 等[58]使用油菜花粉作为生物炭前体，并混合硫酸铁铵和硒粉，通过热解和活化获得掺有 FeSe 纳米颗粒的氮掺杂空心生物炭（FeSe/NC-PoFeSe）。FeSe/NC-PoFeSe 的 ORR 半波电势比商业 Pt/C 催化剂正向偏移 30mV，并且催化剂的耐久性强。该催化剂具有相互连接的多孔碳骨架，该骨架易于运输物质和传输电子。它与 FeSe 纳米颗粒偶联以增加 ORR 催化活性。总体上，氮掺杂生物炭的氧还原电催化剂的研究已进入电子结构调节、杂原子掺杂的结构调控和氮掺杂生物炭多孔结构控制的“深水领域”，但仍有以下几大问题需要进一步研究：①大多数氮掺杂生物炭在酸性条件下都难以表现出足够高的活性和稳定性，需要分析不同 pH 范围内电解质溶液中催化剂的电催化活性差异的原因；②尽管大多数制备的催化剂在催化过程中具有良好的耐久性，但是具体的稳定机理需要得到进一步讨论；③催化活性位点的组成、类型和结构需要进一步定义，ORR 催化活性中心的构建过程和每个活性中心的氧还原催化原理需要更深入的探索。

8.2.2 锂离子电池

电池作为清洁能源、储存设备的重要组成部分，已成为全球研究的新热点。如今，锂离子电池（LIB）广泛用于便携式电气设备、电动汽车、航空航天和其他领域。LIB 作为二次电池，是最杰出的电池系统，具有高比容量、高工作电压、高能量密度、低自放电率、没有记忆效应等优点。对于电池系统，电极材料的性能是决定电池的电化学性能和应用价值的主要因素。石墨已被广泛研究用作电池负极材料，但其理论容量较低（372mA·h/g），倍率性能非常有限，因此无法在商业上推广应用。其他理论容量较高的材料，如硅（4200mA·h/g）由于充放电过程中的体积膨胀而遭受严重的容量衰减。因此，探索具有更高理论容量和能量密度的新型电极材料变得尤为重要。多项研究已经提出了各种合金（如 P、Sn、Sb 或 Ge）和过渡金属氧化物（TMO）（如 MnO、Fe_3O_4、Co_3O_4 或 NiO）代替石墨作为 LIB 的负极。然而，这些材料的商业应用仍然受到限制，因为它们在锂离子的嵌入/脱嵌过程中会出现明显的体积变化，而在过渡金属氧化物存在的情况下它们固有的电子传导性能较差。除了改善性能之外，对于 LIB，还需要考虑其安全性、可持续性、环境友好性和成本等要素。根据目前的研究，在各种材料中，生物炭由于其来源丰富、价格低廉和电化学性能稳定的优势而成为有前景的 LIB 负极材料。生物炭有助于离子和电子的快速传输以及活性物质的负载，从而抑制了活性纳米颗粒的团聚并缓冲了活性物质的体积变化。

对于 LIB 的负极材料，需要具备以下特点：①更大的比表面积可以提供更多的活性位点，从而提供更大的电极/电解质界面，加速电荷转移并促进 Li^+的吸附，从而增加容量和减弱极化效应；②分层多孔纳米结构可以缩短离子的传输距离，微孔和中孔可以确保足够的质量传输，并进一步为离子的快速移动提供方便的传输通道；③更高程度的石墨化和合适的原子掺杂有利于进一步改善材料的电化学活性、缺陷和电导率。Hou 等[63]通过一步“活化-石墨化”联合路线，利用天然丝作为原料制备了具有高石墨化程度和分层多孔结构的氮掺杂纳米片。氮掺杂纳米片被用作负极材料制备了超高容量（1865mA·h/g）的 LIB，远高于以石墨为负极的 LIB（372mA·h/g）。Zhou 等[64]发现，高性能负极材料可以源自生物质废物，采用水热碳化工艺和石墨化处理将小麦秸秆转化为高度石墨化碳纳米片（HGCNS），其高度有序的多孔结构和较大的比表面积可以为 Li^+的储存提供丰富的位点，并促进电子和 Li^+的快速传输。此外，由于石墨化程度高和良好的石墨结构，HGCNS 的充放电电势低且稳定，这大大降低了电压滞后现象。所得的 HGCNS 具有良好的电化学储能性能和 502mA·h/g 的高容量，以及出色的倍率能力和优异的循环性能。设计和控制生物炭的多孔结构、石墨结构和杂原子掺杂对于实现高性能 LIB 至关重要。Yuan 等[65]通过预碳化和 KOH 活化以花生残渣制备了具有高石墨化度且以介孔为主的碳材料。当将其用作 Li^+电池的负极时，所得产物在电流密度为 100mA/g 时显示出 731mA·h/g 的高可逆容量，在 1000mA/g 的电流密度下进行 1000 次循环后保持了 286mA·h/g 的容量。高石墨化度、类石墨烯结构和以介孔为主的孔结构的协同效应极大地促进了 Li^+的扩散、嵌入/脱嵌以及快速的电子转移。Zhu 等[66]用硝酸镍催化活化人的头发，合成了具有较深孔道和杂原子掺杂的多孔石墨碳微管（GP-CMT）。GP-CMT 的高度多孔结构具有以下优点：①有利于电极与电解质之间的有效接触，并为氧化还原反应提供了更多的活性位点，增加了电极的比容量；②有利于电子和离子的快速传输，从而提高了电极活性材料的电化学利用率；③有利于反应过程中离子的反复嵌入/脱嵌，以提高电极材料的循环稳定性。碳骨架上负载的杂原子进一步改善了 GP-CMT 的电化学活性，引入大量缺陷结构，促进了快速的法拉第反应，并且提供额外的 Li 储存容量。

杂原子掺杂引起的缺陷可以增加可用的活性位点并有效地调节电子和化学特性，从而增强 LIB 的电化学反应性。在 LIB 应用中，生物质的使用已成为一种简单且具有成本效益的方法，以制造具有适当杂原子掺杂和优异的电化学性能的高级碳负极。到目前为止，氮掺杂一直是 LIB 负极生物质衍生碳材料开发中最流行的原子掺杂，因为它会产生缺陷等更多的活性位点，并增强反应性和电导率。Ou 等[67]以银杏叶为原料，通过简单的热处理成功地制造了氮掺杂多孔生物炭（NDPC）。酸洗后的 NDPC 具有丰富的微孔和中孔，比表面积为 $504m^2/g$，氮含量为 1.5%。当 NDPC 作为 LIB 的负极材料进行电化学特性评估时，其在 0.1C 时具有 505mA·h/g 的高容量，是石墨理论容量的 1.36 倍。此外，NDPC 在 10C 时具有 190mA·h/g 的高倍率放电能力。在 LIB 负极的应用中，NDPC 的应用结果明显优于由柳叶制成的生物炭材料[68]。与单个杂原子相比，两个不同的杂原子可以产生更大的不对称自旋密度和电荷密度，从而引入缺陷和增强电子传导，有望进一步产生促进电化学反应的活性位点。为了寻找一种绿色的方法来获得协同功能，如分层多孔结构、丰富的缺陷位、杂原子掺杂和增强电化学性能的官能团，Zhao 等[69]通过热解蛋黄获得了胶囊状磷和氮共掺杂碳（PNCC）。在对 PNCC 作为具有 1mol/L $LiPF_6$ 电解质的半电池 LIB 的负极材料进行评估时，发现 PNCC 的可逆容量在电流密度为 0.5A/g 时为 770mA·h/g。循环性能表明，在连续 100 次循环后，PNCC 仍具有高达 660mA·h/g 的可逆比容量，表明 PNCCs 具有高可逆性和稳定性。他们认为，PNCC 的高容量归因于其石墨化碳层的胶囊状结构以及在氮和磷共掺杂过程中石墨结构中的缺陷位的产生而提供额外的 Li 嵌入位点（表 8-2）。

表 8-2 来自不同生物质前体的生物炭作为 LIB 电极的性能

生物质	比容量	倍率性能	循环稳定性	参考文献
微藻	在 1C（倍率）时的比电荷容量分别为 445mA·h/g 和 370mA·h/g	在 0.1C 和 1C 时的充电容量分别为 445mA·h/g 和 370mA·h/g	在 1C 下进行 500 次循环后，容量保持率达到 95%	[70]
蚕豆壳	在 0.5C 下的初始放电容量为 845.2mA·h/g	—	100 次循环后的放电容量为 261.5mA·h/g	[71]
脱脂棉	第一周期的放电/充电容量为（1298.1mA·h/g）/（860mA·h/g）	1C 100 次循环后为 950mA·h/g 200 次循环后以 2C 速率达到 850mA·h/g	在 0.2C 下进行 430 次循环后可逆容量为 1070mA·h/g	[72]
蚕丝	在 0.1A/g 时的比容量为 1865mA·h/g	在 37.2A/g（100C）下 212mA·h/g 的可逆容量	在 2A/g 下进行 10000 次循环后的比电容保持率达到 92%	[63]
头发	第一个循环的放电/充电容量为（1006mA·h/g）/（689mA·h/g）	387mA·h/g（6A/g）	1000 次循环中无容量衰减	[66]
花生渣	初始周期的不可逆容量为 1288mA·h/g	100mA/g 时 731mA·h/g 的初始可逆容量	在 1000 个充电/放电循环中，1000mA/g 时的 286mA·h/g 的容量	[65]

生物炭及其改性材料被认为是 LIB 中比较理想的负极材料。首先，它们可以通过低成本的绿色化学方法合成。其次，与石墨材料相比，它们的电化学性能大大提高。为了对生物炭基材料进行优化，使其更适用于大规模生产和电池应用，仍然有一些重要的问题需要解决。就电化学性能而言，用作 LIB 负极的生物炭仍具有低电导率、低机械强度和初始库仑损耗，这些缺陷不利于 LIB 的高效运行。具有微孔和中孔结构的碳质材料的开发可以为电极材料提供更好的电解质润湿性，增加电荷储存以及获得适当的机械强度。为了系统地理解生物炭结构与电化学性质之间的关系，先进的原位分析工具的使用将提供有关电荷和离子储存性质的实时信息。Li^+嵌入-脱嵌过程、分子相互作用等是开发设计理想生物炭基电池材料的重点，这将指导研究人员提高 LIB 的比容量，最大限度降低体积膨胀相关的负面影响，并探明固体电解质界面膜的动力学和化学性质。

8.2.3 钠离子电池

可持续的钠离子电池（SIB）由于钠储量高、成本低而在可再生能源和智能电网中广泛应用。钠是元素周期表中的第二种碱金属，具有和锂相似的物理性质和化学性质，SIB 的电化学原理与 LIB 相似[73]。在充电过程中，Na^+将从正极中脱嵌出来并迁移到负极，从而与负极材料发生反应。在放电过程中会发生相反的过程，即放电时会从负极提取 Na^+离子并迁移到正极以返回到初始状态，并伴随着外部电路中的电子转移以提供电能。在过去的 10 多年中，包括碳质材料、金属合金和金属氧化物在内的多种材料已被用作 SIB 的负极。金属合金和金属氧化物材料存在一定的局限性，例如，较差的循环稳定性和较大的体积膨胀阻碍了其大规模的实际应用。LIB 的最常见负极材料（如石墨）在 SIB 中的性能较差，Na^+由于其较大的离子半径（比 Li^+的离子半径大 55%）不易插入石墨夹层中[74]。因此，迫切需要开发一种新型的碳材料。在各种类型的碳材料中，多孔碳由于较大的比表面积、高孔隙率、良好的理化稳定性、强吸附能力和出色的反应性而得到了深入的研究。然而，制造多孔碳面临着诸多挑战，需要复杂且昂贵的合成工艺和高昂价格的设备。因此，寻找简单且经济有效的方法来获得多孔碳是迫切的。

零维碳由于其较高的机械强度和有限的体积变化而被广泛用作 SIB 中的负极材料。2014 年，Li 等[75]通过水热法制备了单分散的球状水热炭，并系统地研究了碳化温度对微观结构和电化学性能的影响。所得的球状水热炭具有光滑表面和均匀粒径（大约 1mm）的完美球体形状。在水热过程中，脱水糖从水中分离出来，并在高温高压下形成水乳液[76]。过量的脱水糖导致微小颗粒的形成，该颗粒由胶束内的核低聚物组成糖，完全消耗后，最终形成碳纳米球。XRD 图谱和拉曼光谱表明，碳纳米球的无序度随着碳化温度的升高而增加。据报道，石墨域的生长随着退火温度的升高而增加[77]。但是，这种相关性尚未得到证明，仍需进一步研究。此外，在 1600℃碳化所得的 HCS（HCS1600）表现出较差的反应速率。如果 HCS1600 电极以 0.1C 的恒定电流速率放电（Na^+嵌入）并以不同的速率充电（Na^+脱嵌），则可在 20C 的充电速率下实现 270mA·h/g 的高可逆充电容量。

一维碳可在活性材料和电器之间形成互连的电子传输通道，为其应用在 SIB 中提供了明显的优势。此外，一维碳基材料的复合材料具有较大的比表面积和适当的孔径分布，从而可以在电极和电解质之间实现最佳接触面积，从而可以缩短离子扩散的路径。值得注意的是，前体的形态对生物炭的最终微观结构具有重大影响。Li 等[78]在氩气气氛下热解碳化棉花获得空心形状的纤维状生物炭，表现出促进电解质的运输并减少 Na^+的扩散距离的优势。恒电流间歇滴定技术（GITT）的测量结果表明，由于 Na 和 C 相互作用的结合能不同，在斜坡区和高原区 Na^+的扩散系数也不同。这表明倾斜区域的容量可用于大功率 SIB，也可以通过结合低压高原区的贡献来开发高能 SIB。Huang 等[79]报道了细菌纤维素衍生的生物炭材料，细菌纤维素是由某些细菌合成的一种特殊的天然纤维素，通过水热法生产氮掺杂碳质材料作为 SIB 的独立式负极材料，并在 1500 次循环后在 400mA/g 的电流密度下提供了相对稳定的 154mA·h/g 的容量。

近年来，二维碳纳米结构在 SIB 中的应用引起了较大的关注。具有二维碳纳米结构的生物炭有着高的比表面积、快捷的电子传导路径以及在充电/放电过程中维持体积的能力。Yang 等[80]以豆渣为前体制备了掺氮的碳纳米片，豆渣含有蛋白质、脂肪、纤维等物质（氮含量约 9.89%）。通过增加碳纳米片之间的层间距离剥离碳化的豆渣生物炭纳米片并实现高比表面积，氮掺杂的生物炭纳米片可提供 146.1W·h/kg 的高能量密度，比此前报道的大多数 SIB 的能量密度都高得多。此外，质量负载为 1.40mg/cm^2、2.29mg/cm^2、4.56mg/cm^2 和 7.52mg/cm^2 的氮掺杂碳纳米片的稳定放电容量分别为 247.5mA·h/g、191.5mA·h/g、141.7mA·h/g 和 121.7mA·h/g。这些结果表明，氮掺杂的碳纳米片满足实际应用的要求。Wang 等[81]通过热解花生皮获得碳纳米片，SEM 和 TEM 的图像表明，碳纳米片的厚度约为几十纳米。氮吸附/解吸等温线表明，碳纳米片具有较高的比表面积（2070m^2/g），并且具有分层的微孔/中孔/大孔结构，将其用作 SIB 的负极，它在 0.1A/g 时可提供 461mA·h/g 的超高可逆容量，并具有可观的倍率性能。这种优异的性能与钠在碳缺陷处的大量可逆结合有关。

三维多孔结构因其高的比表面积和相互连接的多孔结构而成为具有广阔前景的 LIB 和 SIB 电极材料，三维多孔结构提供了大量的电解质扩散通道并减少了 Na^+的扩散距离。Zhu 等[82]制备的生物炭保留了杏壳的天然多孔结构，从而促进了电解质的渗透，杏壳衍生生物炭作为 SIB 中的负极材料具有优异的电化学性能，1300℃碳化的生物炭的比容量为 400mA·h/g。此外，在最高 4C 的速率下未观察到容量平台，这表明适度的缺陷有利于 Na^+在负极材料中的快速扩散。Liu 等[83]通过直接碳化玉米芯（hard carbon derived from corn cob，HCC）获得块状生物炭（HCC），HCC 具有石墨状分层结构，但在弯曲层之间没有堆叠。此外，随着热处理温度的升高，在碳中观察到大量的纳米空隙，这归因于缺陷浓度的降低、杂原子掺杂和碳原子的重排，从而导致吸附位点更高的 Na^+浓度。此外，在 1300℃碳化的 HCC 衍生的碳表现出 275mA·h/g 的比容量和出色的循环稳定性，经过 1000 次循环后容量保持率达 97%。HCC 的高度混乱结构为 Na^+的运输和储存提供了足够的空间，使其成为 SIB 的理想负极。

目前已经探索出多种生物炭用作 SIB 的负极材料，并且已经取得了一些重要成果，这表明多孔碳可以成为 SIB 的理想负极材料。由于不同的微观结构和 Na 储存机制，多种生物质衍生的多孔碳材料比石墨具有更高的比容量，并具有以下优点：①具有高比表面积的多孔碳可以提供大的电解质-电极界面以吸收 Na^+，并提供大量的用于电荷转移反应的活性位点；②多孔碳的层间距大于石墨的层间距，这有利于石墨烯层之间 Na^+的运输和储存；③连通性良好的多孔结构、交错的孔道有利于缩短 Na^+的传输距离。丰富的纳米级孔道也可以充当 Na^+的储存库，从而增强 Na 的吸附性能。此外，孔可适应放电过程中的体积变化。选择生物质前体的主要标准可以基于以下三个方面：①生物质应广泛分布且易于获取；②生物质微孔分布广，微观结构会改变其形态和组成，最终影响电化学 Na^+储存性能；③生物质主要由各种纤维素、半纤维素和木质素组成，并且含有一些杂原子，如 N、O 和 S，杂原子掺杂可以有效提高碳材料的储 Na 性能。

8.2.4 锂硫电池

1991 年，锂离子电池开始商业化，在人们的日常生活中得到广泛使用。锂硫（Li-S）电池作为高能量密度的二次锂离子电池，在锂离子电池市场的未来发展中占有非常重要的地位[84]。假设硫在电池放电过程中完全转化为 Li_2S，则理论比容量高达 1675mA·h/g，与锂金属电池组装后的理论比能可达到 2600W·h/kg，是有广阔应用前景的二次锂电池系统[85]。除了其电化学性能外，硫的明显优势还包括安全系数高、储存量大和价格低廉。由于这些优点，研究人员对 Li-S 电池产生了浓厚的兴趣。通过理论计算和在各部分电池系统的实践研究，获得了电池在工作状态下的结构变化和电化学过程，用于更准确地分析这些因素对 Li-S 电池性能的影响。Cheon 等[86]用一种直观的分析方法描述了 Li-S 电池充电和放电期间硫电极的结构变化。根据充放电曲线，研究人员将电压间隔分为三个部分，分别对应于不同的电化学变化。放电前，硫颗粒分布在碳基体中，在第一个平台的末端（2.8～2.4V），大多数硫颗粒消失了；在初始放电平台（2.4～2.1V）下，他们只在阴极观察到碳基质。然后，在 2.1V 下用固体膜覆盖碳基质的表面，碳基材上有明显的致密钝化层。在充电过程中，正极表面上的钝化层逐渐消失。他们通过 X 射线衍射（XRD）、扫描电子显微镜（SEM）和波谱分析（WDS）研究了表面固体产物，认为最终放电产物为 Li_2S。与氧化物阴极相比，每个硫原子可以提供两个电子，较高的理论比容量是基于硫向 Li_2S 的转化。

完整的 Li-S 电池主要由正极、电解质、隔膜和负极组成。由 8 个硫原子组成的具有冠状结构的硫（S_8）被作为电池的正极材料，其高充放电特性依赖于 S_8 分子中 S—S 键的分解和重组。在放电过程中，每个硫原子转移两个电子，电子转移的数量大于金属离子的转移[87]。由于打开电池时硫处于充电状态，因此 Li-S 电池开始放电运行。在放电过程中，锂离子从电池的负极扩散到正极，并与正极材料发生反应。同时，不断移动的电子通过外围电路传输电能。在充电过程中，锂离子和电子返回负极，并将电能转化为化学能[88]。Li-S 电池由于以下问题难以实现大规模的商业应用，对于硫正极而言：①在使用过程中，醚基电解质会溶解长链多硫化物，造成活性中间体（Li_2S_4 到 Li_2S_8）损耗，一些处于溶解状态的中间体可能在放电结束时在正极形成硫化锂[89]；②硫和硫化锂的电导率低使得活性材料无法完全循环，并且在放电过程中传导性差的硫化锂沉积在阴极表面造成钝化；③锂化过程中硫大量膨胀，由于硫和硫化锂之间存在着较大的密度差（分别为 2.03g/cm^3 和 1.66g/cm^3），当硫发生锂化时体积明显膨胀，造成电极破损。而对于锂电极，则面临以下问题：①多硫化物的穿梭效应。电解质中溶解的多硫化物在锂负极被还原，在硫正极被氧化，伴随着价态变化的是在循环过程中引起自放电，溶解在电解质中的长链多硫化锂可以到达锂负极，导致库仑效率降低。②固体电解质中间相（solid-electrolyte interphace，SEI）不均匀，锂金属可能与电解质发生反应并在其表面形成 SEI 层，SEI 层可传导离子但具有电子绝缘性，锂负极表面的 SEI 大多是不均匀的，不完全钝化的表面会使得锂和电解质之间发生副反应，消耗电极材料以及电解质，从而导致电池可逆性下降和库仑效率降低。

针对上述问题，研究人员提出了多种解决方案，其中最常见的是正极材料的改进，最常用的改进材料是碳质材料。研究人员在碳材料上引入了各种官能团，以增强多硫化物的吸附并减少活性物质的损失。生物炭具有出色的机械强度、导电性、导热性、可调节的孔结构和丰富的表面特性，这是 Li-S 电池正极所必需的特性。研究表明，引入生物炭可以大大提高 Li-S 电池的性能。在碳-硫复合阴极中，碳质材料可以形成高效的导电骨架结构，可以在很大程度上克服硫和硫化锂电导率低的问题。碳质材料独特的多孔结构还可以减少活性材料的损失，并调节多硫化物的溶解、迁移和穿梭[90]。同时，可以将生物炭制成具有特殊电化学性能的碳中间层，进一步增强电池内部隔板的功能。形成的多硫化物在充电和放电过程中被吸附到碳夹层上，不会快速穿过隔板与负极锂片接触。优异的碳膜导电性和自支撑性可以使这些多硫化物仍参与充放电过程，从而提高 Li-S 电池系统的稳定性和化学容量。生物炭的引入不仅提高了硫本身的利用效率，还调节了多硫化物在系统中的溶解和扩散过程，抑制了锂枝晶的形成，并发挥了导电剂和黏结剂的作用。生物炭为高效的 Li-S 电池系统的构建提供了新的可能。

1. Li-S 电池中的生物炭作为硫载体

根据目前对生物炭的研究，其通常具有高孔隙率、大的比表面积、良好的导电性、优异的化学稳定性和机械性能，是硫载体的优良材料。Zhou 等[91]使用花生壳作为碳前体，并使用 K_2FeO_4 作为活化剂来制备超微孔（孔径＜0.7nm）生物炭。同时，通过活化剂分解获得的产物[$Fe(OH)_3$]促进了碳的石墨化。超微孔不仅防止电解质的渗透，还防止小分子硫的渗出。反应过程中小分子硫产生的 Li_2S 和 Li_2S_2 不溶于电解质，避免了穿梭效应。在 1C 的电流密度下，电池经过 1000 次循环后仍具有 826mA·h/g 的比容量，即使在 4C 时仍可提供 570mA·h/g 的容量。Rybarczyk 等[92]利用稻壳制备分级多孔碳，以进一步研究微孔和中孔共存结构在 Li-S 电池中的作用。在对木质纤维素进行水热预处理后，通过直接碳化获得以微孔为主的生物炭。从 BET 方法和淬火固体密度泛函理论（QSDFT）的结果来看，微孔主要有益于高比表面积，并且微孔中的硫具有更高的热稳定性，在硫储存中起主要作用。在 0.5C 的电流密度下，稻壳碳（RHC）的初始容量为 834mA·h/g，500 次循环之后的容量保持率仍约为 600mA·h/g。在倍率性能方面，RHC 也显著优于其他对比样品。最终得出结论，在分层多孔正电极中，微孔结构为吸附和界面反应提供了丰富的活性位点，而中孔为离子的快速迁移提供了一条短通道，从而获得了较高的性能。除稻壳外，还可以从猪骨头[93]、樱桃核[94]、蛋壳膜[95]、棉花[96]和其他原料中获得分层的多孔碳。

不规则形态的碳结构具有更多的晶界，从而导致更长的电荷转移路径和更高的电荷转移阻力。利用生物质的结构特征，可以简单地制备具有规则形态的碳材料。Zhang 等[97]使用柚皮制备的生物炭来研究介孔/微孔结构和 3D 结构对电化学性能的协同作用。生物炭具有带分层孔的三维骨架结构，可以增加电极中的硫含量并抑制穿梭效应。Guo 等[98]从蓬松的玉米芯废料中获得具有高比表面积的多孔碳纳米片。由于多孔碳纳米片具有独特的片状二维结构，该正极复合材料的初始放电容量高达 1600mA·h/g，并且硫的利用率大大提高。对结构的研究表明，电极结构将影响 Li-S 电池的性能。首先，大的比表面积有利于活性材料与生物炭之间的界面接触，并且它提供了更多的电化学反应位点。其次，中孔有助于电解质的扩散和 Li^+的运输。在一定程度上还可以缓解硫的体积膨胀。与单一结构相比，分层多孔结构构成了连续的电荷传输路径，增强了碳与硫之间的接触，并降低了电荷转移和扩散的阻力。生物炭还能获得均匀的硫分布、高的硫利用率、稳定的循环以及良好的倍率性能。

非极性多孔碳与极性多硫化物之间的物理吸附能力较弱，这不利于电池的循环性能发挥。大量研究表明，材料上的杂原子，如氮[99]、氧[100]和硼[101]位点对多硫化锂具有重要的化学吸附作用。将杂原子引入碳材料是抑制穿梭效应的有力手段之一[102, 103]。生物质富含蛋白质和碳水化合物，通过选择适当的合成方法能获得含有杂原子的碳材料。多样的结构和可调节的表面性质为生物炭作为硫载体提供了巨大的机会，可改善 Li-S 电池的电化学性能。Xie 等[104]开发了一种自模板方法，用富氮的可再生酵母细胞合成氮掺杂的中空多孔碳微球。分层稳定的多孔碳壳可以有效地储存可溶性多硫化物，并且生物炭中的氮可以提高电导率并强烈吸附多硫化物。电池在 0.1C 下经过 400 次循环后，容量从 1202mA·h/g 下降至 725mA·h/g，每个循环的容量衰减仅为 0.09%。Chen 等[105]用椰子壳制备了海绵状生物炭，该材料有丰富的羧基和羟基，氧掺杂位点可以与多硫化物很好地反应，并在正极侧保持硫的活性。使用该材料作为硫载体，即使在 2C 的大电流下，电池也可以获得 1500mA·h/g 的高容量，在 400 次循环后仍保持 517mA·h/g 的容量。这种材料不仅可以使硫获得高利用率，还具有良好的电化学稳定性和结构稳定性。大量研究证实，将多种杂原子基团引入碳基材料是一种极好的策略。可以在多硫化锂和杂原子之间形成牢固的化学键。杂原子掺杂的生物炭对多硫化物具有很强的化学吸附，从而降低了多硫化物在电解质中的溶解速度。该方法提高了电池的循环稳定性和放电容量。因此，具有良好化学性质和热稳定性的杂原子掺杂生物炭是 Li-S 电池最有希望的硫主体之一。

2. 生物炭作为隔膜

除了在 Li-S 电池中使用生物质衍生的碳基质外，基于生物炭构建多功能隔膜也较常见。通过使用生物炭材料衍生的隔膜，Li-S 电池的内部电荷转移电阻不仅可以降低，还可以提高活性材料的利用率。Su 和 Manthiram[106]首次将微孔碳用作中间层。他们发现活性材料的利用率和容量保持率显著提高。近年来，在隔板和正极之间插入中间层是常用的方法。但是，对包覆隔膜的研究还不够完善，Li-S 电池的作用机理还不够清楚。与硫主体相比，将碳材料涂覆在隔板上不仅可以利用碳材料减轻体积效应和穿梭效应，碳层还可以用作上部集电器，以防止硫过度堆积在正极表面的碳纤维上。随着越来越多的多孔碳材料被引入隔膜中，生物炭在隔膜中的应用也已被逐步探索。

生物炭和商业化的隔膜的组合是一种简单但有效的方法，可实现捕集多硫化物的化学和物理协同效应。Shao 等[107]以螃蟹壳为原料制得了氮掺杂的微孔/中孔碳（N-MIMEC）。他们所获得的具有通道管状结构的生物炭有较大的比表面积以及丰富的氮掺杂位点，被证明可以抑制多硫化物的穿梭。涂有 N-MIMEC 的隔离膜在放电/充电过程中显示出许多优点：①N-MIMEC 中的微孔/中孔和氮掺杂为多硫化物提供了强大的物理和化学吸附；②N-MIMEC 中的中孔可促进电解质渗透，从而使锂离子快速扩散；③N-MIMEC 层用作上集电器以改善电极的导电性。因此，采用 N-MIMEC 涂层的隔膜可以显著地提升 Li-S 电池的可循环性，电池在 0.1C 时具有 971.3mA·h/g 的高可逆容量。

具有丰富杂原子的生物质是制造 Li-S 电池中间层的良好前体。来源广泛的低成本丝瓜络因其较高的硫和氧元素含量，被认为是代表性的生物质。Yang 等[108]通过高温下的简单碳化步骤开发了一种硫掺杂的微孔碳（SMPC）材料。SMPC 中间层可以抑制多硫化物向锂金属负极穿梭。这样的中间层打开了电子通路，使得在反复的放电/充电过程中溶解的活性物质能够被再利用。此外，将多种杂原子共掺杂到碳基质中，能显示出协同促进效应。向碳基质中引入氮原子和氧原子可以显著改善表面极性，并对多硫化物具有很强的化学吸附能力。这种策略可以在碳基质中形成更多的缺陷，以促进活性物质的再利用，它可以增加中间层的亲水性，使电解质更快地渗透。中间层可以提高电导率以加快电子的传输，其中生物炭材料可以催化活性物质的还原，从而改善反应动力学。

因其具有丰富的资源储备、环境友好的特点和可调节的物理化学特性，生物炭被认为是 Li-S 电池关键材料比较理想的候选者。富含纤维素、半纤维素和木质素的生物质废物是生物炭的最佳原料，由它们制备获得的生物炭具有较高的比表面积和多孔纳米结构，可以有效提高电池的容量和循环性能。高糖和高淀粉的植物可以产生较小孔径的生物炭，这可以有效地限制穿梭效应，但由于它们较低的比表面积和较高的成本，很难应用于商用 Li-S 电池。比较而言，由高蛋白动物废物制成的生物炭可能具有与高纤维素衍生碳相似的结构，它们具有成为 Li-S 电池的商业电极材料的潜力。通过使用具有出色的电化学性能的生物炭，Li-S 电池的研究已经取得了明显的进展，但仍存在一些挑战，如循环性能不够好、能量密度不够高和安全性不够强等。同时考虑生物炭的生产过程通常需要高温碳化，因此必须设法减少该过程中的能耗。此外，某些添加剂（如黏合剂和导电炭黑）可能会影响电池容量。为了解决上述问题，新一代用于 Li-S 电池的生物炭应集中于：①合理调节和控制生物炭的结构和性质。外部的分层多孔含碳微孔和内部的中孔/大孔可能是一个很好的选择，其中微孔充当多硫化物抑制剂，中孔/大孔有助于高硫负载以及流畅的离子和电解质传输。此外，可利用掺杂、激活等改变生物炭表面性质以增强硫与生物炭之间的化学相互作用。②探索更加环保节能的碳化方法。许多报道的碳化温度高于 800℃，这消耗了大量的能量。某些活化剂，如 KOH 和 $ZnCl_2$ 也增加了材料成本。因此，应探索寻找更便宜、更有效的活化剂，并进一步探索温和条件（中低温、常压）下的碳化方法。③将生物炭的生产规模从实验室阶段扩展到实际的工业应用。如上所述，低成本的生物炭可以极大地改善 Li-S 电池的电化学性能。未来需获取价格更便宜、性能更高的生物炭，进一步促进 Li-S 电池的商业化。

8.3　生物炭用于超级电容器

近年来，超级电容器（supercapacitors，SC）作为一种先进的电化学储能装置受到了广泛关注，被认为是 21 世纪最有前途的绿色能源技术之一。与常规电容器和二次电池相比，SCs 的主要优点如下：快速充电-放电过程、高功率密度、高比容量、长期循环稳定性、宽工作温度范围且节能环保。根据其不同的储能机理，SC 可分为三种类型：基于非法拉第模式的双电层电容器（electric double layer capacitors，EDLCs）、基于法拉第模式的赝电容器和基于以上两种能量储存原理的混合电容器。其中，EDLCs 的研究最为质广泛，并已商业化。EDLCs 已应用于包括电力、运输、国防、军事、新能源汽车、电子和移动通信在内的许多领域，其相关研究是当前的热门话题。EDLCs 的能量储存基于电极/电解质界面上双电层中离子的可逆吸附和解吸[109-111]。超级电容器的基本组成是电极、电解质和隔膜。在这些组件中，电极材料决定了超级电容器的主要性能参数，占超级电容器总成本的 30%以上。由于电极材料是实现超级电容器产业化的核心，因此目前有关超级电容器的研究主要集中在电极材料。超级电容器表现出了卓越的性能和巨大的商业应用潜力，但仍然有一些问题需要解决，其中高成本和低能量密度是超级电容器应用的最大障碍。迄今为止，碳材料是超级电容器最成熟的电极材料，超级电容器电极材料的理想选择应满足以下条件：①电极材料应具有合理的多孔结构以确保其具有更好的电化学性能，特定的表面积以获得更好的容量性能并提高倍率性能；②良好的石墨结构使电极材料具有出色的导电性，从而为电子提供低电阻路径；③在电极材料中引入杂原子不仅可以使碳材料本身具有高的赝电容，还可以保持高的循环稳定性；④电极材料的制备简易，价格低廉。因此，由于生物炭具有良好的多孔结构和石墨结构以及杂原子掺杂可行性（表 8-3），其是 EDLCs 合适的电极材料[112-128]。

表 8-3　来自不同生物质前体的生物炭作为 SCs 电极的性能

生物质	电解液	比电容（电流密度）	能量密度（功率密度）	循环次数/次	电容保持率/%	参考文献
芦苇	6mol/L KOH	353.6F/g （0.5A/g）	11.6W·h/kg（210W/kg）	10000	96.1	[125]
柳絮	6mol/L KOH	340F/g（0.1A/g）	—	3000	92	[122]
柚子皮	1mol/L TEA BF_4-PC	163F/g（0.5A/g） 116F/g（10A/g）	50.95W·h/kg（0.44kW/kg） 25.3W·h/kg（21.5kW/kg）	10000	91	[126]
蚕豆壳	6mol/L KOH	202F/g（0.5A/g） 129F/g（10A/g）	—	3000	90	[71]
大蒜皮	6mol/L KOH	427F/g（0.5A/g） 315F/g（50A/g）	14.65W·h/kg（310.67W/kg） 11.18W·h/kg（27.3kW/kg）	5000	94	[119]
竹子	1mol/L H_2SO_4	318F/g（0.2A/g）	42.1W·h/kg（95W/kg	2000	82	[127]
芋头	6mol/L KOH	397F/g（0.5A/g） 276F/g（50A/g）	22.59W·h/kg（148W/kg）	20000	97	[128]

石墨化程度对于生物炭材料的电化学性能（如内阻、速率能力、功率传输和能效）至关重要。改善生物炭的石墨化程度可促进电极在水性电解质中的表面亲水性，从而可以加速电解质离子的扩散以及电荷的传输。一般来说，高电导率通常与高石墨化程度有关。但是，这将带来较小的比表面积（SSA）和不发达的孔结构。因此，为了最大化其电化学性能，要兼顾好石墨化程度和孔结构。更高温度的热解可以增加生物炭的石墨化程度，但消耗更多的能量。使用过渡金属的催化石墨化是制备具有一定石墨化度的生物炭的有效途径。考虑适当的活化和催化石墨化可以制造具有高比表面积的分级碳质材料。Sun 等[112]以椰子壳为原料通

过化学活化和催化石墨化方法合成了具有较高可及表面积的多孔二维纳米片。所获得的二维纳米片由于石墨化度高而具有优异的导电性，可及表面积为 $1874m^2/g$，总孔容积为 $1.21cm^3/g$。在不混合导电剂的情况下，它在 KOH 电解质中 1A/g 条件下表现出 268F/g 的高电容。此外，它在有机电解质中 1A/g 时也表现出 196F/g 的电容。在 10kW/kg 的功率密度下，能量密度达到 54.7W·h/kg。Zhang 等[113]通过使用 $K_4Fe(CN)_6$ 的化学活化和石墨化方法合成了分层活性炭微管，从而提供了高电导率和短离子扩散途径。所制备的石墨碳微管还可以作为负载二氧化锰的重要载体。混合电极表现出良好的电化学性能，在 50A/g 的高电流密度下的电容保持率高达 62%，5000 次循环后具有 90%电容保持率。Xu 等[114]报告了一种简便的方法来合成基于细菌纤维素的柔性且高度石墨化的碳气凝胶。由于其独特的纳米结构和占主导的中孔比例，碳质材料的面积电容为 $62.2mF/cm^2$。由于出色的导电性，高度石墨化的碳气凝胶可以促进电子传输，并且在 6mol/L KOH 电解质中显示出出色的电化学电容。Wang 等[115]通过水热碳化和随后的 KOH 活化，用大麻制造了相互连接的部分石墨化碳纳米片（厚度为 10～30nm）。水热碳化后，半纤维素和木质素层（S1 和 S3）被降解，而结晶纤维素（S2）被碳化，所获得的碳纳米片具有较高的比表面积（$2287m^2/g$）、介孔结构和 211～226S/m 的电导率，适用于低温和高温离子液体基超级电容器。随着温度从 20℃升高到 100℃，在 100A/g 的极端电流密度下，保持了 72%～92%的电容，比电容在 113～142F/g。在 20kW/kg 的功率密度下，20℃、60℃和 100℃的能量密度分别为 19W·h/kg、34W·h/kg 和 40W·h/kg。包括纤维素、半纤维素和木质素在内的生物质组分具有丰富的极性官能团，可以与金属离子配位。Wang 等[116]利用玉米秸秆合成多孔石墨碳纳米片，首先 $[Fe(CM)_6]^{4-}$ 配位并形成玉米秸秆-$[Fe(CM)_6]^{4-}$ 复合物，然后在高温下进行热解碳化。所得的多孔碳包括中孔尺寸（2～9nm）的纳米片。高度多孔的结构改善了电解质的可及性和离子扩散。此外，具有石墨结构的二维平面纳米片在电化学过程中表现出优异的导电性，并促进了快速的电子传输。多孔石墨碳纳米片并联连接，充当微型集电器并在电极中形成整个导电网络。多孔石墨碳纳米片在 6mol/L KOH 电解质中显示出出色的电容、良好的倍率性能和循环稳定性。在两电极对称超级电容器中，对于有机和水性电解质的最大比能量密度分别为 61.3W·h/kg 和 9.4W·h/kg。

研究发现，具有离子可及性的微孔（＜2nm）可以提供大电容，而较大的孔（中孔：2～50nm；大孔：＞50nm）可以提供离子传输通道，降低扩散阻力并提高倍率性能。因此，开发具有相互连接的不同规模孔隙的分层多孔碳非常重要。目前，微孔、中孔和大孔共存的分层多孔结构以及三维互连框架的多孔结构可以为高性能超级电容器电极的设计提供良好的应用条件。Sun 等[117]结合水热碳化和 KOH 活化方法利用云杉树皮得到三维类石墨碳纳米片阵列（VAGNA）。合成的

VAGNA 不仅保持了石墨结构的优异性能，还获得了相互连接的三维层次结构和较大的比表面积。将其应用在超级电容器中，3D VAGNA 在 0.5A/g 的电流密度下表现出 398F/g 的高比电容，并具有 96.3%的电容保持率（10000 次）。此外，基于 VAGNA 的对称超级电容器在 1A/g 时具有 239F/g 的高比电容，在 743.7W/kg 的功率密度下具有 74.4W·h/kg 的高能量密度。3D VAGNA 可以克服石墨烯片层的堆叠团聚，并提供紧密的结构互连性，以及更好的导电触点以降低纳米片的电阻。Gong 等[118]提出了一种“单一催化剂”的合成方法，将竹子转化为三维多孔石墨生物炭（PGBC）。研究人员对 PGBC 作为超级电容器的电极材料进行了测试，结果表明：①在三电极系统中，该电极在 0.5A/g 的条件下可提供 222.0F/g 的比电容，并提供出色的倍率性能和低阻抗；②装配有该电极的固态对称超级电容器具有高的能量功率输出性能，并且在 100.2W/kg 的功率密度下显示出 6.68W·h/kg 的能量密度；③装配有该电极的硬币型对称超级电容器在功率密度为 12kW/kg 时可以达到 20.6W·h/kg 的更高能量密度。Zhang 等[119]通过碳化和 KOH 活化利用大蒜皮成功地合成了三维分层多孔石墨碳材料（GHC），当它们用作超级电容器的电极材料时，其具有出色的电化学性能和循环稳定性。研究人员还发现，微孔，特别是在 0.4～1.0nm 范围内的微孔，对电容的贡献最大。GHC 的三维分层多孔结构确保了离子积累（微孔）、传输和扩散（中孔）以及吸附和储存（大孔）的有效协同运行。GHC 的高电导率降低了器件的电阻，并且含氧官能团确保了良好的润湿性，并增加了与离子的接触表面积。此外，Zheng 研究团队[120]以辣木叶作为前体，制备了具有多维度孔隙和高度皱缩形态的三维分层多孔碳（HCPC）。当将 HCPC 用作超级电容器的电极材料时，它们在经过 20000 次测试后仍具有较高的电容保持率和良好的循环稳定性，其比能量密度高达 21.6W·h/kg。HCPC 的表面形态和三维分层互连的多孔结构为电解质离子提供了更多的吸附位，并且为电子提供了一条低电阻路径。他们的另一项研究[121]还发现，与具有水平堆叠或垂直排列的简单层状结构的碳材料相比，具有三维互连的多层多孔结构的碳材料更有利于电化学能量储存。

杂原子掺杂是提高碳基电极材料性能的一种简单有效的方法。杂原子掺杂对超级电容器性能的影响主要是杂原子的引入会影响碳材料之间的电化学界面能和双电层的特性，如润湿性、电导率和离子吸附特性。此外，杂原子掺杂会改变材料的电子结构，并增加赝电容效应。氮掺杂可以改善碳材料的电子迁移率和亲水性。Wang 等[122]用 KOH 化学活化柳絮合成了高度石墨化的多孔生物炭，多孔生物炭的电化学性能更依赖于杂原子含量，而不是特定孔径的比表面积。更好的电化学性能归因于氮和氧掺杂原子的存在所引起的双电层电容和赝电容的组合效应。Qiu 等[123]报告了通过 $KMnO_4$ 的氧化和活化合成富氧分级多孔碳（OHPC）。合成的 OHPC 电极在电流密度为 0.2A/g 时显示出 290F/g 的高比电容。同时，基于 OHPC 的对称超级电容器表现出极好的长期循环稳定性（10000 次循环后电容保持率为 95.2%），其能量密度为 14.7W·h/kg。高含量的表面含氧官能团和含氮官能团在电极的电化学性能中起重要作用。大多数生物质都富含杂原子，可以在碳化过程中原位嵌入碳晶格中。杂原子的引入增强了电子电导率，改善了表面润湿性，并提供了额外的法拉第赝电容以增强电化学性能。

Chang 等[124]研究了分级多孔结构和杂原子掺杂对制备材料电化学性能的影响。将预先浸渍有钴盐的梧桐树单层绒毛与 KOH 和尿素固体混合研磨，通过两步煅烧工艺生产出具有适当石墨化度的氮掺杂分级多孔碳材料（HN-DP-FSFC）。尿素不仅充当了杂原子掺杂的氮源，还充当了实现高微孔率和小中孔（2～4nm）的制孔模板。由 HN-DP-FSFC 组装的电极材料具有突破性的高质量电容（在 0.2A/g 时为 836F/g）、出色的循环稳定性（93%的电容量保持在 10000 次循环以上）和高能量/功率密度（140W/kg 时为 36.50W·h/kg）。关于 HN-DP-FSFC 出色性能的发挥，归因于以下两个方面：①有效的微孔结构易于接受离子和电子，并且具有 2～4nm 尺寸的中孔是离子高速的扩散通道。②氮掺杂和石墨结构提高了 HN-DP-FSFC 的电导率并降低了离子迁移的阻力。生物炭的多孔结构在改善电解质的渗透性、离子扩散和电子传输速率以及由电荷引起的离子吸附方面起着重要作用。生物炭的石墨结构对其电化学性能有重要影响，石墨化程度越高，电子传递速率越快，越有利于减小电极材料的内阻，提高倍率性能、能量密度和功率密度。另外，通过将氮和其他杂原子引入碳结构，可以获得更多的活性位点，并且改善碳材料的电化学性质。因此，合理设计具有杂原子掺杂和多孔石墨结构的生物炭材料是拓展其在超级电容储能中应用的关键。

生物质是地球上最丰富的资源之一。源自农村和城市固体废物的生物炭材料已成为应对严峻的环境问题和能源危机的有效解决方案之一。制备具有良好电化学性能的生物炭基材料仍然面临一些挑战。例如，生物质通常具有复杂的成分和不规则的形态，因此很难精确调节生物炭的微观形貌和结构，限制了倍率性能和功率密度。另外，在很大程度上，孔隙结构、表面积和表面化学性质对生物炭基储能装置的电化学性能的影响及其机理尚不明确。研究离子在分层孔结构中的扩散过程仍然是该领域面临的巨大挑战。解决上述问题，需要在超级电容器电极的碳质材料合成和结构设计方面继续努力：开发适当的理论模型预测生物质前体和生物炭的电容特性之间的联系，作为选择具有最佳性能的前体的标准；进一步研究富含杂原子的生物炭材料的性质与超级电容器性能之间的关系。对于某些特定的应用，如柔性和小型化储能器件，需要一种具有所需机械强度的柔性电极，而生物质提供了制造柔性电极的机会。

8.4 小结与展望

通过适当的活化和表面改性工艺实现天然可再生的生物质资源工程化。研究通过对其比表面积、孔径分布、孔隙率、表面化学性质和形态进行调控，实现提高其电化学性能的目的。在不同储能设备的特定情况下，合理设计生物炭可优化其在实际应用中的电化学性能。对于超级电容器，碳材料的高比表面积和分层孔隙结构有益于电化学双层电容的性能提升，而丰富的表面官能团可实现更好的界面接触（亲水性）并有助于赝电容。对于可再充电电池，丰富的孔结构可以通过缩短离子传输路径来提高电池的倍率性能，但是过高的孔隙率会降低初始库仑效率，从而降低电池的可逆容量。因此，应通过优化碳材料的孔结构来实现倍率性能和初始库仑效率之间的有效平衡。另外，碳材料不仅充当活性材料，还能充当功能主体。具有三维层次结构和丰富的表面官能团的碳材料能够通过增加电极的电导率和限制活性材料的体积膨胀来提高电化学性能。对于燃料电池，碳材料同时充当主体和电催化剂。碳材料的缺陷结构，包括杂原子衍生的外在缺陷和没有任何杂原子的固有缺陷，可以充当电催化的活性位点，因为缺陷结构可以降低电化学反应的能垒。与可充电电池和超级电容器不同，燃料电池需要疏水性碳材料来建立稳定的反应界面。因此，一些离子液体可以用作改性层以产生碳材料的疏水性和亲氧性。总体而言，可以通过选择合适的生物质材料并采用合适的碳化活化表面改性工艺来合理地控制生物质衍生碳材料的微观结构和理化性质，以满足电化学装置的特定需求。

对于生物炭在电化学能量系统中的实际应用，仍然需要解决几个问题：①化学活化虽然有效，但需要大量化学试剂，既加重了环境问题，又增加了制备成本。此外，化学残留物还会减少碳的比表面积。虽然可以通过 KOH 活化方法合成具有高 SSA 的分级多孔碳，但很难控制其孔径、孔的几何形状和孔连接。②目前，大多数报道的源自生物质且性能优异的电极材料都是在实验室规模下制备的，需要进一步发展以扩大研究和工艺流程，包括材料制备和电极制造。③考虑碳材料的整个生命周期以及能源设备的产业链，需要在能源设备中对碳材料进行回收，以最大限度地减少废物的影响。通过选择合适的生物质原料和活性剂，减少有害金属或化学试剂的使用以及通过回收对材料进行再利用，实现真正可持续的储能系统。在其生产和制造过程中采用绿色化学的概念和技术，以建立循环经济实现电化学装置的可持续发展，并对这些电化学装置进行生命周期评估，为它们的未来商业化提供指导和帮助。

参 考 文 献

[1] Sharma P，Melkania U. Biochar-enhanced hydrogen production from organic fraction of municipal solid waste using co-culture of Enterobacter aerogenes and *E. coli*[J]. International Journal of Hydrogen Energy，2017，42（30）：18865-18874.

[2] Wang J，Yin Y. Fermentative hydrogen production using various biomass-based materials as feedstock[J]. Renewable and Sustainable Energy Reviews，2018，92：284-306.

[3] Yang G，Wang J. Biohydrogen production by co-fermentation of sewage sludge and grass residue：Effect of various substrate concentrations[J]. Fuel，2019，237：1203-1208.

[4] Ren N，Guo W，Liu B，et al. Biological hydrogen production from organic wastewater by dark fermentation in China：Overview and prospects[J]. Frontiers of Environmental Science & Engineering in China，2009，3（4）：375.

[5] Dennehy C，Lawlor P G，Gardiner G E，et al. Process stability and microbial community composition in pig manure and food waste anaerobic co-digesters operated at low HRTs[J]. Frontiers of Environmental Science & Engineering，2017，11（3）：4.

[6] Rajhi H，Puyol D，Martínez M C，et al. Vacuum promotes metabolic shifts and increases biogenic hydrogen production in dark fermentation systems[J]. Frontiers of Environmental Science & Engineering，2016，10（3）：513-521.

[7] Jung K W，Lee S，Lee Y J. Synthesis of novel magnesium ferrite（$MgFe_2O_4$）/biochar magnetic composites and its adsorption behavior for phosphate in aqueous solutions[J]. Bioresource Technology，2017，245：751-759.

[8] Zhang C，Zeng G，Huang D，et al. Biochar for environmental management：Mitigating greenhouse gas emissions，contaminant treatment，and potential negative impacts[J]. Chemical Engineering Journal，2019，373：902-922.

[9] Yang G，Wang J. Various additives for improving dark fermentative hydrogen production：A review[J]. Renewable and Sustainable Energy Reviews，2018，95：130-146.

[10] Wachsman E D，Lee K T. Lowering the temperature of solid oxide fuel cells[J]. Science，2011，334（6058）：935.

[11] Yang L，Shui J，Du L，et al. Carbon-based metal-free ORR electrocatalysts for fuel cells：Past，present，and future[J]. Advanced Materials，2019，31（13）：1804799.

[12] Chatterjee K，Ashokkumar M，Gullapalli H，et al. Nitrogen-rich carbon nano-onions for oxygen reduction reaction[J]. Carbon，2018，130：645-651.

[13] Liu W J，Jiang H，Yu H Q. Emerging applications of biochar-based materials for energy storage and conversion[J]. Energy & Environmental Science，2019，12（6）：1751-1779.

[14] Bai Y，Dou Y，Xie L H，et al. Zr-based metal-organic frameworks：Design，synthesis，structure，and applications[J]. Chemical Society Reviews，2016，45（8）：2327-2367.

[15] Xiao C，Xie Y. The expanding energy prospects of metal organic frameworks[J]. Joule，2017，1（1）：25-28.

[16] Suh M P，Park H J，Prasad T K，et al. Hydrogen storage in metal-organic frameworks[J]. Chemical Reviews，2012，112（2）：782-835.

[17] Kubas G J. Fundamentals of H_2 binding and reactivity on transition metals underlying hydrogenase function and H_2 production and storage[J]. Chemical Reviews，2007，107（10）：4152-4205.

[18] Sohi S，Krull E S，Lopezcapel E，et al. A review of biochar and its use and function in soil[J]. Advances in Agronomy，2010，105：47-82.

[19] Zhu X，Gao Y，Yue Q，et al. Preparation of green alga-based activated carbon with lower impregnation ratio and less activation time by potassium tartrate for adsorption of chloramphenicol[J]. Ecotoxicology and Environmental Safety，2017，145：289-294.

[20] Firlej L，Rogacka J，Walczak K，et al. Hydrogen adsorption on surfaces with different binding energies[J]. Chemical Data Collections，2016，2：56-60.

[21] Xia Y，Yang Z，Zhu Y. Porous carbon-based materials for hydrogen storage：Advancement and challenges[J]. Journal of Materials Chemistry A，2013，1（33）：9365-9381.

[22] Marsh H，Rodríguez-Reinoso F. Characterization of activated carbon[J]. Activated Carbon，2006：143-242.

[23] Quinn D F，MacDonald J A F. Natural gas storage[J]. Carbon，1992，30（7）：1097-1103.

[24] Dillon A C，Heben M J. Hydrogen storage using carbon adsorbents：Past，present and future[J]. Applied Physics A，2001，72（2）：133-142.

[25] Liu W J，Jiang H，Yu H Q，et al. Development of biochar-based functional materials：Toward a sustainable platform carbon material[J]. Chemical Reviews，2015，115（22）：12251-12285.

[26] Tarasov B P，Shul'ga Y M，Lobodyuk O O，et al. Hydrogen storage in carbon nanostructures[C] .Hydrogen storage in carbon nanostructures. Complex Mediums Ⅲ：Beyond Linear Isotropic Dielectrics，2002.

[27] Mu L，Liu B，Liu H，et al. A novel method to improve the gas storage capacity of ZIF-8[J]. Journal of Materials Chemistry，2012，22（24）：12246-12252.

[28] Yong X，Dong H，Chao L，et al. Melaleuca bark based porous carbons for hydrogen storage[J]. International Journal of Hydrogen Energy，2014，39（22）：11661-11667.

[29] Zhang F，Ma H，Chen J，et al. Preparation and gas storage of high surface area microporous carbon derived from biomass source cornstalks[J]. Bioresource Technology，2008，99（11）：4803-4808.

[30] Chen H，Gu Z，An H，et al. Precise nanomedicine for intelligent therapy of cancer[J]. Science China Chemistry，2018，61（12）：1503-1552.

[31] Sunyoto N M S，Zhu M，Zhang Z，et al. Effect of biochar addition on hydrogen and methane production in two-phase anaerobic digestion of aqueous carbohydrates food waste[J]. Bioresource Technology，2016，219：29-36.

[32] Taherdanak M，Zilouei H，Karimi K. Investigating the effects of iron and nickel nanoparticles on dark hydrogen fermentation from starch using central composite design[J]. International Journal of Hydrogen Energy，2015，40（38）：12956-12963.

[33] Nath D，Manhar A K，Gupta K，et al. Phytosynthesized iron nanoparticles：Effects on fermentative hydrogen production by Enterobacter cloacae DH-89[J]. Bulletin of Materials Science，2015，38（6）：1533-1538.

[34] Yang G，Wang J. Improving mechanisms of biohydrogen production from grass using zero-valent iron nanoparticles[J]. Bioresource Technology，2018，266：413-420.

[35] Case S D C，Mcnamara N P，Reay D S，et al. Can biochar reduce soil greenhouse gas emissions from a *Miscanthus* bioenergy crop[J]. Gcb Bioenergy，2014，6（1）：76-89.

[36] Wang J，Wan W. Factors influencing fermentative hydrogen production：A review[J]. International Journal of Hydrogen Energy，2009，34（2）：799-811.

[37] Zhang L，Zhang L，Li D. Enhanced dark fermentative hydrogen production by zero-valent iron activated carbon micro-electrolysis[J]. International Journal of Hydrogen Energy，2015，40（36）：12201-12208.

[38] Spokas K A. Impact of biochar field aging on laboratory greenhouse gas production potentials[J]. Gcb Bioenergy，2013，5（2）：165-176.

[39] Chen L，Nakamoto R，Kudo S，et al. Biochar-assisted water electrolysis[J]. Energy & Fuels，2019，33（11）：

11246-11252.

[40] Klasson K，Boihem L，Uchimiya M，et al. Influence of biochar pyrolysis temperature and post-treatment on the uptake of mercury from flue gas[J]. Fuel Processing Technology，2014，123：27-33.

[41] Gao B，Yao Y，Fang J，et al. Effects of feedstock type，production method，and pyrolysis temperature on biochar and hydrochar properties[J]. Chemical Engineering Journal，2014，240：574-578.

[42] Zhou Y，Leng Y，Zhou W，et al. Sulfur and nitrogen self-doped carbon nanosheets derived from peanut root nodules as high-efficiency non-metal electrocatalyst for hydrogen evolution reaction[J]. Nano Energy，2015，16：357-366.

[43] Jiang X，Tan X，Cheng J，et al. Interactions between aged biochar，fresh low molecular weight carbon and soil organic carbon after 3.5 years soil-biochar incubations[J]. Geoderma，2019，333：99-107.

[44] Mašek O，Buss W，Brownsort P，et al. Potassium doping increases biochar carbon sequestration potential by 45%，facilitating decoupling of carbon sequestration from soil improvement[J]. Scientific Reports，2019，9（1）：5514.

[45] Woolf D，Lehmann J. Modelling the long-term response to positive and negative priming of soil organic carbon by black carbon[J]. Biogeochemistry，2012，111（1）：83-95.

[46] Liu X，Zheng J，Zhang D，et al. Biochar has no effect on soil respiration across Chinese agricultural soils[J]. Science of the Total Environment，2016，554-555：259-265.

[47] Smith J L，Collins H P，Bailey V L. The effect of young biochar on soil respiration[J]. Soil Biology & Biochemistry，2010，42（12）：2345-2347.

[48] Sagrilo E，Jeffery S，Hoffland E，et al. Emission of CO_2 from biochar-amended soils and implications for soil organic carbon[J]. Gcb Bioenergy，2015，7（6）：1294-1304.

[49] Ibrahim A F M，Dandamudi K P R，Deng S，et al. Pyrolysis of hydrothermal liquefaction algal biochar for hydrogen production in a membrane reactor[J]. Fuel，2020，265：116935.

[50] He D，Zhao W，Li P，et al. Bifunctional biomass-derived 3D nitrogen-doped porous carbon for oxygen reduction reaction and solid-state supercapacitor[J]. Applied Surface Science，2019，465：303-312.

[51] Gao S，Geng K，Liu H，et al. Transforming organic-rich amaranthus waste into nitrogen-doped carbon with superior performance of the oxygen reduction reaction[J]. Energy & Environmental Science，2015，8（1）：221-229.

[52] Liu L，Zeng G，Chen J，et al. N-doped porous carbon nanosheets as pH-universal ORR electrocatalyst in various fuel cell devices[J]. Nano Energy，2018，49：393-402.

[53] Gao S，Wei X，Liu H，et al. Transformation of worst weed into N-，S-，and P-tridoped carbon nanorings as metal-free electrocatalysts for the oxygen reduction reaction[J]. Journal of Materials Chemistry A，2015，3（46）：23376-23384.

[54] Li X，Guan B Y，Gao S，et al. A general dual-templating approach to biomass-derived hierarchically porous heteroatom-doped carbon materials for enhanced electrocatalytic oxygen reduction[J]. Energy & Environmental Science，2019，12（2）：648-655.

[55] Zhao Y，Li X，Jia X，et al. Why and how to tailor the vertical coordinate of pore size distribution to construct ORR-active carbon materials？[J]. Nano Energy，2019，58：384-391.

[56] Li M，Xiong Y，Liu X，et al. Iron and nitrogen co-doped carbon nanotube@hollow carbon fibers derived from plant biomass as efficient catalysts for the oxygen reduction reaction[J]. Journal of Materials Chemistry A，2015，3（18）：9658-9667.

[57] Wu D，Zhu C，Shi Y，et al. Biomass-derived multilayer-graphene-encapsulated cobalt nanoparticles as efficient electrocatalyst for versatile renewable energy applications[J]. ACS Sustainable Chemistry & Engineering，

2019，7（1）：1137-1145.

[58] Wang G，Li J，Liu M，et al. Three-dimensional biocarbon framework coupled with uniformly distributed fese nanoparticles derived from pollen as bifunctional electrocatalysts for oxygen electrode reactions[J]. ACS Applied Materials & Interfaces，2018，10（38）：32133-32141.

[59] Liu Y，Ruan J，Sang S，et al. Iron and nitrogen co-doped carbon derived from soybeans as efficient electro-catalysts for the oxygen reduction reaction[J]. Electrochimica Acta，2016，215：388-397.

[60] Wang G，Deng Y，Yu J，et al. From chlorella to nestlike framework constructed with doped carbon nanotubes：A biomass-derived，high-performance，bifunctional oxygen reduction/evolution catalyst[J]. ACS Applied Materials & Interfaces，2017，9（37）：32168-32178.

[61] Wei Q，Yang X，Zhang G，et al. An active and robust Si-Fe/N/C catalyst derived from waste reed for oxygen reduction[J]. Applied Catalysis B：Environmental，2018，237：85-93.

[62] Wang N，Li T，Song Y，et al. Metal-free nitrogen-doped porous carbons derived from pomelo peel treated by hypersaline environments for oxygen reduction reaction[J]. Carbon，2018，130：692-700.

[63] Hou J，Cao C，Idrees F，et al. Hierarchical porous nitrogen-doped carbon nanosheets derived from silk for ultrahigh-capacity battery anodes and supercapacitors[J]. ACS Nano，2015，9（3）：2556-2564.

[64] Zhou X，Chen F，Bai T，et al. Interconnected highly graphitic carbon nanosheets derived from wheat stalk as high performance anode materials for lithium ion batteries[J]. Green Chemistry，2016，18（7）：2078-2088.

[65] Yuan G，Li H，Hu H，et al. Microstructure engineering towards porous carbon materials derived from one biowaste precursor for multiple energy storage applications[J]. Electrochimica Acta，2019，326：134974.

[66] Zhu J，Liu S，Liu Y，et al. Graphitic，porous，and multiheteroatom codoped carbon microtubes made from hair waste：A superb and sustained anode substitute for Li-ion batteries[J]. ACS Sustainable Chemistry & Engineering，2018，6（11）：13662-13669.

[67] Ou J，Yang L，Xi X. Biomass inspired nitrogen doped porous carbon anode with high performance for Lithium ion batteries[J]. Chinese Journal of Chemistry，2016，34（7）：727-732.

[68] Sun S，Wang C Y，Chen M M，et al. Hard carbon prepared from willow leaves using as anode materials for Li-ion batteries[J]. Advanced Materials Research，2013，724-725：834-837.

[69] Zhao H，Gao Y，Wang J，et al. Egg yolk-derived phosphorus and nitrogen dual doped nano carbon capsules for high-performance lithium ion batteries[J]. Materials Letters，2016，167：93-97.

[70] Ru H，Bai N，Xiang K，et al. Porous carbons derived from microalgae with enhanced electrochemical performance for lithium-ion batteries[J]. Electrochimica Acta，2016，194：10-16.

[71] Xu G，Han J，Ding B，et al. Biomass-derived porous carbon materials with sulfur and nitrogen dual-doping for energy storage[J]. Green Chemistry，2015，17（3）：1668-1674.

[72] Wu F，Huang R，Mu D，et al. Controlled synthesis of graphitic carbon-encapsulated α-Fe_2O_3 nanocomposite via low-temperature catalytic graphitization of biomass and its lithium storage property[J]. Electrochimica Acta，2016，187：508-516.

[73] Pan H，Hu Y S，Chen L. Room-temperature stationary sodium-ion batteries for large-scale electric energy storage[J]. Energy & Environmental Science，2013，6（8）：2338-2360.

[74] Candelaria S L，Shao Y，Zhou W，et al. Nanostructured carbon for energy storage and conversion[J]. Nano Energy，2012，1（2）：195-220.

[75] Li Y，Xu S，Wu X，et al. Amorphous monodispersed hard carbon micro-spherules derived from biomass as a high performance negative electrode material for sodium-ion batteries[J]. Journal of Materials Chemistry A，2015，3（1）：

71-77.

[76] Wang Q，Li H，Chen L，et al. Monodispersed hard carbon spherules with uniform nanopores[J]. Carbon，2001，39（14）：2211-2214.

[77] Zhang B，Ghimbeu C M，Laberty C，et al. Correlation between microstructure and na storage behavior in hard carbon[J]. Advanced Energy Materials，2016，6（1）：1501588.

[78] Li Y，Hu Y S，Titirici M M，et al. Hard carbon microtubes made from renewable cotton as high-performance anode material for sodium-ion batteries[J]. Advanced Energy Materials，2016，6（18）：1600659.

[79] Huang Y，Wang L，Lu L，et al. Preparation of bacterial cellulose based nitrogen-doped carbon nanofibers and their applications in the oxygen reduction reaction and sodium-ion battery[J]. New Journal of Chemistry，2018，42（9）：7407-7415.

[80] Yang T，Qian T，Wang M，et al. A sustainable route from biomass byproduct okara to high content nitrogen-doped carbon sheets for efficient sodium ion batteries[J]. Advanced Materials，2016，28（3）：539-545.

[81] Wang H，Mitlin D，Ding J，et al. Excellent energy-power characteristics from a hybrid sodium ion capacitor based on identical carbon nanosheets in both electrodes[J]. Journal of Materials Chemistry A，2016，4（14）：5149-5158.

[82] Zhu Y，Chen M，Li Q，et al. A porous biomass-derived anode for high-performance sodium-ion batteries[J]. Carbon，2018，129：695-701.

[83] Liu P，Li Y，Hu Y S，et al. A waste biomass derived hard carbon as a high-performance anode material for sodium-ion batteries[J]. Journal of Materials Chemistry A，2016，4（34）：13046-13052.

[84] Peramunage D，Licht S. A solid sulfur cathode for aqueous batteries[J]. Science，1993，261（5124）：1029.

[85] Rauh R D，Abraham K M，Pearson G F，et al. A lithium/dissolved sulfur battery with an organic electrolyte[J]. Journal of the Electrochemical Society，1979，126（4）：523-527.

[86] Cheon S E，Ko K S，Cho J H，et al. Rechargeable lithium sulfur battery[J]. Journal of the Electrochemical Society，2003，150（6）：A796.

[87] Manthiram A，Fu Y，Chung S H，et al. Rechargeable lithium-sulfur batteries[J]. Chemical Reviews，2014，114（23）：11751-11787.

[88] Zheng D，Zhang X，Wang J，et al. Reduction mechanism of sulfur in lithium-sulfur battery：From elemental sulfur to polysulfide[J]. Journal of Power Sources，2016，301：312-316.

[89] Kamphaus E P，Balbuena P B. Long-chain polysulfide retention at the cathode of Li-S batteries[J]. The Journal of Physical Chemistry C，2016，120（8）：4296-4305.

[90] Imtiaz S，Zhang J，Zafar Z A，et al. Biomass-derived nanostructured porous carbons for lithium-sulfur batteries[J]. Science China Materials，2016，59（5）：389-407.

[91] Zhou J，Guo Y，Liang C，et al. Confining small sulfur molecules in peanut shell-derived microporous graphitic carbon for advanced lithium sulfur battery[J]. Electrochimica Acta，2018，273：127-135.

[92] Rybarczyk M K，Peng H J，Tang C，et al. Porous carbon derived from rice husks as sustainable bioresources：insights into the role of micro-/mesoporous hierarchy in hosting active species for lithium-sulphur batteries[J]. Green Chemistry，2016，18（19）：5169-5179.

[93] Wei S，Zhang H，Huang Y，et al. Pig bone derived hierarchical porous carbon and its enhanced cycling performance of lithium-sulfur batteries[J]. Energy & Environmental Science，2011，4（3）：736-740.

[94] Hernández-Rentero C，Córdoba R，Moreno N，et al. Low-cost disordered carbons for Li/S batteries：A high-performance carbon with dual porosity derived from cherry pits[J]. Nano Research，2018，11（1）：89-100.

[95] Chung S H，Manthiram A. Carbonized eggshell membrane as a natural polysulfide reservoir for highly reversible

Li-S batteries[J]. Advanced Materials，2014，26（9）：1360-1365.

[96] Chung S H，Chang C H，Manthiram A. A carbon-cotton cathode with ultrahigh-loading capability for statically and dynamically stable lithium-sulfur batteries[J]. ACS Nano，2016，10（11）：10462-10470.

[97] Zhang J，Xiang J，Dong Z，et al. Biomass derived activated carbon with 3D connected architecture for rechargeable lithium-sulfur batteries[J]. Electrochimica Acta，2014，116：146-151.

[98] Guo J，Zhang J，Jiang F，et al. Microporous carbon nanosheets derived from corncobs for lithium-sulfur batteries[J]. Electrochimica Acta，2015，176：853-860.

[99] Song J，Xu T，Gordin M L，et al. Nitrogen-doped mesoporous carbon promoted chemical adsorption of sulfur and fabrication of high-areal-capacity sulfur cathode with exceptional cycling stability for lithium-sulfur batteries[J]. Advanced Functional Materials，2014，24（9）：1243-1250.

[100] Zhang S S. Heteroatom-doped carbons：Synthesis，chemistry and application in lithium/sulphur batteries[J]. Inorganic Chemistry Frontiers，2015，2（12）：1059-1069.

[101] Xie Y，Meng Z，Cai T，et al. Effect of boron-doping on the graphene aerogel used as cathode for the lithium-sulfur battery[J]. ACS Applied Materials & Interfaces，2015，7（45）：25202-25210.

[102] Xie Y，Fang L，Cheng H，et al. Biological cell derived N-doped hollow porous carbon microspheres for lithium-sulfur batteries[J]. Journal of Materials Chemistry A，2016，4（40）：15612-15620.

[103] Xia Y，Fang R，Xiao Z，et al. Confining sulfur in N-doped porous carbon microspheres derived from microalgaes for advanced lithium-sulfur batteries[J]. ACS Applied Materials & Interfaces，2017，9（28）：23782-23791.

[104] Chen X，Du G，Zhang M，et al. Nitrogen-doped hierarchical porous carbon derived from low-cost biomass pomegranate residues for high performance lithium-sulfur batteries[J]. Journal of Electroanalytical Chemistry，2019，848：113316.

[105] Chen Z H，Du X L，He J B，et al. Porous coconut shell carbon offering high retention and deep lithiation of sulfur for lithium-sulfur batteries[J]. ACS Applied Materials & Interfaces，2017，9（39）：33855-33862.

[106] Su Y S，Manthiram A. Lithium-sulphur batteries with a microporous carbon paper as a bifunctional interlayer[J]. Nature Communications，2012，3（1）：1166.

[107] Shao H，Ai F，Wang W，et al. Crab shell-derived nitrogen-doped micro-/mesoporous carbon as an effective separator coating for high energy lithium-sulfur batteries[J]. Journal of Materials Chemistry A，2017，5（37）：19892-19900.

[108] Yang J，Chen F，Li C，et al. A free-standing sulfur-doped microporous carbon interlayer derived from luffa sponge for high performance lithium-sulfur batteries[J]. Journal of Materials Chemistry A，2016，4（37）：14324-14333.

[109] Qian W，Sun F，Xu Y，et al. Human hair-derived carbon flakes for electrochemical supercapacitors[J]. Energy & Environmental Science，2014，7（1）：379-386.

[110] Eftekhari A. The mechanism of ultrafast supercapacitors[J]. Journal of Materials Chemistry A，2018，6（7）：2866-2876.

[111] Sharma P，Bhatti T S. A review on electrochemical double-layer capacitors[J]. Energy Conversion and Management，2010，51（12）：2901-2912.

[112] Sun L，Tian C，Li M，et al. From coconut shell to porous graphene-like nanosheets for high-power supercapacitors[J]. Journal of Materials Chemistry A，2013，1（21）：6462-6470.

[113] Zhang X，Zhang K，Li H，et al. Porous graphitic carbon microtubes derived from willow catkins as a substrate of MnO_2 for supercapacitors[J]. Journal of Power Sources，2017，344：176-184.

[114] Xu X，Zhou J，Nagaraju D H，et al. Flexible，Highly graphitized carbon aerogels based on bacterial

cellulose/lignin：Catalyst-free synthesis and its application in energy storage devices[J]. Advanced Functional Materials，2015，25（21）：3193-3202.

[115] Wang H，Xu Z，Kohandehghan A，et al. Interconnected carbon nanosheets derived from hemp for ultrafast supercapacitors with high energy[J]. ACS Nano，2013，7（6）：5131-5141.

[116] Wang L，Mu G，Tian C，et al. Porous graphitic carbon nanosheets derived from cornstalk biomass for advanced supercapacitors[J]. ChemSusChem，2013，6（5）：880-889.

[117] Sun Z，Zheng M，Hu H，et al. From biomass wastes to vertically aligned graphene nanosheet arrays：A catalyst-free synthetic strategy towards high-quality graphene for electrochemical energy storage[J]. Chemical Engineering Journal，2018，336：550-561.

[118] Gong Y，Li D，Luo C，et al. Highly porous graphitic biomass carbon as advanced electrode materials for supercapacitors[J]. Green Chemistry，2017，19（17）：4132-4140.

[119] Zhang Q，Han K，Li S，et al. Synthesis of garlic skin-derived 3D hierarchical porous carbon for high-performance supercapacitors[J]. Nanoscale，2018，10（5）：2427-2437.

[120] Peng L，Cai Y，Luo Y，et al. Bioinspired highly crumpled porous carbons with multidirectional porosity for high rate performance electrochemical supercapacitors[J]. ACS Sustainable Chemistry & Engineering，2018，6（10）：12716-12726.

[121] Yuan G，Liang Y，Hu H，et al. Extraordinary thickness-independent electrochemical energy storage enabled by cross-linked microporous carbon nanosheets[J]. ACS Applied Materials & Interfaces，2019，11（30）：26946-26955.

[122] Wang K，Zhao N，Lei S，et al. Promising biomass-based activated carbons derived from willow catkins for high performance supercapacitors[J]. Electrochimica Acta，2015，166：1-11.

[123] Qiu D，Guo N，Gao A，et al. Preparation of oxygen-enriched hierarchically porous carbon by $KMnO_4$ one-pot oxidation and activation：Mechanism and capacitive energy storage[J]. Electrochimica Acta，2019，294：398-405.

[124] Chang C，Li M，Wang H，et al. A novel fabrication strategy for doped hierarchical porous biomass-derived carbon with high microporosity for ultrahigh-capacitance supercapacitors[J]. Journal of Materials Chemistry A，2019，7（34）：19939-19949.

[125] Ban C L，Xu Z，Wang D，et al. Porous layered carbon with interconnected pore structure derived from reed membranes for supercapacitors[J]. ACS Sustainable Chemistry & Engineering，2019，7（12）：10742-10750.

[126] Sun F，Wang L，Peng Y，et al. Converting biomass waste into microporous carbon with simultaneously high surface area and carbon purity as advanced electrochemical energy storage materials[J]. Applied Surface Science，2018，436：486-494.

[127] Chen H，Liu D，Shen Z，et al. Functional biomass carbons with hierarchical porous structure for supercapacitor electrode materials[J]. Electrochimica Acta，2015，180：241-251.

[128] Xing L，Chen X，Tan Z，et al. Synthesis of porous carbon material with suitable graphitization strength for high electrochemical capacitors[J]. ACS Sustainable Chemistry & Engineering，2019，7（7）：6601-6610.